"博学而笃志，切问而近思。"

（《论语》）

博晓古今，可立一家之说；
学贯中西，或成经国之才。

作者简介

薛航，同济大学传播与艺术学院动画系教师，中国数字艺术设计专家委员会专家委员。长期从事数码图形设计、影视特效和三维动画方面的教学与科研。曾获教育部公派留学基金资助赴匈牙利艺术设计学院进修，并受德国DAAD基金资助赴德国包豪斯大学访问交流。在商业性设计项目中有丰富经验，多年来参与或独立完成过多项会展影视和动画设计项目。

作者邮箱：hang-xue@163.com，欢迎读者联系交流。

博學

新世纪动画专业教程

CARTOON

三维角色动画设计与制作

● 薛 航 著

復旦大學出版社

内容提要

本书基于3ds Max平台，全面系统地介绍了三维角色动画设计和制作的基本方法，包括其中的典型工作流程、各阶段的技术要点以及软件应用相关技巧等内容。

实践性、应用性是本书最大的特点。本书专门设计了一则短小而完整的符合产业制作标准的角色动画范例，依照实际应用的要求，连贯性地阐述了角色建模、毛发、材质与贴图、骨架与蒙皮、关键帧动画与非线性动画、服装设计与仿真以及场景渲染等部分的一般方法和技术细节。配合章节内容的进展，范例制作的步骤详解贯穿于全书的始终。同时配备随书光盘，包含了全书各阶段的案例完成文件及贴图文件，方便读者更好地理解、使用。

全书内容翔实，结构紧凑，表述精炼，可作为大专院校三维设计相关专业的教学用书，同时适用于从事三维动画设计、游戏设计的广大从业人员。

目录

Contents

新世纪之初，在国内教育界掀起了一股开办影视动画和多媒体艺术专业的热潮，几乎一夜之间，动画等相关专业在神州大地的大专院校中遍地开花。当时的人们普遍意识到：文化产业的大发展已初露端倪，这是一次空前绝后的历史机遇。而对于许多怀揣梦想、探寻创新发展的年轻人来说，也俨然看到了一种引燃激情的人生选择。

然而，开拓与创新之路并非如人们所憧憬的那样一路阳光明媚，对于中国文化创意产业是如此，对于与之紧密关联的教育领域也是如此。就动画产业而言，人们面临着如何跨越生产方式严重落后于国际水平的鸿沟、如何在改革开放环境中建立良性发展模式等方面的重大问题；而对动画教育领域而言，除了需要关注产业发展中的这些问题之外，还背负着在新旧思想观念和知识体系更替中凸显的沉重道义负担。三维动画教育的发展正是在这样的时代环境中执著而顽强地一路走来。

大专院校中的三维动画教育一直在探寻和调整着自身的发展定位。在教育系统中，这门学科是几乎没有任何传统依托的新生事物，要在门派林立的院校体制中获取充分的立脚点和成长空间诚非易事；而另一方面，各种社会培训机构所开展的职业和技术培训也在不断挑战着院校教育的权威，挤压着它的施展空间。因而在大专院校动画专业中，三维动画方面的课程和教材体系建设就一直存有一种疑虑和徘徊的倾向。但不论如何，大专院校作为国家人才培养的主阵地，其所应承担的历史使命和社会责任是不容回避的。刚刚闭幕的党的十七届六中全会部署了深化文化体制改革、推动社会主义文化大发展大繁荣的战略方针，制定了建设社会主义文化强国的行动纲领。在会议精神的指导下，由文化事业向文化产业的转型即将在我国得到全面的推广和深化，动漫产业更是在其中获得了空前的发展机遇和发展空间。文化产业大力发展下的未来中国，需要更多的具有新型知识结构和解决实际问题能力的建设者。为这些未来建设者创造相适宜的培养环境，是大专院校顺应时代变革的理应举措。就动画专业教育而言，如何加快推进人才培养模式和教学水平的变革，以适应社会日益变化的人才需求，是摆在每个教育工作者面前的紧要任务。

本书的撰写正是在这样的历史变革和观察思考中构思并完成的。本书主要围绕三维角色动画的话题进行讲述，这是三维动画领域的核心组成部分。三维动画是技术性、实践性极强的领域，其规模宏大的技术知识体系和形态各异的产业应用模式之间，实际存在着错综复杂、千丝万缕的联系。在专业人才的培养中，如果不能从纷繁芜杂的知识表象下解析出目标与手段、问题与方法这些因果互动的逻辑关系，就极易让初学者产生望洋兴叹、无所适从的感觉。

我们认为：在三维动画的教学中，一方面应该确保技术原理的知识包容量，另一方面又要充分体现出技术知识应用在产业中的方法和规律。也就是要面向实践创作和生产活动的实际需求来组织技术知识的讲授，明确显现三维软件作为一种艺术创作工具的实际价值。然而，如何简明扼要地梳理出技术理论与产业实践应用之间的种种内在关联，传统意义上的理论教学方式弊端颇多。因为脱离实践的理论教学无法连贯深入、切合实际地揭示这些理论与技术在以目标为驱动的内容产业中的实际意义；另一方面，纯粹而具体的生产实践现场又会包含太多的繁琐、重复和个体性的任务与要求，很难演变为快速培养优质人才的理想课堂。如果能将矛盾双方的合理性与必然性有机综合起来，设计出更为科学的教学内容和培养方式，无疑会有力推进媒体动画人才培养的进程。

本着这样的构想，本书采取了以模拟产业实例的、流程完整的简化范例为主线，从侧重应用的角度组织理论知识与技术技巧讲解的方法。我们弃繁从简地设计了一段涵盖典型三维角色动画各制作流程与环节的动画范例，将它的详细制作过程与理论知识讲解相互交叉并贯穿全书。范例的主要内容是一位古代拳师的练功片断，在其制作过程中包含了角色动画从建模、服装、毛发、材质到骨骼、蒙皮、关键帧动画、动力学模拟、灯光和相机等各个环节的技术要点。同时，这种传统风格的人物形象和武术动作设计，也有助于在角色动画的建模、毛发、服装和动画等方面引入对本土元素的关注。希望通过这种全流程的理论、实践相融合的训练，帮助大家获得完整而连贯的对于三维角色动画创作方法的认识，初步掌握三维角色动画制作的关键技术并快步踏上专业三维动画设计的大道。

在本书的案例讲解中，对应每一个关键性的制作阶段，都单独保存了包含其结果的场景文件，这些文件均可在随书附赠的光盘中找到。读者如果不能自行完成书中所述的某些制作，可以找到相关的文件加以学习和研究。

在此要向复旦大学出版社动画丛书编辑团队的所有人表示感谢，尤其是本书的责任编辑李婷女士和她的同事黄文杰先生，他们对本书撰写所给予的鼓励与耐心实在是一种宝贵的支持。本书得以最终完成并出版，这其中也凝结着他们的许多付出和心血。

薛　航

2010年10月22日

第一章

概 述

第一节　三维角色动画简述

三维角色动画（3D Character Animation）是以具有生命属性的表现对象为主体的三维动画，它要表现的重点是对象的生命个性，包括动作个性和性格个性，并以此区别于其他类别的三维动画。具有生命属性的角色可以被设计为人物、动物、精灵怪物或机械玩偶，其中非人类的生物和怪物可以被完全拟人化为人类性格，而无生命的机械玩偶也可以被赋予生命的灵性。对于这种生命个性的表现，在三维动画中总体上可分为两种风格：一种是偏重于写实的风格，另一种是侧重于主观表现的风格。

写实的风格几乎专属于三维动画，它主要以真实客观的手法表现事物，尊重客观规律，强调环境与角色的真实性。例如《侏罗纪公园》就属于这种风格的动画，在它的制作中，恐龙的造型以及运动都严格参照了古生物学的研究发现和生物力学的原理，远古生态环境的设计也都做了认真客观的调查研究，这样才能在影片中向观众展示出一片生机勃勃的远古大地。还有像《生化危机》、《最终幻想》这些影片，虽然故事情节是虚构幻想的，但其制作风格却是非常写实的。

表现风格的三维动画可以说是对早期发展起来的二维动画的一种延伸和升华。二维动画由于其主要采用绘画性的制作方式，主观表现和形式化的风格一直是对它明显有利的选择。例如迪斯尼经典《米老鼠和唐老鸭》系列、法国经典《国王与小鸟》等动画片，强烈的夸张与想象是它们的鲜明风格，这也成为动画片这种艺术形式永葆活力的关键要素。三维动画由于技术的全面提升，继承和发展这种充满夸张与想象的表现风格会更加游刃有余，例如大家熟知的《玩具总动员》、《海底总动员》、《怪物史瑞克》等大量美欧三维动画电影，都是继承和发展传统二维动画艺术特色的典范。

写实风格的三维动画由于随时吸纳数码科技发展的新成果，已经将动画的发展引领得很远，进入很多新领域，例如纪录片、故事片、商业展示、虚拟现实、网络游戏、博物馆和辅助教育等，它也极大地改变了动画的制作概念和生产流程，是未来三维动画应用的一个重要分支；而表现风格的三维动画除了继续制作出更高水准的三维动画电影之外，也将更多更好地融入其他艺术门类和媒体分支中，在更多领域体现动画艺术永恒的价值。

三维角色动画的创作过程有些部分是和传统二维动画相同的，例如故事脚本、角色设计、场景设计等，但更多部分是三维动画所特有的，尤其是一些技术性的生产环节，它们主要包括建模、材质、骨骼绑定、角色蒙皮、毛发、服装、骨骼动画、表情动画、肢体二级运动、动力学仿真、灯光、相机、后效等。这些环节的存在是由三维动画的技术特点决定的，看似繁琐，但却能形成有效的工作流程，高效地完成复杂程度极高的三维动画，并且随着电脑技术的发展会有广阔的发展前景。

第二节　三维角色动画的基本流程

三维角色动画的工作流程可以说是所有三维动画制作中最为复杂的一种，因为它除了要表现各种客观事物以外，还要表现生命的个性与精神。当今的三维动画工业通过软件开发者和动画设计者的长期通力协作，已经形成了一套十分成熟的角色动画生产流程，并广泛应用于业界之中。虽然各个动画生产商的动画生产流程不尽相同，但大体上都有一个普遍的模式。这个生产流程主要包括：

（1）建模（Modeling）：就是创建构成角色的三维形体模型，目前主要使用的是多边形网格方法。

（2）毛发（Hair and Fur）：为三维角色设计三维的毛发，包括头发、胡须、动物的体毛和表皮附属物等。三维的毛发可以提供三维的视觉效果，还可以进行动力学仿真。

（3）服装（Cloth）：为三维角色设计三维的服饰，三维服饰也可以进行动力学仿真。

（4）骨骼装配（Rigging）：设计一套可以驱动三维角色模型进行运动的骨骼和骨架系统，它常常是模仿真实的人或动物的骨架而设立的虚拟骨架。

（5）模型蒙皮（Skinning）：将三维角色模型固定在骨架和骨骼系统上，使之接受骨架运动的控制。

（6）角色动画设置（Character Animation）：通过骨骼或骨架系统设定角色的动作和表演，这些角色一般都是有自主意识的生命体。

（7）动力学仿真（Simulation）：通过模仿真实的力学计算，自动生成物体的运动数据。这主要针对受物理规律支配的运动和现象，例如衣服、毛发、道具、水、沙石、焰火等。

（8）环境设计（Set Design）：设计除角色以外的场景其他部分的模型和布局。

（9）材质与纹理（Material and Maps）：为角色和场景中的物体创建出反映其材料属性的表面效果。

（10）灯光与相机设置（Lighting and Camera）：设计三维角色和场景的照明，安排虚拟相机。

（11）渲染（Rendering）：生成符合导演分镜头要求的图像。

（12）后期特效（Visual Effects）：生成视频特效，产生画面的气氛效果，以便于最终的影片编辑合成。

这里所描述的流程主要是针对单个角色所做的概括，如果是实际生产中的规模更大的角色动画，就要包含更多的环节和工作。例如角色可能会有很多，并且有主次之分；环境设计也会复杂，会包含更复杂的建模、材质、照明和渲染等方面的要求；动力学仿真也复杂得多，可能会包含多个角色之间的相互接触和作用，还会包括环境的动力学仿真，例如粒子系统和各种环境现象；渲染工作也是如此，一般都需要网络渲染的技术。

这些流程和环节在具体生产中还可能会以不同的次序相组合，例如建模可以和骨架动画同时进行，而后再进行蒙皮工作；材质与纹理工作也可以提前到较早的阶段进行；环境设计也具有很大的独立性，可以和角色设计同步进行。总之，流程的组合和详细步骤会根据不同的创作团队的不同要求和生产方式而有所不同，我们在本书的范例中所采取的流程只是其中的一个代表，并不是唯一的选择。

下面我们就开始根据本书的范例讲解三维角色动画的原理、流程与方法。在开始之前，请读者先观看一下我们最终要完成的动画片段kongfu.wmv，它在与本书配套的课件资料光盘中可以找到。

第三节　本书适用的软件版本和使用方法

本书各章节的案例和操作讲解是基于Autodesk 3ds Max 9版本的，但其中所涉及的软件界面构成要素（如菜单、按钮等）在上至3ds Max 2009版、下至更低一些的版本中都是基本一致的，当读者使用这些版本的软件平台进行学习时都可以轻松地与书中内容进行对照。

读者也可以使用更高版本的3ds Max进行学习，2009版以后的3ds Max的软件界面有了较大改进，界面组织和图形元素（图标按钮）都与以往有所不同。不过其主要图形元素的设计都基本保持了前后图案的相似性，使用者可以十分容易地辨识出新设计的图标含义并和老版本加以对应。高版本中改变最大的材质编辑器界面也可以通过设置与旧版取得一致。只要能正确地对应不同版本中的图形界面要素，学习本书中的案例和技术操作就不会受任何影响，因为高版本软件总体上并不会改变动画制作的基本方法，而其在功能上又总是向下兼容的。

如果读者对新的软件界面还不能习惯（尤其是那些用惯了老版的读者），也可以在高版本的软件中恢复老版风格的软件界面，其方法是：在系统主菜单中选择Customize\Custom UI and Defaults Switcher选项，打开一个用户自定义界面的设置窗口。在这个窗口的上方左侧区域中确认选择的项目是“Max”，然后到右侧区域中选择“3ds Max 2009”一项，随后点击窗口下方的Set(设置)按钮以确认窗口。这样，系统界面的色彩和组织形式就恢复到2009版以前的风格。当然这种恢复并非精确复制，很多图标和按钮的图案还是新图案，仍需要和老版加以对应。

此外，本书采用的是系统界面的大图标风格，这样的图标图案便于阅读识别，但它们会和标准图标图案有轻微差别。读者如果要从系统界面默认的标准风格转换到大图标风格，可以选择主菜单Customize\Preferences选项，在它打开的设置窗口中（默认显示General标签）勾选Use Large Toolbar Buttons项目，确认窗口并重启软件。

本书在配套光盘中提供了书中主要案例的原始资料和资源，读者在学习书中的案例制作时，如果碰到任何困难或难以自行完成制作，均可以查找相关的原始文档或资料辅助学习。这些文档和资料在Autodesk 3ds Max 9及其以上版本中均可以打开和使用，不过在高版本中打开资料文档时系统会报告文件版本陈旧的警示，这不会影响资料的正常使用，读者只要直接关闭该警示窗口就可以了。

本书章节的编排顺序并不代表需要严格遵循的学习顺序。如前所述，实际动画生产流程的工序本身就存在着可调整的灵活性，所以读者也可根据自身情况调整学习顺序，比如把有关毛发和材质与贴图的章节放到骨骼和动画的相关章节之后去学习等。

第二章

角色建模

第一节　角色建模概述

角色建模是角色动画的前期关键性步骤，它的目的是要在三维软件中创建角色的三维模型，为后续的动画实施做准备。角色模型在具体创建之前一般需要一个角色的概念设计过程，它通常是由角色设计师通过手绘草图的方式完成的。概念草图或效果图具有决定性的指导意义，三维设计师随后根据这些草图的形体轮廓创建出详细的三维角色模型。这种方式的角色设计是沿袭了传统手绘动画片生产过程的一种方式，也是动画片生产在由传统手绘模式向数码三维生产模式转变过程中的一种过渡性选择。这种方式的特点是角色模型的最终实现实际上是经历了二次创作的过程，也就是草图设计师在手稿阶段进行了一次创作，而三维设计师在根据草图创建详细模型时又不可避免地有一个自我发挥的空间，最终的角色模型是两位设计师思想的一个折中结果。这种二次创作在艺术上看有时是有益的，但另一些时候可能就会存在难以调和的矛盾。

另一种解决角色概念设计问题的方法是将概念设计与三维建模过程一体化，即设计师直接用三维软件的建模工具进行从初期的概念设计到最终的详细模型的全部工作，草图可能仍然需要，但只保留为一种快速记忆和沟通交流的工具。这样的方法不仅简化了整个设计过程，而且由于三维软件所提供的数据修改便利，可以将角色模型修改同概念设计以及后续的骨骼和动画等过程交叉进行，从而形成现代三维动画生产的所谓非线性模式。这种打破了原有流程严格时间顺序的非线性模式，是大幅提升三维动画生产效率和质量的一项重要革新。随着产业发展整体水平的提高及新一代艺术人才的教育改革，这种全数码的角色设计方式必将成为未来业界的主流。

在三维软件中创建模型的基本方法有两种——多边形网格法（Polygonal Mesh）和曲面方法（NURBS Surface）。多边形网格法适合于深入的形体刻画，而曲面法更适合于由简单而完整的曲面构成的物体，例如卡通玩具。大多数角色建模采用多边形网格的建模方法，我们这里的角色建模也采用这种方法。

在本书的范例中只有一位角色——古代武侠。这是一个写实取向的完整人物，我们需要为他创建一个完整的人体三维模型，我们将采用在三维软件中直接建模的方法设计和创建整个三维模型。我们把整个建模过程分解成为头部、躯干和手足三部分进行，并最终将每一部分的成果结合成完整的人体模型。本章各阶段的制作参考文档可以在资料光盘中的Resource\Chapter2文件夹中找到，自己操作有困难的读者可以打开相应的Max文档直接查看结果。

第二节　了解3ds Max界面

在开始正式工作之前，我们先快速熟悉一下3ds Max的工作界面。图2.1展示了常见的

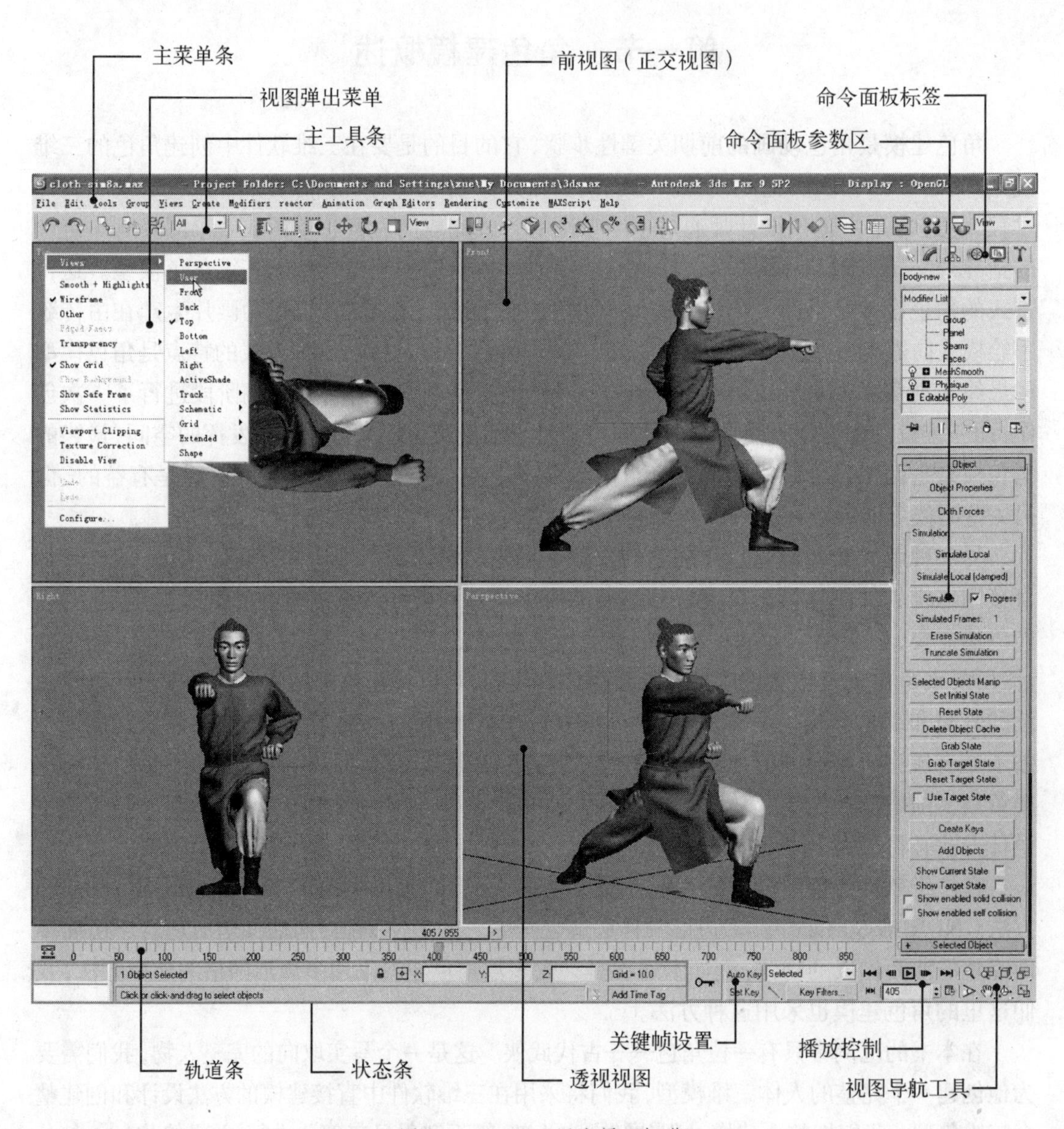

图2.1　3ds Max用户界面概览

3ds Max界面组成，其中几个重要部分在图中都做了标注。界面中的大部分区域由视图构成，视图是我们从不同视角观察工作空间的窗口。视图可以分为平行投影视图和透视视图两大类。平行投影视图中包括正交视图（包括上、下、左、右、前、后视图）和用户视图，它们类似于图画法几何中的三视图和轴测图；透视视图和相机视图属于透视视图，它们是按照人眼的视觉进行观察的视图，图中会形成透视灭点。我们可以在用户视图和透视视图中调整观察角度和范围，这需要使用界面右下角的一组视图导航工具。如需改换一个视图的类型，可以鼠标右键单击视图左上角的视图名，展开一个弹出菜单，选择第一个菜单项Views（视图），再从展开的子菜单中选择视图类型。

第三节 头部建模

1. 从一个立方体起步

我们的整个建模工作从头部入手。首先启动3ds Max，接下来像许多真实的雕塑工作一样从最简单的形体——立方体开始塑造模型。为了得到一个立方体模型，我们首先在用户界面右侧上部的命令面板中选中Create（创建）面板标签。注意，命令面板是一个总称，它包含了很多不同功能的面板，Create（创建）面板就是其中的一个。接下来在创建面板中选择Geometry（几何体）分类按钮，然后在其下方的下拉菜单条中选择Standard Primitives（标准原型）选项，见图2.2。下拉菜单的下方是一个名为Object Type的卷帘（Rollout），其中排列了很多按钮。鼠标单击选择第一个按钮Box（立方体），这样一组选择完成后，鼠标指示为十字形的创建光标，我们接下来就可以创建立方体了。找到顶视图（Top View），在其中央点击并拖动鼠标，同时通过透视视图（Perspective View）观察结果。鼠标依次完成“点击拖动→释放鼠标继续拖动→单击鼠标”一组动作，就可创建一个立方体，它的大小现在不用在意，只要方便操作就可以。我们要对新创建的立方体设置分段数，使其形成一定的网格分割。为此，回到创建面板，在其参数区的Parameters（参数）卷帘中的长度分段（Length Segs）、宽度分段（Width Segs）和高度分段（Height Segs）三个数值输入框中分别输入3、4和3，这样我们就得到一个3×4×3分割的立方体，如图2.3所示。按键盘F3或F4键可以改变其显示模式。

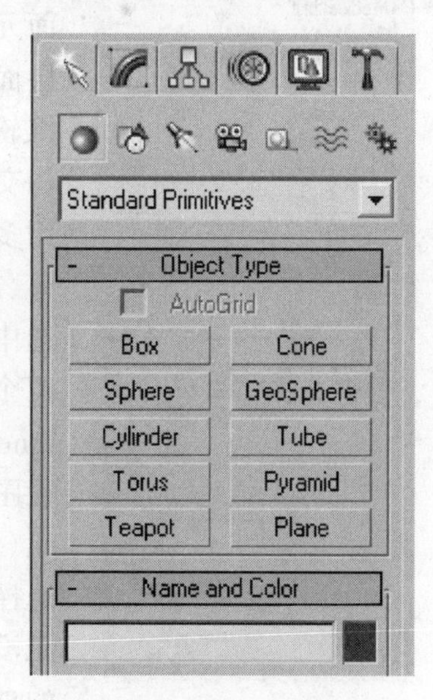

图2.2 命令面板上的标签、分类按钮和卷帘（Rollout）

刚刚创建的立方体在3ds Max中被称为几何原型，几何原型虽然有一些参数可以调整其形态，但是它是不能被深入编辑的。要获得更大的造型自由度，我们需要把它转变为多边形。为此，用鼠标右键单击刚创建的立方体，鼠标周围

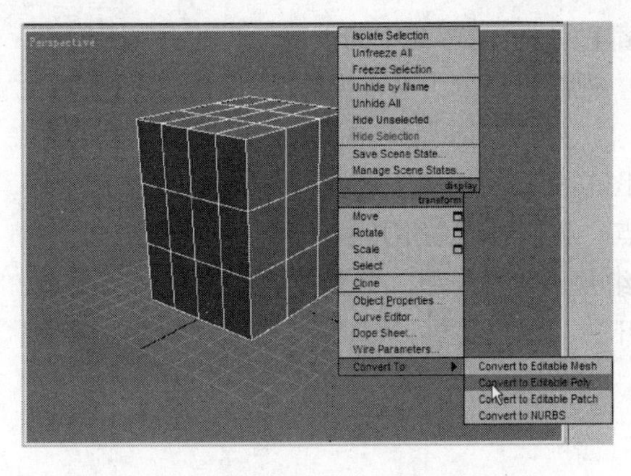

图2.3　在透视视图中创建立方体并转换类型

弹出一个四角菜单（Quad Menu）如图2.3，在其最下方选择Convert To（转变到）菜单条，继续选择子菜单中的Convert to Editable Poly（转变到可编辑多边形）选项。立方体的外观没有发生任何变化，但它的对象类型已经转变为多边形网格对象，原有的几何原型的可调整参数不再存在，但它拥有了更多的编辑功能，我们此时如果选择命令面板中的Modify（修改）面板标签，就可以看到它众多的编辑功能。

2. 使用Modify（修改）面板

Modify（修改）面板是命令面板中的一个重要面板，它包含了很多针对三维对象的调整功能。我们要使用它给立方体重新命名，再为立方体添加对称控制。

在用户界面顶部的主工具条上点选激活选择工具并点击选择立方体，然后选择修改面板。此时修改面板最上面的一条对话框中显示出“Box01”，这是软件为立方体设置的默认名，我们将其修改为“Head”，即头部的意思。将三维对象根据其使用目的重新命名，会方便我们在复杂场景中开展工作，所以这个习惯在实际工作中一定要养成。

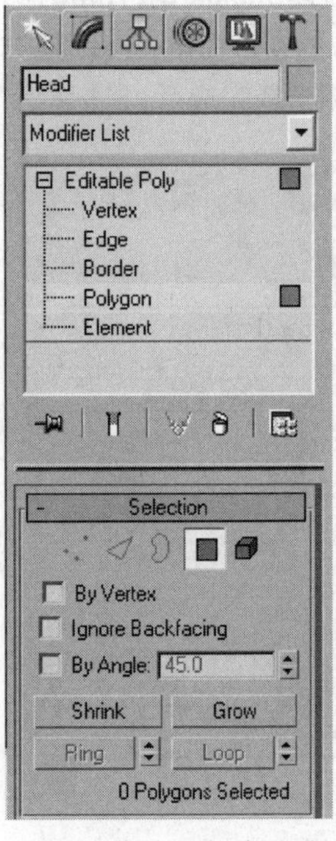

对于一个可编辑的多边形对象而言，Modify允许我们从Vertex（顶点）、Edge（边线）、Border（边界）、Polygon（多边形面元）和Element（元素体）等几个层面进行造型编辑，这几个层面实际上也是构成一个立体图形的几个几何结构层次，在三维软件中也称它们为次对象（Sub-object）。由于它们以网格结构交织构成立体模型，所以多边形对象也称为多边形网格。运用多边形对象进行造型，实际上就是对它的这些次对象进行位移、旋转、缩放、分解、合并等各种操作。我们继续保持立方体被选中，在Modify面板中的Selection（选择）卷帘中点击按下第四个按钮Polygon（多边形面元）按钮，进入相应层次，并确认Ignore Backfacing（忽略背面）不要勾选，如图2.4所示。回到前视图（Front View），用鼠标拉框选择立方体左半部分的所有面元（Polygon），被选中的面元会显示为红色。在其他视图中检查选择情况，要确保模型背面的有关面元也被选中。如果选中的面元没有显示为红色，请按一下F2键切换显示状态。按下键盘上的Del键删除这些面元，这样立方体就只剩下它右半边的面了。再次点选Polygon按钮，状态回到Editable Poly层次即对象层次。

图2.4　修改面板中的次对象按钮

我们将创建的是人体头部模型，这是角色建模中常见的左右对称的模型。在真实的雕塑中，对称的形体部分必须要重复加工，但在电脑中建模则可以避免这种重复劳动，这只要通过Modify面板为模型添加一个对称修改器即可。

确认Head模型被选中，展开修改器下拉列表（Modifier List，位置见图2.4），找到并选择Symmetry（对称）条目，这样就为Head添加了一个对称修改器，它会在Head模型的一侧增添一个新的部分，与原有的部分左右对称。有了对称修改器，我们以后只要在头部的右半边编辑对象，所有的修改将会在另外半边同样出现。注意，在添加完Symmetry修改器后，Head模型的中部下边会出现一个橙色的小矩形标志，它是对称控制的中央参考面，也称为镜面。另外留意Modify修改面板上的变化，它的修改器堆栈（Modifier Stack）中出现了新的一项Symmetry，并且位列堆栈的最上部，如图2.5所示。堆栈的结构是这样组织的：它自下而上地把我们先后添加给对象的各种修改器依次排列，类似一个堆积的过程。最后添加的修改器处于最上方，处于最下方的是对象的类型，比如我们这里的Editable Poly（可编辑多边形）。堆栈中的每个修改器都会对模型对象施加一定的编辑或控制作用，这些作用上下累加在一起形成了对模型对象的最终修改。上下依次排列的修改器构成了堆栈的层级，我们可以在其中任选一个层级进行工作。被选中的层级的名称会以深灰底色显示，它也称为当前层级，比如现在它应该是Symmetry。

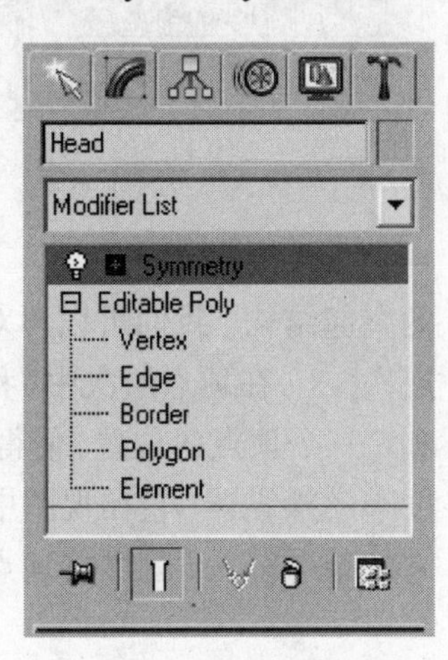

图2.5　添加的修改器出现在修改器堆栈中

重新选择Editable Poly层级，并进入对象的Polygon次对象层次。进入一个次对象层次也可以使用修改器堆栈，这只需在修改器堆栈中展开可编辑多边形（Editable Poly）的子层级图表（使用其左侧的加号+），并在其中选择相应的次对象层次即可。如此操作后可能我们又无法看到Head模型的对称的另一半，这是因为我们的当前层级回到了堆栈最底层，所以看不到上面修改器产生的作用。这个矛盾容易解决，只需按下堆栈下方的显示最终结果按钮，就可以观察到堆栈中所有修改器产生的最终结果。我们于是又可重新看到Head模型的另外一半，按下F4键，可以看到两个半边有不同的线框色。

3. 创建面部的初步结构

我们接下来要制作一个代表鼻子结构的突起。在透视视图中选中Head正面中部的一个面元（可参考图2.7），当我们选择这个面元时，模型上对称的另外一边相应的一个面元也被选中，它们均被显示为红色。在Modify面板的Edit Polygons（编辑多边形面元）卷帘中点击按下Hinge From Edge（围绕边线转动）按钮如图2.6，然后在被选中的多边形面元的上方一条边线上按下鼠标左键拖动鼠标，这样会使两个被选中的面元同时绕边线旋转。观察旋转幅度并在合适位置上停止操作，结果如图2.7所示，这样就得到了一个代表鼻子

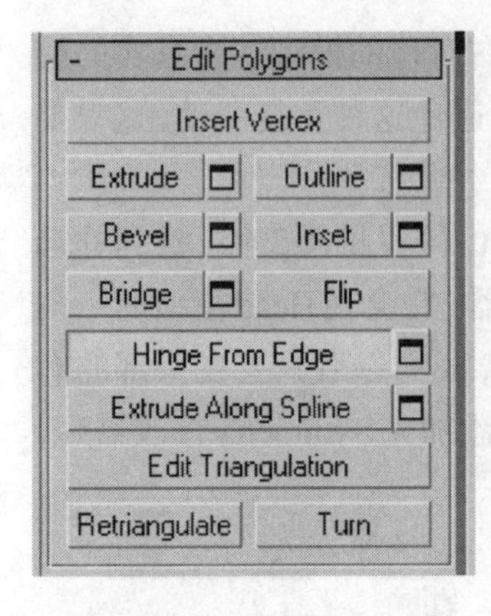

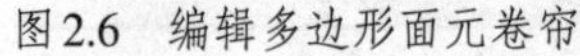
图2.6　编辑多边形面元卷帘

图2.7　绕边线旋转面元，形成鼻子的突起

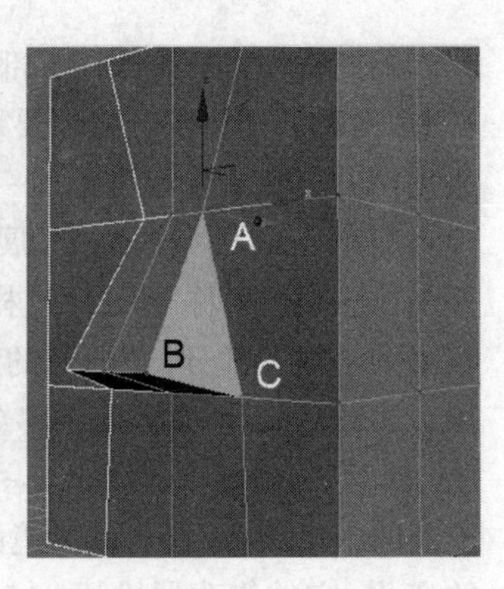

★图2.8　调整鼻子结构的比例*

的突起结构。我们可以再对它的尺度略做调整，为此我们进入Head模型的Vertex（顶点）层次⁛。在顶点层次中，我们点选主工具条上的移动工具✥，选择并移动图2.8中的A、B和C三个顶点的位置，使得鼻子的结构在比例上更接近合理。在移动顶点时，我们经常借助移动操纵器，它在视图中是一个带有大箭头的坐标轴符号，如图2.8中所示。如果拖动它的某个箭头，就可将顶点的移动限制在相应的坐标轴向上。如果在视图中看不到操纵器，可以按键盘“X”键显示它。

接下来我们为模型增加眉骨的结构。我们进入Head的Edge（边线）层次◁，并选择Edit Geometry卷帘下的Slice Plane按钮（见图2.9），注意在Edge（边线）层次中Edit Geometry卷帘下的内容和Vertex层次中是有所不同的。当我们选择了Slice Plane按钮后，视图中出现一个矩形平面横切Head模型，这个平面称为切片面，它配有移动操纵器，如图2.10所示。使用移动操纵器拖动切片面向上移动，可以观察到它与模型的交叉线也在随之移动。将它拖至鼻子的上方眉骨的位置，按下面板上的Slice按钮（它在Slice Plane按钮的下面），从而在这个位置上对模型切片，完成操作后再次鼠标单击Slice Plane按钮退出切片工作状态。刚才切片操作的结果使得Head模型在眉骨的位置上出现了一圈新的边线，这些增加出来的边线为将来进一步的深入造型提供了基础。我们接下来还要进一步增加一些结构，为读者查看方便，我们关闭了修改器堆栈下的显示最终结果按钮Ⅱ，只显示模型的一半。

图2.9　Edit Geometry卷帘下的Slice Plane按钮

---

*本书中图片编号前有“★”号的图片可参见书后彩页部分。

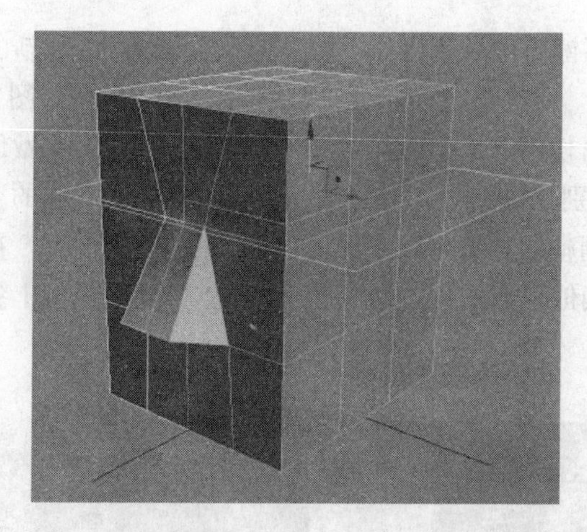

★图2.10　Slice Plane 切片面

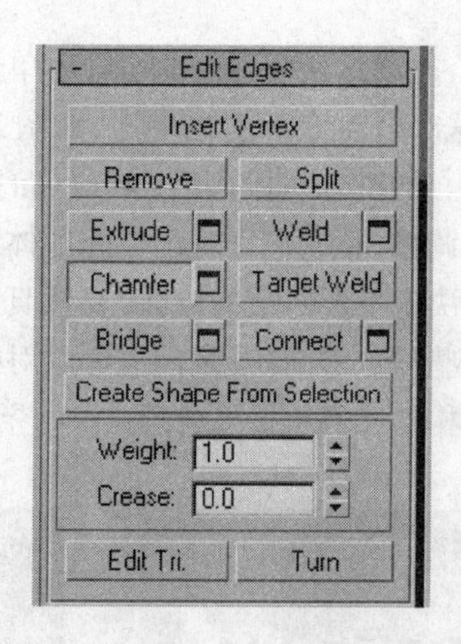

图2.11　Edit Edges卷帘中的Chamfer按钮

我们先为原先立方体所遗留下来的棱边做导角，使它向球形的弧面发展，如图2.12所示。保持在Head的Edge（边线）层次，激活主工具条上的选择工具并选中原先立方体的长宽高三个方向的三条棱边，这些棱边现在是由多边形对象的多条短边组成，需要将它们全部选中。可以在使用选择工具单击每条边线对象的过程中持续按住Ctrl键来复选所有的边线，被选中的边线显示为红色。然后按下Edit Edges卷帘中的Chamfer按钮（见图2.11），进入视图并拖动刚才选中的边线，模型上出现导角。持续拖动鼠标调整导角面的大小至适当的程度，释放鼠标结束操作，结果见图2.12。

★图2.12　为模型的棱边做导角

下一步将添加眼睛的结构，我们将使用Cut（切割）工具为模型增加细节。Cut（切割）工具按钮位于Edit Geometry卷帘中，我们进入模型的Vertex（顶点）、Edge（边线）或其他层次都可以在Edit Geometry卷帘中看到它。Cut工具可以让我们以非常直接的方式为模型添加顶点和边线，从而细化模型的网格结构。它的工作方式一般是在模型上添加顶点进行切割，在新增的顶点和原有的点之间会自动产生边线使之相连。切割点的位置可以选择在原有的边线或面元对象上，也可以在原有的顶点上进行切割，但这样只会增加新的边线而不会增加新的顶点。在不同位置上进行切割时鼠标的提示是有区别的，要留心这一点。

我们保持模型被选择，进入它的Vertex（顶点）层次，找到Edit Geometry卷帘并选择Cut（切割）工具按钮。在视图中按照A、B、C、D的顺序单击鼠标左键切割模型，如图2.13所示。注意图中A、D两点是模型上原有的顶点，B、C两点是在模型的一个面元上新增加的顶点，完成这四个顶点的切割后单击鼠标右键暂停切割操作。接下来回到A点，继续新的切割，这次沿A、E、F、D的顺序，如图2.14所示。继续进行切割，形成眼睛的初步结构，如图2.15所示。切割告一段落后，单击Cut按钮退出切割状态。我们接着要对新增加的顶点做位置上的调整，让它们表现出空间形体结构，特别是像图中A、B这些位置上的顶点，它们的空间位置决定了形体结构特征，要认真对待。调整的方法可以参照前面图2.8的有关内容。在调整这些顶点的同时，我们也可以对模型上其他顶点的位置做配合性的调整，使得模型上各部分结构的比例更接近合理。

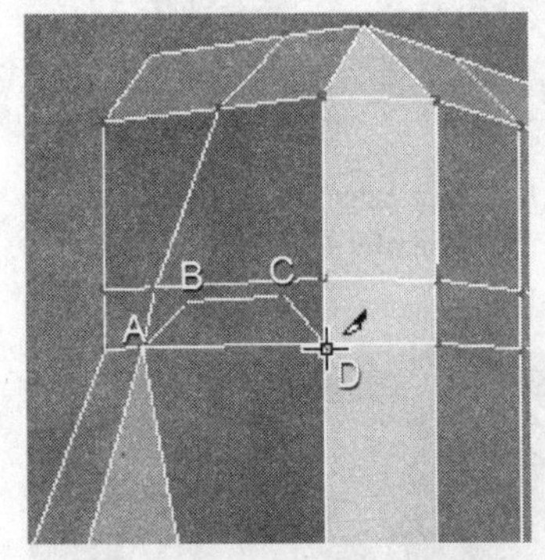

图2.13　切割模型

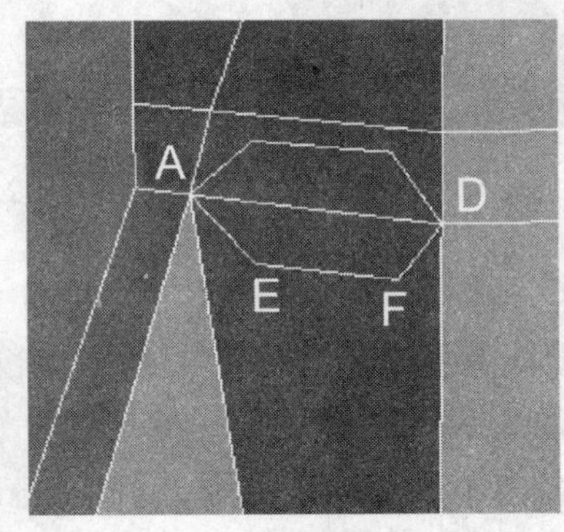

图2.14　切割模型

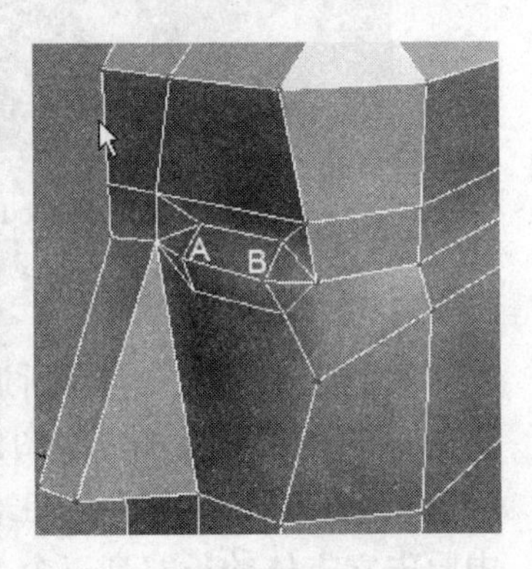

图2.15　眼睛及其周围的初步结构

图2.16　面部的初步结构

在多边形对象建模中，Cut（切割）工具是一个非常常用的工具，在细化模型的结构时它能提供方便快捷的操作。使用Cut工具并配合顶点的移动工具，我们就可以完成塑造模型形体结构的大部分工作。但我们在移动顶点时要特别注意模型对称平面上的顶点，也就是模型被左右剖开的剖切线上的那些顶点。它们只能在剖切面上移动，不能离开剖切面，也就是不能让它们在世界坐标系（场景固有的坐标系）的X轴方向上移动。否则，对称修改器Symmetry的控制结果会出现问题。要保证这一点可以在移动时借助移动操纵器。

接下来的任务就是继续用上述方法完善鼻子的初步结构，并创建嘴唇的初步结构，结果见图2.16。在这一过程中，我们除了使用Cut工具，有时还需要使用Modify（修改）面板上的其他一些功能，来帮助我们调整和整理模型的结构。

首先是在对象的Edge（边线）层次中，Edit Edges（编辑边线）卷帘内的Remove按钮可以用来去除被选择的边线，而Edit Geometry（编辑几何体）卷帘中的Create按钮则可以在已有的两个顶点之间创建边线。因为边线出现与否会影响模型的形态，所以这两个功能经常要用来改换边线的存在状态。在对象的Vertex（顶点）层次中，Edit Vertices卷帘中也有Remove，它可以用来移除多余的顶点；它旁边有Target Weld（目标焊接）按钮，可以用来将两个或多个顶点黏合成一个点；它下边的Connect也可以用来在两个顶点之间创建边线（需要先选择两个合适的顶点再按Connect按钮）。在Polygon（面元）层次■中，如果要移除一个面元则可以直接选择并用Del键删除它。还可以使用Create创建新的面元，其方法是点选Create按钮后，在空缺的面元的周边逐个单击边界上的顶点，注意单击顶点的顺序要按照从视图中看去的逆时针方向进行，否则会形成反向的面元。另外，当我们在移动顶点等次对象并调整位置时，可以使用复选方法，即在按住键盘Ctrl键的同时用鼠标连续点击不同的顶点构成选择集，然后再统一地移动这些顶点，这样的操作对于整体调节十分有效。移动边线或面元时也可以采用复选办法。

这一个阶段是造型的起步阶段，细节不多，但顶点和边线的设置与布局非常重要，它们将在很大程度上影响形体的基本结构和比例关系，是下一步深入刻画细节的重要结构基础，所以应该仔细推敲、多角度比较（可以使用Alt键配合鼠标中键旋转透视视图或用户视图角度），力求结构合理、准确、精炼。

4. 头部模型的细化

到这里，我们已经得到了一个非常初步的、块面化的面部模型，我们此时需要介绍一个三维建模的重要功能——模型表面平滑功能，也称为表面细分（Subdivision）。这项功能可以将块面很简洁的模型表面自动分割整形，形成更为平滑的表面形态。表面细分依赖电脑程序中某种约定的算法，人们通常采用NURMS函数算法。这种自动表面细分可以省却大量的劳动，帮助人们高效制作出具有复杂变化的表面。现在马上就在我们的简单模型上试验一下表面细分。

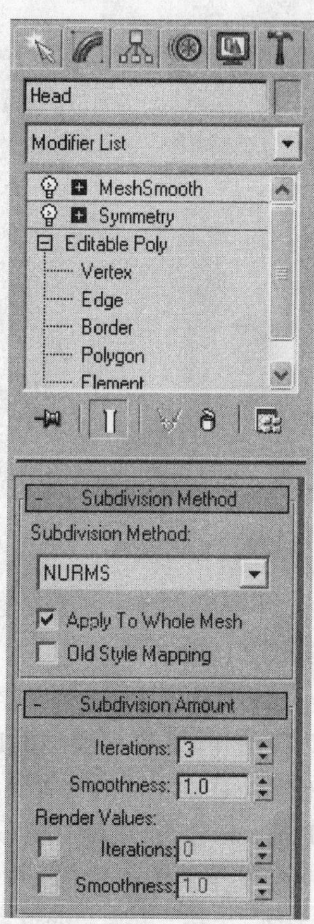

图2.17 MeshSmooth修改器出现在修改器堆栈的顶部

用选样工具 选择Head模型，到Modify（修改）面板上展开修改器下拉列表，找到并选择MeshSmooth条目。这时一个新的修改器被增加到模型上，我们可以通过观察修改器堆栈的变化核实这一点，如图2.17所示，一个名为MeshSmooth的修改器出现在修改器堆栈的顶部，它的作用就是在模型上进行表面细分。在修改器堆栈上选择这一修改器，可以在面板的下面看到它的调整选项。其中的Subdivision Method卷帘确定了细分的算法；而其下方的Subdivision Amount卷帘中的Iterations（迭代数）决定了表面细分的程度，这个数越大，有计算而增加的网格面就越多。但是太多太密的网格面会加重电脑的负担，一般我们使用的数值不超过3。图2.18则显示出了面部模型经过表面细分后的结果。我们可以看到“细分”平滑了模型表面，但也

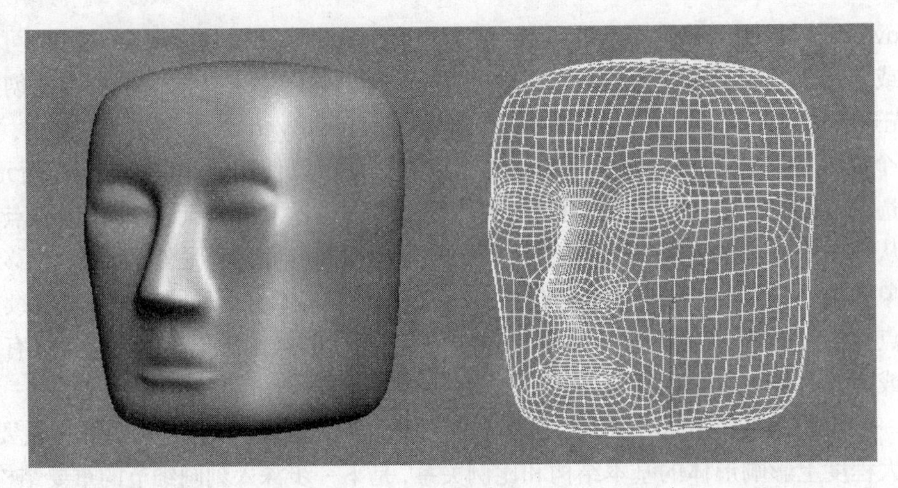

图2.18　Head模型经过表面细分后的结果，网格图的Iterations参数为2

图2.19　适当增加面部结构的转折

削弱了模型的形态特征，因而要使用好表面细分，使其效果满足造型的要求，还需要掌握更多的建模技巧，有关内容后面会有进一步介绍。

在继续深入建模时我们最好先暂时停止表面细分的功能，鼠标单击堆栈中MeshSmooth修改器左边的💡图标，关闭该修改器，此时视图中的模型又恢复了原先的块面形态。这个图标开关可以随时切换状态，在建模过程当中可以经常将其开启，以检查模型细分后的实际结果，以便随时检查和校正编辑偏差。现在我们在关闭了表面细分后再对模型进行进一步的深化和调整。回到Editable Poly层级的有关次对象层次，使用前面介绍的方法继续添加模型网格，使得面部结构的转折更加多一些，在此过程中可以通过“创建”和“移除”边线的方法改变模型上网格的分布。整理网格，得到如图2.19的结果。

我们接着要制作出脖子和耳朵的结构。将视图调整为图2.19的样子，进入模型的Polygon（多边形面元）■层次，选择模型下底面上的一个大面元，找到Modify（修改）面板中的Edit Polygons卷帘，在其中按下Extrude（挤出）按钮（见图2.20）。将鼠标移至视图中并在选中的面元上拖动，这个面元就会从模型表面“生长”出来。继续拖动鼠标并在正交视图中观察挤出的程度，达到适当的尺度后释放鼠标结束挤出操作，结果如图2.21所示。

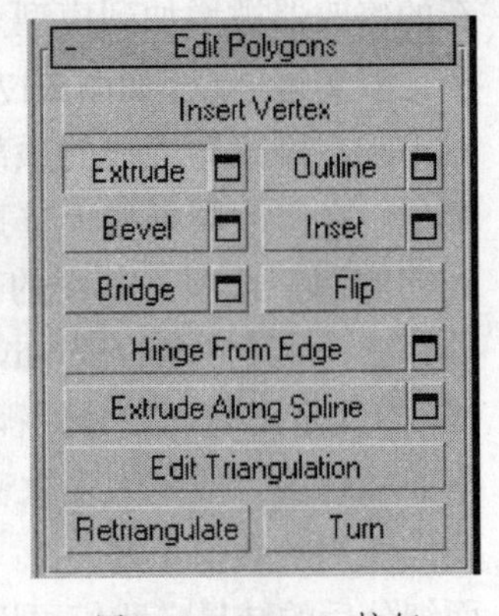

图2.20　Extrude 按钮

挤出操作在推出一个延伸结构的同时，也在头部对称平面（中央剖切面）上生成了一些多余的面元。我们将视图旋转，观察对称平面如图2.22。我们原先在给模型添加Symmetry修改器的时候，对称面上是没有面元的（只有一圈轮廓上的顶点）。但当我们进行了挤出操作后，脖子部分在对称面上出现了面元。这些面元对于Symmetry修改器的正常工作是有影响的，应当将其去除，只需选择这些面元并按键盘Del将其删除即可。另外，我们在视图2.22上看不到模型上的大多数面元，这是因为我们在那里看到的是这些面元的背面，系统默认在视图中一个面元的背面是不显示出来的。如果认为这妨碍了观察，可以把显示改变过来。这只需要进入Display（显示）面板，并在其Display Properties（显示属性）卷帘中取消Backface Cull项的勾选。删除掉对称平面上的面元之后，我们用同样方法把脖子底部的面元也删掉，让脖子下面形成开口。

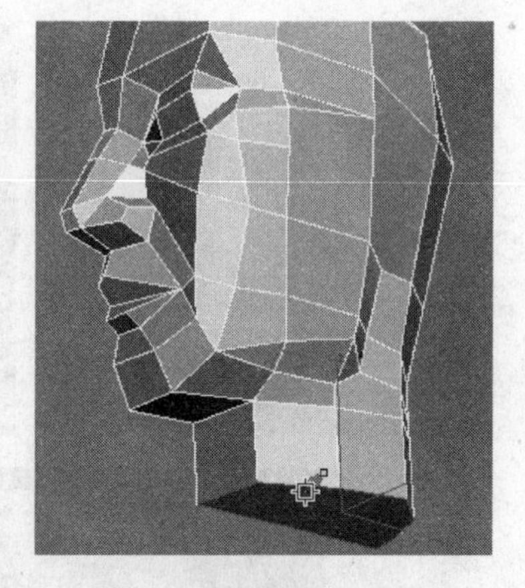

图2.21 用Extrude制作脖子

图2.22 删除对称面上的多余面元，模型上面的背面不显示

下面我们来做耳朵。旋转视图回到图2.21的正面方向，再继续旋转看到头部的后侧方。进入模型的Polygon层次，在头部后侧的多边形面元上用Cut工具进行切割，形成耳朵形状的多边形。选择切割后新形成的面元，到Edit Polygons卷帘下选择Hinge From Edge（围绕边转动），回到视图，在对应耳根的一条边线上单击并拖动鼠标，翘起这个多边形面元形成耳朵的结构，如图2.23所示。完成旋转面元后按鼠标右键退出Hinge From Edge的工作模式。然后再对耳朵和头部的连接处做适当的网格调整，使得局部结构趋于合理，使用切割、移动和网格整理等方法进一步深化耳朵的结构。进行了一定程度的深化后，我们对模型的其他部位也同步推进地做适量细化。图2.24显示了这一系列的调整结果，包括耳朵、鼻子和面部的其他一些地方以及模型的整体结果。鼠标单击MeshSmooth修改器左边的图标以打开该修改器，则可以看到表面细分的结果。到此为止，模型整体的细化工作可以告一段落了，此时模型的整体面貌已经从块面形式中显现出来，总体的比例和形态特征也基本确定了。但此时的结果仍然只处于建模的中期阶段，因为我们不难看出整个模型仍然缺乏细节，尤其是在表面细分的结果中。因此，我们接下来很重要的工作就是要集中在每个局部当中深入刻画细节，为模型增添生动而又个性化的特征。

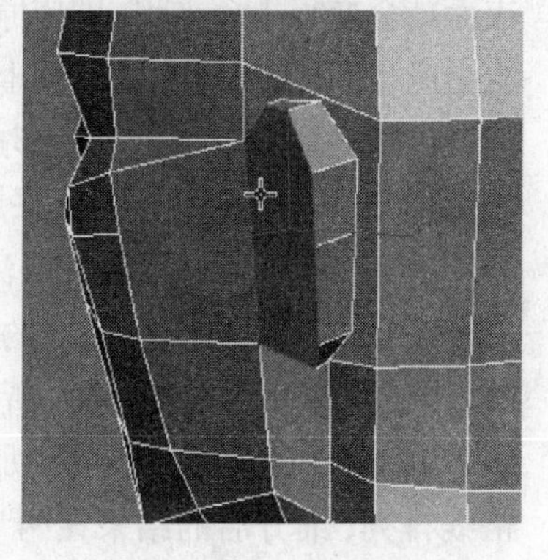

图2.23 旋转面元形成耳朵

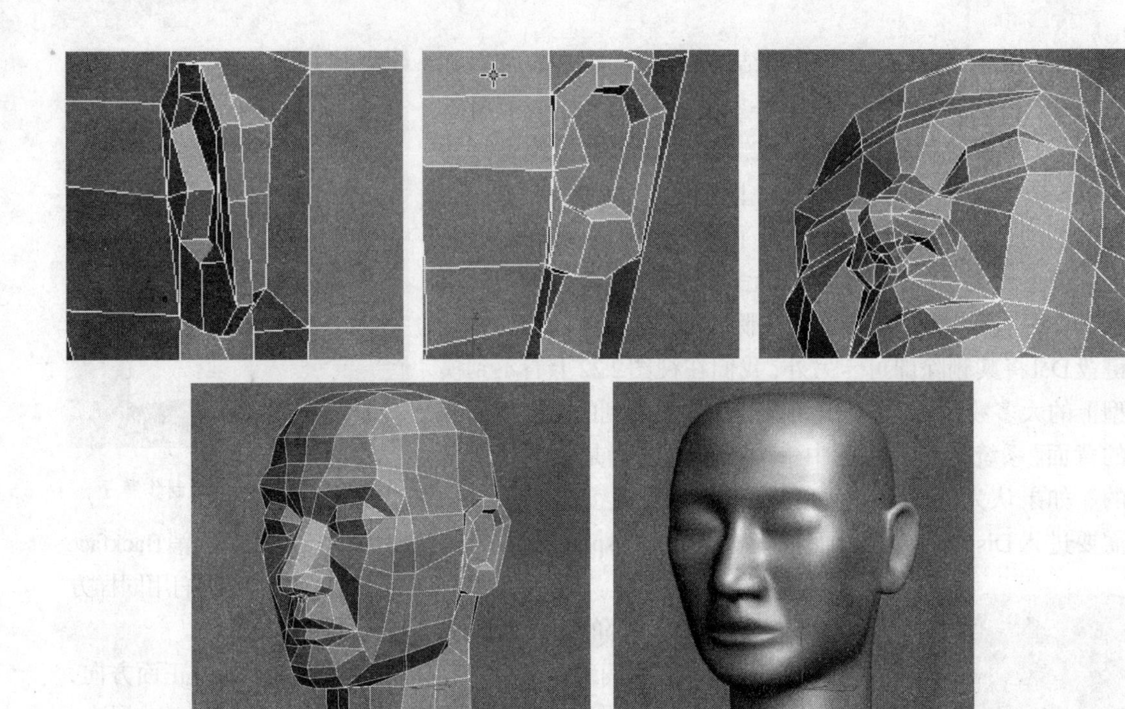

图2.24 头部模型的中期结果及五官细节

5. 深入刻画头面部特征

深入刻画面部细节需要在模型上制作出很多细微的表面转折，同时又要充分发挥表面细分功能的作用，但从前面的经验我们似乎会感觉到这两者是相互矛盾的，因为表面细分会平滑整个表面，削弱块面间的转折程度。所以我们在深入刻画局部细节时就需要正确掌握表面细分的方法，处理好局部与整体的关系。

在多边形网格模型中，网格的分布与组织情况会明显地影响表面细分后的结果。网格分布越密集的地方，细分平滑后形态的改变越小；相反，如果网格分布很疏松，它们细分平滑后表面就会变得十分平坦，即使原来的块面之间存在着比较大的转折也会如此。网格线的汇聚也会产生同样影响，通常模型上是四条边线汇聚于一个点，当更多的边线汇聚在一个点上时，细分后的表面在这里就容易形成明显转折。大家可以在图2.24的组图中仔细观察这些特点。表面细分的这种特性是由其采用的NURMS算法产生的，我们在刻画模型的局部细节时应该合理地利用这一特性。另外要注意：这种“疏与密”、“多与少”的关系是相对而言的。

我们要将嘴唇与鼻子上的一些细微转折表现出来，如图2.25所示。首先是嘴唇的合缝处，由于这里有很深的角落，所以要在原先的模型网格上沿着合缝的走向额外再添加一排边线，与原来在此处确定结构的那一组边线并排，并汇聚于嘴角处。由于出现了非常紧密的网格线排列，细分后的结果在两片嘴唇的闭合处形成了很干脆的转折。嘴角处的凹陷也是同样道理，很多条边线汇聚于一个点。在鼻底与鼻洼处，也通过增加并排的边线来加深表面转折，只不过这里增加的边线并不像刚才那样紧贴在原来的边线一旁，这是根据要制作的转折程度来决定的。

对眼睛的细化先要打开上下眼皮，进入对象的边线层次 并将表示眼缝的三条边线选中（见图2.25），再选择Edit Edges卷帘下的Split按钮，将这三条边线各分裂为两条。分裂操作刚刚完成后，A、B位置上各形成两个完全重合的顶点，我们可以用鼠标单击A、B并用工具 进行移动，就会看到重合的两顶点被分开了。继续调整这两个顶点的位置，形成眼睛的开口，如图2.26所示。下面要做出眼皮的厚度。进入对象的Border（边界）层次 ，并用选择工具 点选眼睛开口周边上的任何一条边线，就会发现所有眼睛开口处的边线均被选中。这是因为这些边线位于模型表面的边缘处（它们的旁边即是模型上的孔洞），故此它们构成模型的“边界”，我们在Border（边界）层次就可以很方便地选中它们。接着使用移动工具 在按住键盘Shift键的同时拖动被选中的边界向内部移动，为保证移动方向的正确性，我们仍可以借助移动操纵器，在透视图（或用户视图）中拖动移动操纵器的y轴（即绿色的轴）即可保证移动方向朝着眼睛的内部。由于我们在拖动时同时按住了键盘Shift键，会发现原有的边线并没有被挪动，移动的结果产生了一组新的边线，它们平行于原来的边线并向内移动，这种按住Shift键所进行的移动操作实际上是一种复制操作。由于边线是不能独立存在的，因此伴随它们的出现也出现了一些新的面元，结果如图2.27所示。

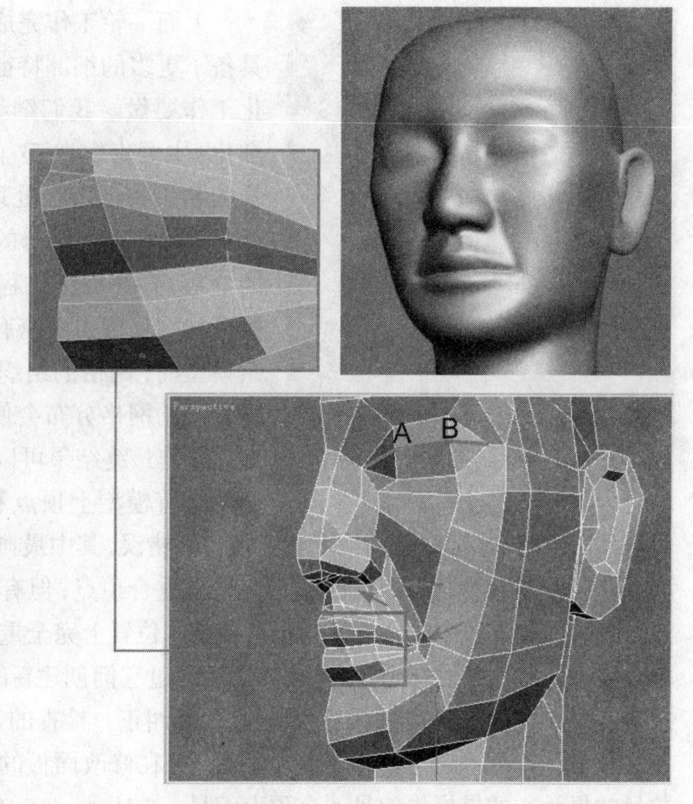

图2.25　增加面部的细微转折

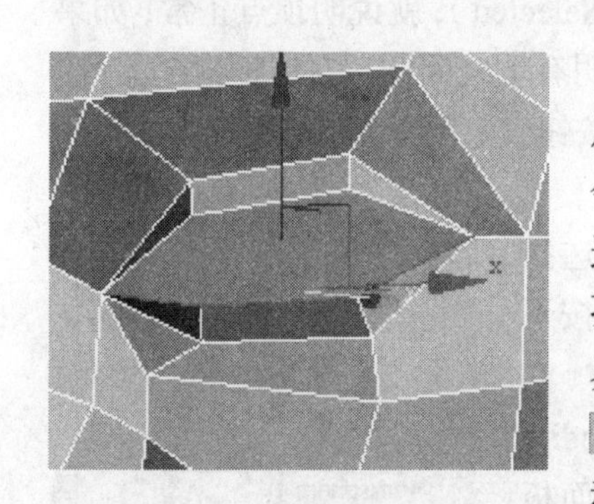

图2.26　制作眼睛的开口

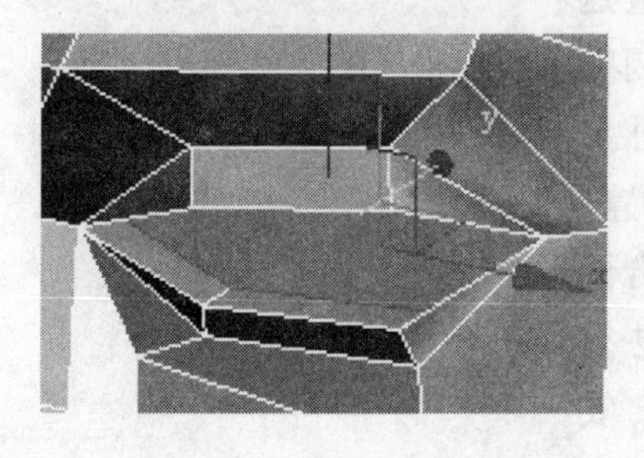

★图2.27　制作眼皮的厚度

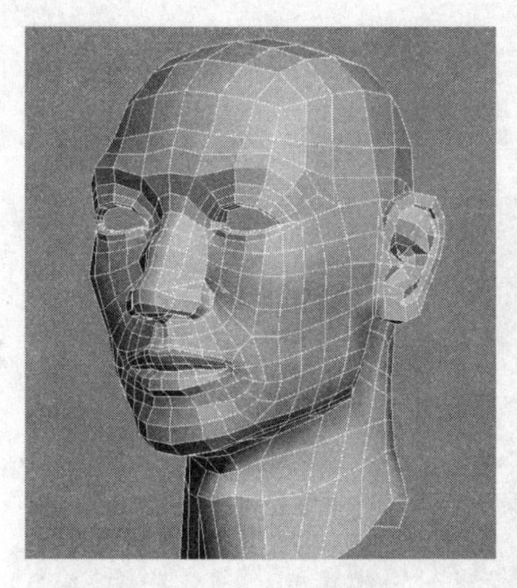
图2.28　模型细化后的最终结果

上面一轮工作完成后，模型已经展示出总体面貌并具备了更多的细部特征，但距离最终的结果还有很多细化工作要做。我们继续对模型的各个部分进行深入和细化，主要集中在五官部分，在表现结构的同时兼顾人物的相貌特征。在处理转折时要注意前面讲过的多边形对象网格疏密结合的原则，合理安排模型上点、线、面的分布，并在深化过程中随时调整改进网格的连接，使网格结构呈现出疏密有致、衔接自然的形态。在创建复杂模型时，网格的组织本身就是造型艺术的一部分，巧妙合理的网格分布会使造型工作取得事半功倍的效果。细化工作最终结果可以参考图2.28。

随着模型上顶点和边线的组织变得越来越复杂以及操作次数的增多，有时网格上会出现一些错误，其中最典型也是影响最深的是重合顶点的问题。我们刚才在打开眼孔时人为制造了重合顶点，但有时在无意间会造成毫无必要的顶点重合。如果有两个或者更多的顶点在空间位置上完全重合，它们会看似一个顶点，但真正单一顶点的特性它们却不具备，比如无法通过它们创建新的边线、表面细分后的结果不甚理想等。对于这种问题，我们必须及时发现和纠正。检查的方法就是在“疑似”重合顶点处用鼠标拉框选择的办法选择该位置上的顶点，在修改面板的Selection卷帘中会有被选中顶点数目的提示。如果报告的是一个顶点编号（如Vertex 15　Selected），就说明顶点正常；如果被选顶点数目超过1（例如报告2 Vertices Selected），就说明有重合问题。在这种情况下，应该马上点击一下面板Edit Vertices卷帘中的Weld（焊接）按钮，就可以立即将所有被选中的重合顶点合并为一个单独的顶点。

面部细节调整好后，我们给头部模型安放上眼球。选择Create（创建）面板标签和Geometry（几何体）按钮，按下Sphere按钮，在Front（前）视图中拖动鼠标创建一个球体，它在场景中是一个新的对象。保持球体的选中状态，选择Modify（修改）面板。对于球体这样的简单几何体对象，修改面板下只有Parameters（参数）这一个卷帘，参见图2.29。调整这个卷帘中的Radius（半径）参数可以调整球体的大小；调整Hemisphere（半球）参数为0.5，可以将球体变为半球（眼球外露的部分仅有一半）。我们通过移动操作调整眼球的位置，将其放置于眼球孔之中，并适当调整其大小，使其最终符合面部特征的需要。再用按住Shift键同时移动整个眼球的办法复制一个完全相同的半球体，将其安放于另一侧的眼球孔中，安放位置应尽可能与前一个眼球对称。在这里我们不必强调对

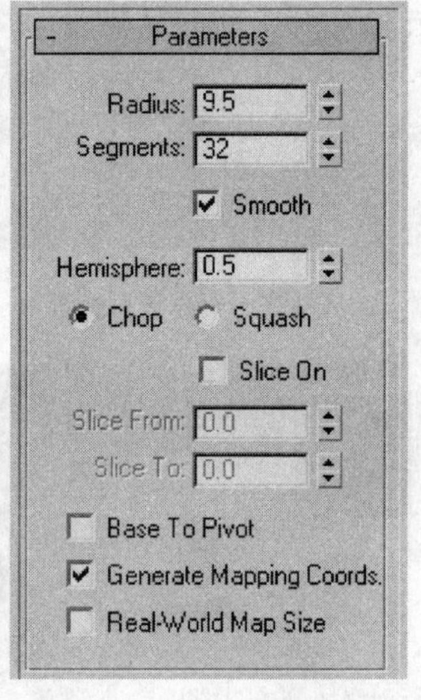

图2.29　球体的参数卷帘

位的精确性，毕竟不是机械产品，所以位置只要达到目测的精确度便可以了。两只眼球对象的名称保持默认名，最终的头部模型结果见图2.30。

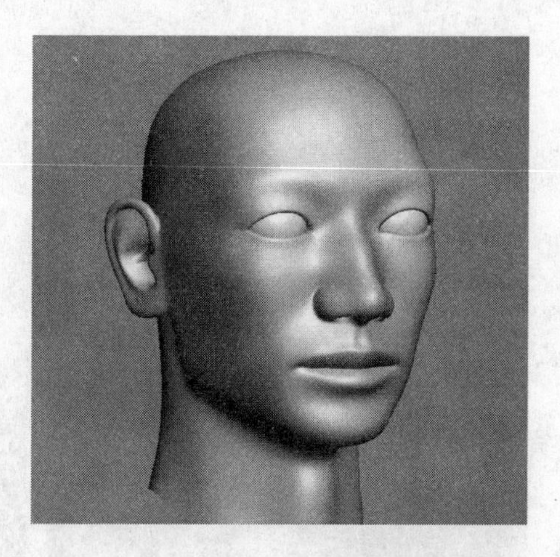

图2.30　头部模型的最终结果

6. 对称修改器和平滑修改器的补充

前面已经完成了头部模型的建模，在建模过程中我们使用了两个起重要作用的修改器——Symmetry（对称）和MeshSmooth（网格平滑），下面要对它们的使用再做一些说明。

如果在Modify（修改）面板中的修改器堆栈中选择Symmetry修改器（可以参考图2.5，注意首先要选中模型），就可以在面板的下部发现一些可调整项目，它们被集中在一个名为Parameters（参数）的卷帘之中。卷帘是一种可以被收拢和展开的界面组织形式，收、展的动作可以通过鼠标单击卷帘名称来执行。当我们在堆栈中选择了不同的修改器时，面板下部会相应出现修改器所拥有的不同的卷帘和调整项目。Symmetry修改器的卷帘和选项很简单（可以见图2.33），卷帘中第一组即Mirror Axis组中的选项是关于对称轴的，如果是严格按照我们前面讲述的步骤建模，这里的对称轴应该是默认的X轴。Slice Along Mirror这一项与我们这里的工作无关。下面的一个选项很重要，Weld Seam决定如何处理模型的对称接缝。对称接缝是模型左右两个对称部分合拢处的缝隙带，如果缝隙为零，它就是从中央竖向环绕人物头面部的一条线（即前面所说的中央剖切线），这条线形成的一个面也就是头部的中央对称面。由于我们在建模一开始有所考虑地处理了几何体，这样在添加Symmetry修改器时，它所使用的操作对称面（即镜面）也位于这里，镜面的标志是前面一开始提到过的橙色小矩形（也可参看图2.33）。镜面与头部中央对称面重合，模型的对称接缝就会完全吻合——没有缝隙。虽然在空间上没有缝隙，但模型却不一定是连通的，这还要取决于我们对Weld Seam的设置。如果Weld Seam被勾选，则模型左右两部分会连成整体；但如果Weld Seam没有被勾选，模型的左右就是断开的，这样在它们的衔接处就会出现折痕，如图2.31所示。

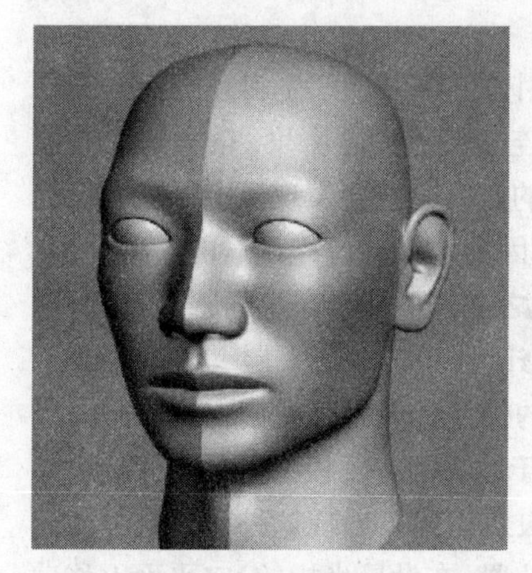

图2.31　Weld Seam不勾选时模型的对称部分不能连接

如果我们在开始建模时的准备工作不周密，就可能使Symmetry修改器的镜面与头部的中央对称面不重合，这样头部的对称接缝就不能完全吻合——当中会有缝隙或交叠（见图2.32）。此时即便是勾选了Weld Seam，模型的左右两边也不一定连接。这取决于接缝处的偏差程度和我们在Weld Seam下方的Threshold（阈值）中

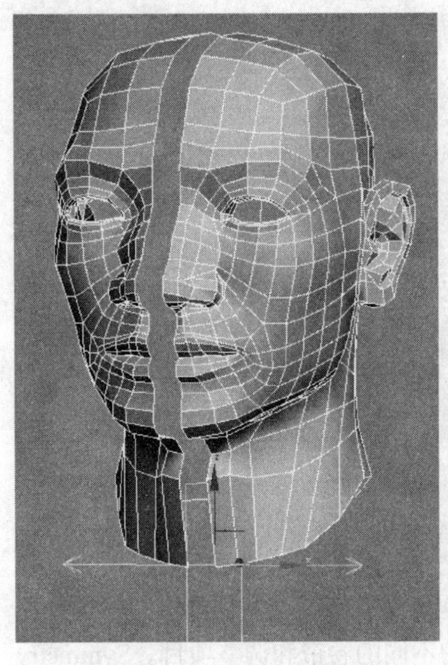

图2.32　模型左右两边不能自动连接的情况

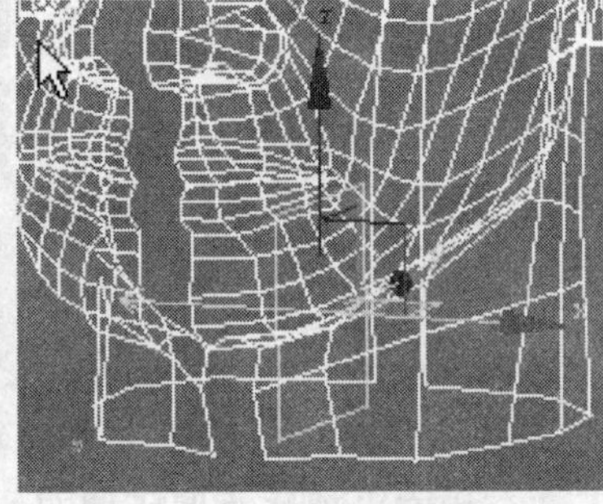

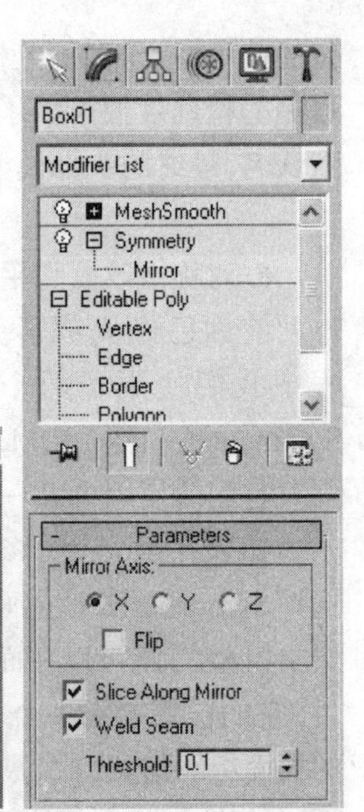

★图2.33　选择Mirror子项，在视图中操纵对称面位置

的数值设置。当对称接缝确实出现不吻合时，一般用两个办法进行调整。首先可以调整Symmetry修改器镜面的位置。在修改器堆栈中点击Symmetry修改器左侧的加号展开修改器子项，选择子项中唯一的一项Mirror（镜面），于是我们可以在视图中看到并操纵修改器镜面（图2.33）。确认激活移动工具，在视图中拖动操纵器的红色X轴以调整镜面的横向位置。在调整中会发现模型的复制半边——右半脸也随之横向移动，模型左右接缝的大小也随之变化。如果我们把接缝处的缝隙调整到足够的小，左右模型就会自动连接（Weld Seam要勾选）。

当模型接缝处的缝隙本身不很大时，我们也可以使用另一个办法产生自动连接——调整Threshold（阈值）的数值。Threshold表示软件对自动连接接缝的宽限度，增大这个数值就可以自动连接更宽的缝隙。我们增大这一参数到适当的数值时就会发现模型缝隙会自动合拢。但如果接缝缝隙很宽，就不要单独使用这一方法，因为这样会使连接后的模型变形。通常我们还是要将这两种方法结合使用，单独地使用其中之一都可能会产生问题。

在解决了模型接缝的自动连接问题后，用鼠标点选修改器堆栈的最上层——Symmetry修改器回到堆栈顶端，就应该看到一个衔接平滑而完整的模型。但有时我们在这条中央线的某个局部还会发现衔接错误，出现开口或交叠，这是由于原先的半个模型上处于接缝边界线上的某些顶点离开了其应在的平面，也就是头部的中央对称面。出现这种问题最可能的原因是在建模过程中不小心移动了这些顶点在X轴上的位置，在世界坐标的YZ平面上移动这些点不会有问题，但如果在X轴上移动它们，就会导致合缝问题。此时若要纠正这一问题，可以再回到模型的顶点层次，移动这些顶点使它们回到对称面上。要完全确保它们回到对称面不太容易，但只要它们很接近对称面，误差小于Threshold规定的数值，这些顶点就会和它们的对称点自动结合使模型连接。

MeshSmooth（网格平滑）是我们使用的另一个重要的修改器，注意它在修改器堆栈中一定要加在Symmetry的上部，否则模型上可能会出现折痕。MeshSmooth被选中后面板上会出现很多的卷帘和调整项，我们此时最关心的应该是Subdivision Amount卷帘中的Iterations（迭代数）。在一开始的简单模型阶段，我们将这一参数设置为“3”，但随着对模型的细化，模型上多边形网格面增加了很多，此时3这一数值就显得过大，会对模型做过度的细分而急剧增加电脑的负荷，所以当我们渐近结束建模时应该将这一参数改为"2"或"1"较为合适。另外，在建模过程中为查看方便我们有时会将某些修改器关闭，被关闭的修改器会暂时失掉对模型的修改作用直至被再次打开。关闭和重新打开修改器可以按其左面的按钮。

第四节　躯体建模

人的躯体包括躯干与四肢，我们在此将脚部列入其中，但手却不包含在内。因为我们的角色是穿鞋的，脚部模型不需要有很多细节，所以将其与腿部连贯建模。手部是暴露在外的，需要更多细节，因此将其建模另外划分为一个单独的阶段。在其他一些场合，可能会将手与脚一同划归为独立的阶段。

躯体建模所使用的方法是与头部建模一样的多边形网格法，但不同的是：躯体（尤其是四肢）是人体活动最多的部分，在三维动画中这些活动要靠模型的变形来表现，所以在建模时应特别考虑可能要做较多变形的部位的网格形态，例如肩、肘、膝、胯等。另外，在建模躯体时，人体的实际尺寸也要有所考虑。因为在当今的三维动画制作中一般都需要运用多种动力学仿真，例如服装、毛发、环境作用等，这些仿真计算需要以物体的实际尺寸作为科学计算的依据。同样是布料的裙子，它穿在真人身上和穿在洋娃娃身上的表现是不同的，仿真计算应该反映出这种不同之处。

既然实际尺寸相当重要，我们就先要来关心一下三维软件对于尺寸的度量。在三维软件的工作空间中设立有一个世界坐标，它是一个固定的三维坐标系，在各种视图当中都可以看到它的坐标网格（可以用键盘X键切换坐标网格的显示）。在3ds Max中，世界坐标轴上的基本长度计量单位被记为“1”，即一个软件内部单位。一个软件内部单位可以被指定为不同的实际尺寸，这可以视所从事的具体项目的性质而定。比如小型机械类的项目可以指定“1”为1毫米；而城市规划项目则指定“1”为1米为宜。在没有做特别设定的默认情况下，3ds Max将它的“1”指定为1英寸（inch），约为2.54厘米。对此，大家可以做这样的检查：单击主菜单条的Customize（自定义）选项，在其下拉菜单中选择Units Setup（单位设定）选

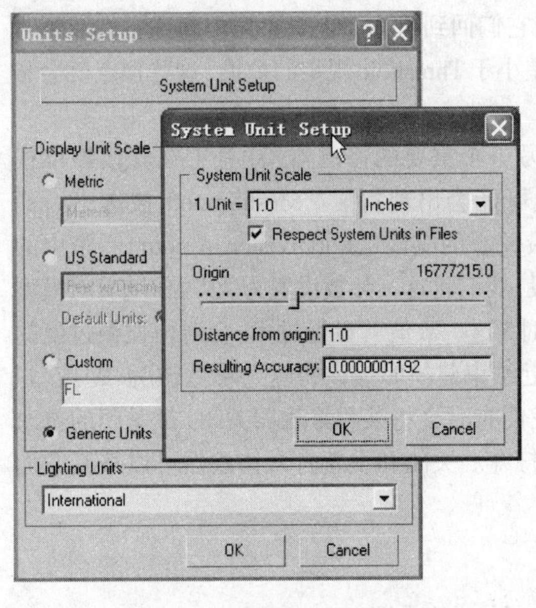

图2.34　系统单位设定窗口

项，弹出一个单位设定窗口，在复选项中确认其下方的Generic Units（普通单位）被选中。再按下窗口中最上方的System Unit Setup（系统单位设定）按钮，打开一个小的系统单位设定窗口（见图2.34）。该窗口中有一些数据，其中最上一行说明了当前软件中对于长度单位"1"的设定，它应该显示"1 Unit = 1.0 Inches"。在弄清并核实了软件关于长度的度量之后，我们开始来学习躯体的建模。

1. 确定初始的几何体

人体模型可以摆出各种姿势，但我们在为角色动画建模时一般均采用达·芬奇姿势。达·芬奇姿势是一个站立的人体，并且双手侧平举，两腿左右略微分开，这一姿势得名于达·芬奇那幅著名的关于人体比例研究的素描手稿（见图2.35）。采用达·芬奇姿势作为初始姿势进行人体建模，可以很明了地确定人体各部分比例，同时为动画中可能出现的各种人体动态提供一个标准的初始参考模型。后续动画所需要做出的各种姿态，都是从这一初始模型上变形得到的，因此在建模时要注意活动部位的网格结构的合理性。另外，动画造型并不一定都是写实的，在很多时候都更强调夸张，角色即使是人形，也不一定要遵守真实的比例。因此我们在此提及达·芬奇姿势只是一种参考，并非表明它是某种严格的标准。

既然确定了要制作的躯体的姿势，建模就可以开始了。为了保持工作现场的简洁，我们先要将前面完成的头部模型暂时隐藏。在视图中选中头部模型对象Head，右键单击鼠标，在弹出菜单中选择Hide Selection（隐藏选择对象），头部模型在场景中便不再显示了（它仍然存在）。用同样方法将两个眼睛也隐藏起来，让整个场景成为空白。下面我们从躯干部分（不包括四肢）开始起步。

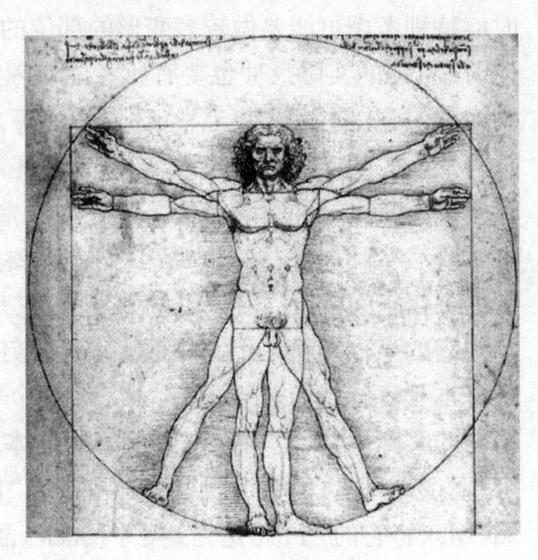

图2.35　达·芬奇的人体比例研究

回到创建面板中的Geometry（几何体）分类，确认Standard Primitives为创建类型，选择Box按钮，在Front（前）视图中操作鼠标，创建一个大小约为29 × 16 × 8的立方体对象，如前所述，这些数据代表立方体长、宽、高的英寸数，它大致仿照了一个普通成人躯干部分的尺寸。随后选择

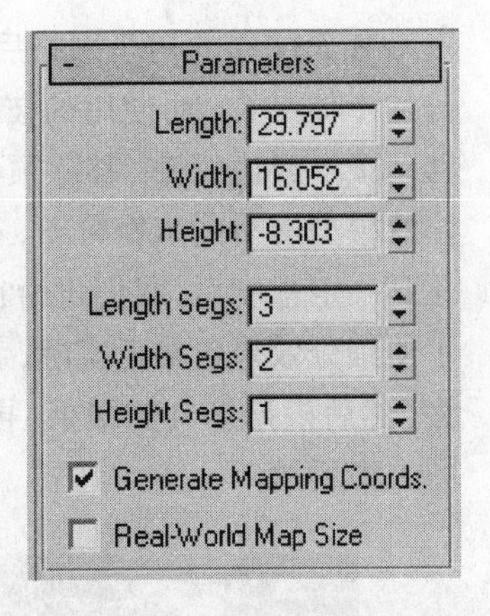

图2.36　立方体的参数

修改面板，可以看到刚创建的立方体的参数，在此先将立方体的命名改为“Body”。如果在创建时确定的尺寸不够准确，可以在此对Body的尺寸做修改，同时我们把Body的分段数设为长3宽2高1，如图2.36。然后我们要把Body在场景中的水平位置归零，这样可以把工作对象放在场景最正中的位置，对以后的建模工作有很多好处。为此，保持Body被选中并选用主工具条上的移动工具，为得到精确的位移，我们并不直接使用该工具移动对象，而是使用用户界面下方的状态条（Status Bar，见图2.1）来控制位移。状态条中的坐标显示区（Coordinate Display Area）包含三个数据输入框（见图2.37），在选用移动工具后它们分别显示对象在世界坐标中的三个位置坐标值。

图2.37　坐标显示区

我们在X轴和Y轴的数据框中输入“0”，设置Z轴的数据为44左右（这个数据考虑了躯干离地面的高度）。接下来我们还要仿照头部建模开始时的一些操作，为模型建立对称控制。

保持Body被选中，在其上右键单击鼠标弹出四角菜单，在其中选择Convert To（转变到）菜单条，继续选择子菜单中的Convert to Editable Poly（转变到可编辑多边形）选项，这样就将Body转变为一个多边形网格对象。回到修改面板，进入对象的面元层次，在Front（前）视图中用鼠标框选模型左侧的所有面元，选中的面元显示为红色，按键盘上的Del键删除这些面元，然后为剩下的对象添加一个Symmetry对称修改器，这样就只需修改模型的右边，左边部分会自动保持对称。和头部建模类似，在添加完修改器后，如果要继续修改模型进行造型，则应该在修改器堆栈中向下选择Editable Poly这一项。在编辑模型的同时，我们可以使用堆栈结果显示按钮让模型仅显示出一半。

2. 躯干部分的建模

现在我们有了一个代表人体躯干部分的立方体，可以对其进一步造型了。初始的步骤也和头部建模时相同，先要对一些棱边做导角。保持模型选中，在其修改器堆栈中选择Editable Poly一项，然后进入模型的Edge（边线）层次。按住键盘Ctrl键同时用鼠标依次单击Body模型上的边线进行复选，要选择所有处于上部和外侧棱边上的那些边线。接着选择修改面板上Edit Edges卷帘中的Chamfer按钮（见图2.11），在视图中用鼠标拖动刚才选中的边线，形成导角结构，并适当控制导角的程度，如图2.38所示。

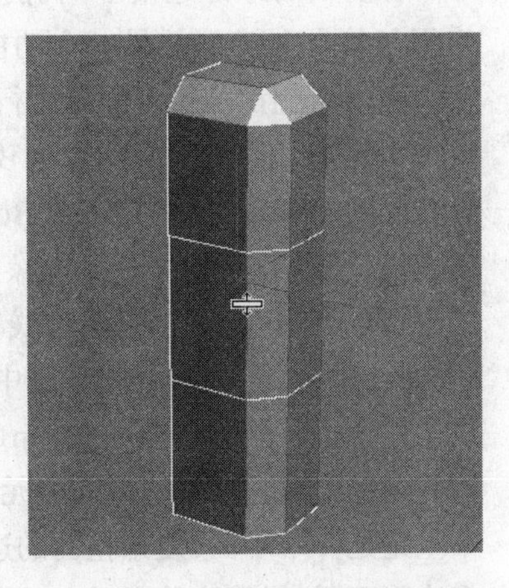
图2.38　导角Body模型的外棱边

有了这样的初步网格后，就要逐步深入地进行刻画。此时我们关注的重点在躯干部分的形体结构，而使用的技术相对简单，还是在前面头部建模时使用最多的Cut（切割）、移动顶点或边线、移除顶点或边线（Remove按钮）、焊接顶点（Weld按钮）等功能。要注意模型网格的疏密分布，在转折较大、细节较多的地方应适当增加网格密度。当模型细化到一定程度后，我们再给它添加一个表面细分的修改器MeshSmooth（参考图2.17）。为了使细分效果更接近实际，我们还要把模型上对应颈部、上臂和大腿生长处的一些面元删去，然后根据细分的结果，再对模型做适当的深入和调整，最后躯干部分的多边形网格如图2.39所示。

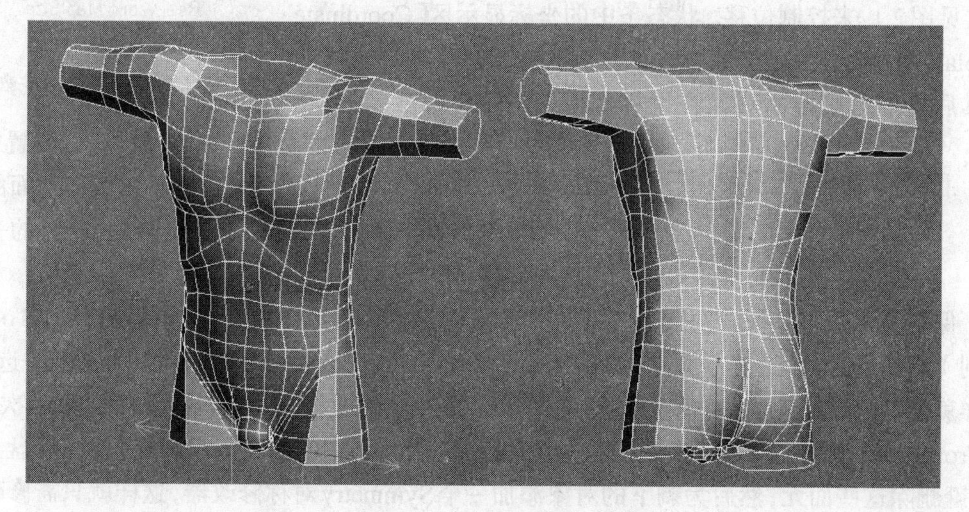

图2.39　躯干部分的模型

3. 腿与手臂的建模

在前面的颈部建模中，我们学习了多边形面元的Extrude（挤出）这个功能。下面我们使用与其十分类似的另一个功能——Bevel（斜角），让腿和手臂从躯干上“长”出来。由于这两个功能都是针对面元进行的操作，所以先要将躯干上大腿根部的开口再次封闭而形成一个多边形面元。我们选中Body模型，在修改器堆栈中关闭MeshSmooth修改器，选择Editable Poly层级并进入其Border（边界）层次，然后点击大腿根部开口边缘上的任何一条边线，可以看到整个开口边缘上的一圈边线都会被选中。因为这种处于模型表面的边缘之上、闭合连接起来的一组边线在3ds Max中又被定义为“边界（Border）”，所以我们可在Border（边界）层次中轻松地选中它。配合Border层次，修改面板上在Edit Borders卷帘中提供了一个很有用的功能——Cap（封口）。当选择了边界后，只要单击Cap按钮，即会在这一边界内部形成一个多边形的面元，将开口封闭。值得一提的是，在三维软件中的多边形面元不一定是一个平面，复杂扭曲的边界可以不处在一个平面上，但将它封口后仍然会形成一个多边形面元，尽管这种面元有时会难于理解。

封口完成后，我们转换到模型的Polygon（面元）层次，并选择刚刚做出的封口面元，在Edit Polygons卷帘中按下Bevel按钮，然后执行一组Bevel操作：用鼠标拖动封口面元，向下挤出模型至适当的伸出长度后释放鼠标，并继续移动鼠标调整伸出的柱状体顶面的大小，最后再单击鼠标确定操作结果。重复刚才这组操作几个循环，使模型逐级向下延伸（挤出），并表现出一定的粗细变化，大体形成腿部的形态。在制作过程中要参照上身躯干的长度控制好腿部的总体长度，结果如图2.40所示。

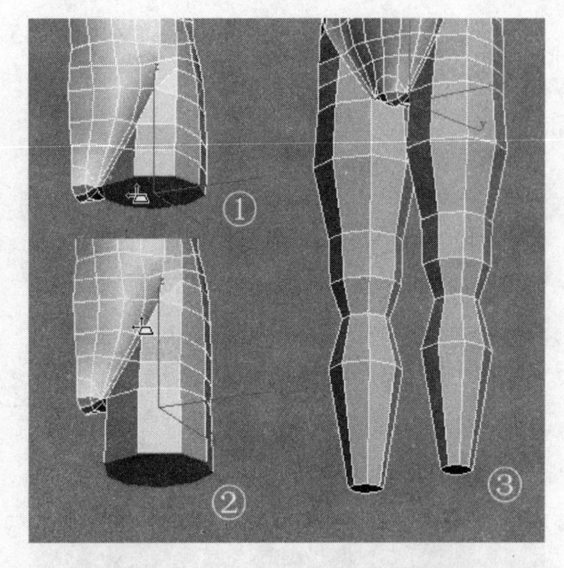

图2.40 使用Bevel操作逐级挤出模型形成腿部形态

从小腿底部再做两次Bevel操作，形成脚的雏形。单击修改面板上的Bevel按钮或单击鼠标右键以退出Bevel的工作状态，然后利用移动模型顶点的办法调整足部雏形的形态，形成脚掌的模样（可以利用复选方法对顶点进行分组移动），再对脚掌前部的两个面元各自执行Extrude操作，延伸出脚趾的形状，这一系列操作的结果可参考图2.41。

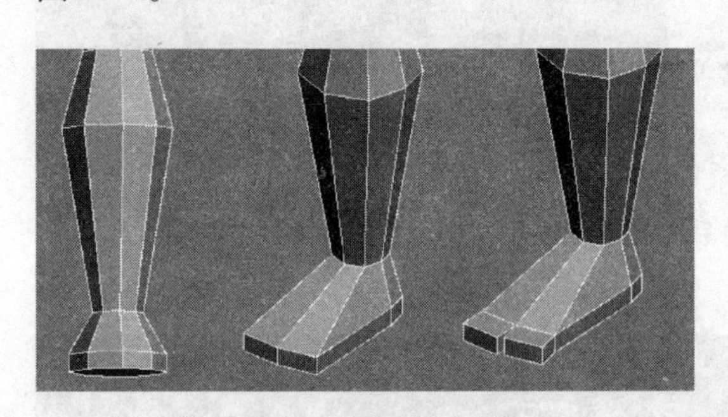

图2.41 制作足部的初步形状

通过上面的过程我们建立了从腿部到脚部的初步结构，此时的形态还是非常机械和僵硬的，还需要根据腿、脚部的生理形态进一步深入地造型。使用前面介绍过的深入造型的常用方法，首先将腿部模型略加深化并调整完善。在此过程中要继续注意腿部的总体长度和各部分的比例，使上下身比例协调，结果如图2.42所示。随后再对足部模型略做深化，结果见图2.43。

完成了腿、脚部的建模后，便可转到上面去继续手臂的建模。其方法和步骤与腿部是完全一样的，这里不再赘述。手臂的建模止于手腕，并可以在手腕处将端口上的面元删除，形成开口，保证细分后的模型的合理性。手臂模型的多边形网格见图2.44。

这样我们就得到了一副躯体模型。在整个躯体模型建模过程中，我们采取的网格密度比头部建模时要略微低一些。这是因为我们的角色将来要穿服装，制作出太多的身体细节并没有意义，只要保证运动较多的部位，如关节、肩部、腰部、臀部等处有足够的网格密度就可以了。把模型的细节和网格密度控制在一个合理的水平，对于减少电脑负荷、提高工作效率都非常有帮助。最后我们回到修改器堆栈的最上层级MeshSmooth，并重新打开它，就可以看到一个躯体模型的最终结果，参见图2.45。注意，此时MeshSmooth的Iterations参数项设置为“2”。

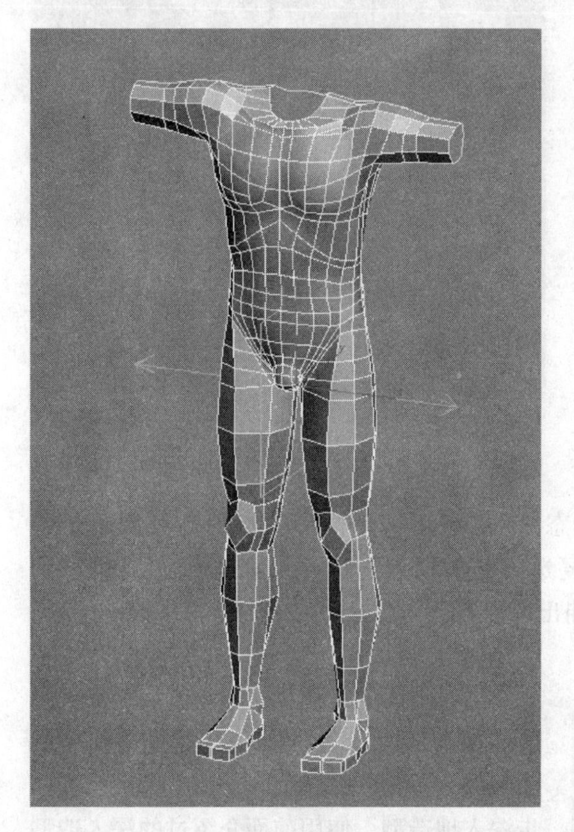
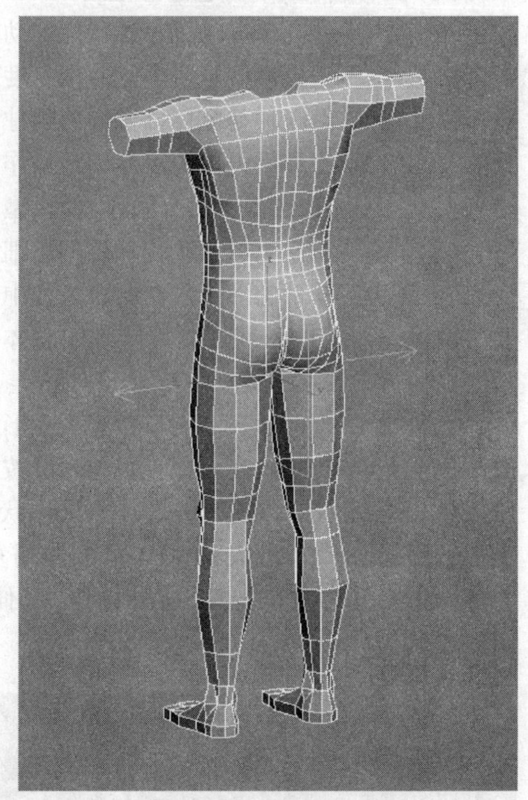

图2.42 完善后的腿部模型

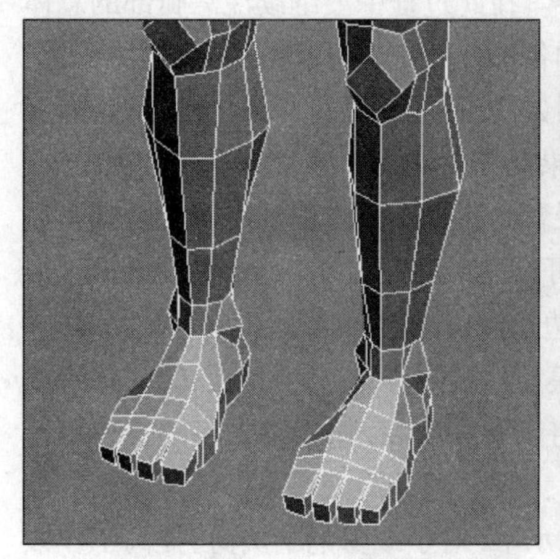

图2.43 完善后的足部模型

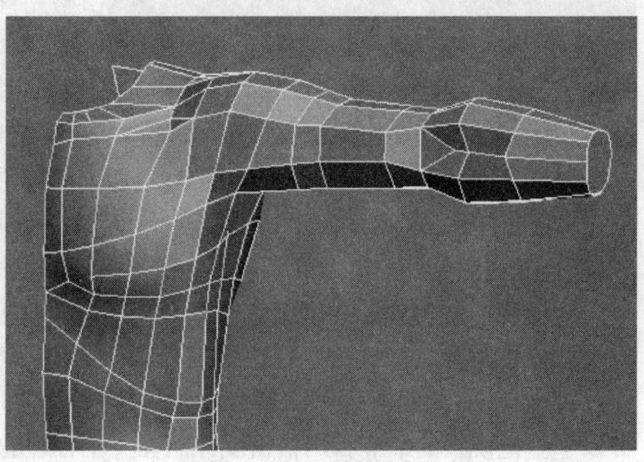

图2.44 手臂模型网格

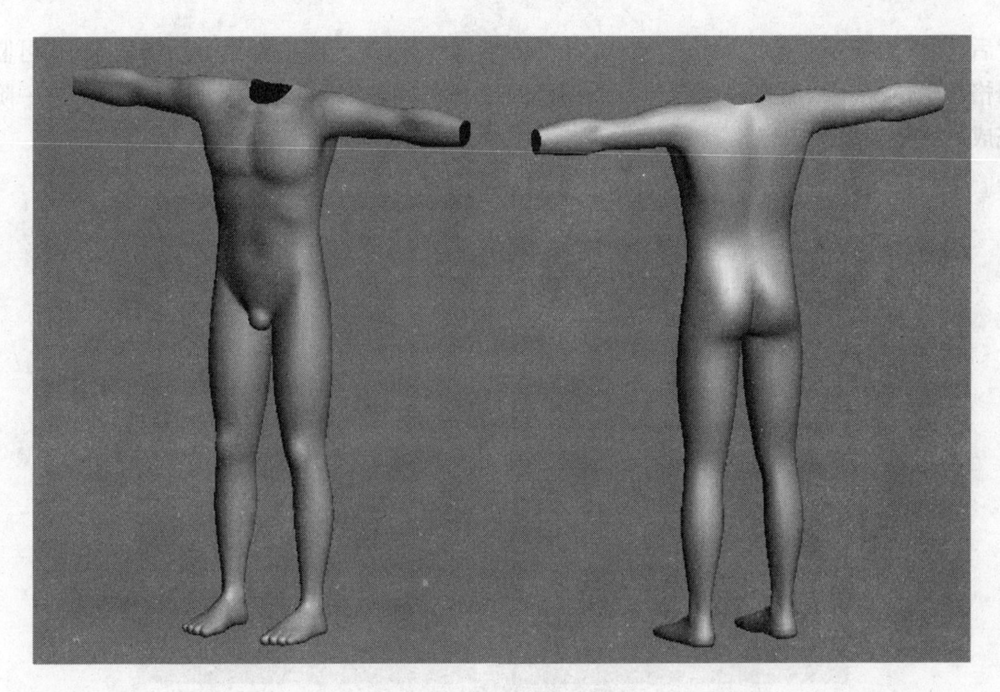

图2.45 角色躯体模型

第五节 手部建模

将手部建模工作与身体分开，也是考虑到模型的细节问题。手部是外露部分，又会有较多的动画，需要更多细节表现和较高的网格密度，所以先将其单独处理。开始之前可以先将躯体模型Body隐藏（使用单击鼠标右键弹出的四角菜单）。

建模开始先要确定一个手部初始姿势，以方便造型时的比例控制和以后实施动画时的变形控制，一般采用五指平伸微张的姿势。建模的基本方法和前面的头部以及身体建模是完全一致的。我们先在顶视图中创建一个代表手掌的扁平立方体，并合理设置它的分段。然后将其转化为多边形对象，使用前面介绍过的针对多边形面元的几种操作——挤出（Extrude）、斜角（Bevel）、围绕边线转动（Hinge From Edge）等对立方体进行修改，生成手指的结构，并在需要时使用次对象的移动来调整比例和形态，初步形成手的形状。和头部一样，此时手的实际大小并不需要太在意，具体情况见图2.46。

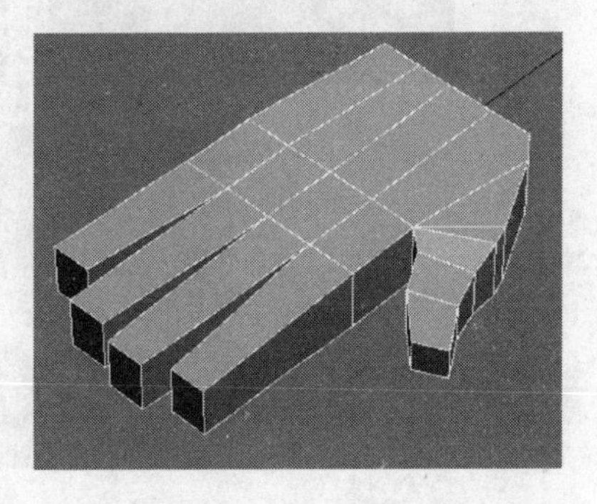

图2.46 手的初步结构

接下来是进一步深化手的各部分结构，主要集中在手指的几个关节处和手指根部的连接处，主要使用的软件功能是Cut（切割）和次对象的移动。在深化至一定程度后，便可为模型对象添加一个MeshSmooth修改器，以观察网格经细分后的效果，并可监测网格编辑情况。添加完修改器后可以回到Editable Poly层级继续编辑网格对象。这一阶段完成后的结果见图2.47。

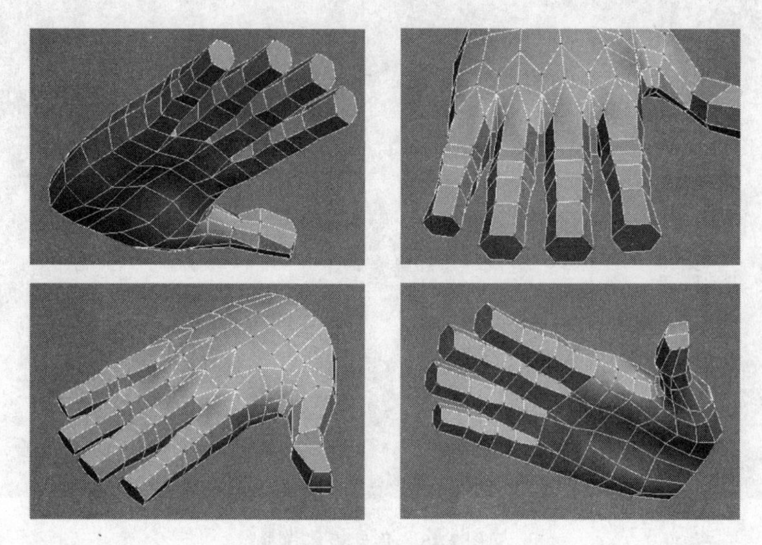

图2.47　手部结构的深化

继续进行细部刻画，着重于手指关节和指甲的特征。注意通过网格密度的变化控制细微的转折，在手指关节处要适当增加网格密度，为将来的动画变形提供更好的操控性。此外将手腕的模型也连带做出，这样可以更一体化地处理腕关节的结构，为后面与手臂的连接做好准备。手部的最终结果见图2.48。

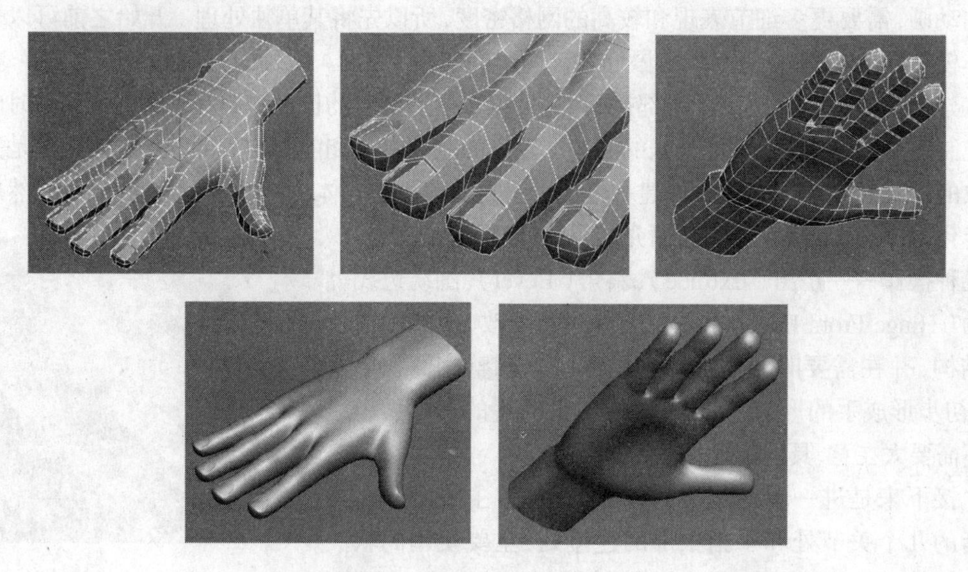

图2.48　手部模型的最终结果

此时完成的模型是一只右手，但如果我们需要的是左手，可以使用主工具条上的镜像工具（Mirror）来转变它。点选视图中的手部模型，再点击镜像工具，就会弹出一个镜像操作对话窗口。如果前面的建模工作是如实地依照前文中讲解的要点去做的话，此时就不需要调整对话窗口中的任何选项，直接接受窗口中的默认设置并点击窗口下部的"OK"按钮，就可以看到手部模型变化为一个左手模型，将这个模型的对象名称改变为"Hand"（手）。

第六节　人体模型的组装

前面我们已经完成了角色人体的所有部分的建模，现在需要把它们组合成为一个完整的模型。将几个模型组合成为一个模型，意味着它们将构成一个独立的对象，具有唯一的对象名称，并且可以同时对它们进行次对象的编辑。将身体各部连接成一个整体也有利于运用骨架系统产生动画。

为此，先将前面被隐藏起来的头部和躯体等模型重新显示出来，即用鼠标在视图的空白处右键单击，在弹出菜单中选择Unhide by Name（选择名称显示）菜单条，于是系统打开一个Unhide Objects（显示对象）窗口，其中包含一个对象名称列表，依次排列出所有被隐藏的对象名称，此时应该包括Head、Body、Sphere01和Sphere02（后两个是眼球的默认名）。选择所有这些条目（可用Ctrl键或Shift键进行复选），然后点击窗口下端的Unhide按钮，这样头部、身体和双眼就会在视图中重新显示出来。我们会发现头部、手部和身体这些分别在不同阶段创建的模型，它们相互之间还显得很不成比例，这主要是因为我们在头部和手部建模时并没有强调注意模型尺寸的缘故，现在必须先调整好它们的比例。因为身体的尺寸在建模时已经根据要求确定了，所以现在只需要调整头部和手部的比例。调整前要先检查一下是否已将透视视图（Perspective）改变为用户视图（User）。这两个视图都是三维视图，它们的区别是透视视图中存在视觉透视现象（画面有灭点），而用户视图中没有透视现象，因此，用户视图中的对象不会产生透视变形，操作者可以更准确客观地了解对象的形态尺寸和相对比例关系，对于拼装模型这样的工作是十分有利的。改变视图类型的方法可以参见前面关于3ds Max界面的介绍以及图2.1。

1. 调整头部比例与位置

在用户视图中选择Head和两个眼球共三个对象（按下Ctrl键的同时用鼠标依次点击完成复选），在主工具条上点选缩放工具，此时视图中出现缩放操纵器，可以对所选对象进行比例变换。如果看不到操纵器，按键盘"X"键显示它。应该注意的是，缩放操纵器有多种不同的使用方法，我们此时只需要进行比例变换，所以应该用鼠标对准操纵器的中心进行拖动，拖动前要注意鼠标光标所提示的操作类型，如图2.49所示。另外还要注意，在对多个对象同时进行变换操作时——包括移动、缩放和旋转等，不要让鼠标在操纵器的范围之外单

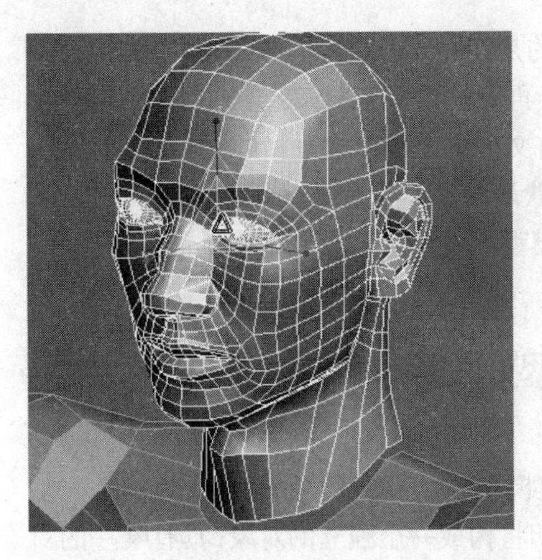

★图2.49 用缩放操纵器对头部三个对象进行整体缩放

击，否则可能会失掉当前的选择状态，致使操作丧失目标或目标错误。对单个对象做变换时情况也是如此，但在多对象操作时产生的麻烦会更大。如果想从缩放工作状态转入移动工作状态，可以点选主工具条上的移动工具切换到移动操作。交替地使用缩放操作和移动操作，可以在缩放头部的同时不断将它向正确的位置上摆放，以便于从不同视图或不同角度全面检查头部与身体的比例和位置关系。当从外观上将头部调整到位后，我们最后还要对头部的左右位置做一步精确定位，这是为了确保将来组合出的人体模型的整体也具有精确的左右对称性。为此，再次用鼠标单击头部模型Head以单独地选择它，确认激活了移动工具，然后检查一下用户界面最下方的状态条中的坐标显示区（参见图2.37），看看X轴向的坐标是否为“0”。如果不为“0”，直接在其数值框中输入“0”，这样就保证了头部与身体的中央对称面互相重叠。头部零位校准后，由于头部经过了单独的移位，双眼的位置可能又出现轻微偏差，我们可以用移动工具将双眼的位置再做微调，使之回归正确位置。

2. 调整手部比例与位置

接下来要安放手部模型，方法和安放头部时一样，先只需安放一只左手。选中手部模型Hand，使用移动工具、缩放工具或旋转工具对手部模型进行调整，最终将其安放于左手臂前端，并且保持适当比例。头部与手部模型安放到位后的情况如图2.50所示。身体各部分的模型安放好后，就要将它们结合成为一个整体，即一个单一的模型对象（不包括眼睛），这样在将来制作身体运动动画时便可以只使用一个身体模型，这会给制作过程带来很多方便。

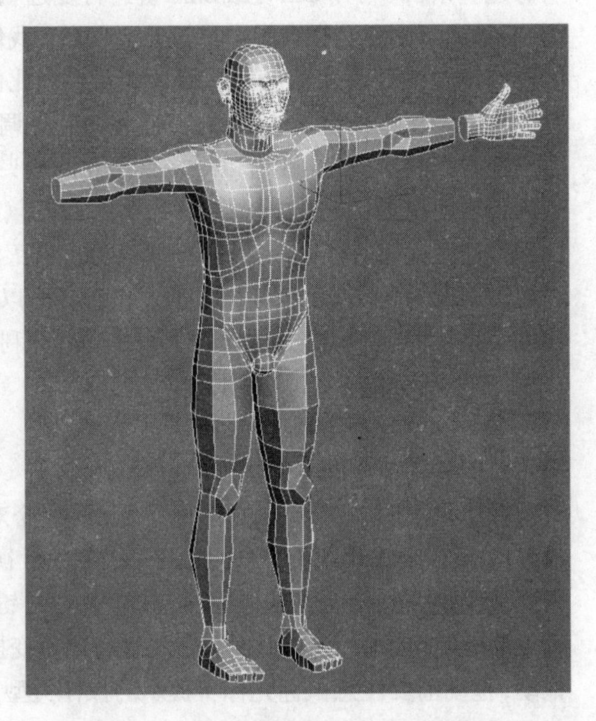

图2.50 将头与手部模型调整安放到位

3. 将模型连接为一个整体

将多个模型对象结合成一个对象时要注意它们原先是否添加有修改器，如果有，要预先进行处理。我们这里的三个模型——

头、手、躯体都添加了修改器，但从作用上看，这些修改器完全都可以在身体模型结合完之后再使用。因此，我们先将所有的修改器暂时删掉，等到模型结合完成后再重新添加有关的修改器。事实上如果不做这种处理，结合后的模型在对称和细分的产生方面都会出问题。

现在选择某一个模型，在修改面板的修改器堆栈中选择最上面的一个修改器，然后点击堆栈下方的删除按钮以删除这一修改器。依照这样的方法将头部模型Head、躯体模型Body和手部模型Hand上的MeshSmooth及Symmetry修改器全部删去，只保留它们可编辑多边形(Editable Poly)的基本结构。如此处理之后，头部和躯体模型就只剩下半边的形体了。

接下来先将头部模型并入躯体模型。选择躯体模型Body，在修改面板上的Edit Geometry卷帘中找到并按下Attach按钮。Attach按钮被按下后会显示为黄色，这表明当前操作进入一种连续选择的状态，此时我们可在视图中任意选择（单击）其他的模型对象，被选择的模型对象会立刻添加进当前的对象中。现在我们在视图中选择头部模型Head，它的网格就会加入当前模型Body中，而原先的Head模型作为一个独立的对象就不复存在了。既然Head的网格已经加入Body之中，我们现在就可以同时编辑头部与躯体的网格结构了。先单击鼠标右键（或直接单击Attach按钮）以退出Attach按钮的工作状态，然后运用网格编辑的各种功能调整颈部接缝附近的网格结构，使得颈部与躯干对接处的网格匹配得当，如图2.51所示。

调整到这个状态后，就可以将头部与躯干部分的网格真正连接起来。为此，进入模型的顶点层次，按下Edit Vertices卷帘中的Target Weld（目标焊接）按钮使之显示为黄色。如前所述，一个按钮被按下并显示为黄色，表明当前进入一种持续操作的工作状态。这里Target Weld按钮的激活状态，让我们可选择网格上的一个顶点并将其“焊接”到另外一个顶点上，使两者合二为一，并且这种“焊接”操作可以不断持续进行下去，直至Target Weld按钮被再次点击而释放。我们要利用焊接功能将颈部与躯干对接处的许多成对的顶点合并起来，消除对接处的缝隙，使模型连通成为一个整体。具体操作是在视图中依照 1→a、2→b、3→c、4→d ……的次序用鼠标逐对点击网格顶点，使之合并为一（如图2.52所示）。

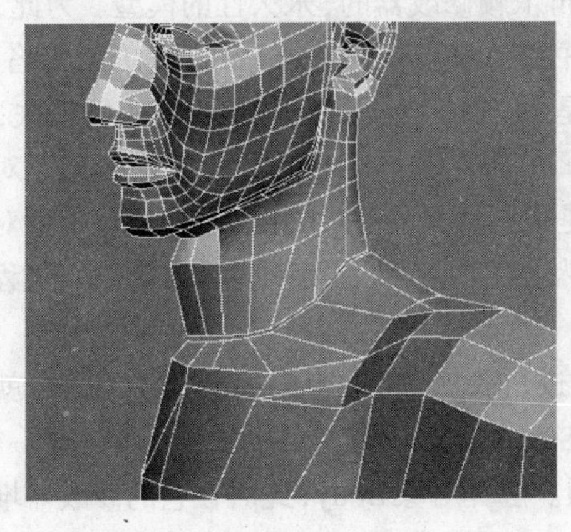

图2.51 用Attach将头部网格加入身体中

图2.52 焊接对接缝处的网格点

图2.53 将半个人体模型连接成一体

当完成了对接缝两边的所有顶点对的焊接操作后，再次点击Target Weld按钮退出其工作状态。此时头部便和身体真正融为一体了。

头部与身体的连接完成后，用完全相同的方法将左手与左前臂连接起来，这样头部、躯体和左手就连接成为一个统一的模型对象，构成半个人体。新的人体对象的名称仍然是Body，而原先的Head和Hand两个对象便不复存在了。图2.53显示了这个新的半人体模型的状况。

4. 实现完整的人体

半边的人体模型做成后，就要把它变成完整的人体。这需要做两件事：首先要获得模型对称的另外一半；然后再将整个模型进行表面细分，以得到更为平滑的模型。这两项操作我们前面都已经做过，分别使用了修改器Symmetry和MeshSmooth。使用修改器工作可以保留住编辑的中间过程，便于随时改变原先的修改决定，但现在我们准备做出一个永久性的完整模型，所以方法会和前面略有不同。

选择模型Body，为其添加修改器Symmetry产生出人体的右半边。由于我们前面做过仔细的安排，让人体的中央剖面正好位于世界坐标的YZ平面，而Symmetry修改器的Mirror Axis参数设置默认为X轴，所以现在生成的右半模型正好与原来的左半模型相接触，在接触边界线上它们结构对应的顶点两两重合。这样，只要保持修改面板上Weld Seam选项的勾选以及其他默认设置，模型相连边界上的重合顶点就会自动合二为一。

完整的模型生成后，我们需要把它转变成不再依赖修改器的、永久性的模型。为此，在修改器堆栈中鼠标右键单击Symmetry修改器，并在弹出菜单中选择Collapse To（塌陷至）选项，在随后出现的警告对话窗口中点击Yes（是）按钮。于是，Symmetry修改器消失，但由其产生的结果，即一个完整的人体模型被保留下来，它是一个独立的可编辑多边形对象（Editable Poly），名称依然是Body。修改器塌陷是很有意义的一项功能，它能简化模型对象的数据结构，从而减轻电脑系统的工作负担。当然这样做以后，模型对象编辑的中间过程就不可以修改了。

完整的人体模型做出以后，我们还需要对它进行表面细分，否则模型网格的密度就只能是建模完成时的密度。但这次我们不用MeshSmooth修改器进行细分，我们有另外一个选择，即使用对象的Editable Poly层级提供的选项。选择对象Body，此时在它的修改器堆栈中已经只有一个层级——Editable Poly，在其修改面板下方有一个Subdivision Surface卷帘，

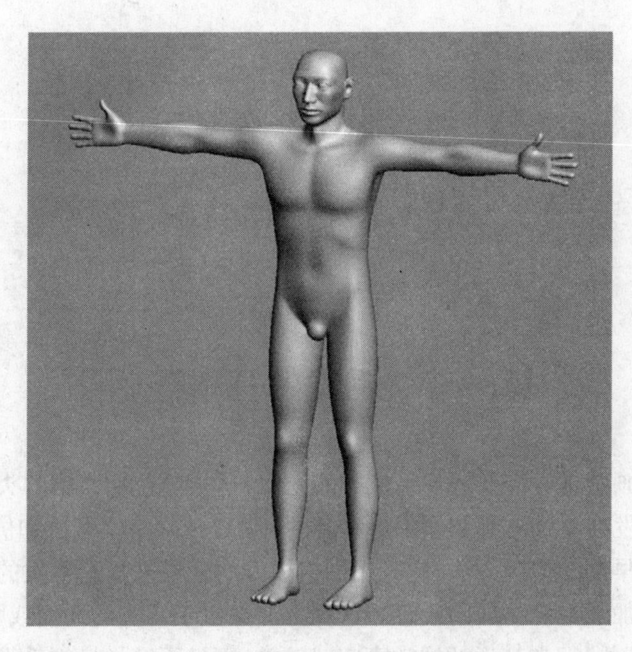

图2.54　完整模型的细分结果

其中包含细分模型表面的选项。现在勾选Use NURMS Subdivision复选框，并设置其下方Iterations的数值为“2”，模型网格就自动产生细分。按键盘F4键隐藏模型网格线，就可以看到一个完成的人体模型，如图2.54所示。Subdivision Surface卷帘提供的表面细分功能具有可随时修改的参数化特点，它适合于现阶段对模型结果的检查，而在继续后续的工作时，我们往往又会停用该功能。

第七节　角色建模小结

角色建模主要使用多边形网格（Editable Poly）的建模方法。从最初的原始几何体开始，利用多边形网格对象在顶点（Vertex）、边线（Edge）、边界（Border）、面元（Polygon）等各次对象层次中提供的编辑功能，对模型网格实施循序渐进的塑造。常用的手段有移动次对象、切割（Cut）、创建和移除次对象、挤出（Extrude）、导斜角（Bevel）等。要通过模型网格的分布与排列密度，控制模型的细节表现，实现造型中的“虚”、“实”对比。使用修改器可以帮助我们快速灵活地完成许多重要的模型创建工作，例如对称和表面细分等。

我们在本章的角色建模中没有考虑服装问题，这是因为我们将在后面的章节中采用仿真的方法表现服装。然而许多实际的动画项目并不要求像我们的范例那样全面地采用服装仿真，在这种情况下就应该在角色建模过程中将服装模型一同创建出来。如果是这样，实际工作中可能就不必创建出完整的角色身体模型，而只需要制作出身体暴露部分就可以了。

第三章

毛发

第一节　毛发的基本概念

在三维角色动画中常常需要表现毛发类的物质，这主要包括人物的头发、胡须以及动物的皮毛等。表现毛发在三维动画制作中通常有两种办法：网格模型法和仿真计算法。

网格模型法是早期的传统方法，它利用网格模型的建模来塑造毛发的整体形象，再利用后续的材质与贴图加强毛发物体的质感。这种方法类似于真实的泥偶或雕塑中对毛发的处理，实施起来相对简单，但它产生的视觉真实感较差，而且不容易模拟毛发物体的自然动态，因此它多见于卡通风格和低成本制作的三维动画中。

仿真计算法是计算机动画处理毛发物质的最具科技性的方法，它通过多种既科学又直观的方式解决毛发的形态塑造，利用计算机软件的强大数据处理功能生成毛发的细密组织，通过材质、贴图与光照表现毛发的色泽质地，最终还可以运用软件仿真计算模块模拟毛发在动态环境中的各种物理运动。采用这种方法制作的毛发，形态质感真实可信，运动规律客观准确，同时也容许各种艺术夸张和表现。这种方法是目前在许多真实效果的动画片和影视特效制作中实际采用的方法，它也是未来计算机动画发展中一个必然会更加完善的技术特色。

在使用仿真计算法时，三维动画软件将毛发（Hair and Fur）视为一类特殊的模型对象，它们往往是由成千上万的形态类似的细小单元组成。由于其细小单元数量众多，数据量极大，软件不能像对普通模型那样对它们进行建模、添加材质、照明以及动力学模拟等处理，业界常见的三维动画软件都将这部分工作指派给专门的软件模块完成，在3ds Max中就配有专门的毛发功能模块来完成这项工作。3ds Max毛发功能模块的核心是一个毛发修改器——Hair and Fur，它是一个基于世界坐标的修改器，这使得由它产生的毛发的形态更容易由环境因素来控制。在3ds Max中大多数修改器都是基于对象坐标的，只有少数修改器是基于世界坐标的。

3ds Max中的毛发功能除了用毛发修改器来控制毛发生成以外，还包含毛发在照明和渲染方面的一些特殊控制。毛发功能的应用也不仅只局限于制作人和动物的头发与皮毛，它还可用来制作茂密的植物——例如花丛、草丛、松树针叶、仙人掌针刺等，以及纺织品的纤维和饰物。

本章可供参考的资源文件被放置在资料光盘的Resource\Chapter3文件夹中。

第二节 创建头发

利用毛发修改器，可以在任何网格模型的表面上创建毛发，我们首先为人物创建头发。前面创建的人体模型是一个全身的整体模型，但头发的生长只在头部特定的区域，我们当然可以在这个人体模型的头部直接创建头发，但为了使后续工作更为有效，我们准备创建一个代表头发生长区域的单独的网格模型，再让头发从这个模型上"生长"出来。

1. 制作一个独立的"头皮"模型

创建这个头发生长区的模型，不必采用最原始的方法从零开始，而可以利用已有的人体模型来制作，也就是从人体模型的头部相应区域"分离"出我们所要的模型。为此，先选中人体模型Body，在Modify（修改）面板上检查Subdivision Surface卷帘中的Use NURMS Subdivision选项，确认其不被勾选，这样人体模型的网格密度就回到建模最后的状态而没有表面细分的效果。然后进入模型的Polygon（面）层次，运用复选法（Ctrl+鼠标）选中头部与头发生长有关的面，注意在做选择前最好将Selection（选择）卷帘中的Ignore Backfacing选项勾选，这样可以保证鼠标点选只选择在视图中能够看到的面。另外我们也只需要选择头部左半边的这些面，头部右边对称的面不需要选，被选中的面应显示为红色如图3.1所示，它好像是生长头发的一层"头皮"。

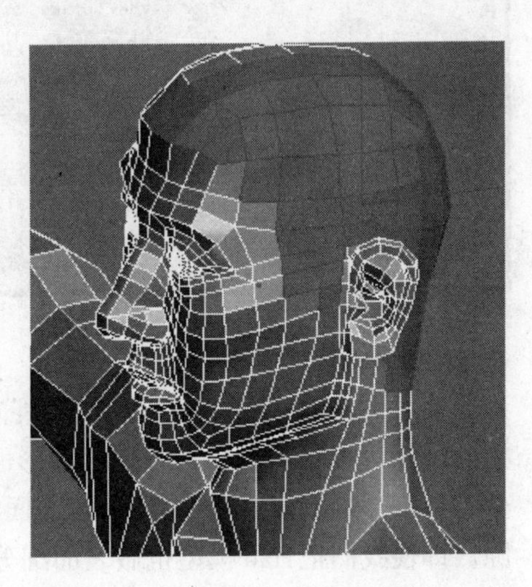

★图3.1 选中头部左边与头发生长有关的面

接下来在Edit Geometry卷帘中点击Detach（分离）按钮右侧的定制按钮，随即会弹出一个Detach对话窗。在窗口中将Detach as文字输入框中原有的Object01默认名改写为"Hair"，并勾选下方的Detach As Clone(分离为一个拷贝)选项，最后点击OK按钮确认窗口。由此，左边头部的那些被选中的面就从人体模型中被分离出来，并形成一个新的独立的模型对象，它的名字是Hair。这个分离只是在对象组成关系上的分离，它的空间位置并没有做丝毫移动。同时Hair的形成并没有破坏人体模型Body，因为我们分离的只是选中的那组面的拷贝。刚刚分离出来的Hair模型可能不容易看到，因为它拥有和Body一样的颜色。我们可以很方便地改变它的颜色，但要改变颜色必须首先选中它。在看不清的情况下要选中一个对象，就无法使用鼠标对其直接点击，此时可以使用选择对话窗。按键盘"H"键或点击主工具条上的Select by Name（按名称选择）按钮，系统会弹出Select Objects（选择对象）的对

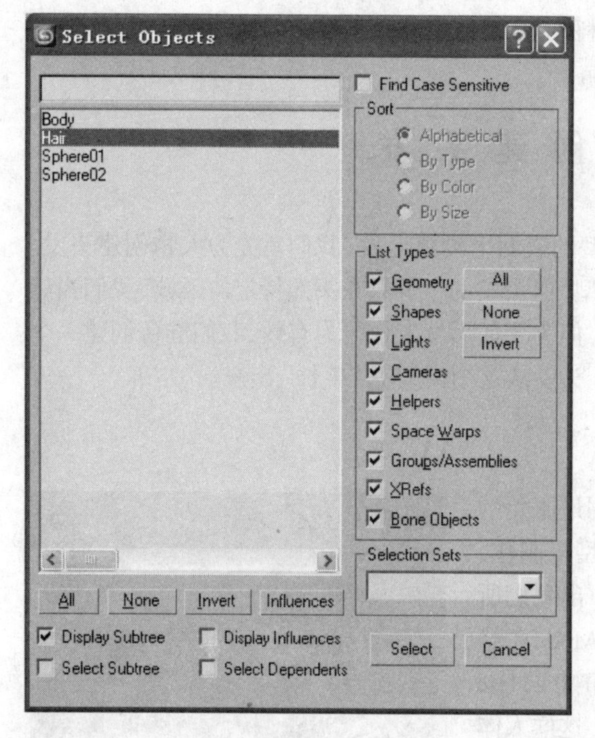

图3.2　选择对象对话窗口

话窗口，如图3.2所示。窗口左面中央有一个很大的列表区，它以索引的方式排列出目前场景中所有对象的名字，还有很多其他区域提供各种控制功能。此时的场景很简单，只有四个模型对象，所以我们只要在列表中选择我们想要的对象Hair，并点击窗口右下方的Select（选择）按钮，窗口会自动关闭，场景中的Hair对象则随之被选中。

修改颜色非常简单，此时只要在Modify修改面板最顶部的当前对象名显示框的右边找到一个色块，它就是当前对象的当前颜色。鼠标单击这个色块，就会弹出一个包含有调色板名为Object Color的窗口。在窗口中另外选择一个颜色并点击OK按钮，于是Hair就以新的颜色显示出来，也就易于分辨了。

现在得到的Hair模型是一个紧贴头部的面状网格，但作为头发的生长面它还有两点不足：首先是它的边界形状还不够准确，因为此时的边界是由分离出来的多边形面自然形成的；其次是它与头部的间隙。目前它是完全贴在头部之上，但头部模型进行表面细分后会略微向内收缩，就会与它脱离开形成一定间隙。即便我们把Hair模型也做表面细分，情况也是如此，毋庸说我们后面的实际操作并不需要将Hair细分。

为解决这两个问题，我们要对Hair模型进行一定的多边形编辑。运用多边形编辑功能，首先对网格的边界结构略做调整，使边界形状更好地概括头发的发际轮廓；其次是要对照表面细分后的Body模型来调整Hair与它的间隙。为此，先选择Body模型并勾选其表面细分的选项（在能够选择Body模型前必须退出Hair模型的任何次对象层次），然后重新选择Hair模型并继续进行编辑，以减小它和头部模型最终结果之间的间隙。对间隙的判断可以通过观察不同颜色的面之间的相互穿插现象，可以让Hair模型的一些面的局部轻微地穿入头部的表面，调整后的Hair模型的情况如图3.3所示，图中绿色的模型为Hair，人体模型为表面细分后的结果。当对模型

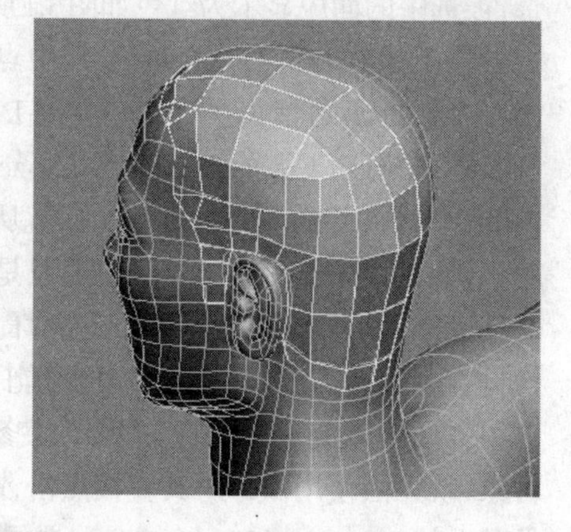

★图3.3　调整后的Hair模型

网格调整完成后，应该退出次对象的层次，在修改器堆栈中回到Editable Poly的层次。

编辑好的Hair模型目前只是覆盖头部一半的半个模型，可以使用前面章节用过的Symmetry修改器将它扩展完整。在修改器下拉列表中选择Symmetry，为Hair添加这个修改器，在默认参数的情况下Hair就会添加出它的对称部分。这个完整的模型将成为头发的生长模型，就像是生长头发的一层“头皮”。

2. 使用Hair and Fur（WSM）修改器

下面就可以开始头发的生长了。要在一个网格模型的表面生长头发，我们要为其添加Hair and Fur（WSM）修改器。这个修改器属于世界坐标空间的修改器，在修改器列表中它被归纳在靠近上方的名为WORLD-SPACE MODIFIER的分组中。给Hair模型对象添加了这个修改器后，在视图中就可以看到其表面上“生长”出了一些弯曲的线条，这是按照修改器当前默认设置生成的毛发的示意线。另外在Modify修改面板的参数区，此时也出现了大量新的参数、选项与控制功能，它们也被归属在多个不同主题的卷帘内，这些卷帘有些是展开的，而有些则是收卷的。有如此之多的调控项目和卷帘组织，足以看出Hair and Fur（WSM）这个修改器功能的强大，其背后实际有一个颇为复杂的软件模块来支撑。

我们在详细调整修改器的设置，正式塑造发型之前，先来初步认识一下Hair and Fur（WSM）这个修改器。如前所述，刚刚添加完的修改器位于修改器堆栈的最顶部，并且会处于选中状态，它的控制选项则出现在修改面板的参数区。我们可以在Hair and Fur的参数区中看到Styling（风格化）这个卷帘，现在最好是将其收卷，即单击它的卷帘名条框。卷帘收卷后其卷帘名的左侧出现加号“+”，而如果卷帘被展开了这里会出现一个减号“–”。另一个卷帘Frizz Parameters（卷发参数）在默认时是被收卷的，我们单击其卷帘名将其展开，来看一看其中的功能。在该卷帘中我们将Frizz Root和Frizz Tip这两个参数调整为数值零，这样在视图中可以看到刚开始时卷曲的头发线条改成了直线，并且沿头部表面的法线方向呈发射状指向。收卷这个卷帘，在其下方找到Display（显示）卷帘，它的默认状态是展开的，并且其中的Display Hairs选项是被勾选的，这说明它所代表的功能已被开启，而这一功能所包含的可调节参数被组织在Display Hairs选项下由一个灰色线框划定的分组中。在该分组中的Percentage（百分比）参数控制目前视窗中显示出的表示头发的线条数目占实际头发数目的百分比，增大这一参数数值就可在视图中看到更多的头发线条，如图3.4。上面介绍的这些卷帘中的参数改变了我们在视图中看到的头发的外观，而修改器的第四个卷帘——General Parameters（一般参数）卷帘中则包含了一些关于发型基本特征的重要参数，例如头发数

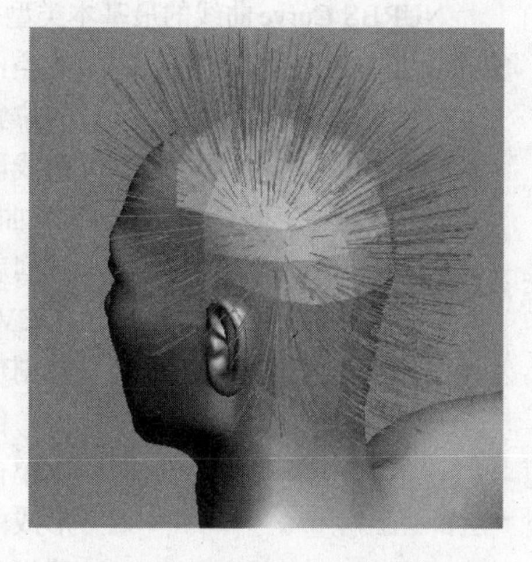

★图3.4 视图中的头发示意

量、长度、粗细等，我们在后面设计发型时都会用到。

3. 塑造发型的基本方法

前面我们看到毛发修改器可以很快地在“头皮”模型的表面“生长”出头发，但这些头发的原始形态基本上是发散式的，要梳理这些头发并形成一定的造型可并不是一件简单的事，因为现在是在电脑屏幕的二维操作界面上去塑造三维的柔软物质的形态。Hair and Fur（WSM）修改器提供了两种办法来完成这项工作。

第一种方法是利用少量的线条对象来“引导”头发的走向。线条对象可以是Shape（图形）类型的Spline（样条线），也可以是NURBS（一种数学函数）类型的Curve（曲线），当指定了一定形状和数量的线条对象做引导控制后，每根头发在三维空间的走向都会参考它附近的某几条线条的形状，最终形成一定的发型。另一种方法是使用修改器Styling卷帘中提供的各种发型造型功能，来模仿真实发型制作时的修剪和梳理动作。总体来讲，第一种方法的制作速度较慢，但对发型的形态控制较为精确；第二种方法模拟真实的动作，操作直观快捷，但是对发型的控制不够精确。我们的案例中要将头发梳理成古代男子紧收的发髻，所以采用第一种方法。

第一种方法需要我们先建立一个线条对象来概括整体发型，无论使用Shape类型或NURBS Curve类型的线条对象，我们都可以在一个对象中包含许多独立的曲线线段，通过手工设置这些线段的形态，表达出设想中的发型的形态。在处理曲线时，Shape类型和NURBS Curve类型在造型的方法和效果上略有区别：Shape对象使用的是矢量编辑的方法，可以达到对曲线形态的精确控制，但它的工作效率较低，在三维空间做曲线调整也相当麻烦；NURBS Curve类型使用更为直观化的操作方式，能够较快速地创建光滑而自然的三维曲线，很适合卡通类风格的线与型的塑造。考虑到我们要制作的古代发髻可能会需要较多而密集的曲线线段，为了能更快捷地完成调整工作，我们在此决定使用NURBS Curve曲线。

NURBS Curve曲线的最基本类型被称为CV Curve，即“控制顶点”曲线，其曲线的形态完全由若干控制顶点（简称CV）在空间中的位置来控制，调整曲线的形态就是调整这些CV的位置。一个CV曲线对象内部可以包含许多互不相连的曲线段，这一点在很多造型任务中是很重要的。创建一个CV曲线可以使用创建面板中的图形分类按钮，在类型下拉列表中选择NURBS Curves，继续在Object Type卷帘中点击CV Curve按钮（见图3.5），于是就可以在视图中单击鼠标创建曲线了。

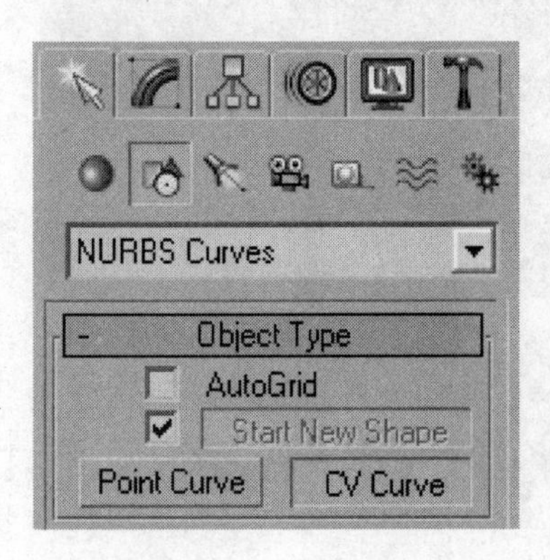

图3.5　准备创建CV曲线

创建时在视图中的不同位置上逐点单击鼠标左键，每次单击鼠标即会创建一个新CV点（以绿色小方框表示），形成的曲线就在这些CV点所控制的区域间穿行、延伸，创建好曲线后还可以继续编辑它的CV点。我们下面就来具体讲解如何为头发创建引导线条。

4. 为线条对象创建第一组曲线段

在视图中选择Hair模型，在其修改器堆栈中将Hair and Fur（WSM）修改器的功能暂时屏蔽（按图标使之变灰），这样视图中的头发线条就暂时消失了。随后选择Body及眼球对象并将其隐藏（使用鼠标右键菜单中的Hide Selection），视图中就只有Hair模型的网格可以被看到。这样做的目的是要简化视图中的工作空间，以便我们在编辑三维曲线时能更清楚地进行辨别。最后将左视图改换为右视图（在左视图左上角的视图名上单击鼠标右键，在弹出菜单中选择Views→Right菜单项），调整右视图比例，使得Hair模型充满视图。

如图3.5激活CV Curve创建工具，在右视图中沿着Hair模型所显示的头顶轮廓由左向右逐步单击鼠标，创建第一条CV曲线。随着CV点的增加，曲线在不断延长，并且可以看到CV曲线并不是完全准确地穿过每个CV点，而是在这些CV点中自动找到一条最为自然光滑的行进路径。相邻的CV点之间则有黄色的直线段相连接形成联络线，联络线只是一种指示，它不属于对象的实体部分。当创建完曲线上的最后一个CV点后，就可以单击鼠标右键结束对这条曲线的创建，结果可以参考图3.6。由于这条线是在右视图中创建的，所以它的初始状态是位于世界坐标的YZ平面上（也就是头顶中央纵剖面上）的一条二维曲线。所谓二维曲线，是指它的所有点都处于同一平面之上。

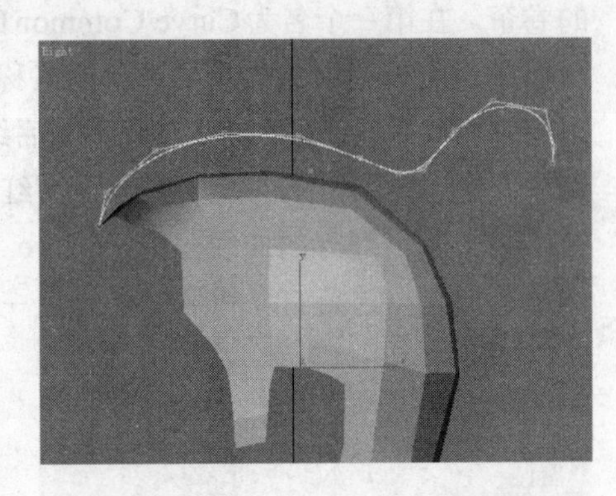

★图3.6 在右视图中创建并编辑第一条CV曲线

刚刚创建完的曲线可能形态并不十分理想，所以我们紧接着应该对其进行编辑。直接点击修改面板标签进入修改面板，在修改面板中我们看到刚刚创建的曲线是一个名称为Curve01的NURBS Curve（曲线）类型的对象。和多边形网格对象相类似，曲线对象也由不同级别的次对象构成。在修改器堆栈中展开NURBS Curve的对象层次，就可以看到Curve CV和Curve两个次对象层次，分别代表曲线控制点和曲线线段，如图3.7所示。要对曲线形状进行编辑，可以选择Curve CV次对象层次。进入Curve CV次对象层次后，曲线上的CV点以及黄色的联络线又再次出现，此时我们可以使用移动工具调整任何一个CV点的位置。对于这第一条曲线而言，它应该是一条二维曲线，所以我们只需要在右视图中编辑它（使其仍处于原先所在的

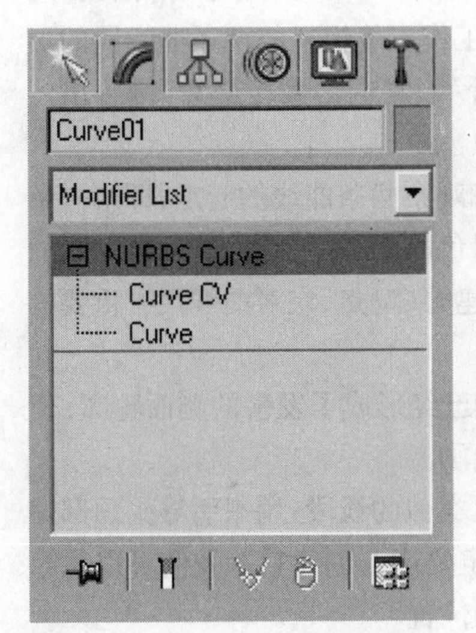

图3.7 NURBS曲线的次对象层次

YZ平面上)，最后将它调整为类似图3.6中的模样即可。

接下来我们要创建第二条曲线，要注意的是这条曲线应该和第一条曲线属于同一个对象，即Curve01。要做到这一点就不能再使用前面的创建方法(那样会创建一个新的对象)，而应该使用修改面板中的工具。先在修改器堆栈中回到对象的NURBS Curve层次，然后在修改面板下方找到并展开名为Create Curves(创建曲线)的卷帘，在其中点击第一个按钮CV Curve，随后继续在右视图中沿着自下而上的方向创建曲线。当完成了这条曲线的创建时单击鼠标右键以结束它的创建工作状态，这样在Curve01对象中就包含了两条曲线，它们都是Curve01的Curve(曲线)级的次对象。单击堆栈中的Curve次对象名进入曲线次对象，刚刚创建的第二条曲线就在视图中显示为红色，同时在修改面板中出现了有关曲线次对象的卷帘。在第一个名为Curve Common的卷帘中有一条Name(名称)文字输入框，在其中显示出了当前被选中的曲线次对象的名称，现在它是电脑给出的默认名CV Curve 02，我们可以将它修改为自己的命名，在此为了后续工作的方便考虑将其改名为CV Curve 16。我们再到视图中选择第一条曲线使之显示为红色，查看一下它的命名应该是默认名CV Curve 01。

对于刚创建好的曲线段CV Curve 16，同样也需要进入Curve CV层次进行一些编辑以调整其形态。这条曲线和第一条曲线一样都应该是位于世界坐标YZ平面上的二维曲线，所以我们也只需要在右视图中编辑它，编辑的方法同样是使用移动工具调整其CV点的位置。这里还要注意，应该尽量使CV Curve 16曲线上的CV点的数目与CV Curve 01保持一致。如果在创建时没有注意这一点，在编辑曲线时可能就需要增加或删除一些CV点。在Curve CV层次的面板中有CV卷帘所包含的Refine(细化)和Delete(删除)等按钮，用它们可以完成这些工作。编辑好的两条曲线段的形态应该如图3.8中所示，它们略微相交叉，围合出发髻的侧面轮廓。

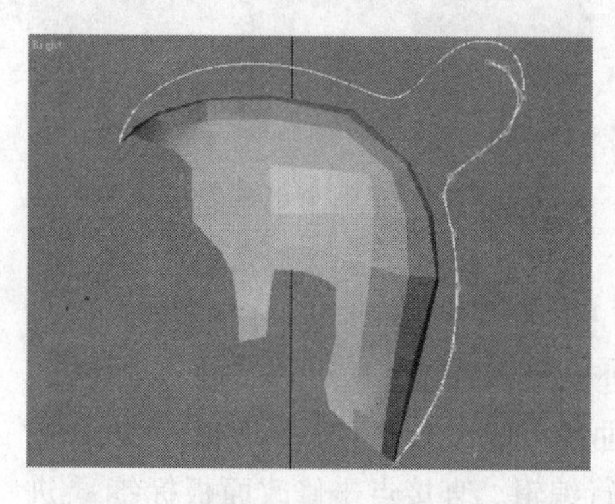

图3.8　在Curve01中创建第二条曲线

下面，让我们再次回到对象的Curve(曲线)层次并仔细观察两条曲线的起点，即第一条线的左边端点和第二条线的下方端点，在那里都各有一个绿色的小圆圈，它们是各自曲线的起点标志。一条曲线段的起点也就是它在创建时第一个创建的CV点，它对曲线段有重要的意义，我们应该对它有所留意。

现在我们已经为Curve01对象创建了两条曲线段，虽然已经形成了发髻的侧面轮廓，但要梳理所有的头发它们还远远不够，我们需要继续添加曲线段。

我们首先要在曲线段CV Curve 01的左侧创建一条与之类似的线段，用来引导头顶部偏左部分的头发。因为这条线和第一条曲线类似，所以不一定要逐点创建它。我们可以从第一条线复制出一条曲线，再将其调整到我们所设想的形状和位置。

仍然在Curve(曲线)层次，在右视图中用选择工具选中CV Curve 01，转换到顶视图（Top）中（用鼠标在右视图中右键单击），在主工具条上选用移动工具，此时应该在视图中看到移动操纵器（否则请按“x”键使其显示）。按住键盘Shift键，同时用鼠标拖动移动操纵器的红色X箭头，向右移动并复制曲线段到一定的距离，情况如图3.9所示。由于我们现在复制的是Curve01曲线对象中的一个线段次对象，所以当松开鼠标时会弹出一个名为Sub-Object Clone Options（次对象复制选项）的对话窗。现在不用详细了解其中内容，直接点击OK按钮确认该窗口，于是一条新的线段次对象被创建。在面板参数区的Curve Common卷帘中可以查看到其名称，它可能是CV Curve 17，为方便场景管理我们将其改换为CV Curve 02。

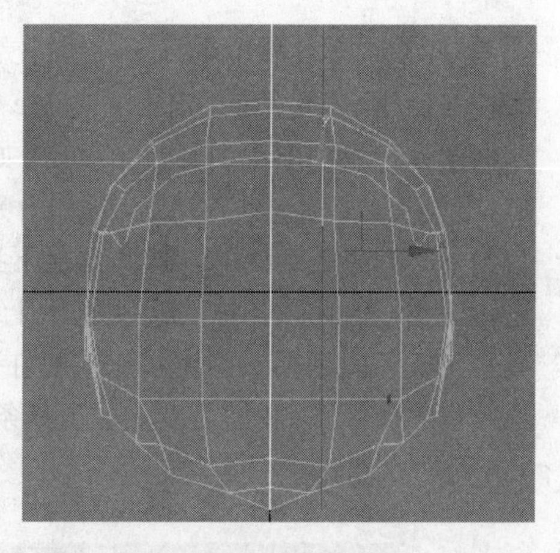

图3.9 在顶视图中复制曲线段。正交视图一般显示为线框模式，可以用键盘F3键切换显示模式

接下来要将工作转到用户视图（User）中，如果现在界面上没有用户视图，可以在透视图中的视图名（Perspective）上单击鼠标右键，在弹出菜单中选择Views→User菜单项。在用户视图中三维几何体不会产生透视畸变，可以更为准确地判断几何体的空间关系，很适合建模调整工作。

进入用户视图后，我们便更加直观地看到了现有的几条曲线段，我们可以随时对视图进行旋转，以改变观察角度，从不同方位进行比较和判断。旋转视图可以使用工作界面右下角的视图导航工具区中的旋转工具，这个工具具有一个可弹出工具组，其中共有三个视图旋转工具，分别是Arc Rotate工具、Arc Rotate Selected工具和Arc Rotate SubObject工具。后面两个工具在旋转视图时会围绕场景中被选中的对象或者次对象进行旋转，比较适合我们这里的工作。而第一个工具在旋转视图时围绕的是世界坐标中心，因此使用Arc Rotate旋转视图会很容易使工作对象从视野中丢失。在正常情况下可弹出工具组中只有首选工具显示在界面上，系统为这组工具默认的首选工具是Arc Rotate。要改换首选工具可执行如下操作：在当前首选工具上持续按住鼠标左键，当看到工具组弹出后再进行工具选择，如图3.10所示。

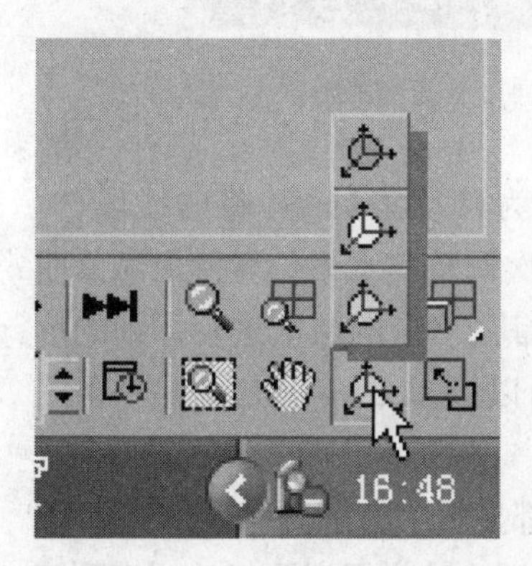

图3.10 视图旋转工具组

在实际工作中人们更习惯使用旋转视图的快捷方法，其操作是：同时按住键盘Alt键和鼠标中键，并在用户视图中移动鼠标。但在这里要注意的是：即便是使用快捷方法旋转视图，也要确定视图旋转工具组的当前首选工具是Arc Rotate Selected工具或Arc Rotate SubObject工具，而不要是Arc Rotate工具，以保证在旋转时视图保持正常的视野。

接下来我们要在用户视图中观察并调整刚才创建好的曲线段。现在的曲线段CV Curve

02与CV Curve 01完全平行，我们首先要将它做轻微转动，使其仿效头发的实际走向。为此，保持在Curve次对象层次中CV Curve 02的选中状态，在主工具条上选中对象旋转工具，这样就会在视图中看到旋转操纵器（如果看不到请按"X"键）。旋转操纵器呈一个陀螺仪形状，它有红、绿、蓝三个正交环形分别控制三个坐标轴向的旋转，但三个坐标轴的指向是受当前坐标系的影响的。默认情况下我们使用的是世界坐标系，那么旋转就沿着世界坐标进行。我们先用鼠标拖动蓝色的环让线段沿世界Z轴旋转（注意三个环中被选中使用的会显示为黄色），旋转的幅度可以同时在顶视图中看到，参考图3.11的结果。如果当前坐标系不是世界坐标系，我们可以在主工具条上找到参考坐标系下拉列表View，并在其中选择View作为当前参考坐标系。

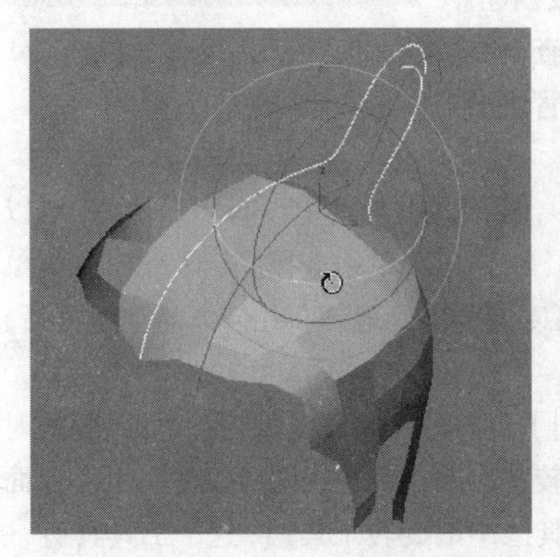
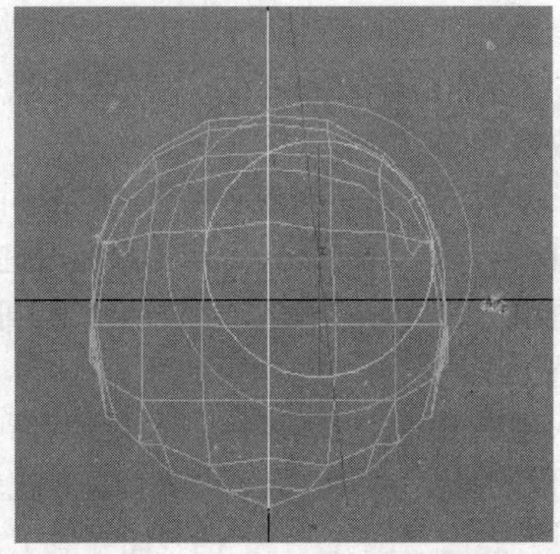

★图3.11　在用户视图中旋转曲线段，在顶视图中同时检查结果

这一步旋转完成后我们要对其位置再次做调整。改换为移动工具，将曲线段CV Curve 02略微往下移，以跟随头顶表面的向下弯曲变化，并再次调整其水平位置使之靠紧曲线段CV Curve 01。整体的位置方向调整好后，我们还要进入其CV点的层次进行详细的形态调整。因为在这个位置上的头发走向会有更复杂的变化，所以CV Curve 02应该是一条三维曲线，其三维的扭曲变化要靠移动有关的CV点来实现。

再次进入Curve CV层次，此时三条曲线段上的所有CV点都显示了出来，我们要注意只编辑CV Curve 02上的CV点。编辑工作最好在用户视图中进行，因为这样可以更好地观察到三维的结果。在用户视图中移动CV点时必须依靠移动操纵器才能获得准确的方位控制，要注意移动控制器的坐标轴方向也是和当前参考坐标系的选取有关的。对于移动CV点而言，我们只需要使用世界坐标。如果我们在主工具条上的参考坐标系下拉列表View中选定的是View类型的坐标系，那么在用户视图中移动对象时移动操纵器的坐标轴就会与世界坐标轴方向一致。使用移动工具任意选中一个CV点，就应该看到移动操纵器（否则请按"X"键）。

我们要对CV Curve 02所做的调整主要集中在曲线的开始部分和收尾部分。在开始部分我们要让曲线的起点略微回收，对准发际线的边缘（也就是头皮模型的网格边缘）。这里可能涉及一两个CV点，要对它们做三维的移动，包括XYZ三个方向，才能得出合适的形态；在收尾部分的发髻圆弧处我们要让曲线与第一条曲线紧贴并行。在这里可能有较多的点要做类似的调整，我们可以用选择工具同时选择多个点（Ctrl键加鼠标），然后用移动工具整体移动它们，整体移动后再分别对其中的个别点做细微调整。在对CV点进行调整中还要不时地旋转视图，从多角度观察调整结果，以保证三维调整的准确性。图3.12显示出了在不同视图中看到的曲线编辑结果。

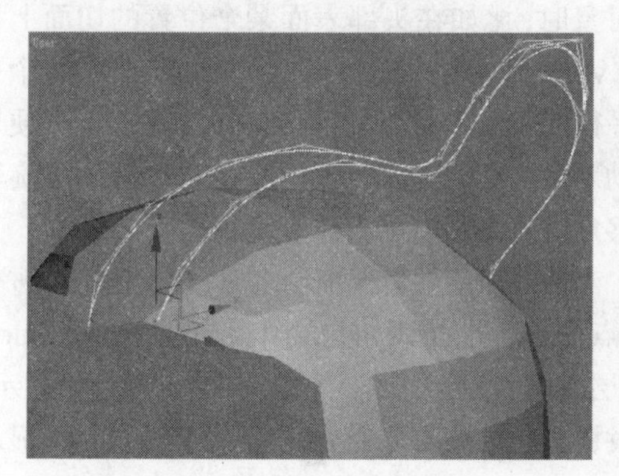
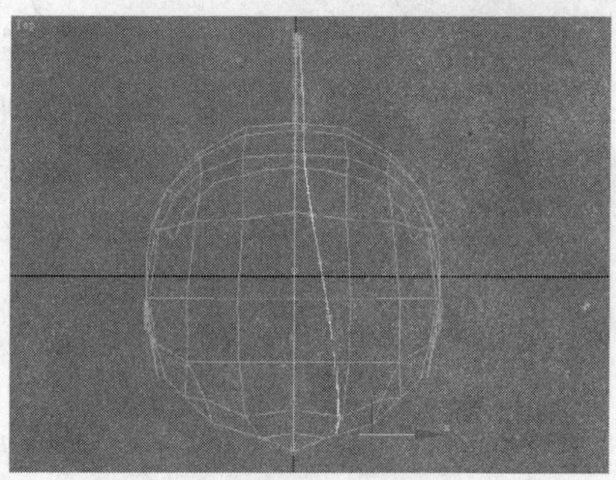

图3.12　在用户视图和顶视图中看到的曲线编辑情况

第三条曲线段创建完后，我们要继续创建第四条曲线段。我们还用复制的办法开始创建，但这次可以从CV Curve 02复制，而且可以选择在前视图（Front）中进行复制。在前视图中复制曲线可以较快确定新曲线的平移距离和高度位置。进入Curve层次，选中CV Curve 02，仍然是使用移动工具配合Shift键来完成复制，给新的曲线段更改命名为CV Curve 03。对线段CV Curve 03做适度的旋转，然后仿照对曲线段CV Curve 02的编辑过程，再对它进行CV点层次的编辑，结果如图3.13所示。

按照这样的方式我们还要再创建12条曲线段，让它们排列成一个笼罩左半边头部的网罩，如图3.14所示，创建中分别要给它们取名“CV Curve 04”至“CV Curve 15”。其中特别要注意图中带有“1”至“8”标号的那几条曲线，它们的位置处于头部曲面转折较多的地方，也是头发挽扎后曲线较复杂的地方，它们都是三维曲线，都需要在用户视图中准确调整其CV点的位置。这要求我们加强空间感的培养，能非常熟练地运用移动操纵器在不同空间方向上移动对象。除了已经介绍过的在世界坐标系中使用移动操纵器之外，有时为了适应辨别空间的不同习惯，我们也可能

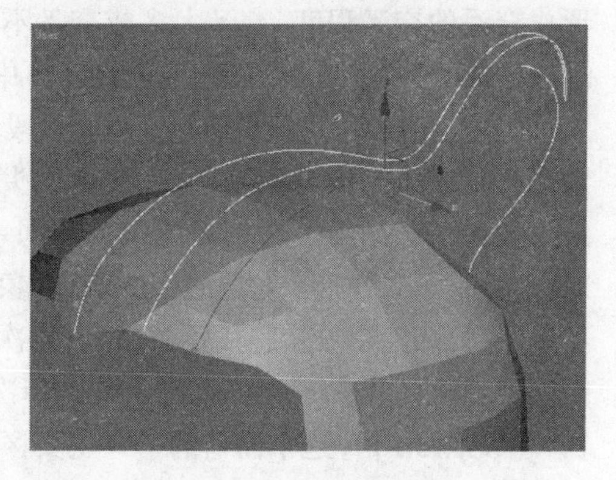

图3.13　创建第四条曲线段

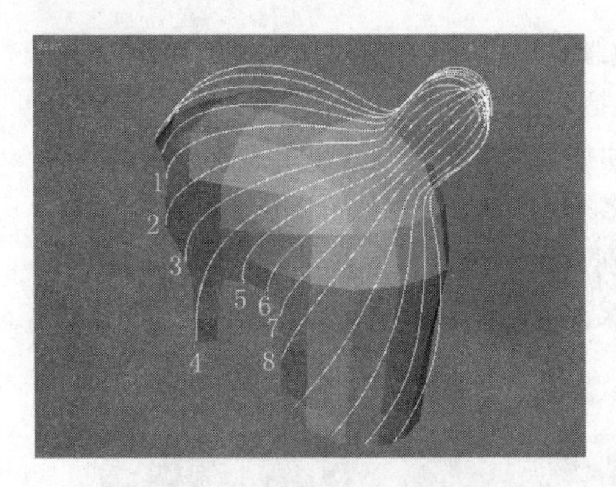

图3.14 三维曲线在头上形成网罩

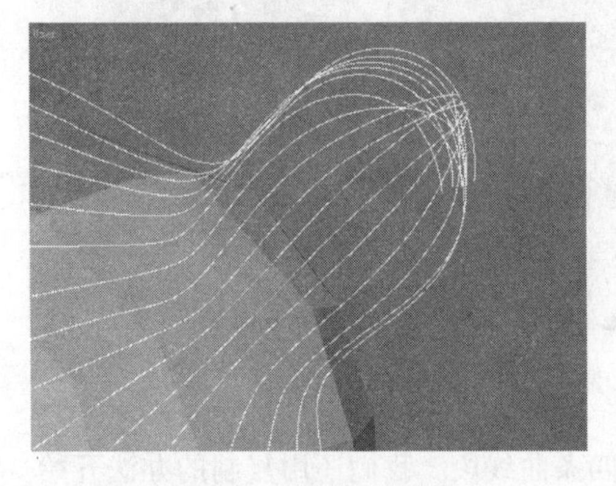

图3.15 发髻处的曲线

选择在其他的参考坐标系执行移动操作。常见的另一种选择是使用屏幕（Screen）坐标系，它也是通过主工具条上的参考坐标系下拉列表得到的。屏幕坐标系的特点是它的坐标轴向是可以自动调整的，它的XY平面永远和当前的视图窗口平面平行，即使是在用户视图或透视视图中也是如此。这样如果我们要在三维空间中的某一个平面上移动对象时，比如在头部表面某个位置的切面上移动CV点时，就可以先将用户视图旋转到与这个平面平行的方向上，然后就可以在XY平面上方便地移动对象。运用这种操作时，在用户视图中旋转观察角度并判断空间方位就变得很重要了。

当曲线段的数量逐渐增多时，在发髻部位进行CV点的编辑会出现难题，因为当我们进入Curve CV层次时，所有线段上的所有CV点都会被显示，在发髻部位曲线本来就很密集，所有的CV点显示出来后几乎无法辨别哪些点是属于哪些曲线的。解决的办法之一就是使用键盘选择CV点，键盘的"Ctrl"键加方向键"→"或"←"形成的组合键，可以保证CV点的选择在同一条线段上循环。当已经选中一个CV点后，每按组合键一次则下一个或前一个CV点就成为被选中的点，如此循环往复。利用这个办法就可以在辨别不清的情况下仍然保持在同一条曲线上进行编辑。

另外在处理发髻部位不同方向的曲线交叉时，要形成合适的交叉程度，交叉太多或交叉不足都会影响最后生成的头发的效果，可以参考图3.15中的结果。

经过上述操作我们实现了一组曲线段，共有16条，它们概括了发型的基本特征，这是生成头发所需要的最重要的一组曲线。这16条线段属于同一个Curve01对象，我们可以在这个对象的Curve次对象层次看到这些线段名称的清单列表，只要在Curve层次按键盘"H"键即可弹出一个Select Sub-Objects（选择次对象）对话窗口（见图3.16），这个窗口的中央主要区域是一个次对象名称列表，按字母顺序排列出了现有的16条曲线

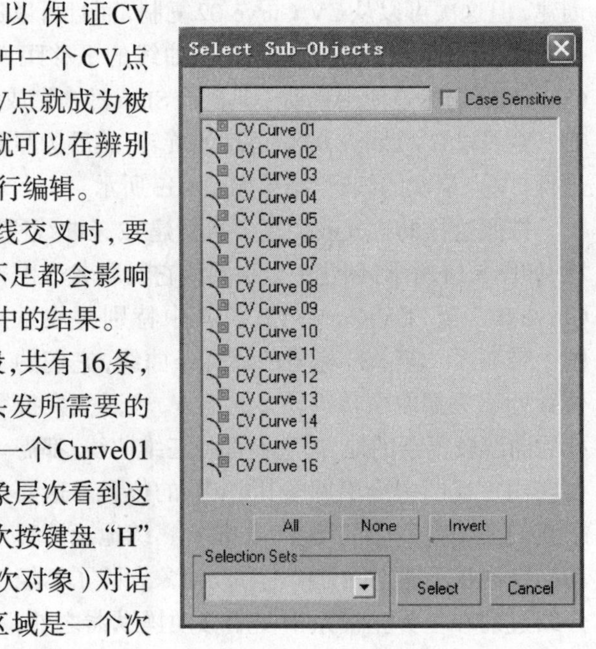

图3.16 选择次对象窗口

段的名称，应该是从CV Curve 01到CV Curve 16。我们可以在这个列表中选择若干线段的名称，当我们再按Select按钮确认窗口时，相应的曲线段会在场景中被选中。当场景中的曲线段非常多时，这是一种很有效的选择方法。

5. 使用曲面检查曲线的排列

前面创建的这些线段应该形成一个笼罩在左半头部的网罩，但这个网罩是否排列得平滑将是影响发型效果的一个重要因素，所以我们对此进行一些检验。当然可通过旋转用户视图多角度地检查，但仍然不够直观。我们还可利用NURBS对象提供的曲面功能更有效地观察这些曲线的排列情况。

回到Curve01的NURBS Curve对象层次，在修改面板下方找到并展开Create Surfaces（创建表面）卷帘，这里面有许多创建NURBS曲面次对象的工具。将用户视图缩放至合适的显示比例（类似图3.14），视图缩放操作可以使用视图导航工具中的缩放工具，或者在视图中滚动鼠标滚轮。然后在卷帘中点选U Loft按钮，这个按钮提供U Loft曲面的创建功能，它能将若干曲线段次对象连接成曲面，接着到用户视图中用鼠标依照编号从大到小顺序逐一点选（单击）16条曲线段，点选过程中要注意鼠标图标的提示。在点选曲线段的过程中，可以看到出现一个连接已选曲线的曲面，它随着新的曲线的点选而逐步延展，如图3.17所示。当点选完最后一条曲线后，单击鼠标右键退出这个曲面的创建，随后还需再次单击鼠标右键以退出U Loft的工作状态。结束后，一个将16条曲线段相连接的曲面就生成了，它是Curve01对象的一个曲面次对象，因而Curve01的修改器堆栈中就增加了一个次对象层次，是Surface，即表面，同时对象层次的类型名也变为NURBS Surface。进入Surface次对象层次，便可以在视图中选择这个曲面了。这个曲面的存在形态会始终依赖那16条曲线段的形态，所以它又称为依赖性曲面（Dependent Surface）。完成后的U Loft曲面如图3.18所示。

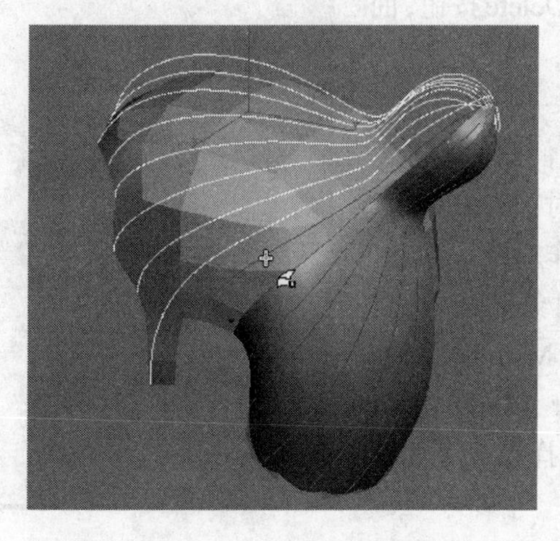

★图3.17　创建U Loft曲面

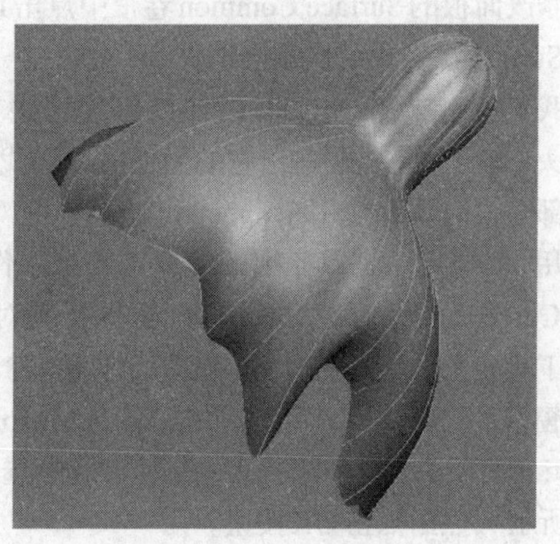

图3.18　完成的U Loft曲面

这个U Loft曲面可以反映它所依赖的16条曲线排列的平整度，我们可以旋转用户视图观察曲面的光滑程度。如果曲面基本是自然光滑的，那么说明这16条曲线的排列是平整的，它们以后可以引导生成整齐的发型；如果曲面产生很大褶皱或扭曲，就说明曲线排列得有问题，将来产生的发型会是杂乱的。所以在观察U Loft曲面后，如果发现哪里还不够平整，就可以回到Curve CV层次，在相应的地方编辑曲线的CV点。由于U Loft曲面是依赖性曲面，当曲线改变形态时，曲面马上会发生相应变化。当曲面基本平整后，所有的曲线CV点应该不会有过分远离（包括穿入）曲面的情况，如图3.19所示。另外，曲面发生扭曲还可能有其他原因，比如不同曲线段的CV点的数目相差太多、曲线段的起点没有按统一方向排列等，如果曲线段的创建步骤严格遵照了前面的讲述要点，这些问题就不会存在。

图3.19　编辑曲线段上的点

由此我们可以看出，U Loft曲面是一个很有用的功能，它不仅可以帮助我们检查曲线的排列，其本身也是一个很强的造型手段。如果在动画设计中不希望采用仿真的毛发，我们就可以用U Loft曲面制作毛发模型，它和多边形网格建模相比，更容易表现毛发的柔软性特点。

6. 用第一组曲线引导头发

当所有的曲线段真正调整好后，我们就不再需要这个U Loft曲面了，可以将其删去。只要进入Surface次对象层次，用选择工具选择这个曲面（选中后它会显示为红色），然后在修改面板的Surface Common卷帘中点击Delete按钮，曲面和Surface次对象层次都会消失。

我们接着要将Curve01的曲线创建完整——让它笼罩整个头部，也就是要制作出它的另外一半。我们此时不能再像头部建模时那样使用Symmetry修改器，它对NURBS对象不适用，而要用主工具条上的镜像工具来制作对称。为此，退出Curve01的任何次对象层次，但保持其对象被选中，点击主工具条上的镜像工具，随即会弹出一个Mirror（镜像）对话窗口，窗口中有两组选项框，各是Mirror Axis和Clone Selection，在第一组中选择X，在第二组中选择Copy（如图3.20所示），然后点击OK按钮。

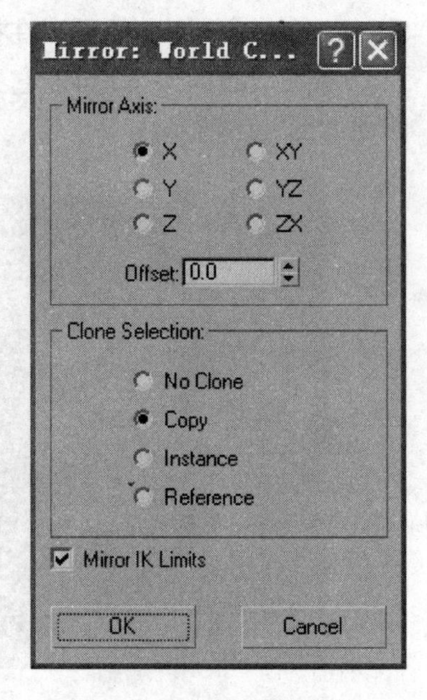

图3.20　镜像操作对话窗口

此时Curve01的一个镜像对象被生成，其名称应为

Curve02。如果Curve01的建模过程完全符合我们前面的讲述，那么Curve02与Curve01正好组成一个完整的头部网罩，我们接着要将它们合二为一。

曲线对象Curve02中有两条线段次对象与Curve01中的两条是完全重叠的，选中Curve02并进入它的次对象Curve层次，然后按键盘“H”键弹出Select Sub-Objects（选择次对象）对话窗口（见图3.16），可以看到Curve02中的线段次对象与Curve01中的有相同的命名。使用该窗口选择CV Curve 01和CV Curve 16两条次对象，它们是位于头部中央剖面上的两条线，是重叠的那两条。点击修改面板上Curve Common卷帘中的Delete按钮，将这两条曲线段删去，然后在修改器堆栈中选择NURBS Surface对象层次（不退出次对象层次，就无法再选择其他对象）。

在视图中选择对象Curve01，在修改面板的General卷帘中点击按下Attach按钮，进入视图点击Curve02对象，要注意鼠标图标的变化提示。操作成功后，Curve02的所有次对象被并入Curve01对象中，Curve02对象被自动删除，结束操作时要单击鼠标右键释放Attach按钮。现在我们再进入Curve01的Curve次对象层次，按键盘“H”键弹出Select Sub-Objects（选择次对象）对话窗口，可以看到线段次对象名称列表中增加了14条线段名。

现在对象Curve01中已经有了数量可观的30条曲线线段，并且围合成了挽成发髻的发型轮廓，那么它究竟能帮助Hair and Fur（WSM）修改器实现怎样的发型呢？我们现在就来试一试。

先退出Curve01的次对象层次，再用选择工具选择场景中的头皮模型Hair，在它的修改器堆栈中打开原来已经被关闭的Hair and Fur（WSM）修改器，在视图中重新看到原始的头发。确认堆栈中Hair and Fur（WSM）修改器被选中，在其下方的面板中找到并展开Tools（工具）卷帘，点击按下其中的Recomb From Splines按钮，它让我们选择一个线条对象用来梳理（引导）头发。进入视图用鼠标单击曲线对象Curve01，视图中的头发马上改变了形态，但很显然它还不是我们想要的。

它首先看上去十分干硬，仔细看一看发现它的每根发丝没有柔软光滑的曲线弯曲，而是呈折线一般。这个问题很简单，只要在面板中找到General Parameters（普通参数）卷帘（它默认是展开的），在其中设置Hair Segments参数为一个较大的数值，例如“30”，头发的发丝就会变得十分柔软光滑了。Hair Segments（头发分段数）这个参数控制头发每一根发丝曲线的分段数。修改后的结果见图3.21。

图3.21 初次使用线条引导头发的发型

接下来的问题就比较复杂了，虽然引导曲线看起来已经很丰富了，但大部分头发的走向并不能很好地接受它们的控制。这里的原因主要是：这些头发是从Hair模型的整个表面生长出来的，就发根的位置而言，大部分头发距离引导曲线的起点都很远，这样引导曲线就无法对大部分中心区域的头发形成有效控制。我们当然不能把刚才创建引导曲线的工作扩大到整个头皮区域。再看一下这个发型就知道，其实我们最终并不需要头发从大面积的中心区域生长出来，外围的头发只要足够浓密，就会在被挽扎成发髻后完全遮挡住内部的头发。有了这个想法，就要在Hair and Fur（WSM）修改器中做一些设置，让头发只生长在沿发际线环绕的带状区域中。

7. 让头发在模型的局部生长

为了看清头发的生长区域，我们最好先将发型恢复为原始状态，即取消曲线的引导。再次找到Hair and Fur（WSM）修改器的Tools卷帘，在其中点击Regrow Hair按钮，将发型恢复为图3.4的样子。确认发型恢复后，我们还要进一步简化视图的显示，以方便后面的操作，因此再到Display卷帘中取消Display Hairs选项的选择，这样在视图中就看不到头发了。

接下来我们要在头皮模型上设定头发的生长区域。我们在修改器堆栈中展开Hair and Fur（WSM）的下属层次，并选择其中的Polygon层次，或者通过在Selection卷帘中点击按下Polygon按钮来达到同样的目的，如图3.22所示。在这个层次中我们可以进行的操作是在Hair模型网格上选择我们需要的多边形面，这些面将是头发可生长的地方。在做选择之前可以通过键盘功能键F4键的切换在视图中显示出网格线，于是便可以在视图中选择多边形面了。我们应该在按住键盘Ctrl键的同时进行多项选择，并且应该在用户视图中进行，被选中的面都会显示为红色，在选择过程中可以根据需要旋转视图视角。另外，要注意在头部的两侧应该做相同的选择，所以可以勾选Selection卷帘中的Ignore Backfacing选项（见图3.22），以保证不会在前后相互遮挡的面中出现误选，最后形成如图3.23的选择情况。

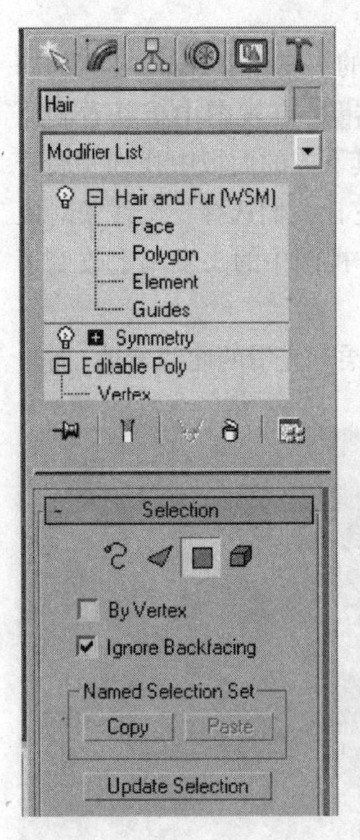

图3.22　进入毛发修改器的Polygon层次

选择完成后，单击堆栈中Hair and Fur（WSM）的修改器名称（或点击释放Selection卷帘中的Polygon按钮），回到修改器层次。在面板下方的Display卷帘中重新选择Display Hairs选项，于是视图中再次显示出头发。这一次，头发不是在整个头部生长，而只是在我们刚才

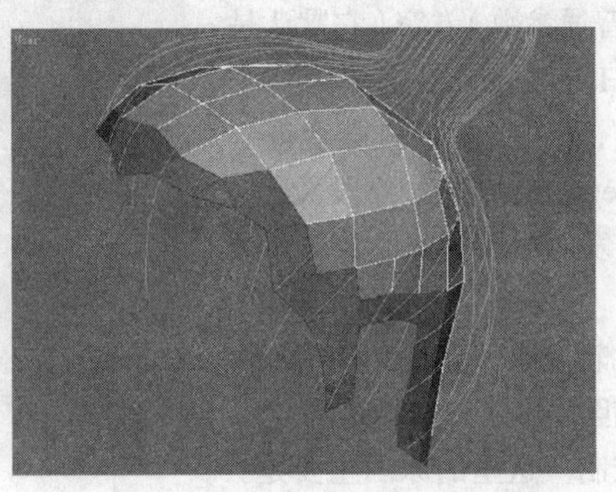

★图3.23　完成后的多边形面的选择情况

选择的那些面上生长，如图3.24所示。此时我们便可以检验我们的想法是否有效了。回到Tools卷帘，点击Recomb From Splines按钮，然后进入视图中再次点击Curve01曲线对象，新生的头发再次被梳理，如图3.25。对比前面的图3.21，效果有了一定的改善，但显然还有很大不足。

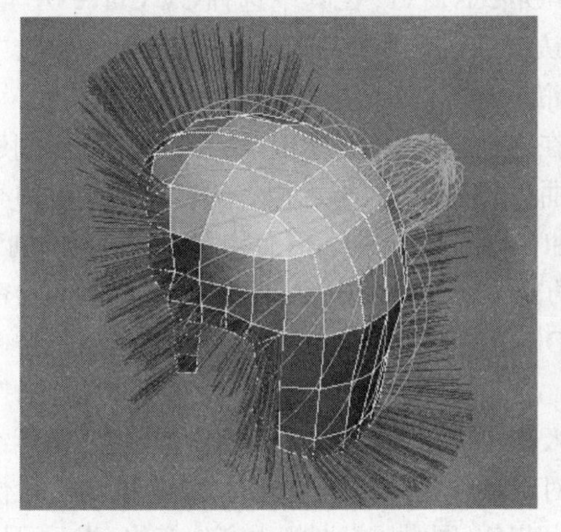

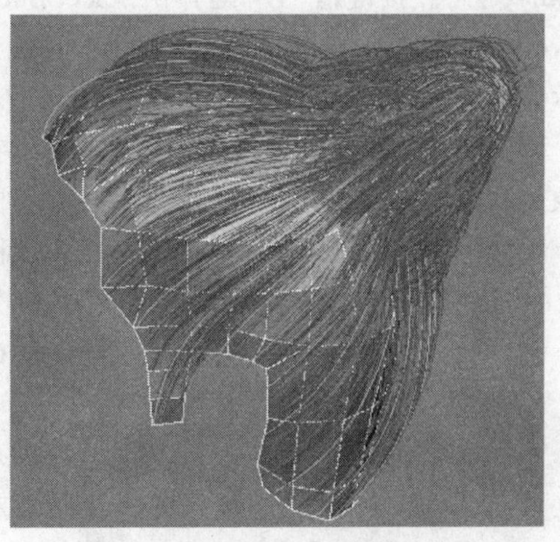

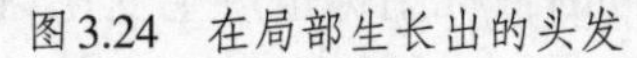

图3.24 在局部生长出的头发

图3.25 对局部生长的头发用曲线梳理

仔细分析其中的问题，主要是头发显得长短不一，排列很杂乱，这主要是General Parameters卷帘中Rand.Scale这个参数的影响。这个参数的意思是让头发长度产生随机变化，数值越大，变化越大，系统默认数值是“40”。头发长度随机变化具有自然生长的效果，但它不利于我们在此的梳理工作，所以要将其更改为“0”。修改参数后，头发马上产生了很大改观，如图3.26所示。这样的效果已经非常接近我们的设想了，但还显得略微有些不完美。

这里面存在的轻微不足表明：尽管我们选择了在沿发际线的一条带状区域生长头发，但由于这条带状区域仍然有一定宽度，所以靠内部生长的头发的发根仍然离Curve01的曲线起点有距离，致使曲线引导的效果不能达到十分精准。但是带状区域必须保持一定的宽度，否则头发层会不够厚，不能遮蔽整个头部的“不毛之地”。那么，改进的唯一办法就是再在带状区域的内侧制作出一组曲线，让它们和外侧曲线一同控制头发生长。在行动之前，我们要再次隐藏头发以简化视图空间，即在Display卷帘中取消Display Hairs选项的选择。

图3.26 改变参数Rand.Scale后的结果

8. 制作第二组曲线段

要在Curve01的内侧再制作一组曲线，和现有的曲线形成一一对应，从头重复一遍Curve01的创建过程是不可取的，我们要在Curve01上使用NURBS对象的Offset（曲线偏移）功能简化创建工作。在此之前，先对Curve01做好准备工作。选中Curve01对象，进入其Curve层次，按键盘“H”键弹出Select Sub-Objects窗口，在其中选择CV Curve 01至CV Curve 16之外的所有线段，点击Select按钮确认窗口。视图中头部右边的所有曲线被选中并显示为红色，在修改面板的Curve Common卷帘中点击Delete按钮，删除所有这些线段。

回到曲线的对象层次（NURBS Curve），在这个层次中，NURBS对象提供了很多创建次对象的功能。这些次对象分为三类——点、曲线和曲面，而与之相应的创建功能被归类在三个卷帘中——Create Points、Create Curves和Create Surfaces。前面我们已经使用的创建U Loft曲面就是属于Create Surfaces卷帘中的功能。下面我们则要使用Create Curves卷帘中的Offset（偏移）功能创建曲线次对象。

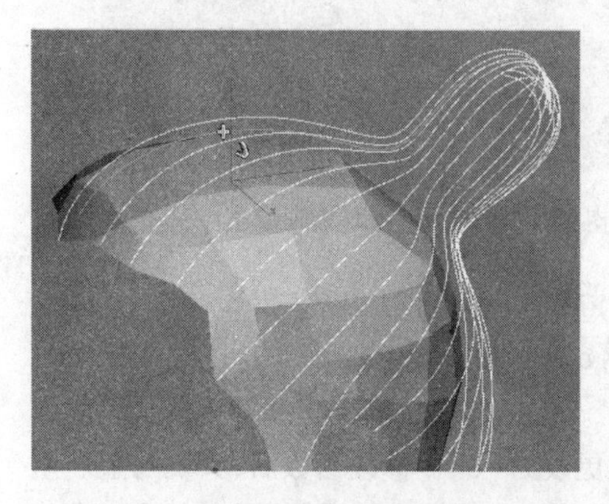

★图3.27 创建第一条偏移曲线

点击按下Create Curves卷帘中的Offset按钮进入创建状态，将鼠标移入用户视图，当鼠标经过可对其操作的曲线段上方时，相应的曲线段便显示出蓝色，同时鼠标图标也产生变化，提示可以开始操作。我们先找到CV Curve 01曲线段，它就是头顶正中的那条线，当看到提示后，点击拖动鼠标，可以看到一条与CV Curve 01平行的亮绿色的曲线产生出来，如果拖动还在继续，这条曲线就会不断变化它与CV Curve 01的间距。我们调整它到一个较小的距离后便可释放鼠标，结果如图3.27所示。

于是，CV Curve 01的一条偏移线被制作出来。之所以称它是偏移线，是因为它总是保持与CV Curve 01相平行，而且在空间方位上也会与CV Curve 01有固定的关系。以CV Curve 01这条曲线而言，它是一条二维曲线，所以它的偏移线就会始终处在它的二维平面内。而如果是从一条三维曲线制作偏移线，它们之间也会保持一种固定的空间关系。因此，偏移线的产生和我们前面使用过的移动复制曲线是有区别的（参见图3.9）。

在一个NURBS对象被选中时，其中的偏移线在视图中以亮绿色显示，这说明它们是依赖性曲线。以CV Curve 01的偏移线而言，它自己的形态是不能直接被编辑的，它会跟随CV Curve 01的形态变化而自动产生变化。这种依赖性关系在很多场合非常有用，但在我们这里则并不需要保持这种关系，因为我们希望借助偏移线制作出一条与CV Curve 01相应的内侧曲线，它应该从头皮上我们设置的带状生长区的内侧边缘生长出来，并逐渐贴紧CV Curve 01，与之并行收尾。显然这根偏移线的初始形态还不完全满足要求，所以我们要对它再做一些单独的编辑。

要直接编辑一条偏移线，就要先解除它的依赖性，也就是将它设置为一条独立曲线。进入Curve层次后，选择CV Curve 01的偏移曲线，它会变为红色，此时可以在修改面板的Curve Common卷帘中看到它的名称：Offset Curve 01。点击这个卷帘中的Make Indepentent按钮，这根曲线就被转变为一个独立的次对象，以后也不再被显示为绿色。虽然这根曲线的名称仍然保持Offset Curve 01，但它已经可以被编辑了。进入对象的Curve CV层次，可以看到它上面出现了CV点的标志，我们就可以编辑它上面的CV点，正如前面已经反复做过的那样。

具体要进行编辑时便会发现一个新问题：现在的曲线实在太多了，当进入Curve CV层次之后，所有这些曲线的CV点都显示了出来，屏幕上显得错综复杂、难以辨认。我们需要简化屏幕的显示，办法是暂时将那些无关的曲线段隐藏起来。于是，再回到Curve层次，在视图中对不需要看到的曲线段进行复选（用Ctrl键辅助），也可以弹出Select Sub-Objects窗口完成选择。当这些曲线段被选择好后，点击修改面板上的Curve Common卷帘中的Hide按钮，这些曲线随即被隐藏。

简化了视图后，我们可以轻松编辑Offset Curve 01曲线段了。这根曲线来源于CV Curve 01，它应该是一条二维曲线，我们始终将它保持在最初的平面上进行编辑，最后的结果参见图3.28。

上面用NURBS曲线的偏移曲线的办法为我们所设定的头发带状生长区制作了第一根内侧曲线。接下来，我们应该用同样的办法为Curve01对象中剩余的每一根曲线线段都相对应地制作一根内侧曲线，为此我们需要将原先隐藏起来的一些曲线重新显示，并将已经完成工作的曲线隐藏起来。重新显示被隐藏的曲线和前面讲过的隐藏曲线的方法很类似，可以在Curve层次中点击Curve Common卷帘中的Unhide By Name按钮（按名称显示被隐藏的对象），弹出一个改版的Select Sub-Objects窗口，在其中选择要显示出来进行工作的曲线，点击Unhide按钮将它们显示于视图中。

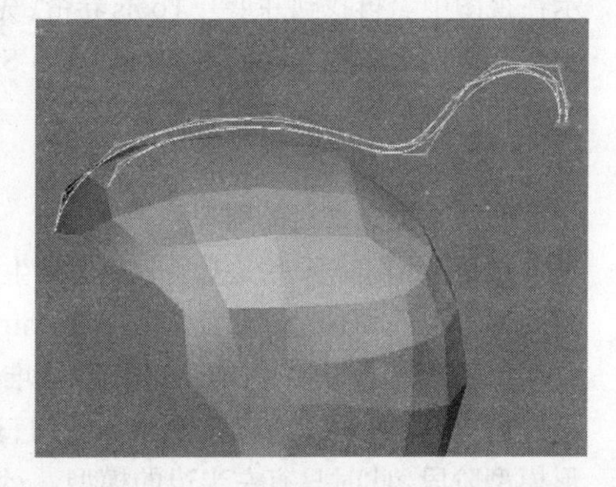

图3.28 编辑Offset Curve 01曲线段

制作偏移曲线的方法和前面完全相同，但在编辑偏移出的曲线时应该注意，它们绝大多数都是三维曲线，应该在编辑过程中不断旋转用户视图，对照原有的曲线和Hair头皮模型仔细调整它们的CV点。要注意它们起点的位置，应该放置在生长头发的带状区域的内侧边缘。

最终，所有的曲线制作完成时，曲线对象Curve01中应该包含32条曲线次对象，分别是CV Curve 01至CV Curve 16以及Offset Curve 01至Offset Curve 16。在工作完成后将它们全部都显示出来，它们的排列如图3.29所示。

进行到这一步后，应该说NURBS曲线的创建工作已经接近极致了，理论上讲这样一个

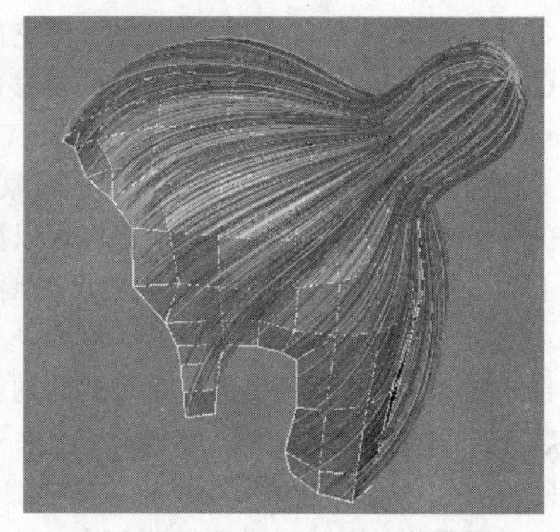

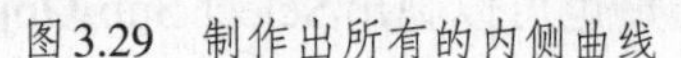

图3.29　制作出所有的内侧曲线

图3.30　经过最终梳理的发型

"阵容庞大"的曲线对象应该能十分理想地控制发型的生成了，那么我们就最后试验一下。如前面的方法，使用镜像工具再次制作出Curve01的对称曲线，删除其中相重叠的四条曲线次对象，然后把它合并到Curve01中。退出Curve01的次对象层次后，选择头皮模型Hair，在其毛发修改器的面板中找到Display卷帘并勾选其中的Display Hairs选项，原先的头发又显示在视图中。再找到并展开Tools卷帘，先点击其中的Regrow Hair按钮，使头发恢复自然生长（如图3.24），然后点击Recomb From Splines按钮，到视图中选择曲线Curve01，形成如图3.30所示的发型。

9. 对发型做最后的整理

最后，我们感觉头皮模型上的带状生长区还略显粗糙，它的宽度还不十分均匀，一些重要的地方也显得偏窄，我们可以回到Hair的模型部分对这个区域再做少量的精细调整。先关闭头发的显示，随后在Hair的修改器堆栈中向下选择Editable Poly层级，系统会跳出一个警告窗口，不用理睬它，直接按Yes按钮，这样我们就进入了堆栈的下层，回到了早期的多边形模型阶段，此时只有左半边的模型。运用多边形编辑的各种方法对带状区域附近的网格进行调整，要参考曲线Curve01中各条线段起点的位置，必要时为模型增加一些顶点或边。调整完成后要点击Editable Poly层级以退出次对象编辑，然后再点击堆栈顶部的Hair and Fur（WSM）修改器层级回到毛发阶段，在Display卷帘中打开毛发显示。

重回毛发阶段后，要刷新毛发和发型的生成，因为毛发修改器所依赖的模型网格已经被修改过了。刷新工作并不复杂，先点击Tools卷帘中的Regrow Hair按钮恢复毛发，随后进入毛发修改器的Polygon下属层次，在视图中的模型上重新选取修改过的带状区域，完成后退回修改器层次（即Hair and Fur（WSM）的名称，这一点很重要），毛发在新的带状区域上生长。然后点击Tools卷帘中的Reset Rest按钮，这个按钮可以改善头发生长分布的均匀性。最后再次单击Recomb From Splines按钮并在视图中选择曲线Curve01，完成最终的发型塑造。

为了在视图中较完整地展示发型的形态，我们再做如下设置：首先选择Curve01曲线对象并将其隐藏。在发髻处选择曲线较为容易，隐藏它可以使用鼠标右键菜单中的Hide Selection选项。然后要将头皮模型隐藏，头皮模型虽然十分重要，但我们却不希望在视图中看到它，然而此时我们不能继续使用Hide Selection选项，因为这样会隐藏所有的头发，我们只能改变Hair模型的可视属性。选择Hair模型后单击鼠标右键，在弹出菜单中选择Object Properties（对象属性）选项，这样会弹出一个Object Properties对话窗口，如图3.31所示。这个属性对话窗口中汇集了许多有关被选中对象的属性设置，包括在几个分类标签中，其默认打开的是General（普通）标签，被选对象的名称就显示在这个标签中。在这个标签中我们找到Rendering Control这一参数组，其中有一个参数Visibility，它控制对象的可见度，默认数值为“1”表示对象完全可见，我们将其改为“0”，这样Hair模型在场景及今后的三维影像中就看不到了，但是由它产生的头发不会受影响，这就是可见度与Hide Selection选项的区别。

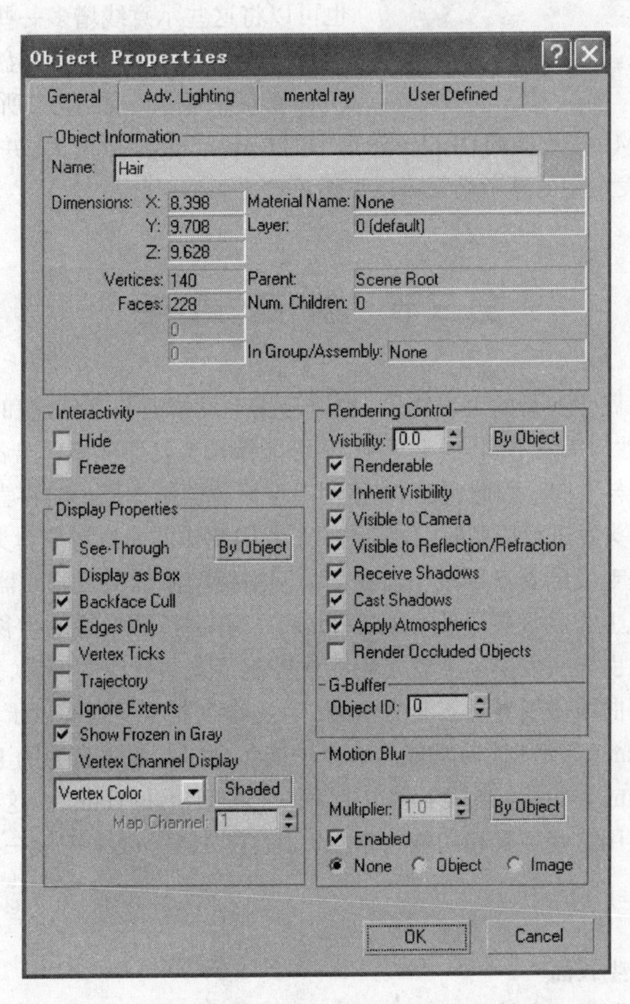

图3.31 对象属性对话窗口

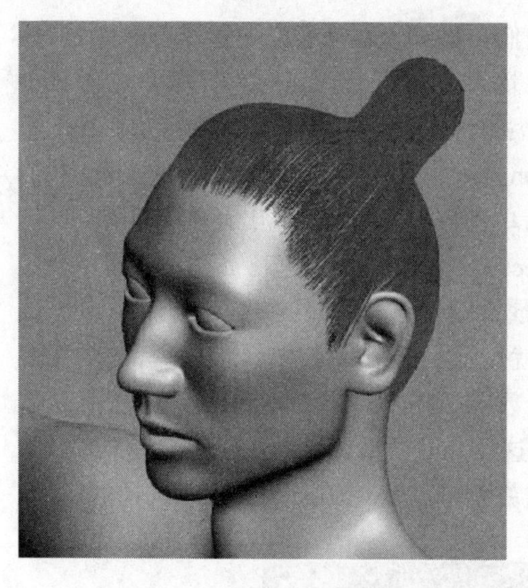

图3.32 发型的造型结果

修改好参数后点击窗口OK按钮，结果就在视图中产生。最后我们还要将被隐藏的人体模型显示出来，在视图的空白地带单击鼠标右键再次弹出右键菜单，在其中选择Unhide By Name选项，在随即弹出的Unhide Objects（显示对象）窗口中选择Body对象名，再点击窗口下方的Unhide按钮，人体模型Body就出现在视图中了。如果Body没有启用表面细分，可以在模型的修改面板中设置它（参见上一章结尾处），同时看一下它是否与头发很好地接合。如果此时感觉头发不够密，不要担心，因为这些线条现在只是示意。如果愿意也可以将这些示意线增多一些，只要再选中头发（如果鼠标不好操作，请按键盘"H"键弹出Select Objects对话窗口，如图3.2所示进行选择），将Hair and Fur（WSM）修改器的Display卷帘中的Percentage参数增大，并适当增大Max.Hair参数数值，最后头发发型的参考结果可以见图3.32。

第三节 创建眉毛

角色的眉毛也属于典型的毛发物质，也适合用毛发修改器来创建和表现。在真实世界里，眉毛的物理特性与头发不同，眉毛短小，不可能像长头发那样梳理出各种复杂造型，一般会保持自己的长势与方向。因此，我们在使用毛发修改器制作眉毛时将尝试不同的方法。

前面在梳理长头发进行造型时，我们使用了专门制作的曲线对象为头发引导方向，但其实这些曲线并不是毛发的真正导线。当我们为网格模型添加毛发修改器后，修改器会在与生长面有关的顶点上自动设置导线（Hair Guides），并会按照导线的生长方式来生长头发。前面使用曲线对象引导头发实际上就是用曲线控制了这些导线的形态，进而达到引导头发生长的目的。但用曲线做引导并不是必需的，毛发修改器本身也提供了直接调整导线的手段，也就是Style Hair（发型创作）功能。这个功能包含了几组强有力的毛发造型编辑工具，它们被收纳在Styling卷帘中，当按下卷帘中第一个按钮Style Hair后，这些工具就可以使用了。我们下面将使用这些工具和功能制作眉毛，但首先还是要来完成一些与创建头发类似的准备工作。

1. 创建眉毛的生长面

从一个网格模型表面生长毛发是最常用的生长方式，我们也要这样创建眉毛，因此先要创建一个生长面模型。不同于前面的头皮模型，我们这次从直接勾勒这个面的轮廓入手。

进入前视图（Front），使用键盘F3键将视图显示切换为线框方式，并使用视图导航工具中的缩放工具将视图景别调整为眉骨处的特写，如图3.33所示。

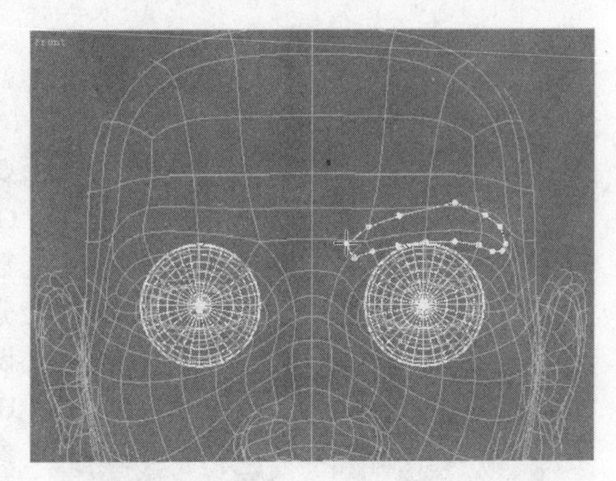
图3.33 在前视图中创建封闭线条轮廓

在命令面板分类标签中选择创建面板标签，再点击图形分类按钮，在下拉列表中确认选择了Splines（样条曲线）。继续在Object Type卷帘中点击按下第一个按钮Line，进入前视图，沿着眉毛生长区的轮廓间断性地点击鼠标左键创建折线段（注意不要拖动鼠标，否则会创建曲线）。每次单击都会创建一个新的顶点并延长折线段，最后一次单击要回到第一个顶点上进行，这样系统会弹出一个对话窗口询问是否封闭线段，点击“Yes”按钮确认将线段封闭，操作过程参考图3.33。

新创建的对象是一个Splines类型的曲线对象，默认名称是Line01，它只有一个轮廓线，我们还需要将其转换为表面对象。用鼠标右键单击Line01，在弹出菜单中选择Convert To→Convert to Editable Poly菜单项，将Line01转换为多边形网格对象，这样在其轮廓中就会形成表面，随后将其名称改为Eyebrow-l（左眉毛）。由于我们是在前视图中创建的这个表面对象，它的初始位置应该在世界坐标的XZ平面上，所以这个面对象就应该处在头部模型的内部，在正常情况下是看不到的，我们要将其移动到面部的前方使其显现出来。

保持Eyebrow-l被选中，选择移动工具，转换到左视图中（在左视图中单击鼠标右键一次，由于前面的操作，这个视图也可能是右视图，这里没有本质差别），用鼠标拖动移动操纵器的水平轴（在这里一般是View坐标系的X轴），将Eyebrow-l移动到面部的前方，如图3.34所示。

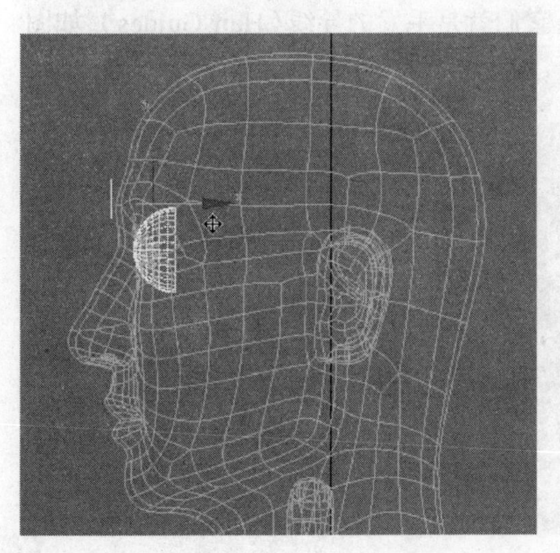
图3.34 将Eyebrow-l移动到面部前方

接着转到用户视图中进行观察，用户视图应该是光滑表面显示方式（F3）。它现在是一个二维表面对象，从面部的正面看去应该能看到它的表面，我们要将其编辑为三维表面对象并将其贴附于眉骨处的皮肤表面。先将其整体做前后移动，到达尽量贴近皮肤的位置，然后可以直接进入多边形编辑状态。运用切割（Cut）功能将其表面网格细化分割，再移动调节新增加出来的顶点，使得表面扭转尽量贴附于头部模型的表面之上。在移动顶点时主要做前后方向的移动，以保持从正面看去的整个对象的外轮廓，操作情况如图3.35所示。

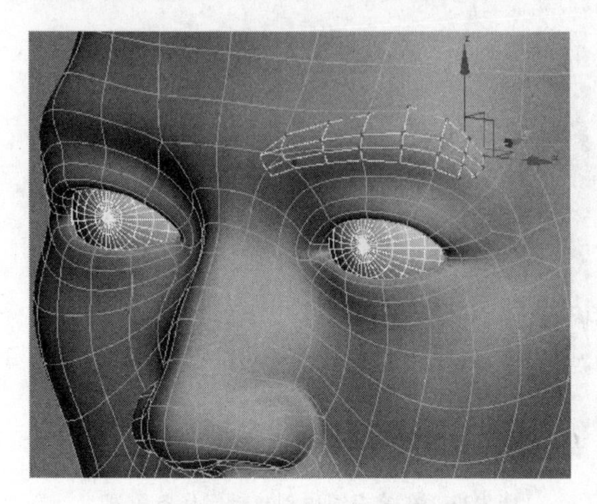

图3.35 编辑Eyebrow-1的多边形网格

生长表面模型Eyebrow-1调整好后，就可以给它添加毛发修改器Hair and Fur（WSM），方法如前。添加好毛发修改器后，要在修改面板中修改一些参数和设置：在General Parameters卷帘中将Hair Count（毛发数目）设置为“3000”，将Hair Segments（毛发分段）设置为“16”，将Rand.Scale（随机比例）设置为“0”；在Display卷帘中勾选Display Hairs选项并将其下方的Percentage（百分比）参数设置为“10”；在Frizz Parameters卷帘中设置Frizz Root和Frizz Tip这两个参数均为“0”。这一系列的参数设置好以后，应该在视图中看到原始状态生长的毛发（发散状），这时我们隐藏人体模型，使下一步对毛发的调整在一个很简洁的空间中进行。

2. 使用发型创作功能调整毛发导线

下面是我们要介绍的新方法——Styling发型创作。由于Styling功能会直接调整毛发导线，所以我们要把毛发在视图中的示意线隐藏起来，以便清晰地观察到操作中的导线的状况，于是取消Display卷帘中Display Hairs选项的勾选。展开修改面板中的Styling卷帘，按下其中的Style Hair按钮，Styling卷帘中的功能就全部被激活，同时在视图中会看到模型网格的每个顶点上都会引出一条橙色的线段，它们就是毛发的导线（Hair Guides），如图3.36所示。

Styling卷帘中提供的工具与功能，让我们以一种更为直观的操作方式来梳理毛发造型。这些工具主要包含三组：Selection（选择）、Styling（发型）和Utilities（功效）。Styling功能的基本工作方法是：先使用选择组中的设置方法选择一定数量的毛发导线，再使用发型组中的工具和设置直接梳理这些毛发导线，并在工作过程中需要的时候使用功效组中的功能调整发型和操作状态。我们先以图3.36中的一条导线为例说明Styling功能的使用方法。

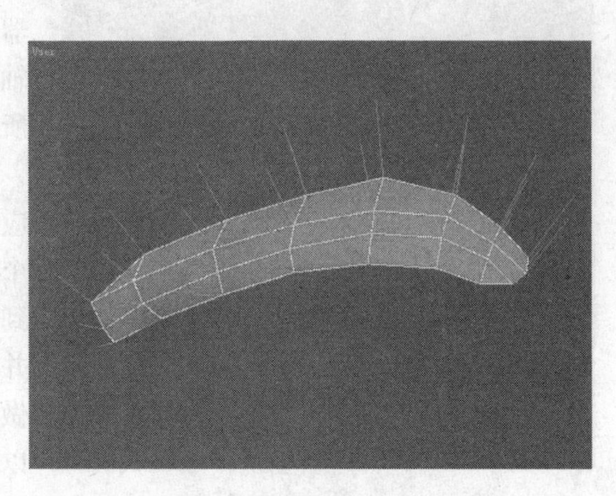

★图3.36 视图中眉毛的毛发导线

在图3.36中我们看到，在初始状态下的毛发导线都是沿着生长面的法线方向排列的，但眉毛的排列是向着眉弓线汇聚的，所以首先一步是要调整每一根导线的指向。这个操作主要使用导线旋转工具，而在旋转之前，当然要先选择一条导线。选择导线的工具位于Styling分组中，在使用选择工具时还要配合Selection分组中的设置，Selection组中的这些设置不仅对选择工具有影响，对Styling组中其他工具的操作也是有影响的。我们先在Selection分组中按下导线整体选择按钮，再到Styling分组中按下选择工具，在视图中找到眉毛下边缘的一根导线，用鼠标在它上面拉框选择，只要鼠标拖出的矩形框能覆盖这根导线的一部分即可，不需要整体套住它。被选中的导线显示为橙色，而其他导线则显示为黄色，如图3.37所示。

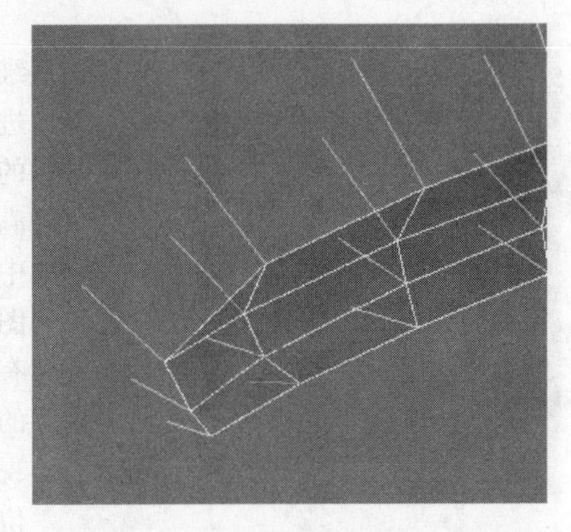

★图3.37 在眉毛下边缘选择一根导线

观察眉毛的最主要的方向是前方，所以我们转到前视图中调整这根导线的方向。旋转一根导线的指向时应该使用发根选择模式而不是整体选择模式，因此在Selection分组中将发根模式按钮按下，这时在视图中仔细观察，可以发现每根导线的根部都会显示出一个提示点，没有被选中的导线根部的提示点为深蓝色，而刚才被选中的那条导线的根部提示点显示为浅色，而这条导线依然处于被选中状态（橙色），我们给它命名为导线A。选择的设置调整好后，我们要来设置旋转工具。

在Styling分组中按下笔刷按钮，这个按钮是我们使用Styling中排列在下方的任何工具之前必须按下的，因为Styling中的所有工具都以一种圆形笔触的方式进行工作。笔触的方式来源于Photoshop中的画笔，每次点击鼠标所产生的操作结果都被局限在笔触的圆形范围内。在Photoshop中，笔触的半径以及笔触边界的硬度都可以调节，这里的情况是类似的。按下笔刷按钮后，我们要选择排列在下方的导线旋转工具，即按下按钮。

将鼠标移入视图之中，立刻会看到笔刷的图标，是一个带有十字准心的圆形，此时如果我们将笔刷图标移动到被选择的毛发导线上进行旋转操作，只有落在圆形内部的导线部分会旋转，外面的部分不受影响，导线根部那个点总是不会变动的；同时，旋转总是发生在视图平面之内（旋转轴与视图垂直），旋转所围绕的中心点就是十字准心的交叉点。根据这个工作原理，如果我们想要旋转整个导线的指向，就一定要把图标准心对准导线根部的提示点，同时要将笔刷半径调整得足够大，可以将整个导线包围进来。调整笔刷半径可使用卷帘中的笔刷半径滑块，调整的结果会马上反映在视图之中。另外，该分组中的选项Distance Fade此时不要勾选，这一选项表明笔刷范围内的旋转幅度会沿半径的方向递减，在它的影响下直线导线会扭转成弧线。

依照上面的要求调整好笔刷后，回到前视图中将其准心对准导线A的根部提示点，点击并拖动鼠标，同时观察导线的整体旋转，调整到一个合适的指向后松开鼠标，情况如图3.38所示。图中绿色线为笔刷图标，在拖动鼠标时会变为黄色。

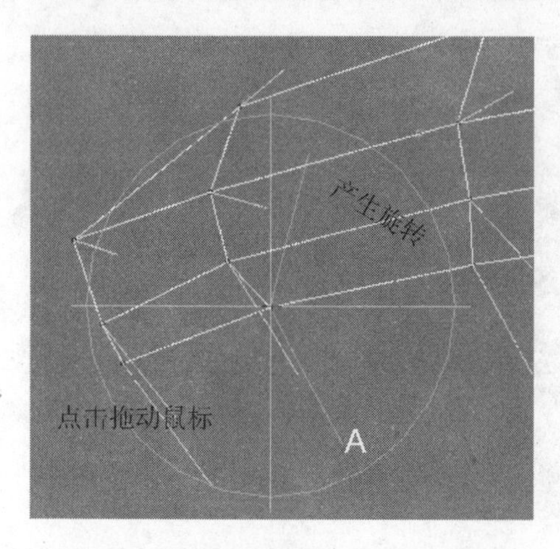

★图3.38 在前视图中操作鼠标，使导线A产生旋转

由于旋转发生在前视图平面中，这条导线在三维空间中实际发生的旋转应该是沿着一个锥形面进行的，它最后的真正指向还需要参考其他视图中的信息才能够确认。如果我们对它目前的指向不满意，除了在前视图中，还可以改换到其他的视图中继续用刚才的方法实施旋转，甚至可以在用户视图中旋转。当在用户视图中旋转导线时，我们需要有较强的空间辨别与判断能力，因为不管用户视图的方位如何，由笔刷控制的旋转操作总是在当前的视图平面上进行，因此如何设定合理的用户视图方位、旋转以后导线的空间指向如何变化，就都需要通过思考来做出预判。

当直线形的导线A的指向确定了以后，接下来的一步是要将它弯曲——眉毛中没有一根是笔直的。弯曲一根毛发导线最快捷的方法仍然是使用导线旋转工具，操作方法和前面几乎一致，只有一个关键的差别——选项Distance Fade此时必须被勾选。只有此选项勾选了，在旋转导线时它才不会整体一致地转动，而是从发根到发梢出现不同程度的转动，从而产生弯曲变形。另外，此时工作视图的选择也很重要，一般是需要在用户视图中工作。旋转之前要将用户视图调整到哪个角度需要仔细考虑，这直接关系到导线弯转的方向。直线被弯曲后会形成一个弓形，我们可以借助这个弓形所应有的方位来计划用户视图的角度。

具体对导线A的弯曲如图3.39所示，我们先设置了用户视图的角度，它与我们要做出的弯曲弓形面是相平行的。勾选Distance Fade后，测试一下笔刷的圆形大小，它应该在视图中刚好套住导线A（准心依然要对准发根），否则应对其半径进行调节。一切都准备好以后，再进入视图，将笔刷准心对准导线根部提示点，单击并拖动鼠标，观察导线的弯曲变化，至合适程度时松开鼠标。

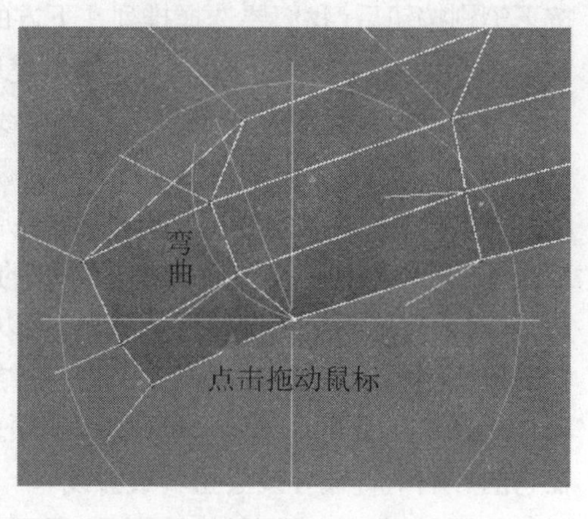

★图3.39 在用户视图中弯曲导线A

弯曲产生后，可能还需要对导线A做最后整理，使得它的方向和形态都更加准确。整理工作首先仍然是做旋转调节，依然使用旋转工具，但这时又要将Distance Fade选项的勾选取消，以保证旋转是整体一致的。要根据旋转方向的需要事先调整好用户视图的角度。一般的方向

性调节与我们前面所讲的旋转操作是类似的，但有一种特殊的旋转是应该注意的，那就是围绕弓形曲线的弓弦方向的旋转，也就是整个弓形图形的绕弦自转（见图3.40左）。这种旋转可以有针对性地调节毛发导线的弯曲方向，是很有用的一种旋转。做这种旋转前先要将用户视图的视角调整到与弓弦一致的方向，在用户视图中观察时这个方向有其独特特征，那就是弓形曲线的首尾两端会重合，弓形曲线显示为对折的直线段（见图3.40右）。可以在视图调节中以这一点作为判据，当然在实践中我们只要调整到近似重合的方向就足够了。

★图3.40 导线沿弓弦方向的旋转及旋转所采用的视图视角

除了旋转之外，导线整理工作经常使用的工具还有导线平移和缩放，它们都位于Styling分组中。平移工具可以在与视图保持平行的平面内移动导线的局部或全部，移动产生的影响不仅取决于Selection分组中的选择模式的设置，还与笔刷的半径及Distance Fade选项有关。通常情况我们用移动工具调整导线的局部弯曲，这时我们将选择模式设置为整条曲线，将笔刷的半径调整得较小，只覆盖要调节的导线局部并将Distance Fade选项勾选，让曲线在调节时产生柔性的反应。操作时一般要进行反复的“推”、“拉”，才能形成满意的形态。平移工具的工作举例示意可参见图3.41，图中我们示例了对一条初始直线导线的弯曲过程，而并非对已经做过弯曲的曲线的整理，这主要是为了图示的方便。

相对而言，导线缩放工具则简单很多，它可以改变导线的长短，操作结果也并不依赖于选择模式和笔刷半径的设置。但要注意，使用缩放工具改变导线长短的同时并不会改变导线的曲线形态，因此它的操作结果并不等同于修剪头发。此外，与平移、缩放和旋转工具一同并列的还有直立和蓬松两个值得尝试的工具，它们可以不同程度地将导线向初始的直立方向做恢复。

Utilities这一分组中也有一些有帮助的功能。其中，弹起按钮可以将被选择的导线立即复位到初始的直立方向，取消已经做出的所有调整；毛发切换按钮可以在视图中切换毛发的显示；取消按钮可以取消上一步所做的操作，是专门为Styling环境所配备的Undo按钮。

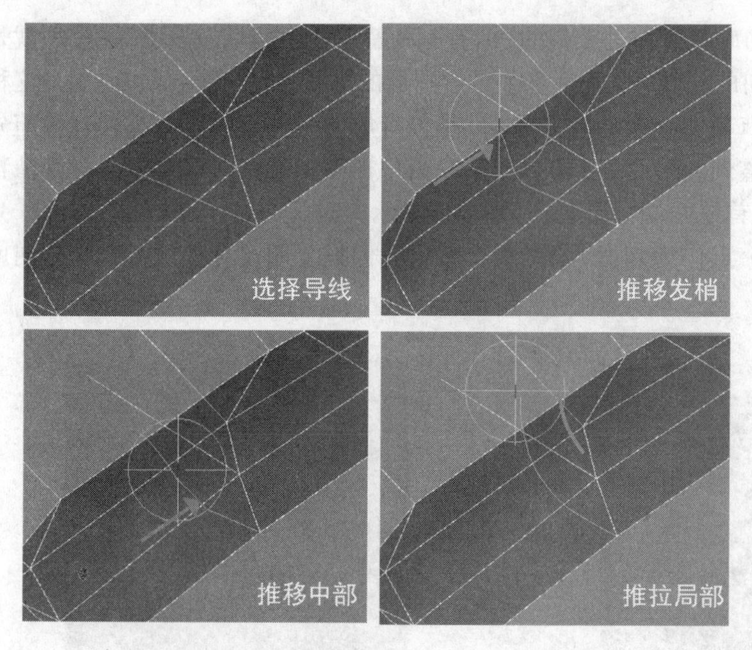

注：使用导线平移工具时，“推”主要指横向扭转曲线的动作；“拉”主要指纵向拉伸曲线的动作。

★图3.41　使用导线平移工具弯曲导线的操作示例

上面以一条毛发导线为例，介绍了如何使用Styling（发型）卷帘所提供的功能塑造毛发导线的形态。我们接着就可以运用这些已经介绍过的功能与方法，并按照眉毛的自然生长规律，将眉毛生长面上的所有毛发导线的形态走向都进行调整，最后形成如图3.42的结果。导线编辑完成后，我们可以点击释放Styling卷帘中的黄色Finish Styling按钮，结束Styling的发型创作功能。此时，网格模型Eyebrow-l上的毛发导线消失，我们再勾选修改面板Display卷帘中的Display Hairs选项，就会在视图中看到完成后的眉毛的示意线，如图3.43所示。

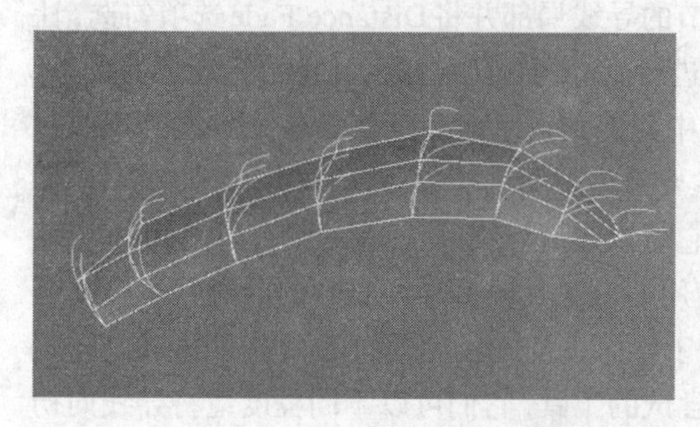

图3.42　调整完成的眉毛导线

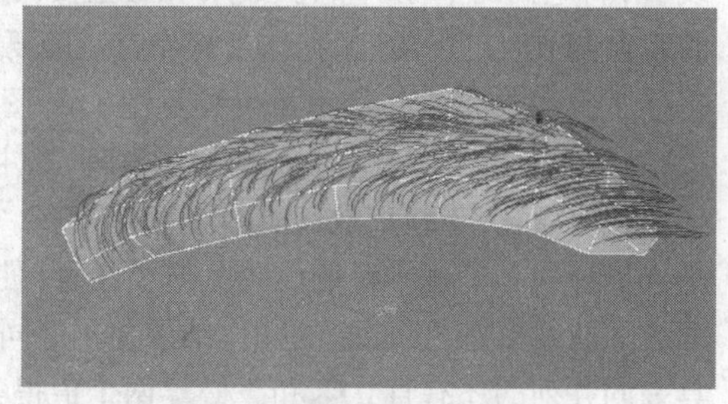

图3.43　视图中显示的完成的眉毛

3. 复制出右边的眉毛

现在左半边的眉毛已经创建好了，我们要复制一个到右半边。首先要把眉毛生长面复制到位，此时复制这个网格模型要使用镜像工具 而不是对称修改器Symmetry，因为我们希望复制出来的是一个新的独立的网格模型，而不是在原来模型上的扩充；而且，Symmetry修改器在属性上属于对象空间修改器，在修改器堆栈中它不能被置于毛发修改器上方。但这次使用镜像工具则不像前面使用时那样方便了，如果我们尝试一下就会发现，马上使用镜像操作并不能复制出一个位置准确的右边眉毛，复制出的生长面模型是Eyebrow-l模型在原地的对称复制品。我们当然可以通过手动调节将复制出来的右生长面移动到头部的右侧，但是还有更精确快捷的方法。

在界面的主工具条上有一个操作中心按钮，它也是一个可弹出按钮组（与视图旋转工具类似），它规定了镜像操作以及旋转等其他操作所参照的中心，它的默认选择是使用对象中心，所以当我们对Eyebrow-l做镜像复制时它会围绕自身中心进行。如果我们展开操作中心按钮组并选择变换坐标系中心按钮，那么镜像操作的中心就会改为采用变换坐标系的中心。变换坐标系是哪个？它就是我们在视图中使用的坐标系，它是在主工具条的参考坐标系下拉列表View中设置的。前面讲过，通常情况下我们对参考坐标系会采用默认的View（视图）坐标系设置，它在用户视图和透视视图中提供的变换坐标系就是世界坐标系。因此，如果我们的参考坐标系是默认设置的话，镜像操作的中心就会采用世界坐标系的中心。

所以操作之前再次检查一遍：参考坐标系设置为View，操作中心使用变换坐标系中心，然后在用户视图中（不能有误）选择网格模型Eyebrow-l，再到主工具条上点击镜像工具，弹出镜像操作对话窗口，如图3.20所示。在窗口中进行与图3.20完全相同的设置，随后确认窗口，这样就会将一个右半边眉毛准确地复制到位了，我们将其命名为Eyebrow-r。

检查一下右边的眉毛，还会发现有问题。虽然Eyebrow-r的网格模型和Eyebrow-l相对于人物面部是完全对称的，但是在Eyebrow-r上生长出的眉毛的方向却是错误的，是向着相反的方向生长的。这个原因在于，虽然镜像操作可以复制出对称的网格模型，但它却不能正确地处理毛发修改器，所以眉毛的生长就显得错乱了。

解决问题的唯一办法是：将Eyebrow-r上的毛发修改器重新进行设置。然而，如果我们在Eyebrow-r的毛发修改器上把导线调整的工作再重新做一遍的话，工作效率的低下可想而知，所以我们要再次依靠毛发修改器使用线条对象引导毛发的方法，也就是在梳理头发时所使用的方法。但我们需要提升效率，不能自己制作曲线对象，可以将Eyebrow-l的毛发修改器中已经造型好的毛发导线转换成曲线对象再来使用，毛发修改器提供了这个功能。

在用户视图中重新选择Eyebrow-l对象，选择其Hair and Fur（WSM）修改器，找到并展开Tools卷帘。在其中的Convert工具组中按下按钮Guides -> Splines，此时场景中会立即产生一个新的曲线对象，其名称为“Line01”。它隐藏在毛发示意线中，在视图中不容易发现它，我们按键盘“H”键或点击主工具条上的Select by Name按钮，弹出Select Objects窗口，便可以在对象名称列表中看到它。按钮Guides -> Splines可以从每一根毛发导线上毫无变形地产生出一条Line01中的线段次对象，它们甚至在空间位置上也和导线精确重合，这就给我们的工作带来了极大方便。我们只要再对这个Line01曲线做镜像操作，就如同刚才对Eyebrow-l模型所做的那样，那么右边的Eyebrow-r模型就配备上了完全能够达到Eyebrow-l中的导线功能的引导曲线。于是，我们在Select Objects窗口中选择Line01并确认窗口，场景中的新生曲线对象就被选中，点击镜像操作按钮，在镜像对话窗口中选择Mirror Axis仍为“X”，但Clone Selection选项应设置为“No Clone”（不复制）。确认窗口后，曲线Line01被对称到右边，正好和导线在这里应有的方位和形态完全一致。

再次选择模型对象Eyebrow-r（可以按“H”键使用选择窗口），并选择其毛发修改器。在Tools卷帘中点击按钮 Regrow Hair 重新生长毛发，然后点击按钮 Recomb From Splines，并在视图中选择（点击）Line01对象，于是，眉毛接受Line01曲线的引导产生了正确的排列。我们还可以再看一下此时Eyebrow-r的毛发修改器中的毛发导线是何种状况，先选择曲线Line01将其隐藏（鼠标右键），再选择Eyebrow-r的毛发修改器，展开Styling卷帘并按下Style Hair按钮，再释放Utilities分组中的毛发显示按钮，于是毛发导线就清晰地显示在视图之中了。可以看出，Eyebrow-r的毛发导线实现了和Eyebrow-l的导线完全对称的结果，这说明了外部引导曲线的真正原理——它们是通过控制毛发导线的走向进而实现对毛发的控制的。

现在我们完成了两边眉毛的创建，可以仿照在创建头发完成时对头皮模型的隐藏处理来隐藏眉毛生长模型。分别选择模型对象Eyebrow-l和Eyebrow-r，单击鼠标右键，选择Object Properties选项，在属性对话窗口中将Visibility参数设置为“0”（见图3.31）。

随后，在视图空白处单击鼠标右键，选择Unhide by Name选项，在弹出的选择对象窗口中选择人体模型对象Body、两个眼球对象和头发（头皮）对象Hair并确认窗口，于是，原先做好的人体模型和头发就在视图中重新显示出来，在视图中有了一个完整的展示，如图3.44所示。

图3.44　完成后的头发与眉毛

视图中的毛发现在看起来还十分生硬，不够真实，这是因为在视图中显示的只是毛发的示意线，真实的毛发效果要在渲染时才能看到，而且还要在很大程度上依靠下一章将要讲述的材质与贴图的帮助。

第四节　毛发小结

仿真毛发是三维软件中处理毛发物质最具科技性的方法，毛发修改器是创建仿真毛发的核心工具。对毛发的梳理与造型可以采用两种方法：用线条对象作为引导线的方法和使用Styling卷帘功能进行发型创作的方法。前一种方法对发型的控制较为精确，但创建和编辑线条曲线的过程较为繁琐；后一种方法的操作更加直观感性，但不易达到精确的控制。

第四章

材质与贴图

前面几章的工作已经完成了人体模型的建立，但模型只表示空间中抽象的形体，它们还没有具象的外观。要让模型表现出真实具体的外观，就需要使用材质。

材质（Materials）是描述模型对象表面材料、色泽、纹理、质地、透明度、粗糙度等方面的外观信息的数据集合，而贴图（Maps）则是在三维软件中被定义或引用的某种二维图像，贴图经常被使用在材质之中。在三维软件中任何一个物体都被定义为一个对象，其内部是由大量数据组织构成的，这些数据又可根据其性质划分成不同集合。表示对象形体的模型数据就是其中的一组集合，而模型对象所采用的材质则是另外一组，此外还可能有关于力学仿真的物理属性、渲染设置等方面的数据。非模型类的对象则会包含其他有关的数据，例如相机的摄影参数、灯光的照明参数等。

与模型数据不同的是，材质和贴图数据是被独立定义的，也就是说它们在被定义时并不是必然地隶属于哪个对象，但一个模型对象可以选用这些被定义好的材质与贴图作为它自己的数据，不同的对象也可以使用相同的材质与贴图。材质与贴图之间也有着各自的独立性，但材质之中往往会包含贴图，而贴图是不能包含材质的。材质和贴图除了具有表现对象外观的主要作用以外，还有其他一些重要作用，比如定义一些基本的表面物理属性、为某些控制功能提供空间变化模式等，它们还可以为场景管理提供帮助。总之，在三维软件中材质与贴图的应用非常广泛。

本章可供参考的资源文件被放置在资料光盘的Resource\Chapter4文件夹中。

第一节　材质编辑器简介

在3ds Max中，对材质与贴图的定义、编辑与应用主要通过材质编辑器（Material Editor）实现。材质编辑器是3ds Max软件中的一个重要功能模块，我们在系统主工具条上点击材质编辑器按钮，或直接按键盘“M”键，即可打开材质编辑器的主窗口，如图4.1所示。

材质编辑器主窗口中包含一些重要的窗口组件，其中有菜单条、样本槽、工具条以及包含不同功能的卷帘。菜单和工具按钮提供有关材质管理、材质在场景中应用、窗口界面定制、界面导航等方面的命令和控制功能。菜单中的命令和功能有很多是和工具条中的互相重复

图4.1 材质编辑器主窗口

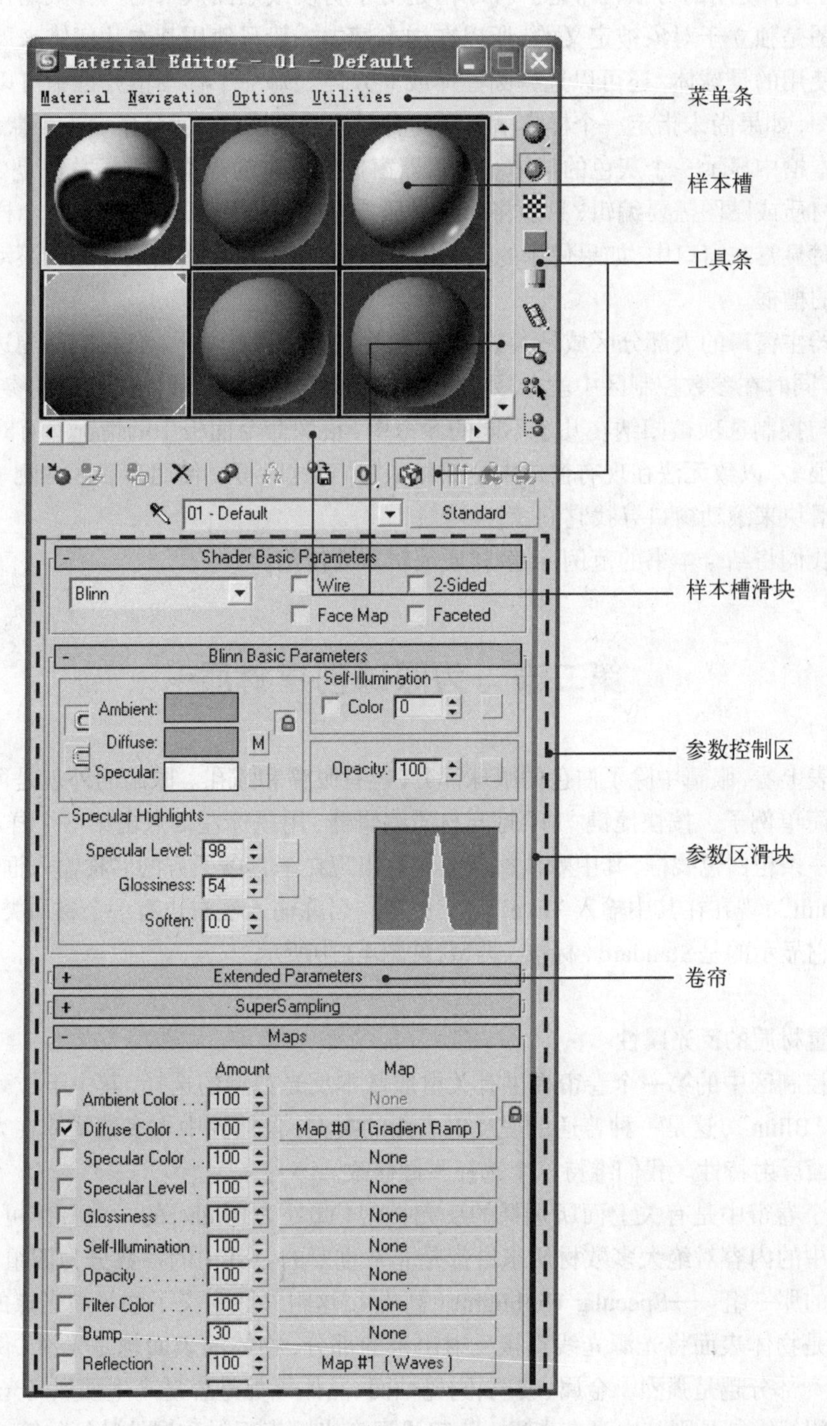

的,这只是出于使用的习惯性考虑。样本槽是对于材质或贴图效果的一种微缩预览。由于材质或贴图是独立于对象被定义的,所以在样本槽中一般只使用基本几何体来展示材质效果。默认使用的是球体,还可以选择圆柱体或立方体。每一个样本槽方框中可以显示一个材质或贴图,如果尚未指定一个样本槽显示何种材质或贴图,它就会显示一个默认材质,也就是在样本槽中显示一个灰色的球体。编辑器窗口所提供的样本槽方框总数是24个,如果有更多的材质或贴图需要编辑,只能将那些材质或贴图替换进来显示。这24个样本槽也不一定能同时显露在窗口中,如果使用的是大槽框显示,则可以使用槽区旁边的滚动滑块找到尚未看到的槽框。

编辑器主窗口的大部分区域是参数控制区,当选择了某个样本槽后,它的周边会显示粗白色线框,同时在参数控制区中就会显示出与该样本槽中的材质或贴图有关的参数与控制。这些参数与控制选项被归纳在几个不同的卷帘中,很像命令面板中的情况。有时卷帘中包含的内容很多,以致无法在现有窗口中全部显示它们,这时可以使用参数区右侧一个灰色细长的滚动滑块来滚动窗口寻找它们。

下面我们将结合本书的范例,讲解材质编辑器的使用。

第二节　为眼球创建材质

从外表上看,眼睛中除了白色的眼球部分,还有眼瞳和瞳孔。眼睛的外观是可以通过材质表现的简单例子。按快捷键“M”打开材质编辑器,用鼠标左键点击第一个样本槽,它的四周出现一条粗白色线框,其中默认材质的名称出现在工具条下方的名称输入框中,应该是“01 – Default”,现在在其中输入“Eye”将其更名。名称输入框右边有一个材质类型按钮,默认情况下它显示的是Standard(标准)类型,见图4.1中所示。

1. 设置材质的反光属性

参数控制区中的第一个卷帘提供有关材质基本反光类型的选择,其中下拉列表中的默认选择是“Blinn”,这是一种普通的漫反射表面的类型,自然界中大多数物体在光照下都具有这种表面反射特性。我们维持这个选择不做修改。

第二个卷帘中是有关上面所选择的反光类型(此处为Blinn)的一些具体可调节参数,这个卷帘中的内容对绝大多数材质来讲都是非常重要的。其中的参数分为四组,我们先来看最下方的那一组——Specular Highlights(高光),这组参数定义了物体高光点的强度和范围。高光是物体表面将光源光线直接反射出来的部分,物体的表面越是光滑(例如打磨或油漆),高光部分越是强烈。金属、玻璃、陶瓷釉面、晶体等都是容易产生强烈高光的物质,石膏、水泥、粗纤维制品则基本没有高光。正确设置高光是表现材质属性特征的第一步。

眼睛的表面光滑湿润,会产生较强的高光,但不同年龄和健康状况的人眼睛中的高光效果是不同的，年轻健康、充满活力的人的眼睛会表现出更强的高光。我们在此将高光的参数设置为：Specular Level=98、Glossiness=54、Soften=0，它们的含义分别为：高光强度、范围和柔度。这个参数组右侧还有一幅曲线图显示了当前高光参数设置的峰值特点。高光参数被修改后，样本槽中的材质预览马上便将结果反映出来，如图4.2所示。

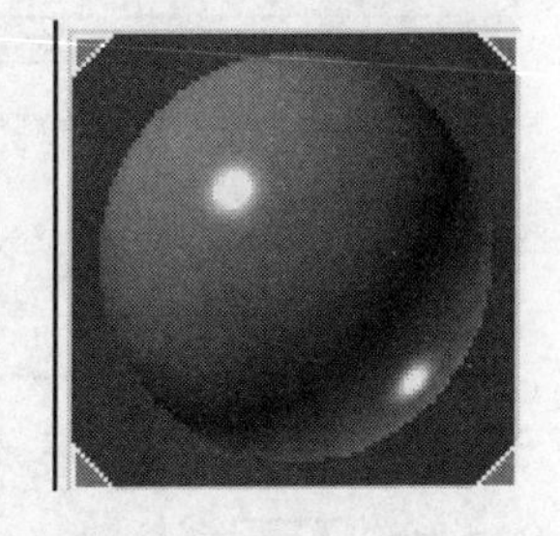

图4.2　眼睛的高光设置

自然界中的物体在反射光线时会表现出颜色，物体的固有色主要来自其表面对光线的漫反射。真实世界中色彩产生的机理相当复杂，材质编辑器将色彩现象做了程式化的简化处理，即将物体的颜色划分为高光色、漫反射色和环境色三个部分，并相对应地由材质中的三个颜色来表现，见示意图4.3所示。这三个颜色的设置被安排在Blinn Basic Parameters卷帘的第一组参数中，即标明为Ambient、Diffuse和Specular的三个色样，它们分别代表在物体表面上由环境照明、漫反射和高光所产生的三部分的颜色。一个真实物体的表面往往不是简单地显示出几种颜色，而是会出现图案或纹理。要表现出这种效果就不能只简单地为这三个色样设置一种颜色，而要在其中使用图像，这就是贴图最基本的应用。根据这些情况，我们来为眼睛的材质设计外观效果。

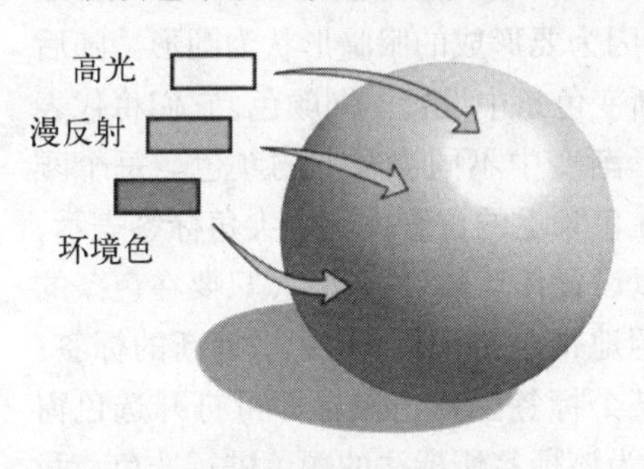

★图4.3　物体的颜色分区

眼球的高光部分只需要设置一个单色，大多数物体在通常情况下都是这样。点击Specular色样，在弹出的选色窗口中调制出纯白色（红绿蓝均为255），然后关闭窗口（Close）。

物体的固有色部分要由Diffuse色样决定，在这里要区分出眼球和眼瞳的不同颜色，所以不能再使用单色，我们需要定义和使用一张贴图。

2. 为材质设置漫反射贴图

在Diffuse和Specular两个色样块右边还有两个灰色小方块按钮，它们是用以指定贴图的按钮。点击Diffuse右侧的贴图按钮，如果尚未对Diffuse指定过贴图，则系统会打开一个材质/贴图浏览窗口，让我们选择要指定或定义的贴图的类型。我们准备为Diffuse色样定义一个新的贴图，所以在窗口右侧的列表中选择Gradient Ramp的贴图类型，然后按OK按钮确认窗口，这时编辑器会将参数控制区改变为贴图定义与编辑的内容（工具条以上区域不变），如图4.4所示。在这里我们可以定义和编辑一张贴图，它将隶属于材质Eye，在数据构成的关系上它是材质Eye的子级（下一级）。在其他场合，如果不是通过贴图按钮开始贴图的定义，则可以定义完全独立的贴图。

在参数控制区的顶部（工具条下方）有目前贴图的名称和类型，名称默认为Map #0，此处不做修改，在其右边的贴图类型按钮上显示出我们刚才选择的Gradient Ramp类型名。

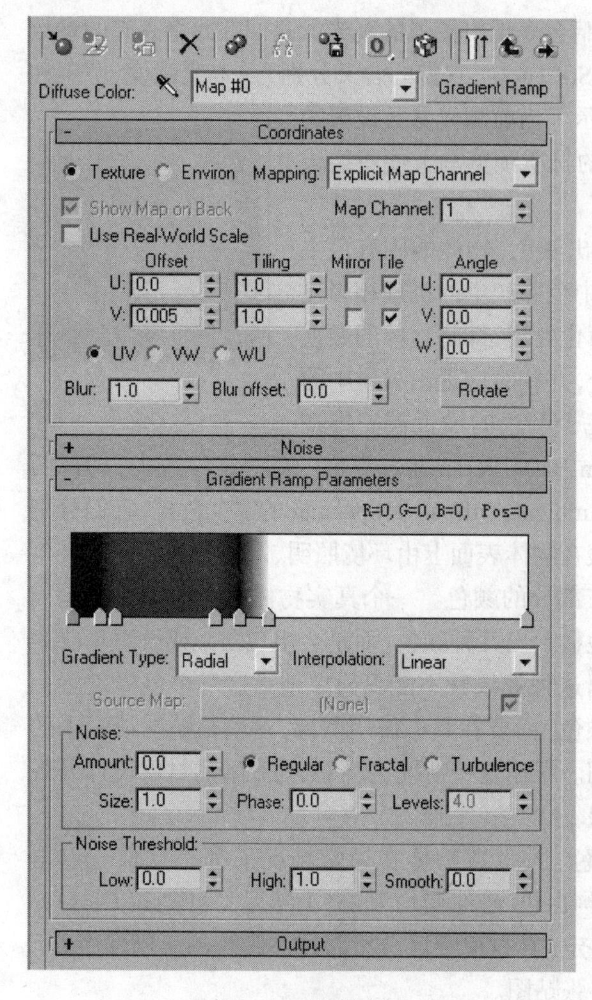

★图4.4　贴图编辑区

Gradient Ramp是一种提供可调节渐变色的贴图，它属于二维程序贴图。程序贴图是充分展现电脑图形技术的一种贴图，它的制作完全依靠电脑程序的设置与计算，而不依赖于任何外部图像手段（例如数码摄影与绘画）。这里对Gradient Ramp的使用是最简单的一种情形，对默认设置的修改主要集中在Gradient Ramp Parameters卷帘中。首先在名为Gradient Type的下拉列表中选择Radial（辐射）选项，因为要形成的眼瞳形状为圆形。随后在渐变色条中设置不同颜色，它们将代表圆形渐变中不同半径上的颜色。每个颜色在色条上的位置由一个尖角标签表示，可以设置任意数目的标签，只要在色条的空闲地带单击鼠标，就会添加新的标签。在某个标签上双击鼠标即可打开选色窗口，为该标签所标注的颜色进行选色。我们对色条上的颜色修改如图4.4所示，其中紧靠在一起的两组颜色将形成眼瞳和瞳孔的边界过渡。如此设置完成后，在眼睛材质的样本槽中就能够看到贴图的结果，默认情况下我们在样本槽中会看到球体的效果。如果将工具条上的显示最终结果按钮释放，就会看到只有贴图这一层次（Eye的子级）的平面效果，这时它就是圆状的色环。但即使是在材质层级里使用球体显示出的贴图效果，也不会完全符合实际使用时的情况，在这里也是如此，所以我们还希望进一步在视图中看到实际的效果。

要在视图中看到目前这个眼睛材质的效果，先要把已经定义的这个材质指派给场景中的眼球对象。于是，我们在场景中同时选择两个眼球，然后回到材质编辑器中点击工具条上的指派材质按钮，两个眼球对象就拥有了Eye这个材质（的数据）。注意只有材质才能指派给场景中的对象，贴图不能直接指派给它们。一个材质如果已经被指派给场景中的某些对象，它的样本槽框的四个角上就会出现白色三角形。

被指派了材质的模型对象应该可以在视图中表现出材质所定义的外观，但如果材质中包含二维贴图（就如我们现在的情况），还必须给模型对象设置一副贴图坐标，否则，材质中的二维贴图不能被正确使用。这是因为从几何学上讲，二维贴图在被附着于三维模型上时需要使用某种投射计算方式，也就是如何将一个二维平面上的点逐一对应到三维的曲面上去，贴图坐标就是这种投射方式的定义。像眼球的球体这样的模型对象在创建时是会产生它自己默认的贴图坐标的，但默认的贴图坐标设置不适合我们的要求，还不能正确显示眼瞳形状，所以我们要为眼球对象重新定义一副贴图坐标。

3. 为模型添加贴图坐标并检查贴图

为一个模型定义贴图坐标可以使用UVW Map修改器。我们先选择左眼模型，为其添加一个UVW Map修改器。当该修改器的名称"UVW Mapping"出现在修改器堆栈顶部时，修改面板中就会出现它默认设置的参数与选项。面板中只有一个较大的Parameters（参数）卷帘，卷帘中最上方的一个名为Mapping的区域中包含的是有关贴图投射方式的参数与选项，其中提供了一些通用的投射方式，包括平面、圆柱形、球形等，默认的是平面型方式，这也正是我们现在需要的，其他的参数和设置也都可以使用默认值。

眼球有了贴图坐标定义，它的材质效果也就可以看到了。我们先将所使用的视图切换到平滑表面显示模式（按F3键），然后回到材质编辑器中，确认材质Eye的样本槽仍然是当前所选中的，然后点击按下工具条中的显示贴图按钮，即可在视图中看到眼睛的图像了。我们可以根据视图中的显示效果，在编辑器的贴图参数区中，将Coordinates（坐标）卷帘中的V坐标方向的Offset（偏移）数值做一些微调（比如设置为"0.005"，可以依个人需要设定），使眼瞳轻微向上移动，最后形成的结果见图4.5。使用相同的方法给右眼添加UVW Map修改器，并对贴图坐标进行设置，场景中的双眼就都能正常显示材质与贴图了。

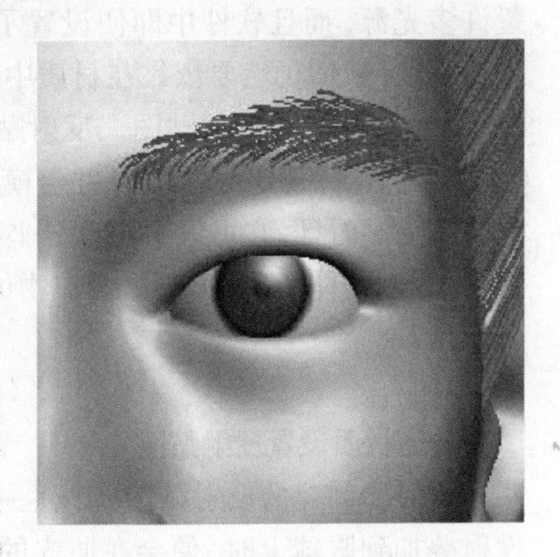

图4.5　视图中眼睛的材质效果

现在场景中有两个对象被指派了相同的材质。当一个材质被指派给场景中的若干对象后，如果又对材质做出了任何修改，修改的结果马上就会在相应的对象上更新，也就是说材质（贴图）和使用它的场景对象之间会保持一种动态的联系。接下来我们还要继续深化调整Eye这个材质，从中体会材质修改对场景对象的影响。

我们现在在材质编辑器窗口中所处的位置是Diffuse贴图的这个层次，当我们在这个层次中的工作告一段落时，应该退回到材质的主层次中，为此我们在工具条上点击返回上层按钮，返回主层次的同时会看到编辑器中参数控制区的内容又重新显示为关于材质的内容。注意观察一下，此时在Diffuse贴图按钮上会看到一个字母"M"（见图4.1），这表明本材质现在的Diffuse颜色使用的不是一个单色，而是一张贴图。另外，我们可以展开下面的另一个卷帘——Maps，其中是一张很长的项目列表，这是本材质所使用的贴图的汇总清单。列表中开头的三项就是我们前面讲过的材质三部分颜色的名称。在这些条目中凡是已经设置或定义了贴图的，其右边的长条按钮上就会显示出相应贴图的名称，否则就显示出文字“None”。我们现在应该在Diffuse Color这一条目的右边按钮上看到Map #0（Gradient Ramp）的文字，这就是我们刚才为漫反射色定义的贴图的名称和类型。

我们看到目前眼睛的材质效果还略微有些不足，它看上去像塑料玩具制品而缺少鲜活的感觉，这个原因在于，眼球中的高光点现在只有一个，它来自场景中默认设置的唯一光源。然而在现实生活中，通常情况下眼球可以反射出的高光点是很多的，这是因为自然环境中存在很多明亮的物体，例如灯具、反光物体、明亮的窗户、洁白的器物等，在户外有些环境中还会出现阳光投射的光斑。这些明亮的物体或光线来源都会在球形的眼睛中产生高光点（球体是最容易产生高光点的形体），即使是在眼球背离主光源的暗部也会如此。高光点的杂散分布是自然环境中高反射曲面体所共同的特征，观察一下户外洁净的轿车车体或不锈钢护栏就可证实这一点。

但是在三维软件中，我们不可能仅仅为了产生若干高光点，就像在自然环境中那样设置许多光源，而且软件中即便设置了光源，也不容易控制其产生各种不同程度高光的效果。所以，我们仍然要依靠在材质中使用贴图来解决问题。在材质的Maps卷帘中有一项Reflection，它代表反射贴图。反射贴图的功效是将一张贴图图像直接投射到模型的表面（按照贴图坐标规定的方式），并与模型表面原先的图案做亮度叠加，它本身不受场景中光源的影响。而且，它可以采用世界坐标系的投射方式，也就是说它投射的图像并不固定在物体上，当物体变动时，投影会在物体表面流动。我们将使用反射贴图为眼球制造剩余的高光点。

4. 为材质设置反射贴图

我们要创建的反射贴图应该是一幅在黑色背景上散布着白色斑点的图像，这样当它投射叠加到眼球上时，便会在原先的眼球上制造出白色光斑。制作这样一张图像的方法很多，可以使用Photoshop创作一幅位图图像，使用矢量软件创作矢量图或使用程序贴图的办法制作带有这种特征的贴图，我们在这里仍然推荐程序贴图。因此，点击Maps卷帘中的Reflection条目右侧的长条按钮（显示None），再次打开材质/贴图浏览窗口，在其中选择Stucco（灰泥）类型并确认窗口，这样编辑器的参数控制区又显示出贴图编辑的内容，这说明在当前材质中一个新的贴图层次又被建立出来，它和前面的Diffuse贴图是平行级别，都属于材质Eye的子级。在编辑区上方可以看到当前这个贴图的默认名称为“Map #1”。

Stucco类型的贴图原本是用来制作泥墙的凸凹表面效果的，但我们通过特殊的参数设置，也可以让它形成斑点散布的效果。在这种为特殊目的使用某种贴图的情况下，参数的调整往往就比较复杂，其中的原理也不容易说明清楚，调整的方案不是唯一的，很多的参数选择方式带有更多的经验性，所以我们在此就不做深入剖析了，我们把调整好参数的反射贴图的参数区展示于图4.6中，供读者详细研究。Stucco贴图属于三维程序贴图，它的使用不需要贴图坐标。

当我们使用了如图4.6所示的Reflection（反射）贴图后，场景中的眼球会变成什么样子呢？我们点击工具条中的显示贴图按钮，发现场景中的眼球变得几乎全黑，根本不是我们设想的结果。这是因为，反射贴图的效果需要经过渲染计算才能表现出来，普通的视图不包含这个过程，所以反射贴图的显示只是示意性的。为了在视图中快速看到反射贴图的效果，我们必须将视图的显示模式转换为ActiveShade（活动光影）模式。为此，在视图左上角的视图名称上单击鼠标右键，在弹出菜单中选择Views→ActiveShade选项，这时视图窗口中会显示出快速渲染的效果，我们即可看到反射贴图对眼睛产生的效果，如图4.7所示，它加强了眼睛的水润感。ActiveShade视图不能显示毛发效果，因为毛发需要更强的渲染能力。

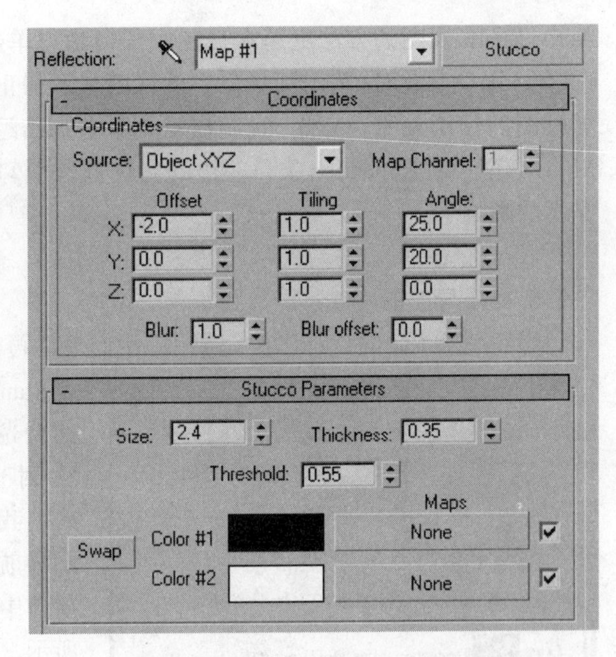

图4.6　Stucco反射贴图的参数设置

除了使用Stucco类型贴图以外，Waves（波浪）类型的贴图也可以产生类似效果（见图4.8），我们就不再赘述了。总之，制作特殊效果的贴图采用程序贴图是一种十分有效的办法，其中的变化也较多，是值得多加研究的课题。

ActiveShade视图之所以被称为"活动"的，是因为当我们对场景内容（包括材质）做出任何修改后，ActiveShade视图会自动更新显示。但由于ActiveShade视图的更新需要进行渲染计算，所以它的反应速度就比一般的视图慢很多，因此在不必要时应该关闭它。关闭

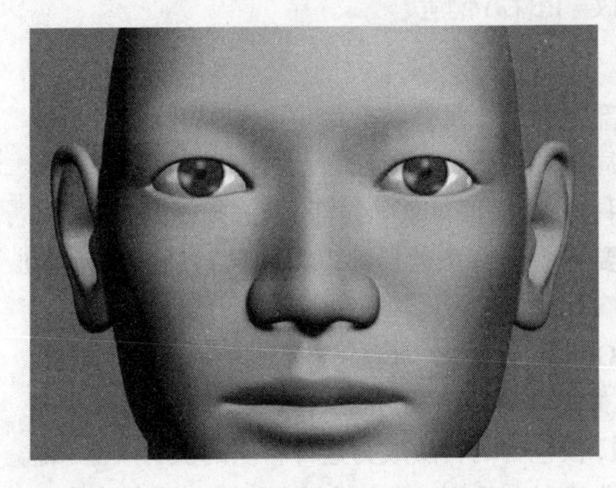

图4.7　ActiveShade视图中的贴图效果

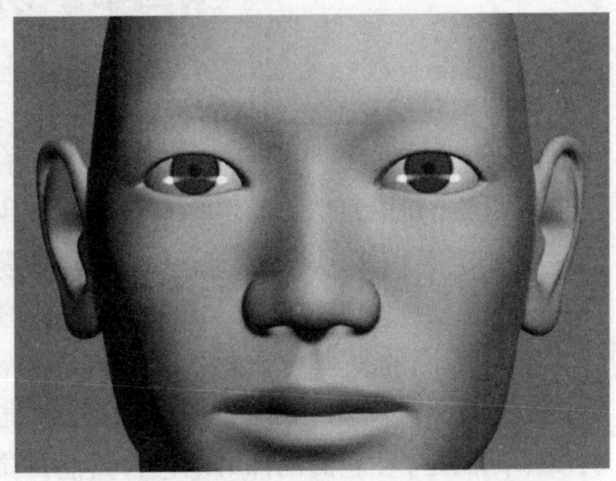

图4.8　使用Waves类型反射贴图的效果

ActiveShade视图的方法也是在视图中任何地方单击鼠标右键，并在弹出菜单中选择Close（关闭）选项。此时，为了让场景中的眼睛显示得正常一些，我们可以在材质编辑器中将反射贴图的作用关闭。为此，我们在工具条上点击返回上层按钮，回到材质编辑状态，在Maps卷帘中将Reflection条目左边的勾选框取消勾选，这样场景中的眼睛就不再显示反射贴图的影响了。

5. 材质导航器

眼睛材质Eye的设计已经完成了，我们最后再来看一下这个材质的组织结构。它是一个Standard（标准）类型的材质，具有Blinn类型的反光，并拥有两张贴图——Diffuse Color（漫反射）的Map #0和Reflection（反射）的Map #1。我们可以点击编辑器工具条中的材质/贴图导航按钮打开一个材质导航窗口，在这个窗口中显出了当前材质的组织结构图，如图4.9所示。

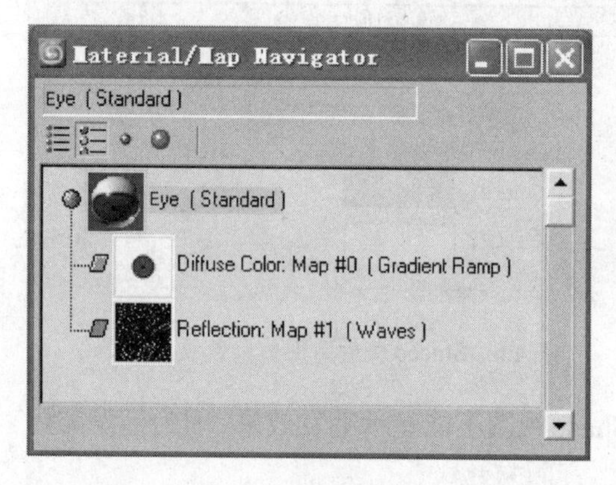

图4.9　材质导航窗口

从图中我们可以看到材质与其拥有的贴图各自的名称、类型以及它们之间的主从关系。这是一个非常简单的材质，只有两个层次，第一层是材质，Diffuse Color与Reflection是材质的下级（子级），而它们之间又是相互平级的。在实际工作中某些材质的结构可能会非常复杂，可能会包含很多层次的上下级关系，每层级中也可能会有很多平级成员，这种时候材质导航窗口的这个层级图就会为我们使用和管理复杂材质提供极大帮助。

第三节　创建面部材质

接下来我们要考虑面部的材质。由于头部是和整个身体结合为一个单独的对象，所以我们在考虑材质时就先要处理好这个整体与局部的关系。一般而言，一个材质只能被指派给整个对象，如果我们想要将一个材质只应用在一个模型对象的局部，就必须做两件事情：第一是要定义和使用一个复合材质；第二是要将模型对象的局部以不同的材质ID（标号）加以区分。

这里所说的复合材质指的是Multi/Sub-Object（多/次对象）材质，它是一种材质类型，就如同标准材质（Standard）是一种材质类型一样。Multi/Sub-Object材质和其他类型材质不同的是，在它的内部可以包含其他材质，被包含的材质成为这种材质的次材质（Sub-Material）。当我们定义一个Multi/Sub-Object类型的材质时，其中的每一个次材质都会有一个ID标号。当把这个Multi/Sub-Object材质指派给某个模型对象时，如果模型上的一些网格面（多边形面）的ID标号与某个次材质的ID标号一致，这个次材质就会被应用在这些网格面上。所以，我们可以在整个人体对象上使用这种材质，以区分出不同部分的不同材质效果。在为人体设计一个Multi/Sub-Object材质前，我们先要把人体模型上的ID标号确定一下。

1. 在人体模型表面上设置材质ID

一个多边形网格（Editable Poly）对象上的每一个多边形面都可以被指定一个ID标号，如果不做特殊指定，它们就会使用默认ID。默认ID可能是“1”，但也很可能是其他数值，这和网格模型的创建过程很有关系。一个人体模型的创建过程一般都比较复杂，所以其表面的默认ID标号可能就比较混乱。既然我们需要利用ID标号将人体表面的不同部分设定为不同的材质效果，比如面部有色泽变化和皱纹、身体有文身或伤疤等情况，我们就需要先整理好它们的ID标号。

实际工作中对体表肤质变化的要求可能会比较复杂，而我们这里则将其做比较简化的处理。我们只想对面部做一些特殊处理，身体的其他部分就简单地将它们视为相同的皮肤。而在面部，主要会在嘴唇和面颊上改变一下肤色。因此，我们对ID标号的分配就很简单——嘴唇周围为一个ID、两处面颊为另一个ID、身体其他部分统一为第三个ID。在开始ID设置之前，还要先暂时停止人体模型的表面细分，这样在网格表面针对面元次对象（Polygon）进行操作就会更加高效快捷。因此在视图中选择身体模型Body，在其修改面板中找到Subdivision Surface卷帘并将其中的Use NURMS Subdivision选项的勾选取消。

接着，在前视图中将景别调整为面部局部，并在视图中显示出网格线框（按F3键或F4键），然后在修改面板中进入对象的Polygon（多边形面元）的次对象层次。接着在主工具条上按下选择工具，然后按下选择区模式按钮，保持鼠标左键按下后再持续片刻，会展开一个弹出工具箱，在其中选择套索选择模式（Lasso Selection Region），如图4.10所示。接下来在前视图中，于嘴唇外围某处点击按下鼠标左键，保持按住左键的同时拖动鼠标，循嘴唇部分绕行，所经过的地方会划出一条灰线。绕行约一周后看到划出的灰线包围了组成嘴唇的那些网格面，即可松开鼠标键。此时，模型嘴唇部分的网格面就全部被选中，并显示为红色（否则按F2键），如图4.11所示。这样我们就非常快速地选择了一组面，这种选择方法就是套索选择模式的选择法。在选择前还要注意：一定要将修改面板中Selection卷帘中的Ignore Backfacing选项勾选，否则会同时选中脑后的一些面。另外就是窗口/交叉选择模式的使用，它是在套索选择模式右边的一个按钮，当该按钮弹起为时选择操作使用交叉模式，这时一个网格面只要有一部分被鼠标灰线所包围它就会被选中；当该按钮按下为时选择操作使用窗口模式，这时一个网格面必须全部被鼠标灰线所包围它才会被选中。

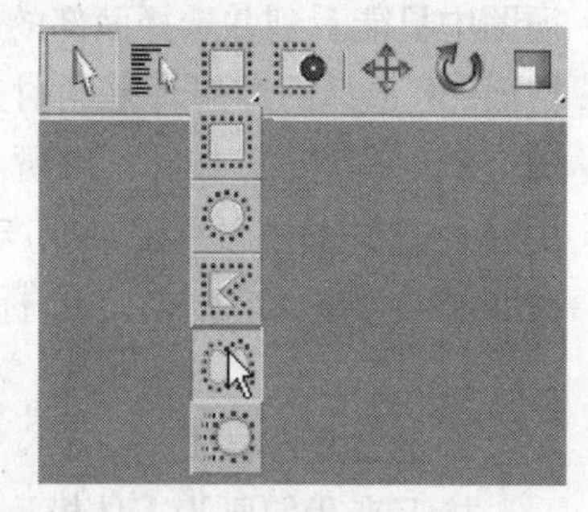

图4.10　选择套索模式

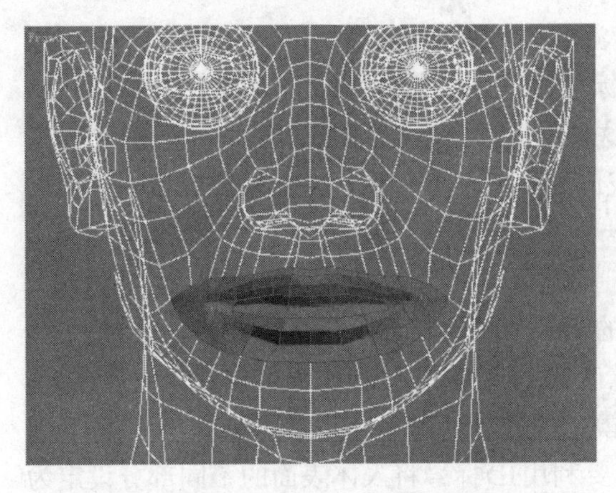

图4.11　在前视图中套索选择嘴唇部分的面

窗口/交叉选择模式可以根据个人喜好选择使用。

然后在修改面板中找到并展开Polygon Properties卷帘，其中第一组Material中的选项是关于材质ID的，在其中的第一个参数Set ID输入框中输入“2”并按回车键，这样就为嘴唇周围所选中的这些面指定了ID标号“2”。随后我们要为人体模型上所有剩下的面指定ID标号“1”，这便要先选择所有那些现在没有选择的面，只要在主菜单条上选择Edit→Select Invert选项，即可看到整个模型上所有其他的面均被选中，按照同样办法给它们指定ID标号“1”。再接下来我们要为面颊附近的一些面指定第三个ID。这次我们选择左视图（或右视图），并取消Selection卷帘中的Ignore Backfacing选项的勾选，然后继续使用套索选择模式选择面颊部分的一些面。这次可以发现，虽然我们在视图中只能看到并选择面部的一个侧面的网格面，但选择的结果却是同时选中了左右面颊上相对称的面，如图4.12所示。如果觉得用这种方法选择面有困难或产生选择不准确，也可以使用Ctrl键复选的办法。选择完成后按照相同办法给它们指定ID标号“3”。

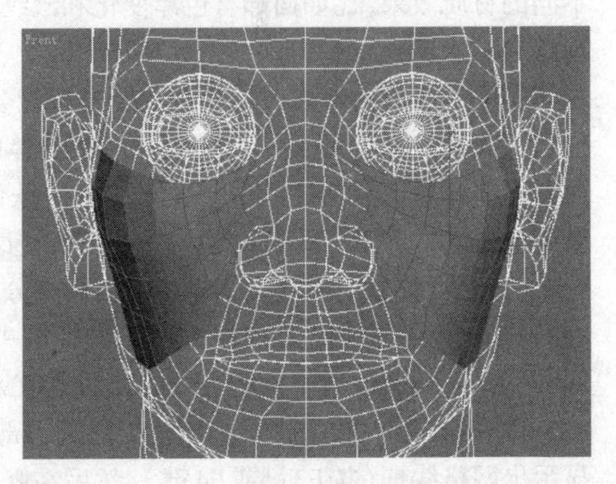

图4.12　选择面颊部分的网格面

2. 定义复合材质

接下来我们要为人体模型定义一个复合材质，以表现不同部位的不同外观。在材质编辑器中选择第二个材质样本槽，将其默认名“02-Default”更改为“Skin”（皮肤），并在名称右侧点击材质类型按钮 Standard ，在弹出的材质浏览窗口中选择Multi/Sub-Object（多/次对象）材质类型并按OK按钮。如前所述，Multi/Sub-Object是一种重要的复合材质类型，其参数控制区的内部就是一张次材质的列表，默认情况下列出了十项次材质条目，在每项次材质条目中则列出了该次材质的ID标号、名称和材质类型按钮，如图4.13所示。我们先从较为简单的次材质入手，即对身体皮肤的材质进行设置。先找到ID标号为“1”的次材质，点击其右边材质类型按钮 Material #0 (Standard) ，于是编辑器进入次材质的编辑状态，在主材质的样本槽中显示出当前次材质的样本，同时下方的参数控制区也转化为这个次材质的编辑内容。

将该次材质更名为Body Skin（身体皮肤），保持其默认的标准材质类型以及Blinn的反光类型，然后点击其漫反射（Diffuse）色样块，在打开的选色窗口中选择一种皮肤的颜色（比如R:232 G:180 B:138）。由于漫反射和环境色（Ambient）之间的锁定按钮在默认时是按下的，所以环境色也就同时具备了这种颜色。再为高光色（Specular）指定一种浅黄色，并在下方的Specular Highlights参数组中设置参数Specular Level=11，Glossiness=15，Soften=1.0，以此表现皮肤微弱的高光。以上步骤完成后，点击返回上层按钮回到主材质窗口，样本槽会重新显示主材质样本（此时它看上去不太好理解）。身体皮肤使用的次材质定义好以后，我们还需要再另外定义两个次材质，可以先快速地完成对其基本属性的设置，稍后再进行更细化的设置。在次材质列表中对ID标号为“2”和“3”的两个次材质，使用与刚才相同的办法分别设计出一个简单的标准材质，可以暂时为它们任选两种易于区分的漫反射色作为标记，比如红色和绿色，然后分别将它们命名为“Mouth”（嘴）和“Face”（脸）。完成后再次返回到主材质窗口。

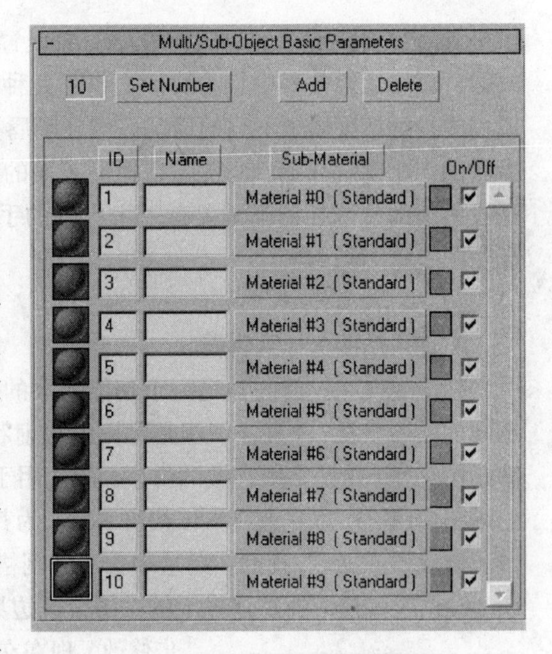

图4.13 复合材质的参数区

当完成了Multi/Sub-Object材质Skin的初步定义后，我们就可以把它指派给人体模型对象了。在场景中选择人体模型Body，然后到材质编辑器中，确认Skin是当前选中材质（样本槽边框为亮白色），点击工具条上的指派按钮，这样Skin材质就被指派给Body，它的样本槽框四角出现白色三角标记。而此时场景中的模型也应发生相应变化，我们会分别看到三种不同颜色的材质出现在具有相应ID标号的网格面上。上面这个过程已经简明地介绍了Multi/Sub-Object材质的基本功能和用法，接下来我们还要更加详细地设置嘴和脸部的材质。

在嘴唇和脸部，肤色肤质均有所变化，尤其是嘴唇。要表现出嘴唇的颜色和形态，颜色变化的位置区域需要仔细推敲。当我们想让一个材质在模型的表面发生颜色变化进而构成某种图形或图案，最有效的办法是使用贴图。而当这种图形或图案无法由计算机自动完成时（例如照片或绘画的效果），我们就必须使用位图贴图。在脸部和嘴部我们就需要这样做。

位图（Bitmap）贴图由位图格式的二维数字图像构成，它可以用外部图像制作软件或图像摄取手段来生成。在数码图像高度发达的今天，获得满足各种要求的二维图像已变得非常容易。在三维软件中，位图贴图属于二维贴图，如前所述，它在材质中应用时需要使用贴图坐标。前面我们已经讲过为模型对象设置贴图坐标的一种方法，就是使用UVW Map修改器。但这个修改器中只为我们提供了几种基本的贴图投射模式，它只能满足简单几何体模型或投射精度要求不高的情况。像在嘴唇上那样使用了Multi/Sub-Object材质，并且要求嘴唇的“图形”很准确地“贴”在模型表面的某个位置上时，则无论是对二维图像的制作还是投射时的位置控制都需要有一个更好的手段来辅助，这时就需要使用Unwrap UVW（展开贴图坐标）修改器。

3. 使用贴图坐标编辑器

Unwrap UVW修改器是一个功能庞大的修改器，它可以针对一个模型的不同局部施加不同的贴图坐标，并且详细调整贴图的投射状态。我们将在人体模型上使用这个修改器辅助贴图工作，并且要用它做两件事：产生用于绘制贴图图案的参考网格以及控制不同区域的贴图使用。所以先选择人体模型Body，为其添加一个Unwrap UVW修改器。

修改器添加后，我们在场景中会看到网格表面上出现很多不规则的绿色的线，这些线是Unwrap UVW修改器默认确定的贴图分区边界，这些边界现在并不符合我们的要求，需要逐步修改。现在在修改器堆栈中展开Unwrap UVW的下属层级，在其中选择Face（面）层次，它也可以理解为修改器确立的次对象层次，如图4.14所示。在这个次对象层次中，我们可以以模型网格面（面元）为单位选择模型的局部并为其设置贴图坐标。这时固然可以使用选择工具去选择面，但也可以利用模型表面的材质ID进行快速选择。在修改器面板的Selection Parameters卷帘中有一个Select MatID按钮，我们先在其右边的一个数值输入框中输入数值“2”，再点击这个按钮，于是模型上带有材质标号“2”的网格面就全部被选中，它们就是我们已安排好的嘴部的那些面。这个Select MatID按钮的功能就是根据材质ID标号来选择网格面。

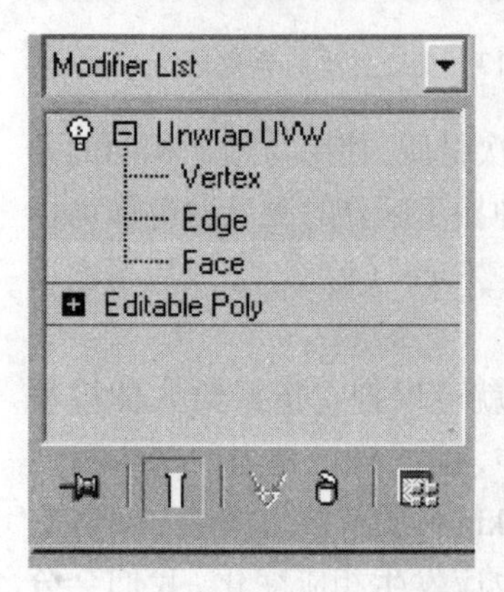

图4.14　选择修改器的面次对象

被选择的面都会显示为红色，现在会看到其中分布有一些绿色边界线，我们现在就为它们指定一个统一的贴图坐标。找到Map Parameters卷帘并在其中点击按下Planar按钮，这个按钮为被选择的这组面指定了一个平面型的贴图坐标，视图中会出现表示贴图坐标平面的黄色线框。刚刚指派的这个平面贴图坐标的平面（投射）方向采用的是默认设置，所以很可能是不正确的，要点击下方的Align按钮将平面的方向（法线）对准到世界坐标的Y轴，贴图坐标的平面就正对着嘴部了。然后点击释放Planar按钮，这样位于其上部的一些选项和按钮便处于可使用状态。我们点击其中的Quick Planar Map按钮，对坐标的配置比例进行最后的自动优化。

当设置完成后，我们会看到嘴部一组面元内部的绿色边线消失，并在这组面元的边界上出现一圈新的绿色边线，这说明整个嘴部已经拥有了一个统一的贴图坐标。我们还可以更具体地研究一下这个贴图坐标确定的图像投射形式，点击Parameters卷帘中第一个Edit按钮，会弹出一个Edit UVWs（编辑贴图坐标）的窗口，如图4.15所示。这个贴图坐标编辑器也是3ds Max的一个功能模块，其窗口中有属于自己的菜单条、工具条、编辑空间和一些辅助的控制。

刚刚打开编辑器时，编辑窗口中的内容是十分杂乱的。我们在编辑区的下方找到ID过滤器下拉列表All IDs，并在其中选择2:mouth（Standard），于是编辑窗口中就只显示出与2号材质ID有关的网格面（它们被指派的次材质名为Mouth）。这些网格面的显示以红色线框的形式铺展在编辑窗口的背景上，如果我们再按下窗口下方控制区中的边次对象模式按钮，窗口的显示会更换为更加简洁的红色边框的形式，这样嘴部那些面的显示就看得更加清楚。注意在按下按钮后，修改器堆栈上的选择也进入了边的次对象层次。红色线框标识了所选网格面的边界与范围，而背景上的坐标网格就是贴图坐标系的UV坐标平面，UV平面是贴图图像所处的平面。如果ID标号2的次材质已经被指定了某些贴图，我们就可以让它们显示在编辑区的背景上。但现在次材质Mouth尚未被指定任何贴图，所以我们首先可以在贴图坐标编辑器的帮助下为Mouth创建所需要的贴图。

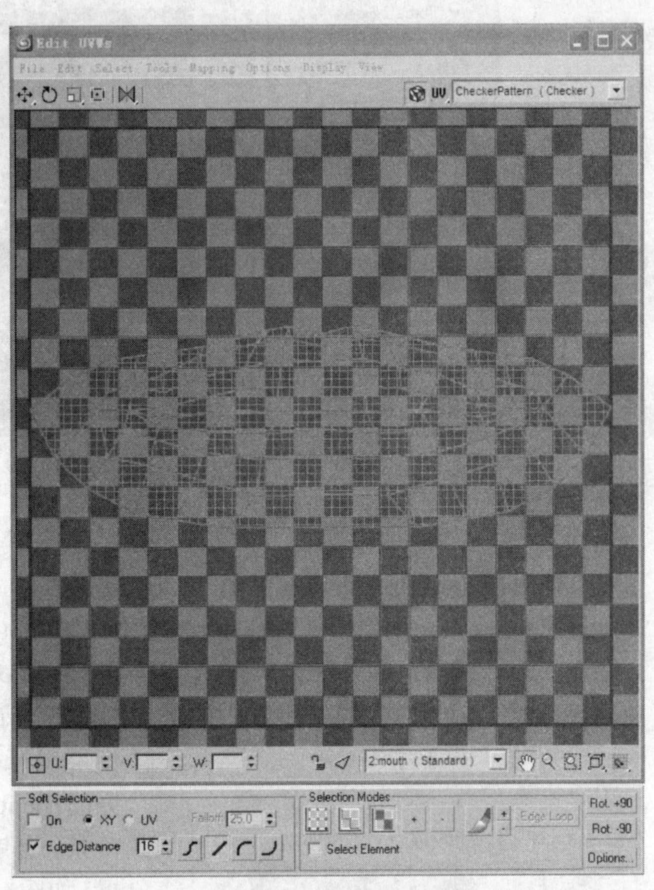

★图4.15　贴图坐标编辑器窗口

我们首先要把编辑器窗口中显示的网格标识图输出到一个外部图像文件中，这样就可使用外部图像编辑软件依照贴图坐标网格的提示准确绘制所需的图形。为此，我们从编辑器中的菜单条上选择Tools→Render UVW Template选项，弹出一个UV坐标渲染窗口，如图4.16左边所示。在窗口中输出图像长度和宽度的数值输入框中输入像素数“300”，并点击小窗口底部的Render UV Template按钮，随即出现渲染结果窗口，显示出一幅黑背景下的网格图，如图4.16右边所示。点击渲染窗口中的保存按钮，按照通常的电脑应用方法将图像保存在自己场景文件所在的硬盘文件夹中。

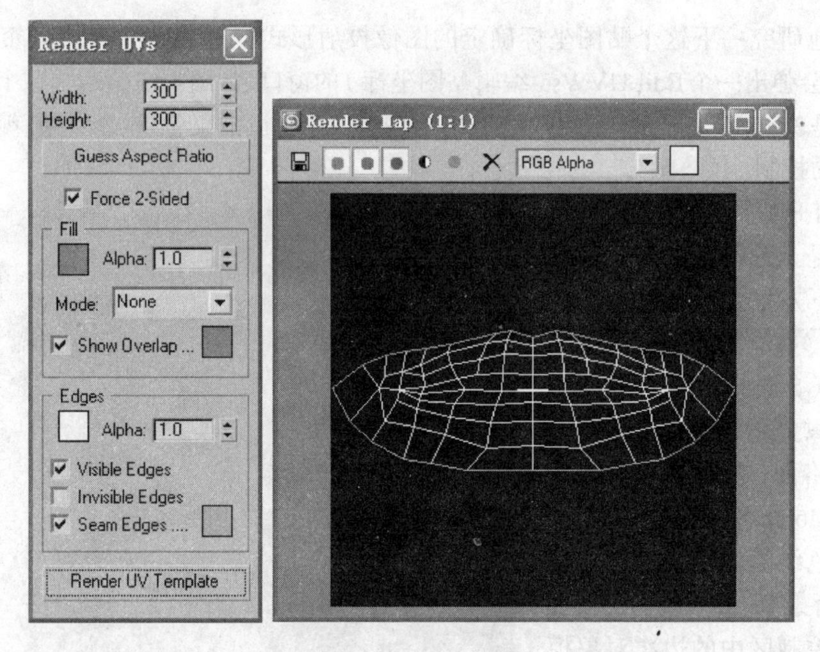

图4.16　UV渲染窗口以及渲染结果窗口中的图像

4. 使用Photoshop绘制嘴唇贴图

开启Photoshop图像软件并打开上述图像，在Photoshop中为图像新增一个图层Layer 1，调节工具箱前景色为皮肤颜色，它应该与在3ds Max中设置次材质Body Skin时选定的皮肤颜色相同（比如R:232　G:180　B:138）。用这个前景色填充图层Layer 1，然后双击该图层图标打开图层风格对话窗口，在窗口下方的Blend If区域中调节Underlying Layer色阶条，使其右侧的白色滑块移动至左方的位置，如图4.17所示。于是在图层Layer 1中便可以看到底层图层中的面部网格展开线，如图4.18所示。

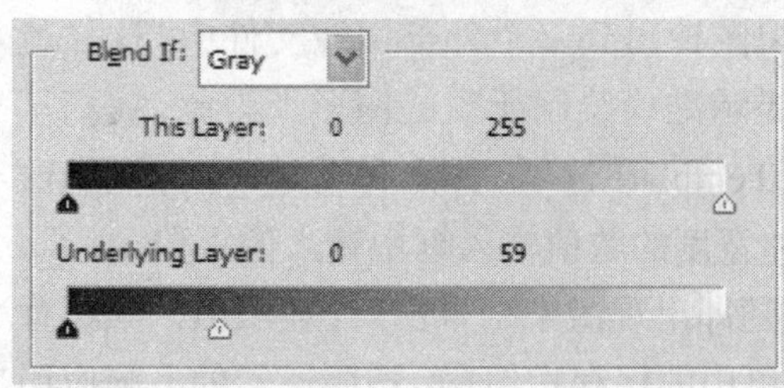

图4.17　增加新图层并调整图层风格

尽量放大图像窗口显示，使用钢笔工具 ![]. 在图像上制作一条封闭路径，让它勾勒出嘴唇颜色所覆盖的区域，绘制和调整路径形态时要参考嘴唇网格线的形态。注意，在使用钢笔工具开始工作前，要点击按下用户界面上方属性条中的路径按钮 ![] 来确保钢笔工具将制作路径对象。由于网格线反映的是模型网格表面在贴图坐标空间中铺展开来的情况，它实际上是一种拓扑结构，并不一定和模型在视图中的视觉外观相一致，所以我们在绘制路径、确定曲线形态时就要以网格线的提示为准，而不是追求印象中实际的嘴唇平面图的形态。路径制作完成后，使用路径调板菜单中的Make Selection选项打开生成选区对话窗口，在其中设置羽化半径（Feather Racius）为“2”，点击OK按钮后在图像上生成一个选区。然后再为图像增加一个新图层Layer 2，调整前景色为较深的嘴唇颜色，并将其填充在图层Layer 2的选区内。将图层Layer 1风格设置重新调整回默认状态，保存文件为PSD格式的图像，完成后的图像图层结构和图像效果如图4.19所示。

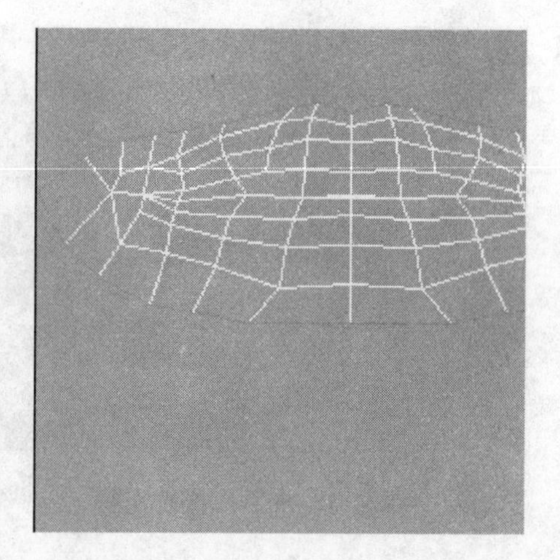

图4.18　在Layer 1中显示底图网格

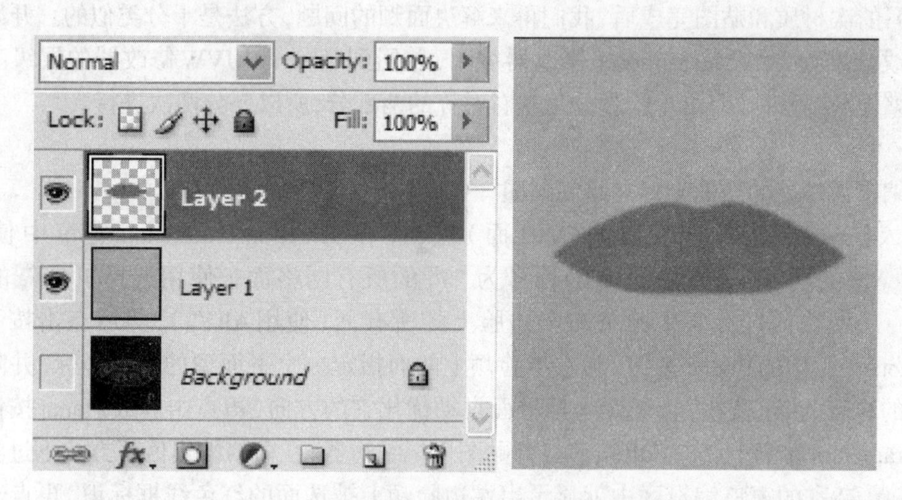

图4.19　完成后的图层结果以及图像结果

以上我们非常简要地讲解了如何在Photoshop中制作位图贴图的方法，更加详细的有关Photoshop的功能和用它来编辑图像的操作原理，读者可以根据需要另行查阅相关的书籍。

5. 在材质中使用位图贴图

嘴唇的贴图图像制作好后，我们就要把它应用在材质上。回到3ds Max中，在材质编辑器中选择Multi/Sub-Object材质Skin并进入其“2”号次材质Mouth。在Mouth次材质的编辑窗口中点击Diffuse（漫反射）色块旁边的贴图按钮弹出贴图浏览窗口，在其中选择Bitmap类型并确认窗口，随即会弹出查找图像文件的对话窗口，如同普通的电脑操作一样找到我们刚才制作并保存好的嘴唇图像，确认窗口。指定完漫反射贴图后，我们还要将Specular（高光）色块的颜色以及高光参数（Specular Highlights组中的三个）的设置调整

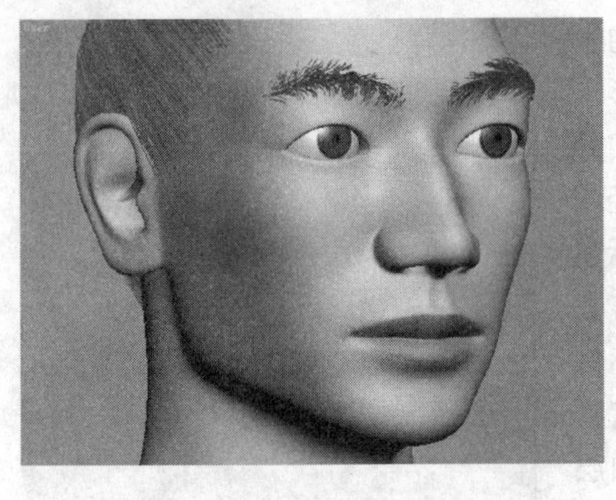

图4.20　嘴唇贴图的效果

为与身体次材质Body Skin中的相同，再加之嘴唇贴图图像四周的颜色已经与Body Skin中的漫反射色相同，我们就确保了这两种次材质在人体表面衔接时能保持一致。最后，在次材质编辑窗口中点击显示贴图按钮，在视图中就可以看到添加贴图后的嘴唇的效果。此时显示出的模型并没有经过细分，但由于模型对象上已添加了重要的Unwrap UVW修改器，所以我们不能再到模型的Editable Poly层级中设置细分，而只能给模型再添加一个MeshSmooth修改器来制造细分。添加完细分修改器的最后结果可参考图4.20。

嘴唇的次材质和贴图完成后，我们再来解决面颊的问题，方法是十分类似的。开始之前先将修改器堆栈中的MeshSmooth修改器关闭，并回到Unwrap UVW修改器的层级。我们同样要整理贴图坐标，但由于脸颊分为左右对称的两部分，所以要分两次进行。

6. 编辑面颊处的贴图坐标并绘制贴图

进入Unwrap UVW修改器的Face（面）层次，在Selection Parameters卷帘中使用按钮 Select MatID 的功能，选择场景中ID标号为“3”的所有网格面。使用选择工具的框选模式，从网格面选择集中除去右半边脸上的所有面（使用Alt键），然后点击按下Map Parameters卷帘中的Planar按钮，为左半脸颊上的面指定一个平面型的贴图坐标，并随即点击下方的Best Align按钮，让贴图坐标平面自动优化它的方向，再点击释放Planar按钮。随后到Parameters卷帘中点击Edit按钮打开贴图坐标编辑器，在窗口编辑区下方按下过滤选择面按钮，杂乱的窗口编辑区中就显示出左边脸颊上被选面的红色线框标识，再点击按下下方的边次对象模式按钮，显示出清晰的网格面边界线。继续使用编辑器中的菜单选项Tools→Render UVW Template渲染窗口编辑区中的网格线标识图，并在渲染时设置图像大小为500像素。最后将渲染结果图像妥善保存。

随后重复上面的操作，选择右边脸颊的ID标号为“3”的网格面，为其指定平面型贴图坐标，自动优化贴图坐标平面方向并查看贴图坐标结果。为避免重复性的位图制作，这次再渲染输出网格标识图，但要将贴图坐标做一个左右对称反转，这样可以保证同一个面颊图像在左右两边都按照正确的方向投射贴图。在贴图坐标编辑器中点击水平对称操作按钮，将红色的网格标识线整体左右翻转，然后使用编辑器中的网格移动工具将翻转后的网格标识线的整体位置调整回原先的范围内（即背景上粗蓝色线条划定的正方形之内）。

进入Photoshop，打开前面保存好的脸颊贴图坐标网格图，仿照前面对嘴唇图像的操作编辑面颊图像，为面颊适当的部位增添一些红润的颜色，随后将其保存为PSD格式的图像文件。

回到3ds Max中，仍然和前面一样将面颊图像作为位图贴图指定给3号次材质Face的漫反射色（Diffuse），并将该次材质的高光色和高光参数调整到与身体次材质Body Skin中的完全相同。最后退出次材质层次，并且在修改器堆栈中退出次对象层次，回到顶层的MeshSmooth修改器，此时便可在视图中看到面部最后的材质贴图结果，如图4.21所示。

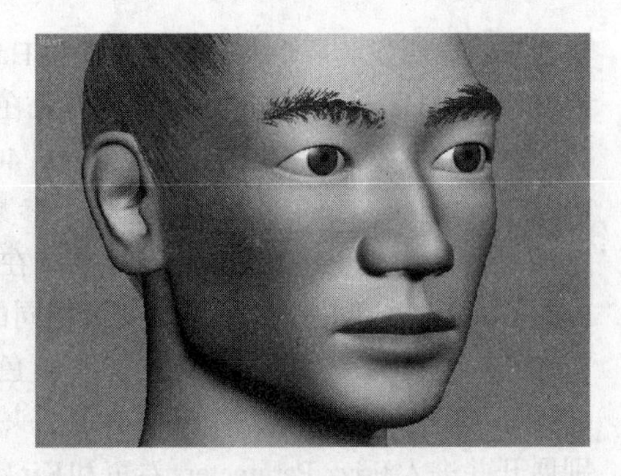

图4.21　面部材质的最后结果

7. 查看复合材质的结构

在完成了人体皮肤的Multi/Sub-Object材质Skin的设计后，我们最后来看一下这个材质的组织结构图。在材质编辑器中回到主材质的层次，点击材质/贴图导航按钮打开材质导航窗口，窗口中的层级图列出了Skin材质现有的次材质（包括三个定义好的次材质和剩余的几个未定义的材质），以及次材质中所使用的所有贴图，各种信息十分详尽，如图4.22所示。

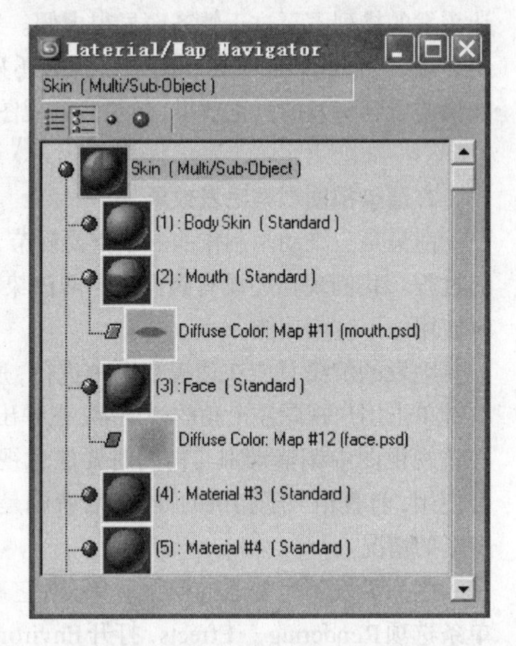

图4.22　复合材质Skin的组织结构图

Unwrap UVW修改器是一个功能十分强大而全面的模块，它能够处理各种复杂的贴图坐标的应用问题。我们在这里只是非常浅显地对它的基本功能做了介绍，有关它的更深入的使用读者可以通过其他途径进一步学习。

第四节　设置毛发材质

1. 在毛发修改器中调整材质参数

毛发是由修改器产生的特殊对象，在毛发修改器中有一个Material Parameters（材质参数）卷帘，其中包含了有关毛发外观的控制参数和选项，通常情况下我们使用这个卷帘中的参数和选项调整毛发外观，而不是直接为毛发设计和指派材质。

如果我们此前已经将头发和眉毛对象隐藏，那么现在可以在视图中使用鼠标右键菜单重新显示出头发和眉毛。选择头发对象Hair（可以使用H键），并在修改器堆栈中选中它的毛发修改器Hair and Fur（WSM）。首先在General Parameters卷帘中修改参数，Hair Count: 12 000是头发发丝数量；Hair Segments: 40是头发发丝的分段数，保证头发的光滑弯曲；Root Thick: 3.0，Tip Thick: 6.0，这两个参数设置了发根和发梢的粗细；其他参数照旧。随后展开并进入Material Parameters卷帘，在其中继续修改参数和设置。首先将Tip Color和Root Color两个色块中的颜色改变为相同的深棕色，这将是头发的基本颜色；随后将Value Variation设置为“100”，以产生头发颜色的适当变化；再设置Specular的数值为“50”，Glossiness为“98.5”，这两个参数决定了头发的高光形态；卷帘中其他参数如旧。然后再分别展开并进入Frizz Parameters卷帘和Kink Parameters卷帘，这两个卷帘中的参数可以控制毛发的扭绞和蓬乱程度。将其中的Frizz Root设为“1.0”、Kink Root设为“0.02”，这样可以让头发的排列不至过于整齐而显得虚假。这一系列的参数调整完成后头发的面貌就会发生明显改观，但我们此时在视图中看到的还只是头发的示意线，大部分改变并不能表现出来。如果要看到头发的真正效果，必须渲染视图。

2. 渲染视图观察毛发效果

渲染是三维动画制作的一个重要环节，它将场景的最终效果生成为二维图像，类似拍照的过程。我们现在还没有到详细学习渲染技术的阶段，只是为了检查头发的设计效果而临时使用一下渲染功能。

毛发的渲染只能在透视视图中进行，所以我们要将用户视图调换成透视视图。用鼠标右键单击用户视图左上角的视图名，在弹出菜单中选择Views→Perspective，显示透视视图。在透视视图中调整景别与构图时要注意视图导航工具中的缩放工具和视角工具的配合使用，前者相当于相机的推拉，后者则是镜头的变焦推拉，使用不当可能会出现极端透视变形的情况。

因为毛发不是普通的模型对象，对它进行渲染前还要为场景添加毛发特效。使用主菜单条选项Rendering→Effects，打开Environment and Effects（环境与特效）窗口的Effects标签面板，在其中右侧点击Add按钮，在随即弹出的特效选择窗口中选择Hair and Fur并按OK确认窗口。在Effects标签面板左侧的特效列表区中就会出现一条Hair and Fur的名称，选择这个名称后，面板的下方会添加出有关毛发特效的控制卷帘。现在无需做任何设置，直接关闭Environment and Effects窗口。

点击主工具条上的快速渲染按钮，启动渲染计算，此时会出现渲染监视窗口，提示渲染工作的进度和状态。经过片刻计算后渲染完成，出现渲染结果窗口，其中显示出透视视图的渲染图像。此时再观察头发的效果，应该是浓密的带有光泽的深棕色头发。

接下来我们用与前面相同的方法设置眉毛的颜色。选择眉毛对象并选择其Hair and Fur（WSM）修改器，在其General Parameters卷帘中设置Hair Count: 4500、Hair Segment: 12、Root Thick: 7.0、Tip Thick: 4.0；在Material Parameters卷帘中设置Occluded Amb. 为“40”、

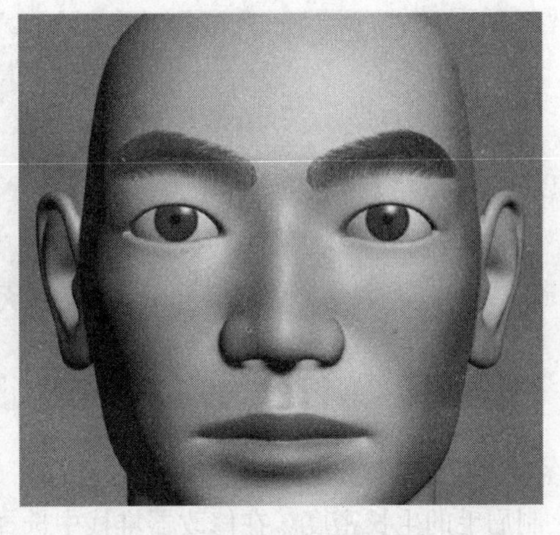

图4.23 透视视图中渲染的眉毛

Tip Color和Root Color两个色块为与头发相同的深棕色、Specular数值为“0”(眉毛无需产生高光)。随后点击快速渲染按钮渲染透视视图,渲染的眉毛效果如图4.23所示。

从渲染图中我们可以看到,眉毛的特点虽然已经表现出来,但它的边界还显得有些生硬,其原因在于目前毛发修改器为眉毛设置的生长密度是单一的,而实际情况是眉毛生长会有疏密变化,越靠近边缘,眉毛的生长应该越稀疏。这种按区域控制生长密度的变化无法通过简单的参数设置完成,我们需要使用一种特殊的贴图——顶点色贴图。

3. 制作和使用顶点色贴图

顶点色贴图(Vertex Color Map)是依靠网格模型顶点的颜色在网格表面混合填充而形成的贴图。顶点色本来是三维软件中的一个抽象标识,它是为了一些软件控制的目的而设计出来的。为网格模型的顶点指定颜色可以使用参数定义的方式,也可以使用很直观的绘图方式。VertexPaint修改器就提供了这种顶点色绘制的功能。

我们首先来为左边眉毛的生长模型绘制顶点色。改换为用户视图,隐藏人体模型Body,选择左边眉毛模型Eyebrow-l,将其毛发在视图中的显示暂时关闭,然后在模型上单击鼠标右键,在弹出菜单中选择Object Properties,打开对象属性窗口,在其中将Visibility参数调整为“1”,以便在视图中显示出模型的颜色,确认属性窗口。随后为Eyebrow-l对象添加VertexPaint修改器,VertexPaint修改器是对象空间修改器,所以修改器堆栈中它自动会排列到Hair and Fur(WSM)修改器的下方。在VertexPaint修改器被添加进修改器堆栈的同时,一个VertexPaint绘制窗口会自动弹出,如图4.24所示。如果窗口被不慎关闭,可以点击VertexPaint修改器面板中的Edit按钮将其弹出。

点击按下VertexPaint绘制窗口中的顶点色显示按钮,视图当中即会显示由顶点色在网格表面形成的图像,在初始状态下它应该全部是白色。点击按下窗口中的顶点模式按钮(也可以使用修改器面板中的相同按钮),视图中显示出网格的所有顶点。使用选择工具和适当的选择模式选择位于边界上的所有顶点,它们于是显示为红色(不要混淆

图4.24 VertexPaint 绘制窗口

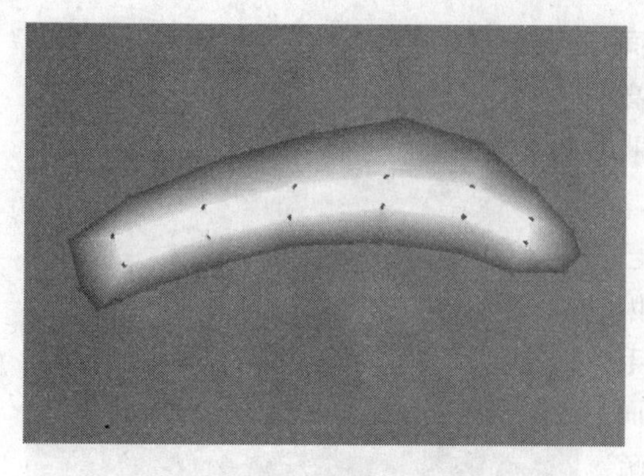

★图4.25 在模型上绘制顶点色

顶点色与其在视图中的显示色）。单击拾色工具右边的色块样本，为其选择一种深灰色，然后单击填充工具，可以在模型上看到边界顶点附近区域的颜色变为色块样本中的灰色，并且灰色与内部顶点上的白色在网格表面形成混合的自然过渡，结果如图4.25所示。顶点色绘制完成后点击释放按钮，并点击按钮，关闭顶点色在视图中的显示。

模型Eyebrow-l的顶点色绘制（定义）好了，接下来要使用由它确定的顶点色贴图来控制眉毛的生长密度。在修改器堆栈中选择Hair and Fur（WSM），在其General Parameters卷帘中找到参数Density（密度），点击其右侧数据输入框旁边的小方块贴图按钮，弹出材质/贴图浏览窗口。在窗口左边的Browse From选项组中选择New，在其下方的选项组中选择Color Mods。经过这样的筛选，窗口右面的贴图列表中就只有为数不多的贴图类型可以选择了。我们选择Vertex Color的贴图类型，然后按OK按钮确认并关闭窗口。于是，一个与顶点色颜色分布完全一致的贴图就被应用在Density参数沿网格表面变化的控制上。

受到生长面上这个顶点色贴图的控制，眉毛的生长密度就会产生变化，在贴图颜色越浅（接近白色）的中央地带，眉毛的生长越密；贴图颜色深的地方（边缘），眉毛的生长就相对稀疏。

完成了左边眉毛的外观设置，接下来还要处理右边眉毛，这只需要在右边的眉毛上把刚才在左边的工作再重复一遍即可。眉毛与头发的材质设置完成后，我们把本章中所有已经设置好的材质与贴图效果渲染出来，头部的结果如图4.26所示。

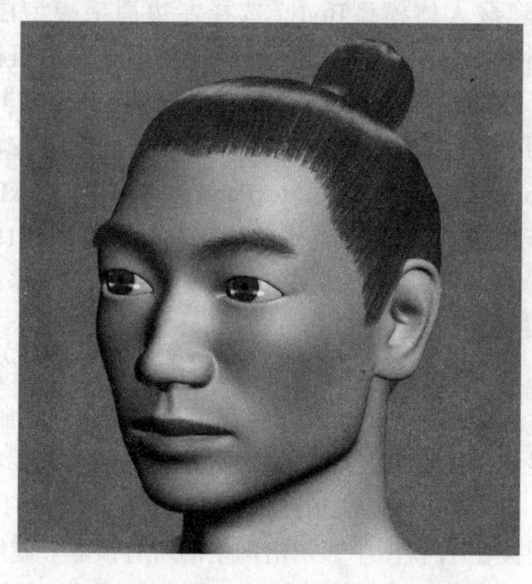

★图4.26 所有材质与贴图的渲染结果

第五节　材质与贴图小结

材质是决定对象外观的数据集合，3ds Max为我们提供了多种材质类型，例如标准材质、复合材质等。一个材质可以指派给多个不同对象，但一个对象只能接受一个材质。材质中可以包含贴图，并由此增加对外观的表现与控制。贴图也有许多不同类型，其中二维贴图在使用时需要为对象指派贴图坐标。一般使用UVW Mapping修改器为模型对象设置贴图坐标，但在复杂表面上使用复杂二维贴图时，可以使用Unwrap UVW修改器在贴图坐标空间中编辑对象网格，获得对贴图的准确定位。贴图还可以独立地应用于许多方面，例如控制参数在表面的变化等。

第五章

骨架与蒙皮

三维角色动画制作的中心任务是要实现模型(角色)的运动或动作,然而要直接操纵模型网格产生角色的动作并非易事,人们需要找到更为科学有效的手段。

物种自然进化产生了一个很重要的规律,那就是自然界中的绝大部分动物都生长有骨骼(昆虫等动物的外壳称为外骨骼),由骨骼相连接形成的肢节构成了动物运动器官的基本结构。骨骼系统的组织结构经过漫长进化筛选而存留下少数几种共通的形式,以高等脊椎动物而言,它们的骨架解剖结构就是大体上相同的。另外,依赖骨骼系统产生的运动带有明显的机械性特征,即便是脊椎动物在骨骼外包围着大量肌肉,情况也是如此。当脊椎动物尤其是四足类脊椎动物做出肢体的运动时,附着在每块骨骼上的肌肉基本上会跟随骨骼一同运动,只是在关节部位的肌肉会产生拉伸或挤压的变形。

这个自然规律为人们归纳设计数字动画制作方法提供了重要启示。于是,在三维动画软件中,人们设计出骨骼对象和骨架系统来驱动身体的运动。虽然在动画软件中,角色(动物或人)的形体模型只是一层表皮外壳,没有内部的肌肉,但在技术的保障下,仍然可以很好地实现骨骼带动肌肉产生运动的外观效果。

在3ds Max中,骨骼是一种系统对象,它的作用不是表现具体的形象,而是提供一种机械连杆式的运动控制结构,也称作骨骼链。动画角色的主要运动和动作,都转化为骨骼链的机械连杆式运动,这样动画运动设计就变得轻松许多。简单的骨骼链可能只包含几段骨骼,在角色造型非常简单的动画中,它可能就足以驱动模型的运动了;在造型复杂的角色动画中(例如人类或哺乳动物的仿真),可能需要使用包含很多复杂分支结构的庞大的骨骼链系统。为了提高在复杂形体上运用骨骼的效能,3ds Max专门开发了装配完整的骨架系统(Skeleton),这种骨架系统主要依据人体骨架的构成而设计,又称为二足骨架。它不仅能满足绝大多数人形角色的动画需要,稍加改变,还能适用于大多数的四足脊椎动物。

合理地建立骨骼或骨架系统是动画准备工作的一部分,为了让骨骼或骨架系统有效带动形体模型产生运动,我们还需要再做一项重要工作——蒙皮(Skinning),也就是具体地确定每块骨骼对模型表面的控制范围,蒙皮工作也需要借由软件所提供的专门模块完成。本章就着重介绍骨架配置与蒙皮这两部分的内容,配合章节内容的Max资源文件被放置在资料光盘的Resource\Chapter5文件夹中。

第一节 二足骨架的配置

骨骼（Bones）与二足骨架（Biped）在3ds Max中均属于系统对象，二足骨架是一种经过预先配置的骨骼链系统，它的原型是人体骨架。即便是以人体骨架为原型，它在结构上仍然能够做很多调整，以满足不同角色动画的需要。此外，它还可以很容易地被改变为四足动物的结构，应用于各种动物的动画。典型的二足骨架的结构如图5.1所示，在默认情况下，二足骨架的左右肢体被显示为不同的颜色（蓝色与绿色），这样可以让我们在各种不同角度的视图中看清左右肢体。

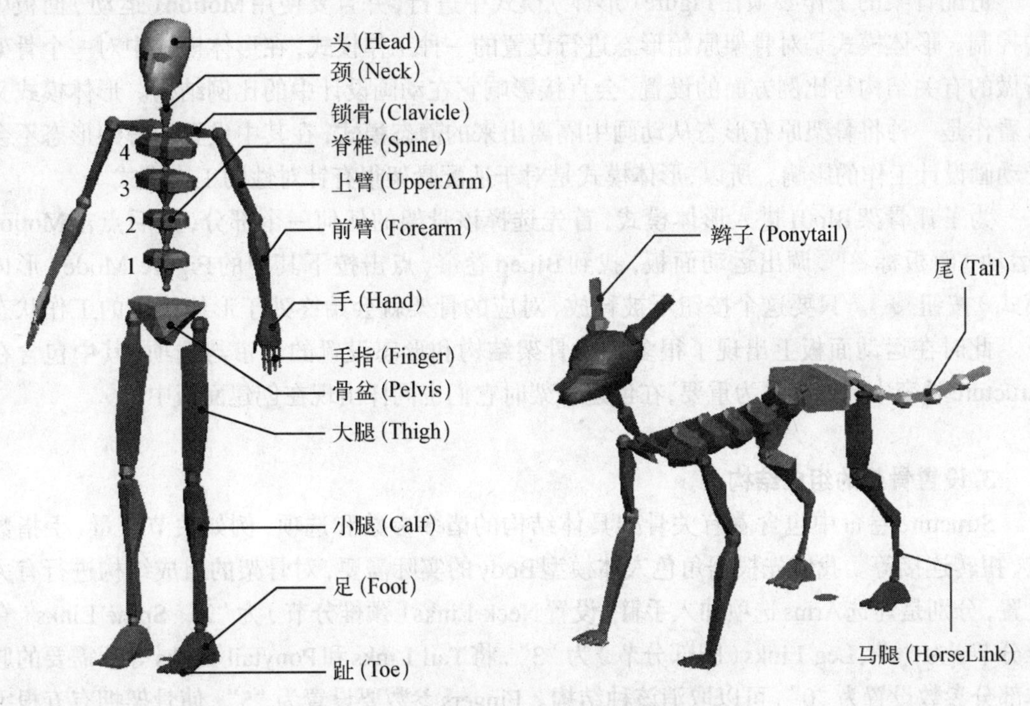

图5.1 二足骨架（Biped）基本结构图

1. 创建一个二足骨架

创建一个二足骨架的方法很简单，只要选择创建面板并点击Systems（系统）按钮，在Object Type卷帘中的各种系统对象类型按钮中点击Biped按钮，就可以在任何视图中拖动鼠标创建骨架了。新创建的骨架是默认的人体骨架形态，不管采用的是哪个视图，它总是站立在世界坐标的地面（XY平面）上的，鼠标拖动的长度可以决定骨架的高度。另外，当我们按下Biped按钮准备创建骨架时，创建面板的下方会出现新的卷帘和很多控制参数，我们可以在这里修改骨架的名称、调整骨架的结构设置和参数。当我们创建完骨架后，只要继续保持骨架对象处于被选中状态，仍然可以继续在这里进行修改或调整。了解了这些基本知识后，回到我们实例的场景中，用上述方法创建一个骨架，保持它的默认名称Bip01。

在我们使用二足骨架控制角色之前，首先要做的一件事是将骨架适配到角色的网格模型当中，也就是让骨架的组成结构符合角色模型的规格要求，并将骨架的各个部分合理地安置在模型内部的适当部位中，这样才能为后面的蒙皮工作做好准备。在适配骨架时，总是要对骨架的结构参数和设置做适当的调整，并对骨架的整体或局部做一定的变换操作，包括移动、旋转和缩放，让骨架的姿态符合模型的姿态。

2. 在骨架的形体模式中工作

适配骨架的工作必须在Figure（形体）模式中进行，并且要使用Motion（运动）面板中的控制。形体模式是对骨架原始形态进行设置的一种工作模式，在形体模式中对一个骨架所做的有关结构与比例方面的设置，会直接影响它在动画设计中的比例结构。形体模式又可看作是一种将骨架原有形态从动画中隔离出来的静态模式，在其中设置的骨架形态不会受动画设计工作的影响。所以，形体模式是对于适配骨架很有针对性的工作模式。

为了让骨架Bip01进入形体模式，首先选择该骨架的任何一个部分，然后点击Motion（运动）面板标签调出运动面板，找到Biped卷帘，点击按下其中的Figure Mode（形体模式）按钮。只要这个按钮不被释放，对应的骨架就会始终处于形体模式的工作状态下。此时在运动面板上出现了很多关于骨架结构和形态设置的卷帘与选项，其中包含在Structure卷帘中的内容尤为重要，在创建骨架时它们也同样出现在创建面板中。

3. 设置骨架的组成结构

Structure卷帘中包含着有关骨架具体结构的诸多参数和选项，例如关节数量、手指数量、扭转连接等。我们先根据角色人体模型Body的实际需要，对骨架的组成结构进行有关设置，分别是勾选Arms选项加入手臂，设置Neck Links（颈椎分节）为“2”、Spine Links（脊椎分节）为“4”、Leg Links（腿部分节）为“3”，将Tail Links和Ponytail Links等不需要的肢体部分参数设置为“0”，可以取消该种结构。Fingers参数要设置为“5”，使骨架拥有五根手指，Finger Links设置为“3”，完全仿照人手关节数目。脚趾Toes参数则要设置为“1”，其关节数Toe Links也设置为“1”，因为本例中的人物是穿鞋的，看不出具体的脚趾，所以使用一节脚趾骨骼就足够控制模型了，这就是作为一种控制工具的骨架对象与真实骨架的区别。如果新创建的骨架的高度与角色模型相差较远，可以修改Height参数的数值使其大致接近。其他选项与参数保持默认设置，Structure卷帘的设置结果见图5.2。

有了这些基本结构以后，我们要将骨架安放到模型网格中并进行合理的摆放。由于骨架将被放置于角色模型网格的内部，为保证在以后的调整中能顺利选择到骨架的每个部分，我们需要在视图中将角色模型设置为“透明”。为此，使用选择工具选择人体模型Body，

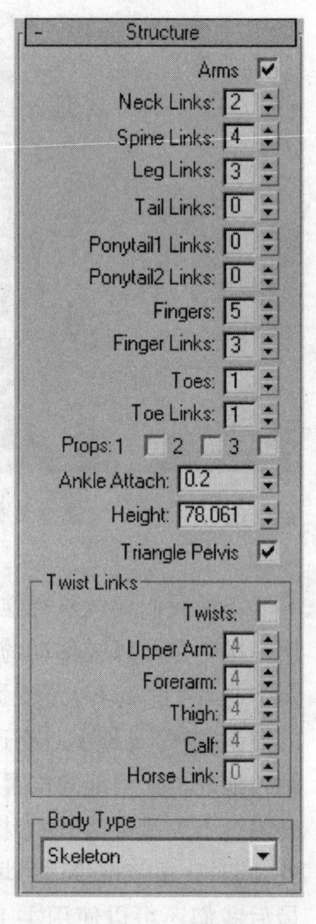

图5.2　为骨架设置结构参数

单击鼠标右键，选择Object Properties打开对象属性窗口，并在其中Display Properties参数组中勾选See-Through选项，这样即使视图使用平滑显示模式，处于模型内部的对象也可以被看到。随后我们还要将模型对象“冻结”，也就是让模型在视图中只能被看到而不能被选择，这样便不会干扰对骨骼的选择操作。选择人体模型Body，单击鼠标右键，选择Freeze Selection选项。在冻结Body模型之前，最好将它的网格细分修改器MeshSmooth关闭。

4. 整体移动骨架

安放骨架首先需要整体地移动骨架，这就必须选择骨架的重心对象（简称COM）。骨架的重心对象是整个骨架链接关系中最顶层的一个抽象对象，它的对象符号位于骨盆的中央。当我们以线框方式（按F3键）显示视图时，便可在骨盆骨骼当中看到一个正八面体对象，此即重心对象。为了保持骨架的结构，骨架上的很多骨骼是不接受移动操作的，另外一些部分在移动时则会改变骨架的姿态，只有通过重心对象才能整体地移动骨骼。

我们可以在线框模式的视图中直接选择重心对象，然后选用移动工具移动整体骨架。骨架中的每个对象（主要是骨骼）都有自己的名字，重心对象也是如此，而且它的名字和整个骨架系统的名字相同。当重心对象被选择后，它的名字即会出现在运动面板的顶部，在这里它应该是Bip01。

整体移动骨架更好的方式是使用运动面板，在其中的Track Selection卷帘中包含了一组选择工具，分别是水平移动、垂直移动和旋转。只要当前选中了骨架的任何一部分，都可以使用这些工具选择重心对象并对其做移动或旋转操作。我们在场景中选择骨架中的任何一段骨骼，然后点击按钮，看到场景中出现移动操作器（否则按X键），拖动操作器进行水平移动；再点击按钮，在场景中拖动操作器进行垂直移动，通过水平垂直移动的组合将骨架放置于人体模型的内部，并首先保证骨盆的位置正确。在选择Track Selection卷帘中的按钮移动骨架时，我们也可以通过锁定方式同时选择水平和垂直两个工具，只要在按下其中一个后接着按下旁边的重心锁定按钮，再将另一个按钮按下即可。同时选择了两个方向的移动按钮，我们就可以使用移动操作器在三维空间中自由地移动骨架了。

5. 调节适配骨盆与脊椎

接下来可能需要调整一下骨盆的大小，于是我们使用选择工具选择骨盆骨骼，它的名称应该是Bip01 Pelvis。在形体模式（Figure Mode）中我们可以使用常规的缩放工具改变

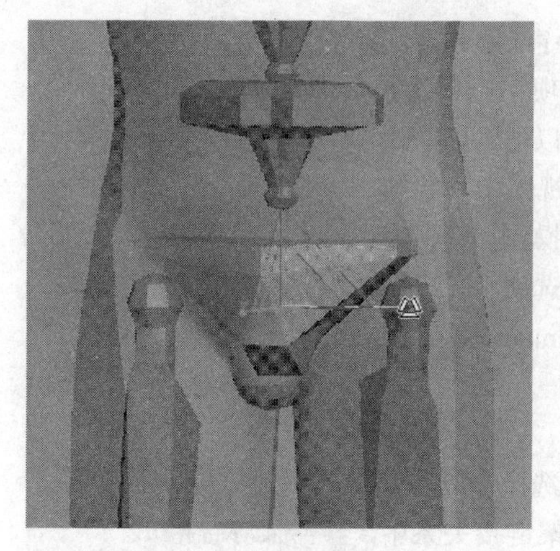

★图5.3　使用缩放工具调节骨盆大小和比例

骨架中骨骼的大小和比例，所以此时在主工具条上点击缩放工具，在视图中可以看到缩放工具的操作器，使用操作器对骨盆做等比例或不等比例的缩放，使它的大小适度填充模型人物的腹腔空间，但并不需要像真实人体骨盆那样完全撑满腹腔。骨盆比实际略小一些可以使两条大腿骨的位置更接近模型大腿的中轴，有利于以后蒙皮的设置。调节骨盆大小的同时可能还需适当调整其位置，以兼顾第一椎骨的根部能处于肚脐的水平高度附近，可以在正交视图中对此进行检查。调整操作情况如图5.3所示。使用缩放工具调节骨架中骨骼的大小与长短比例是形体模式中骨架结构比例调整的主要方法。

下面我们要调整脊椎，从第一椎骨Bip01 Spine开始，先用鼠标选择它。在形体模式下，第一椎骨是可以被移动的（仅限于形体模式）。当它移动时会带动上身所有骨骼一起移动，但下身（骨盆以下）不受影响。这种调整能力可以进一步加强对骨架内部的结构位置关系的控制，整个骨架上具有这种特点的骨骼为数不多，我们通过移动这个第一椎骨可以进一步细致地确定其根部的位置。随后，再通过缩放操作相继对脊柱上其他椎骨的长度、宽度和厚度进行不等量调整，使脊椎的总长度符合人体模型的要求，也就是要保证锁骨达到适合的高度，同时让每节椎骨适当填充胸腔和上腹腔的空间。最后我们还可以使用主工具条上的旋转工具旋转每节椎骨，让它们形成脊椎的自然弯曲，当然这不是必须的，关键在于脊椎最后能够有效控制模型。调整后的结果如图5.4所示。

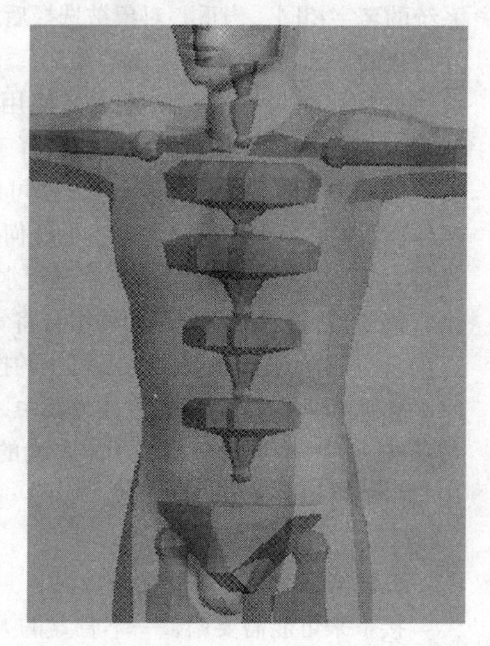

图5.4　调整脊椎骨骼

6. 调节适配整条左手臂

接下来要调整锁骨和手臂。锁骨也是可以被移动的一对骨骼，当它们移动时，与之相连的整条手臂也会跟随移动，这就方便了对一些特殊模型的适配。我们先调整左半边的部分，选择左侧锁骨Bip01 L Clavicle，用移动工具前后微调其位置，用缩放工具做X方向缩放调整其长度，以便使肩关节处于模型中的适当位置；然后按键盘PgDn（Page Down）键选择左上臂骨骼——使用键盘代替鼠标在骨骼链中依次更替选择骨骼，对于内容复杂的视图是一种有效办法。使用主工具条上的旋转工具旋转左上臂骨，旋转中心已由骨架系统预先设置在肩关节连接处，所以旋转操作可以自然地抬起左手臂。在骨架系统中，上臂骨骼被设置为一个三自由度的骨骼，它可以做任何方向的旋转，因此在做旋转时，应该利用视图中的旋转操作器约束旋转的方向。旋转操作器此时指示的是相关骨骼的局部坐标轴方向，针对本例中达·芬奇姿态的人体模型，我们主要拖动其绿色的圆环（被选中时显示为黄色）做Y轴向的旋转。将左上臂骨骼调整到模型手臂内部合适的方向上，并在不同视图中检查结果，然后改换为缩放工具，使用操作器沿X轴方向做缩放，调整左上臂骨长度，使肘关节移动到模型手臂中的合适位置。

骨架手臂的最初状态是轻微弯曲的，但我们为模型设计的手臂是伸直的。所以，调整好左上臂骨后，继续选择左前臂骨骼Bip01 L Forearm，用旋转工具对其轻微转动。左前臂骨骼的旋转中心在肘关节处，该骨骼是一个二自由度的骨骼，只能沿一个方向自由旋转，这个方向就是人类真实手臂的弯曲方向，在左前臂骨骼的局部坐标中它就是Z轴的方向。人类的前臂包含两段骨骼——尺骨和桡骨，它们除了可以使手臂弯曲外还可以使前臂扭转。但二足骨架的前臂骨只有一段，它不能单独扭转，如果对它做X轴向的旋转将会带动上臂一同旋转，这是它的第二个“自由度”。我们现在在视图中拖动旋转操作器的蓝色圆环（被选中时显示为黄色），沿左前臂骨的Z轴旋转以调整其方向，使之伸直并合理地处于模型手臂之中。然后改换为缩放工具，沿X轴方向做缩放，调整前臂长度，使腕关节移动到合适的位置上。这一阶段的调整结果如图5.5所示。

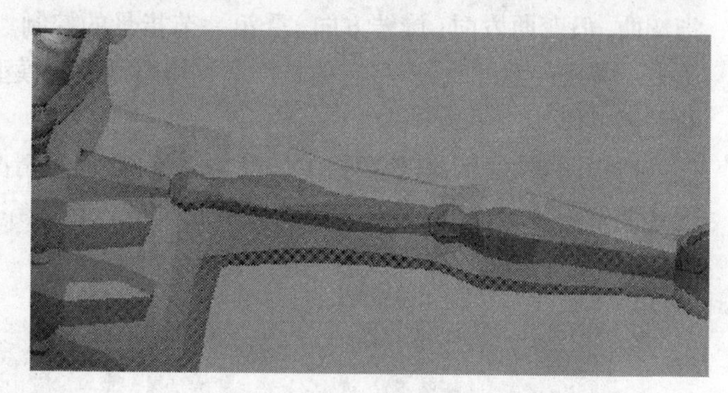

图5.5　左锁骨至左前臂的适配调整

下面要调整手掌，按PgDn键先选择它。我们的模型在建模时采用的是掌心向前的平立手掌，因为在这个姿势下真实手臂的肌肉走向是最为平直的（桡骨没有围绕尺骨旋转），比较容易处理模型网格的分布。但二足骨架的原始设置并非如此，它的手掌掌心向下，所以我们先要旋转手掌。选择旋转工具按钮，使用旋转操作器红色圆环（被选中时显示为黄色）做X轴方向旋转，使手掌到达平立状态。手掌是三自由度骨骼，它沿X轴向的转动可以实现前臂扭转的效果，在局部坐标系的其他两个方向上它也可以旋转，足以表现手的运动灵活性。手掌方向确定后，可以根据需要使用缩放工具对它的比例略做调整。值得注意的是，手掌是可以被移动的骨骼（使用移动工具），但它的移动不同于第一节脊椎骨的整体平移。手掌向身体方向移动会带动手臂弯曲，背离身体移动会逐渐拉直手臂直至无法拉伸为止，所以在调整手臂时，如果需要也可以将这种方式作为一种辅助选择。

手掌完成后就要调整手指，此时如果再按下PgDn键，所有五个手指的第一节指骨（连接手掌的）均会被选中（使用F4键显示线框提示可以看得更清楚），因为它们同属于手掌的下一级骨骼。为避免这种情况则需要用鼠标进行选择，先选择拇指的第一节指骨Bip01 L Finger0。在形体模式下，每只手指的第一节骨骼都是可以被移动的，当移动它们时，会带动整个手指移动，这种情况和第一节脊椎骨是类似的。所以在选择好Bip01 L Finger0后，我们可以先做移动操作，将拇指根定位在合适的位置上，随后再旋转它的方向。所有手指的这一节都是三自由度骨骼，可沿空间任何方向旋转，旋转中心在指根处。我们根据模型的情况将拇指第一节旋转到正确的方向。在旋转时还要注意的一点就是拇指做弯曲动作的弯曲方向，由于手指的第二、三指节是单自由度骨骼——它们只能沿一个方向旋转，要改变手指的弯曲方向就必须靠旋转第一节指骨来做到。这个问题对于拇指尤其重要，因为拇指的弯曲方向不像其他四指那样简单明了，它往往是斜向的。可以改变手指弯曲方向的是第一节指骨沿X轴向所做的旋转，我们在调整拇指第一节的方向时要加以关注（如图5.6所示）。方向明确以后就是缩放Bip01 L Finger0的长短，确定其下端关节的位置。

第一节拇指调整好后，按PgDn键选择第二节拇指骨骼Bip01 L Finger01，继续调整它的方向和长短，使之位于模型中的合适位置。注意这节骨骼是单自由度骨骼，它的旋转产生拇指弯曲，但弯曲方向（旋转方向）受第一节指骨的控制。随后是第三节拇指骨骼，也做同样调整。需要注意的是，应将它的长度调整得略微穿出模型的拇指表皮，这样有利于后面蒙皮的设置工作。

拇指调整好以后其他四指的情况与之相似，而且情况还要简单一些，以此类推地将它们逐一调整到位，同样注意第三节指骨的长度应该略微穿出模型手指。适配调整后的左手骨骼如图5.7所示。

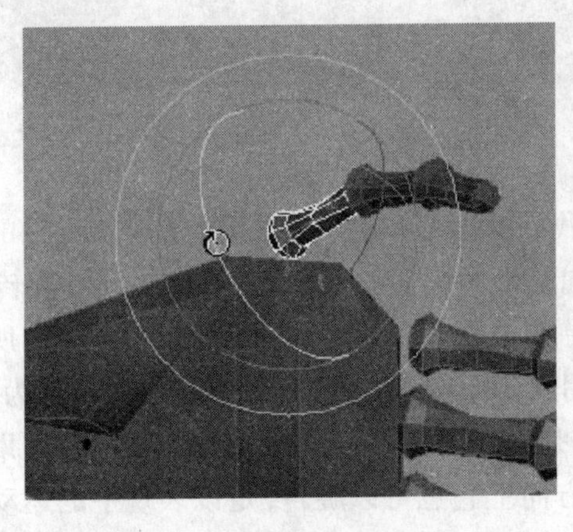

★图5.6　沿X轴向旋转拇指第一节

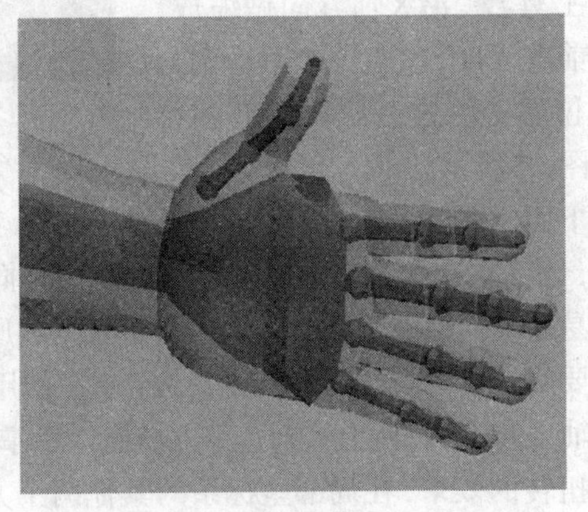

图5.7　适配完成的左手骨骼

7. 拷贝手臂的姿势

我们刚才完成了骨架整条左手臂的适配调整，接着就应该继续调整右手臂。由于人体模型是左右对称的，再用与刚才相同的办法调整右手臂就是重复劳动，我们现在要将左手臂调整后的姿势“拷贝”给右手臂。所谓“姿势”，在二足骨架的使用中是一个专门概念，它是指骨架的某些组成部分（骨骼链）经过编辑后（包括旋转、缩放和位移等变换操作）形成的空间形态，从软件的角度而言，“姿势”就是反映这些情况的数据信息的集合。

所以如果我们要拷贝一个“姿势”，就应该先对它进行定义。在运动（Motion）面板的Copy/Paste卷帘中提供了定义和拷贝姿势的有关功能。定义一个姿势分两步：首先要标明形成这个姿势的骨骼链，即骨架的一个部分；其次是记录该骨骼链的当前状态——即其中每块骨骼的变换操作结果。

要标明整条左手臂，我们先要对它的骨骼链做选择。它所以被称为骨骼链，是因为整条手臂中的骨骼形成一种从锁骨开始逐级向下连接，直至手指的关联关系。选择骨骼链的方法很简单，只要用鼠标双击骨骼链开端的骨骼即可。在这里就是双击左边锁骨Bip01 L Clavicle，于是在视图中看到整条左手臂的骨骼均被选中（用F4打开线框显示更容易观察）。随后，我们在运动面板中的Copy/Paste卷帘中点击Create Collection按钮，这个按钮会将刚才选择的骨骼链定义为一个骨骼选择集，选择集的名称立即出现在上方的Copy Collections下拉表框中，现在它应该是一个默认名称“Col01”，我们可以将其改名为L-arm（左手臂）。这样我们就完成了对左手臂骨骼链的标明操作。

下面就要记录骨骼链的当前状态。首先确认Create Collection按钮下方的Posture（姿势）按钮被按下（这是默认状态），随后点击下面的Copy Posture按钮，这样左手臂的当前状态——一个姿势就被记录下来，这则记录有一个默认名称“LArmLFing01”，出现在下方的Copied Postures下拉表框中。同时，在下拉表框下方的姿势快照图中以红色显示出了当前这个姿势的示意图，它可以帮助我们确认当前姿势的具体形态。值得注意的是，先定义骨骼选择集再记录其某个具体姿势，这样两步走的姿势定义方法可以很有条理地为同一条骨骼链定义出许多姿势。

左手臂的这个姿势定义好后，我们就可以将它拷贝给右手臂，这里的前提是骨架的右手臂与左手臂拥有完全对称的组成结构。通过下拉表框Copy Collections和Copied Postures以及姿势快照图中的内容确认当前姿势，然后点击卷帘中的Paste Posture Opposite按钮，该按钮将当前的姿势粘贴给二足骨架中对称的另一边的骨骼链上，对于左手臂而言它当然就是右手臂。于是可以看到整条右手臂形成与左手臂完全对称的形态，这也就意味着它的适配工作已经完成了。

8. 调节适配骨架其余部分

接下来的工作是要调整颈部和头部。颈部只有两段骨骼，头部则只是一个骨骼，它们都是三自由度骨骼，但现在并不需要让它们左右旋转，所以它们的调节要简单得多。仍然是使用主工具条上的缩放工具、旋转工具对每段骨骼进行调整，将它们适合地安置于模型的相应部位之中。

最后一个阶段要调整腿部，方法和手臂十分相似。先从左腿开始，选择左大腿骨骼Bip01 L Thigh，它是一个三自由度骨骼，其旋转中心在髋关节处。运用旋转、缩放操作调整大腿骨的方向和长短，使其处于模型大腿中的适当位置，同时也保证膝关节的位置正确。然后是小腿骨骼Bip01 L Calf，与前臂一样，小腿也被设计成二自由度的单根骨骼，其旋转中心在膝关节处。通过旋转操作使其方向正确，通过缩放操作调整其长度，使踝关节处于正确位置。随后调整足骨Bip01 L Foot，它和手掌骨一样是三自由度骨骼。通过缩放调整其大小，适当填充模型足部，并使趾根部对准模型的恰当位置。最后是脚趾，我们为骨架设置的脚趾是一块单节的骨骼Bip01 L Toe0，因为人物将来会穿鞋，这样一块骨骼足以表现足部的运动变化。这块骨骼和手指第一节骨骼一样是可以被移动的三自由度骨骼，通过缩放改变长短使之略微伸出模型脚趾，并使之宽度与足骨相当；如有必要，运用旋转操作调整其方向。

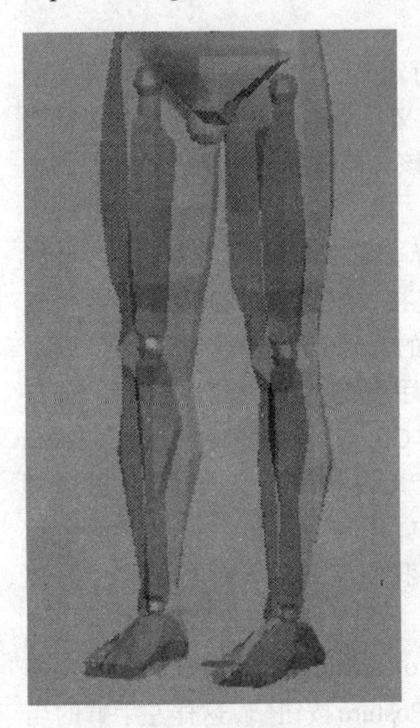

图5.8　骨架腿部的适配结果

左腿调整好以后，参照在处理手臂时的方法先将左腿的当前姿势记录下来，然后将这个姿势拷贝给右腿，整个腿部的调整结果如图5.8所示。至此，整个二足骨架Bip01对于角色模型的适配工作就全部完成了。

9. 保存形体文件（fig）

对二足骨架的适配工作，确定了这副骨架的一个原始形态，将来的角色动画就是在这个基础上产生的。我们可以将二足骨架在形体模式中的这个原始形态用单独的形体文件保存，这样就可以随时在其他任何角色上或任何场景中采用这个形态。一个形体文件记录了一副二足骨架在解剖方面的形态结构的全部信息，它的文件扩展名是fig。在运动面板的Biped卷帘中点击“文件保存”按钮，即会弹出文件保存对话窗口，如同一般的微软视窗操作系统的文件保存操作一样，将当前的骨架形态保存为某个形体文件，例如Mybiped.fig。当下次在某个骨架上希望采用这个形态时，只要进入该骨架的形体模式并点击“载入文件”按钮，即可将这里的形态应用在新的骨架上。

前面我们为保证适配骨架工作的顺利进行，将人体模型的属性做了修改，将其在视图中的显示设置为透明，并将其在场景中冻结。现在骨架适配完成了，我们要将人体模型的对象属性恢复过来，以便进入下面的工作。为此，在视图空白处单击鼠标右键，选择Unfreeze All解冻模型Body；再右键单击模型进入对象属性窗口，将See-Through选项取消。这样，场景中的人体模型就恢复为正常状态了。

第二节　使用Physique修改器对模型进行蒙皮设置

要想让角色模型被骨架所带动而产生动画，必须进行蒙皮（Skinning）工作。蒙皮就是以角色模型为“表皮”，确定模型网格的顶点如何接受骨骼链控制的设置过程。在3ds Max中，蒙皮是通过为角色模型添加蒙皮修改器来实现的，3ds Max有两个版本的蒙皮修改器——Skin（皮肤）和Physique（体形）。Skin修改器出现得较早，功能和使用相对简单；Physique修改器是后来通过商业收购，作为角色工作室（Character Studio）模块的一部分补充进来的，它的功能强大很多。我们前面介绍的二足骨架系统（Biped）也属于角色工作室模块的一部分。

1. 为人体模型添加Physique修改器

我们使用Physique修改器进行蒙皮，首先选择场景中的人体模型Body，再调出修改面板，为模型添加Physique修改器，于是可以在修改面板下方看到Physique的一些卷帘以及其中的功能选项与控制。Physique修改器首先要求我们为模型指定控制骨架或骨骼链，在此应该使用前面配置好的二足骨架。点击面板中Physique卷帘中的Attach to Node（附着于节点）按钮，再于视图中点击二足骨架的骨盆（如果视图中的骨盆被遮挡，可按F3键转入线框显示模式，或使用H键打开对象选择窗口选择Pelvis骨骼对象）。骨盆是整个骨架的根部骨骼（也是一个重要的节点），通过它就确定了整个骨架将作为模型（表皮）的控制骨架。点击Attach to Node按钮并选择了骨架后，会弹出一个Physique Initialization（初始化）对话窗口，接受默认设置并直接点击窗口中的Initialize按钮，完成对Physique修改器各组成部分的初始化。

初始化以后，Physique修改器会在人体模型内部加入一种“变形曲线”（Deformation Spline），它基本上贯穿于骨架的骨骼之中，是Physique修改器将骨架运动传递给模型网格的中间桥梁，如图5.9所示。变形曲线一般显示为橙红色，在一定的工作模式中显示为亮黄色。变形曲线上还显示有节点，每个节点对应骨架的一个关节，节点之间的变形曲线段也被称为链接（Links）。

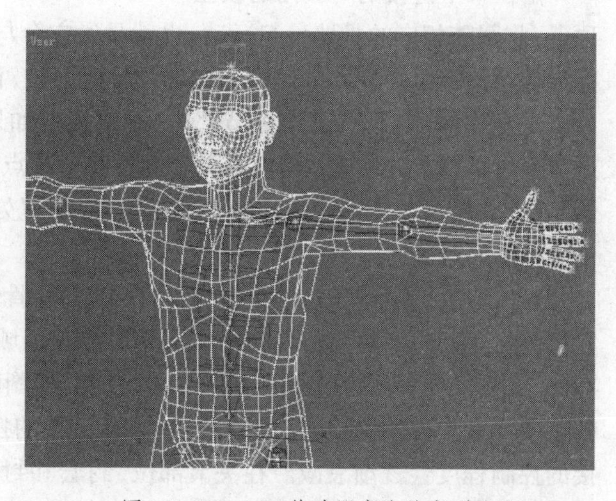

★图5.9　Physique修改器产生的变形曲线

Physique修改器要将模型网格上的大量顶点分配给不同的链接加以控制，

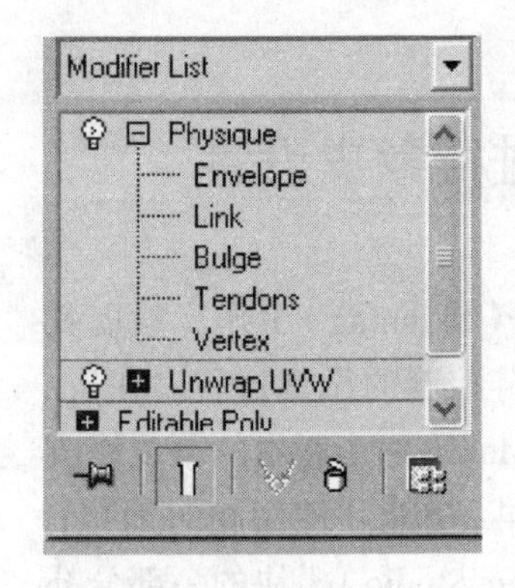

图5.10 Physique的展开层级

同时还要提供控制顶点动画的各种功能设置。Physique修改器通过多种不同手段满足上述要求，包括Envelope（封套）、Link（链接）、Bulge（膨胀）、Tendons（肌腱）和Vertex（顶点）五个组成部分，它们可以在修改器堆栈中Physique的展开层级里被找到，如图5.10所示。

2. 使用封套为链接分配网格顶点

2.1 Physique修改器封套的原理

为链接分配模型顶点或者说确定每个链接的影响范围，最基本的方法是使用Envelope（封套）。封套为每个链接设定了一个橄榄球形的控制区域，处于控制区域内部的模型顶点将受到该链接的控制。当我们在修改器堆栈中选择Envelope（封套）层级，Physique修改器的链接（变形曲线）便显示为黄色，此时用选择工具点选任何一个链接，就会看到它的封套示意，如图5.11所示，由该封套所控制的网格顶点也同时被显示出来。在进入封套层级之前，我们还可以将Physique修改器在修改面板中的最后一个选项Hide Attached Nodes勾选，这样可以隐藏视图中的骨骼，更加清晰地看到链接的变形曲线与模型的网格。

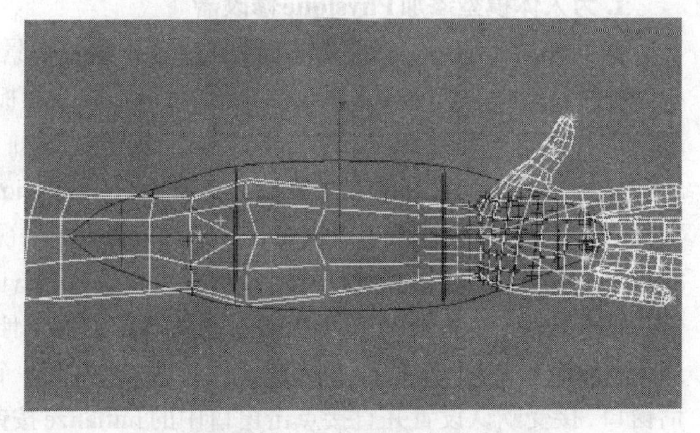

★图5.11　前臂链接上的封套

落在某个链接的封套内的模型顶点，将跟随相应的骨骼一起运动，也就是说它会与该骨骼保持相对固定的位置关系，这也称为运动的继承。在人体模型的大部分普通部位，网格顶点只受到某一个链接的控制就足以表现身体运动；但在各个关节部位，网格顶点如果只接受单独的某个链接的控制就会使形体变形显得十分生硬。只有在关节部位将对顶点的控制从一个骨骼逐渐移交给另一个骨骼，才能让模型的变形产生连续自然的效果，所以处在“移交”区域的网格顶点应该受到两个或更多的链接的控制，这就是所谓的控制混合。

在关节处的网格顶点上进行控制混合，不同骨骼（链接）的控制程度（影响力）也可由它们的封套确定。封套所拥有的橄榄球形控制区域一般都会超出相应链接的长度，并且具有两层边界——内圈在视图中显示为鲜红色，外圈则为暗紫红色，见图5.11。在内圈以内，链接产生最大程度的控制；在外圈以外，该链接的控制完全消失；在内圈到外圈之间，该链接的控制程度会逐渐衰减。在关节部位，封套和封套之间一般会相互交叠（如图5.12），于是处在两个（或更多）封套包围之中的网格顶点就接受了所有这些链接的控制，并且这些链接各自的控制程度取决于该顶点在其封套中所处的位置。软件会综合每个链接提供的控制影响力并按比例将它们混合为最终的控制，这样就能够很自然地反映出在关节部位，靠近或远离某个骨骼（链接）的顶点受到该骨骼控制的程度的变化，形成模型的自然变形。

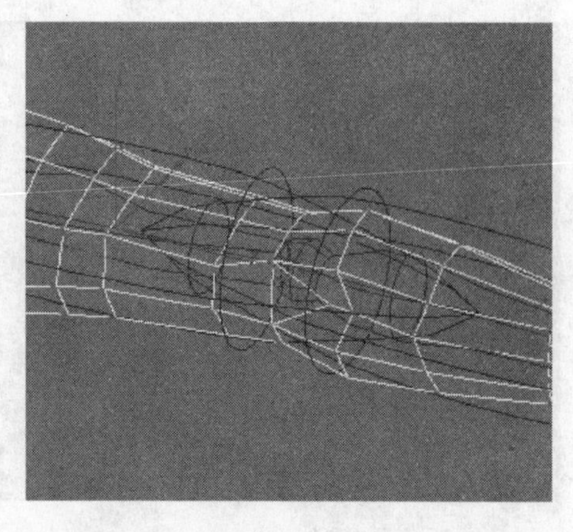

图5.12　在肘关节部位封套产生交叠

如果是在普通的部位，封套没有交叠，网格顶点只落在唯一一个链接的封套之中，那么不管它是落在内圈或者外圈之内，它都接受该骨骼的完全控制。另外，视图中模型顶点的颜色也会反映出其接受某个链接控制的程度的变化，落在封套内圈里的顶点显示为鲜红色的十字标记；在内圈到外圈之间，顶点十字标记的颜色会随着控制的衰减而出现由红色到土黄、蓝色直至深紫色的变化；落在封套外的顶点不显示标记。

由上面的原理可以看出，如果我们能合理有效地调整每个封套的形状、大小以及其内外边界的位置，就可以大体上确定每个链接对模型顶点的控制情况，帮助我们基本上完成为链接（骨骼）分配模型顶点的任务。对此，在Physique修改器堆栈的Envelope（封套）层级，修改面板上提供了大量的封套调整和设置选项，可以调整封套的形态与属性，使之产生最有效的作用。下面就回到我们的范例场景中，开始设置和调整封套。

2.2　编辑手臂上封套的形状

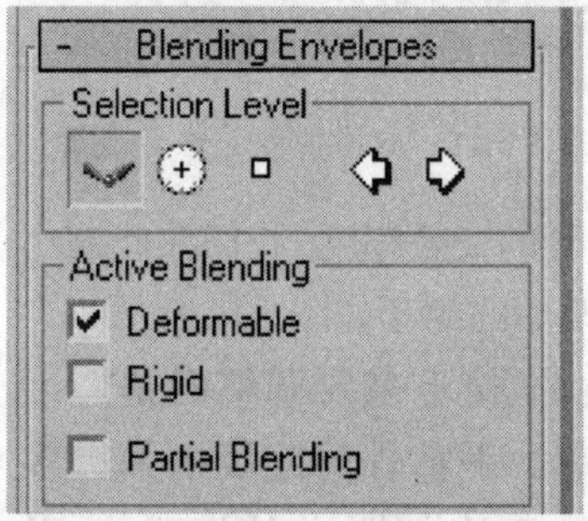

首先我们要了解封套的混合类型。在修改面板的Blending Envelopes（混合封套）卷帘中有一组Active Blending参数（如图5.13所示），其中提供了封套的两种混合类型——Deformable（可变形）与Rigid（刚性）。可变形封套在骨骼运动时可以让有关部位的模型产生更整体的有弹性的变化，它也是默认的设置；而由刚性的封套所产生的模型变形会更精确地体现骨骼的控制，因而会有更多的机械的僵硬感。在我们的人体模型中，大多数链接应该使用（勾选）Deformable的混合类型，只有头部骨骼（链接）会是个例外。

- Blending Envelopes
Selection Level
Active Blending
Deformable
Rigid
Partial Blending

图5.13　封套选择层次按钮和封套混合类型选项

我们可以从左手臂开始调整封套的形状。调整封套形状可以从几个结构层次进行，分别是链接（Link）、横截面（Cross Section）和控制点（Control Point），在Blending Envelopes卷帘中有进入这几个层次的按钮，如图5.13所示（Selection Level选项组中）。在链接（Link）层次中，我们可以在视图中选择某个链接以显示出它的封套，并通过在修改面板中提供的各项控制参数调节封套的形状。左手臂的链接开始于左锁骨，当我们选择它时，在面板中第一个卷帘Physique Selection Status中会出现它的名称——Bip01 L Clavicle。在

★图5.14　第一颈骨链接

视图中，左锁骨链接的上方连接的是第一颈骨链接Bip01 Neck。第一颈骨链接与一般的链接不同，它有三条变形曲线呈“人”字形伸展，分别连接第二颈骨和左右两个锁骨。这是Physique修改器针对二足骨架所做的特殊处理，目的是加强对模型肩颈部位的控制灵活性，如图5.14所示。具有这个特点的链接还有骨盆Bip01 Pelvis（骨盆链接呈三叉形）以及左右手掌，它们的情况可参见后面的图示。

如果整个制作工作是按照我们前面的过程进行到此（或者读者直接使用资料光盘中的场景文件），对于第一颈骨和左锁骨链接的封套，可以直接接受修改面板中的默认设置，如图5.15所示。这些设置参数主要集中在Envelope Parameters卷帘中，所有其他链接在Physique初始化后的默认设置也是这样的。

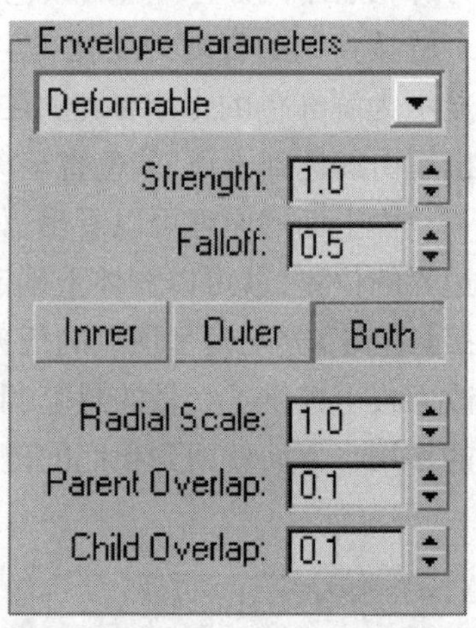

图5.15　封套的默认参数设置

接下来的链接是左上臂Bip01 L UpperArm，先选择它，对它的参数做略微调整：在Both按钮按下时将Radial Scale数值调整为“1.2”，它将封套的内外两个橄榄球在宽度方向共同放大1.2倍（“Both”意思就是“共同”）。然后选择左前臂链接Bip01 L Forearm并修改参数：在Both按钮按下时将Child Overlap参数调整为“0.05”。这个参数控制封套与其下一相连封套的交叠程度，我们在此缩小了这一数值，以减小前臂链接对手掌根部位的顶点的影响力，修改后的封套如图5.16所示。

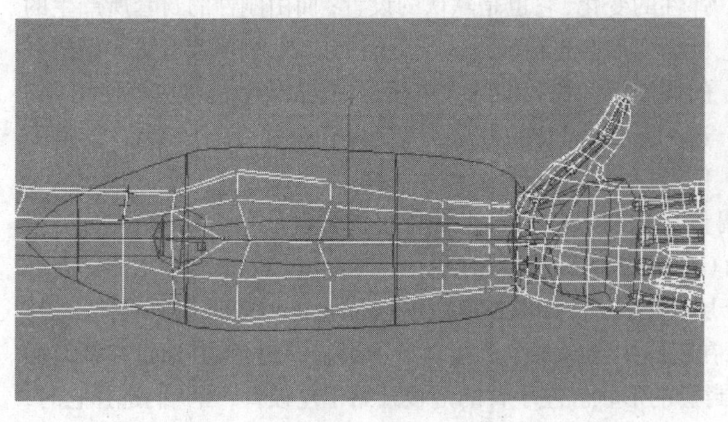

图5.16　减小左前臂封套的向下交叠

接下来要调整的是左手掌。手掌骨的链接也具有多条变形曲线，此处为五条，对应五根手指（如图5.17所示），它们都具有Bip01 L Hand的名称，但它们的参数可以分别进行调整。对应大拇指到小指的手掌链接，在Both按钮按下时分别调整它们的Radial Scale参数为：0.33、0.4、0.4、0.35和0.4不等，以协调它们对手掌部位的顶点的控制程度。由于手上的Physique变形曲线的混合类型都是可变形的（Deformable），刚才这些不同的参数调整实际上也会反映出不同手指在运动时对手掌上顶点的不同影响。

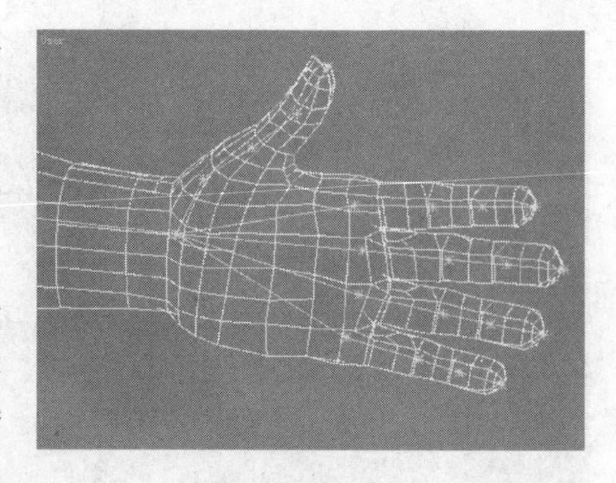

图5.17　手掌骨的链接有五条变形曲线

随后是要调整五个手指上的链接，五个手指上的关节很多，链接也很多，所以情况会复杂一些。对某些封套可以继续调整Envelope Parameters卷帘中的参数来设置其控制范围，例如大拇指处的封套；而对另一些封套，则在使用Envelope Parameters卷帘对参数完成初步调整后，还要进入横截面（Cross Section）或控制点（Control Point）层次进行更细化的调整。例如在食指上，其第一、二指节中的链接如果采用简单的橄榄球形（圆周对称的椭球）封套，就很可能将中指上的一些邻近顶点囊括进来，形成错误的控制，如图5.18所示。所以此时应该再进入控制点（Control Point）层次，选择封套上有关的控制点并移动它们，以改造封套的形状，将其他手指上的顶点排除在控制之外，如图5.19所示。在中指、无名指和小指上也都存在这种情况，除了可以进入控制点层次直接调整封套上的控制点以外，还可以在横截面层次中使用主工具条的缩放工具单向缩放（压扁或拉长）横截面轮廓来改造封套形状，如图5.20所示。在横截面层次，还可以选择一个横截面轮廓并用移动工具在纵向（链接线的方向）移动它，以调整封套与邻近链接（封套）的交叠程度。调整橄榄球尖端的纵向位置则要在控制点层次移动控制点。在调整中还要注意的是：当处在横截面或控制点层次时，无法在场景中选择其他链接，如果要编辑其他链接的封套，应该先回到链接层次。对所有手指上的封套编辑以后的结果如图5.21所示。

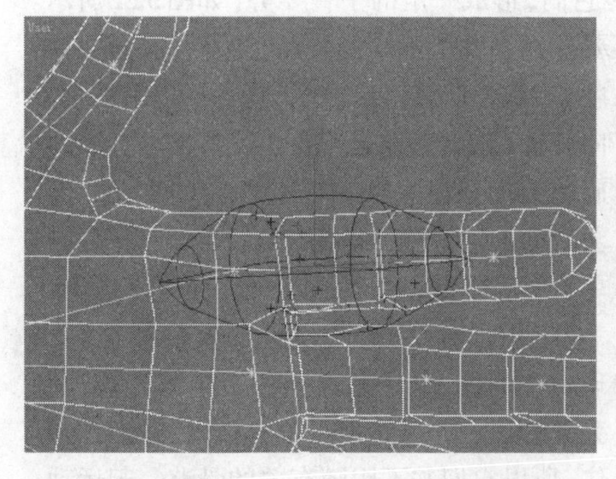

图5.18　食指第一指节的默认封套影响到中指上的顶点

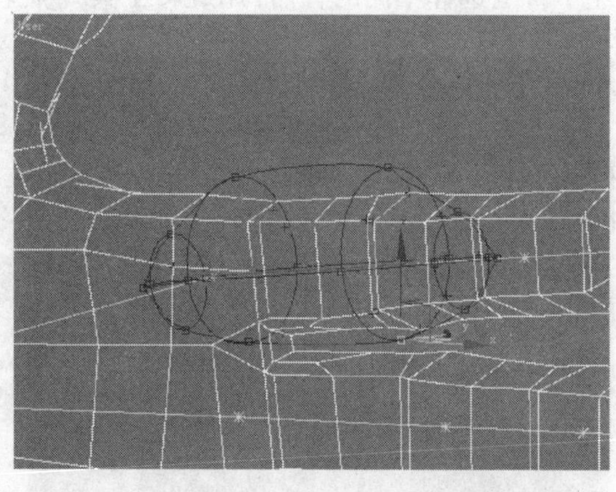

图5.19　通过移动控制点编辑食指的封套形状

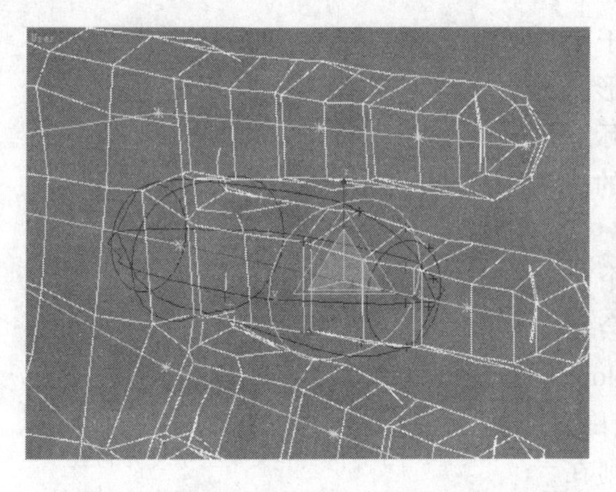

★图5.20 在横截面层次缩放中指封套的一个横截面（被选中的横截面边界线显示为黄色）

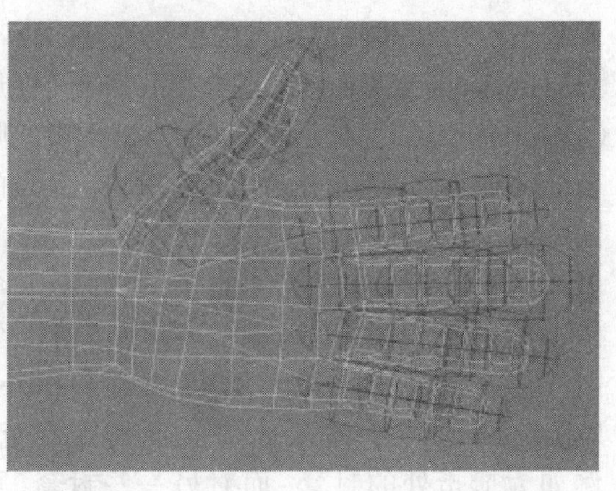

图5.21 左手指上所有封套编辑以后的结果

2.3 检查手臂上封套的设置结果

整条左手臂上的封套调整完成后，我们应该检查一下这一阶段封套设置的效果，也就是看一看左手臂骨骼的运动是否能正确地控制模型的左臂（表皮）。为此，首先将隐藏的二足骨架在场景中显示出来，即回到Physique的修改器层次（在修改器堆栈中点击Physique），将修改面板中的最后一个选项Hide Attached Nodes的勾选取消。随后选择左手上臂骨骼Bip01 L UpperArm，调出运动面板，点击原先按下的形体模式按钮退出该模式。二足骨架退出形体模式后就进入了动画模式，也就意味着可以对骨架与骨骼设置动画了。

骨架的运动主要是靠旋转其中的骨骼而产生，每段骨骼的旋转中心就是它与上一段骨骼连接的关节点。某些骨骼可以做移动操作，但这种移动产生的结果也都是造成骨骼链中有关骨骼的旋转。所以，一般而言我们使用旋转操作为骨架的运动设定各种"姿势"。在此，我们先为骨架的左手臂设置一些常见的姿势，以检验Physique修改器的蒙皮效果。分别在左手臂上选择不同的骨骼，用旋转工具旋转它们，形成一定的手臂姿势，如图5.22所示。要注意手臂上不同的骨骼有不同的旋转自由度，多数骨骼属三自由度骨骼，可以沿任意方向旋转；前臂骨骼是二自由度骨骼，它的独立旋转方向只有一个，在另一个方向上的旋转会带动上臂骨骼；手指的第二、三节骨骼均属单自由度骨骼，它们只能沿着一个方向旋转。

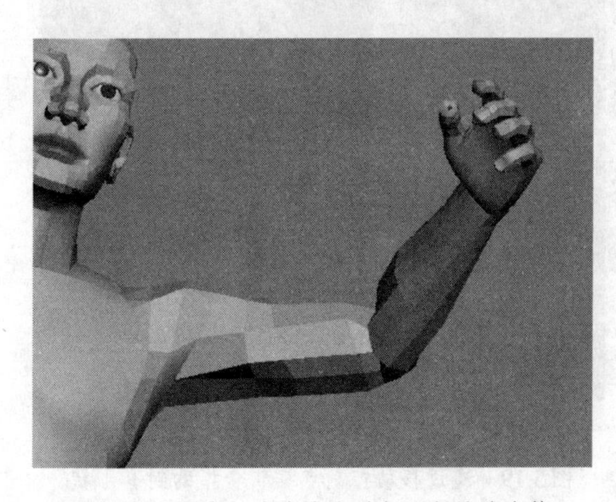

图5.22 旋转左手臂骨骼形成一个手臂姿势

刚刚进行完封套设置的模型往往会出现一些问题，其中最突出的一个就是被控制丢失的顶点。这些顶点没有被任何的封套套住，所以它们并不跟随有关的骨骼一起运动，从而出现模型的拉扯变形，如图5.23所示，这

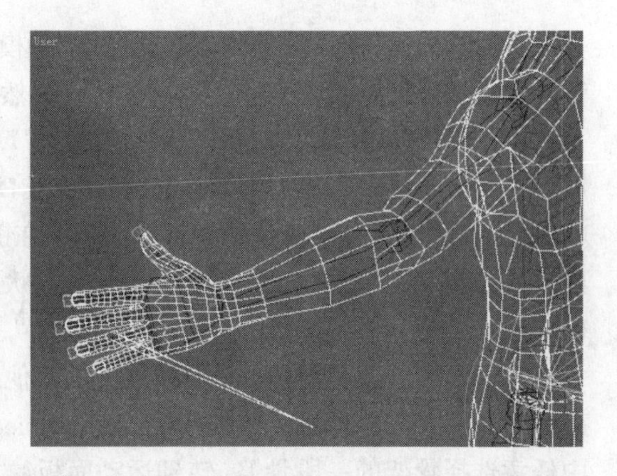

图5.23 遗漏在封套外的一个顶点不能跟随骨骼一同运动，从而产生拉扯变形。图中手指末端的绿色方块是骨架骨骼链末端的辅助对象，在二足骨架刚创建时是被隐藏的

是必须要解决的。虽然通过封套为链接（骨骼）分配顶点的工作是在模型及骨架的原始姿态——达·芬奇姿态中进行的，但在处理顶点丢失问题时一般并不需要退回到达·芬奇姿态。我们在任何姿态下都可以对封套进行修改，修改后的封套对顶点分配的改变仍然会以达·芬奇姿态下的位置关系为依据，而不受现在骨架姿态和模型变形的影响。因此，只要认清出现问题的这个（些）顶点应该属于哪个（些）骨骼的控制，直接在目前姿态下选择Physique修改器的有关链接进行编辑就可以了。具体地讲，就是先选择人体模型对象，在修改器堆栈中进入Physique的封套（Envelope）层级，然后再选择有关的链接并对其封套进行进一步调整。以图5.23中的情况为例，这里被遗漏的是无名指关节内侧的一个顶点（见图5.24），因此我们选择人体模型Body，点击修改器堆栈中的Envelope层级，放大视图，选择无名指的第二节链接以显示出其封套。继续进入封套编辑的控制点层次▫，用移动工具✥选择并移动封套外层的一个控制点A（见图5.25）。因为此时手掌已在空间中处于一个较随意的位置和方向上，所以在移动控制点时应该采用局部坐标系，即在主工具条上将参考坐标系 Local 设置为局部坐标（Local），以便在视图中的移动操作器有更加直观的箭头方向。当移动到达一定距离后，原来不受控制的那个网格顶点会回到应有的位置，这说明它已接受了骨骼的控制，如图5.25所示。

封套设置结果中还可能暴露的一个问题是封套交叠得不够恰当，其主要的表现是当身

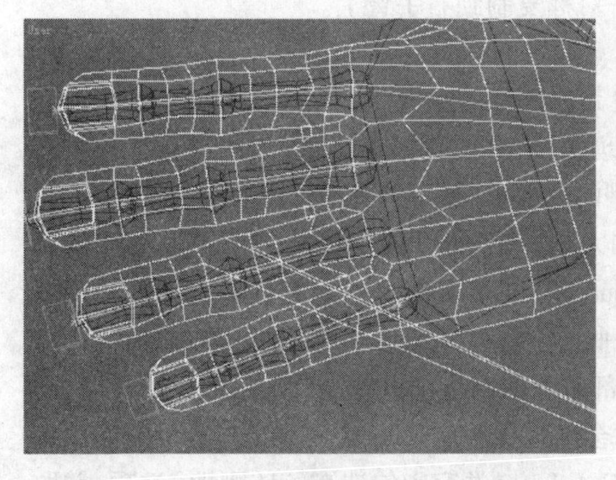

图5.24 无名指内侧的节点被遗漏

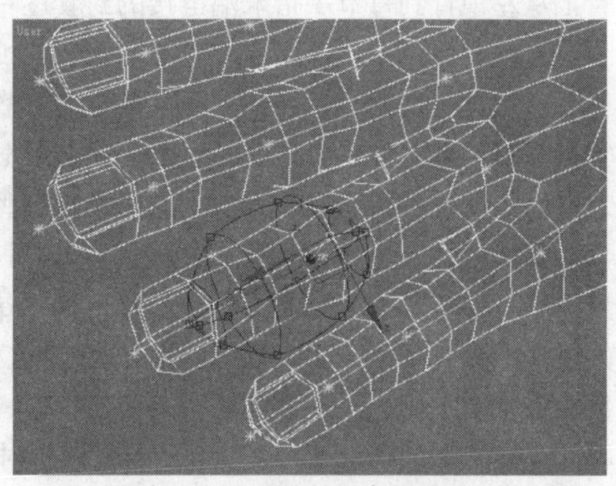

★图5.25 沿局部坐标Y轴移动封套控制点，修改顶点分配的遗漏

体肢节做弯曲动作时，关节附近（或两旁）的模型网格变形过渡不自然。这也可以通过在姿势的现场继续编辑封套来进行改进。首先仍然是在链接层次中调节Child Overlap参数以及Parent Overlap参数（与上一级链接的交叠），改变本封套与下级封套或上级封套的交叠程度。在调节时可以选择上方的Inner、Outer或Both按钮，它们分别确定当前调整的参数所影响的是封套内侧、外侧或是两者皆有。除了在链接层次中调整参数外，当然也可以进入横截面或控制点层次，对封套交叠部分的形状尺度做调整。当将关节部位的网格顶点分配确定妥当后，便可以进行到下一步。

我们要继续调整Physique修改器中的其他封套，为规范操作过程，先要重新回到二足骨架的形体模式。选择修改器堆栈中的Physique修改器层级（以退出封套层级），然后在视图中任意选择骨架的一段骨骼，转到运动面板中，点击按下形体模式按钮，进入形体模式。重新进入形体模式后，原先在动画模式中设置的任何姿势便会消失，整个二足骨架又恢复为达·芬奇姿态。随后，再次选择模型对象Body，进入修改面板，并在修改器堆栈中进入Physique修改器的封套层级。

2.4　复制左右对称的封套设置

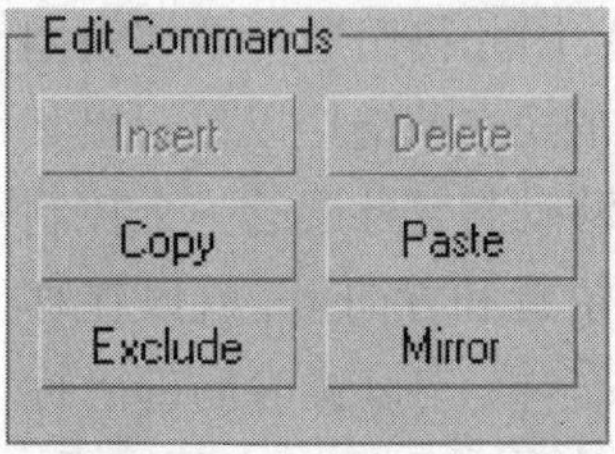

在继续调整封套时，我们可以将已调整好的左手臂上的封套设置复制给骨骼结构完全相同（对称）的右手臂。封套复制需要对每个链接逐一进行，因此保持处于封套的链接工作层次。任意选择左手臂上的一段链接（例如左上臂）以显示出其封套，在修改面板的Blending Envelopes卷帘中找到Edit Commands按钮组（如图5.26所示），并点击其中的Copy按钮。在右手臂上选择与刚才链接相对称的链接（例如右上臂），点击Edit Commands按钮组中的Paste按钮。于是在视图中可以看到，右手臂的该链接（右上臂）上的封套形状改变为与左手臂那段链接（左上臂）对称的形状。利用这个方法，我们将左手臂上从左锁骨到每节手指末端链接的封套逐一对称复制到右手臂上。

图5.26　Edit Commands按钮组

2.5　在头部使用刚性封套

右手臂上的封套解决后，我们要继续调整其他部位的封套。在人体模型的中轴线上有脊椎、颈骨、骨盆和头骨，这一连串的骨骼虽然琐碎，但只要我们在前面的骨架适配工作中注意骨骼宽度、厚度的控制，让它们适度填充模型的内部空间，那么此时这些骨骼（链接）的封套的默认形状大小就应当基本合适了，它们可以很合理地分配网格顶点，无需再做过多的调整。唯一要进行调整的是头骨，因为在Physique修改器初始化时所有链接的封套都被确定为可变形的（Deformable，见前面图5.13），这种混合类型对其他绝大多数骨骼都是合适的，但对头骨则不然。当头骨运动时，我们希望头部所有的网格顶点能准确地跟随头骨运动，而不要产生附加的弹性变形（Deformable混合时会出现这种变形），否则有可能会影响面部表情。所以，选择头骨骨骼的链接并在Blending Envelopes卷帘中勾选Rigid（刚性）选项，并取消Deformable选项的勾选（在Active Blending参数组中，见图5.13）。当头骨链接的混合类型被设置为完全刚性后，视图中的头骨封套以及由其控制的网格顶点就显示为绿色，如图5.27所示。

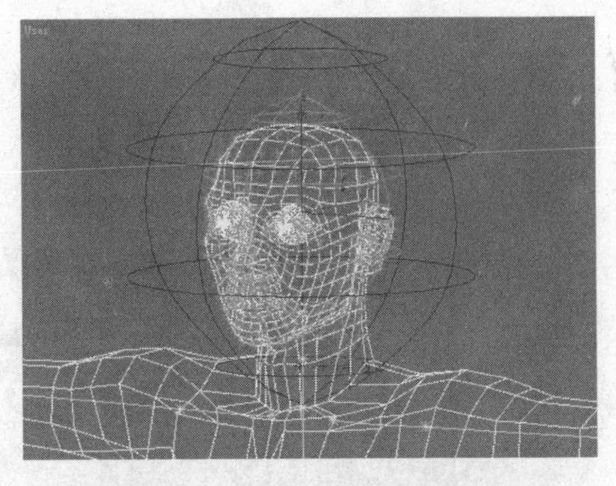

★图5.27　将头骨链接的封套设置为刚性

2.6　编辑腿部封套的形状

最后我们要编辑腿部的封套。腿部的大腿骨链接与骨盆相连，骨盆链接也包括三条变形曲线（与颈部类似）。如前所述，如果骨盆骨骼的尺寸调整得合适，这三条变形曲线上的封套就可以接受默认设置——不必再做调整。从大腿骨链接开始直至脚掌和脚趾链接，调整的方法与手臂类似，并且由于我们的骨架只设置了一根脚趾，所以情况还会比手臂更简单。在大腿内侧接近根部的地方，需要进入封套的横截面或控制点层次，详细调整封套的边界，避免将对面另一条大腿的邻近的网格顶点囊括进来，如图5.28所示。另外，在将腿部的封套进行复制时，还要注意横向的对称问题。在运用前面介绍的封套复制方法用Paste按钮将某个链接的封套进行复制后（例如大腿链接，见图5.29左），可能会发现封套在横向，即垂直于链接线的方向没有产生对称的结果，此时可以再点击Paste下方的Mirror按钮让该封套在横向产生对称，见图5.29右。在实践中也可选择手工方式调整对称封套的形状。

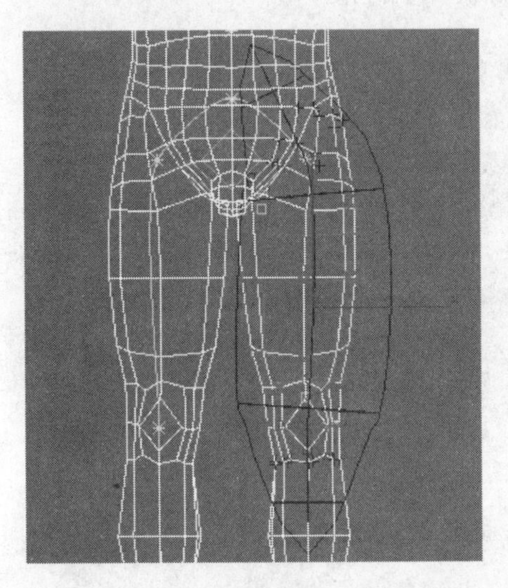

图5.28　调整大腿链接的封套

2.7　处理封套编辑时发生的模型错误

在我们编辑调整封套形状的过程中，有时会发生模型网格异常变形的情况，如图5.30所示的左脚部位。当出现这种情况时，我们需要对Physique修改器进行再次初始化，这是更新修改器状态和解决某些异常情况的一项功能。因此，离开Envelope（封套）层级，回到Physique的修改器层级，在Physique卷帘中点击再初始化按钮，重新打开Physique Initialization（初始化）对话窗口。此时该窗口中左边区域的Initialization分组框中所包含的项目都成为可选项，勾选其中的Initial Skeleton Pose和Vertex Settings两项并点击Initialize按钮，Physique修改器即会被重新初始化，模型网格上出现的异常变形将随之被纠正。在做上述的再次初始化之前，还要注意将骨架设置到形体模式中（一般已经如此），以清除在动画模式中已经摆出的姿势。

当身体上的所有封套都已调整好后，我们还需再次检查模型网格顶点的分配结果，即封套的影响。仍然按照前面的方法，先退出二足骨架的形体模式（进入动画模式），设置身体

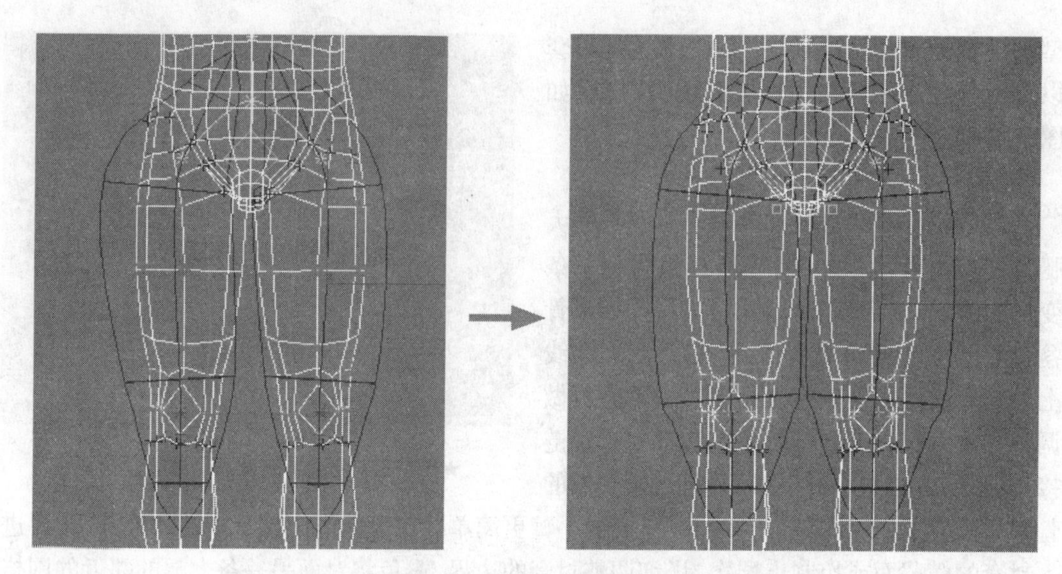

图5.29　封套复制后在横向上需要解决不对称问题

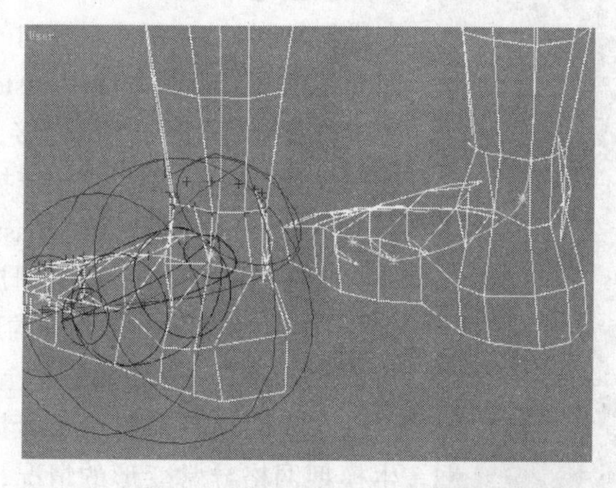

图5.30　调整左足骨封套形状时，模型网格在左脚跟处发生错误变形

各部位的姿势，观察人体模型网格的变形情况。如果发现网格顶点的控制丢失或控制分配不当，及时调整有关链接的封套形状。在骨架的动画模式中继续调整封套形状时，如果需要查看形体模式中的达·芬奇姿态，我们可以在修改面板最下方的Display参数组中勾选Initial Skeletal Pose（初始骨架姿态）选项，它可以让模型网格临时离开骨架，回到达·芬奇姿态，并允许我们调整封套。

在Physique修改器的封套层次中调整好封套的形状，我们就基本上完成了将模型顶点分配给不同链接（骨骼）的工作。这项工作只确定了每个链接可以控制哪些顶点，但链接的变形曲线在动画当中如何变形以及这种变形如何影响所控制的顶点，Physique修改器还提供了很多设置和功能。这些设置和功能需要进入修改器的链接（Link）层次进行调整，因此，在修改器堆栈中点击Link层级。

3. 调整Physique的链接属性

在Physique修改器的链接（Link）层次，修改面板上包含了许多关于链接曲线和模型变形特征的设置，分属在Link Settings和Joint Intersections两个卷帘中，这些设置对于我们这里的角色而言都是非常重要的。

3.1　设置链接变形曲线的弯曲度

首先在Link Settings卷帘（见图5.31）的上部有一个选项Continuity，它决定链接的变形曲线之间是光滑连接的还是折角连接的。光滑连接（勾选该选项）的变形曲线在通过关节节点时会保持平滑，而折角连接（不勾选）将形成角形转折，如图5.32所示。两种形态的曲线连接所产生的差别是：当关节旋转弯曲时，光滑连接会影响关节附近较大范围的模型产生变形；而折角连接影响的范围较小。如图5.33所示的情况，右足的连接为光滑的，当右足踮起时，小腿也随之产生轻微弯曲，类似一种弹性变形（好像骨骼如橡胶棒一般有弹性）；左足的连接为折角形的，当左足踮起时，左小腿整体基本不变形，完全表现出骨骼的刚性。链接曲线的光滑程度可以由Continuity选项下方的Bend（弯曲）参数组调节，不同光滑程度的曲线会导致模型产生不同程度的弹性变形。尽管有时在静态显示下，光滑连接导致的变形并不明显，但当动画产生后，这种变形就容易被察觉。较明显的弹性变形更适合于夸张的漫画式造型与动画，而仿真类的角色动画则不应表现出明显的弹性变形。也就是说，我们应该根据模型与动画的设计风格适当选择Continuity与Bend参数的设置。

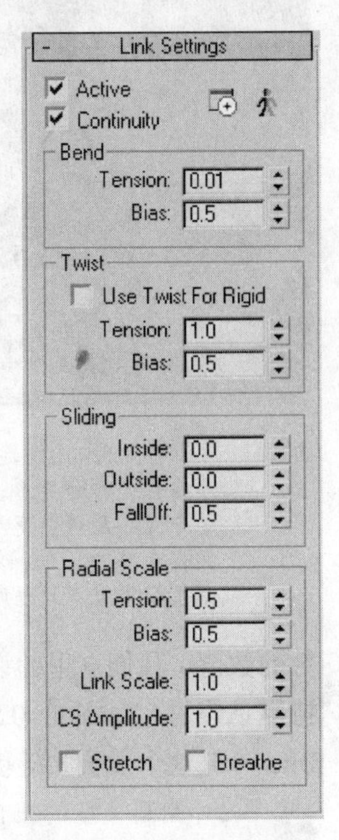

图5.31　Link Settings卷帘

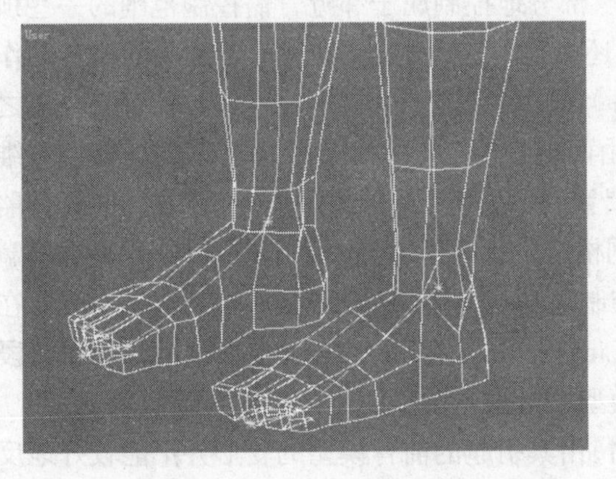

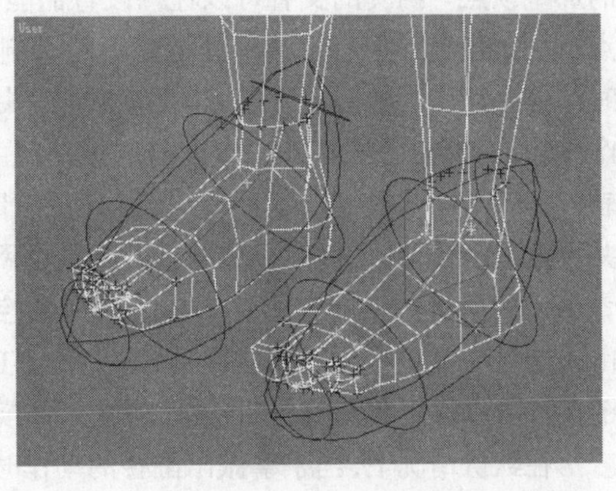

★图5.32　光滑连接曲线（右足）和折角连接曲线（左足）。在右图中显示出它们的封套形状也会自动改变

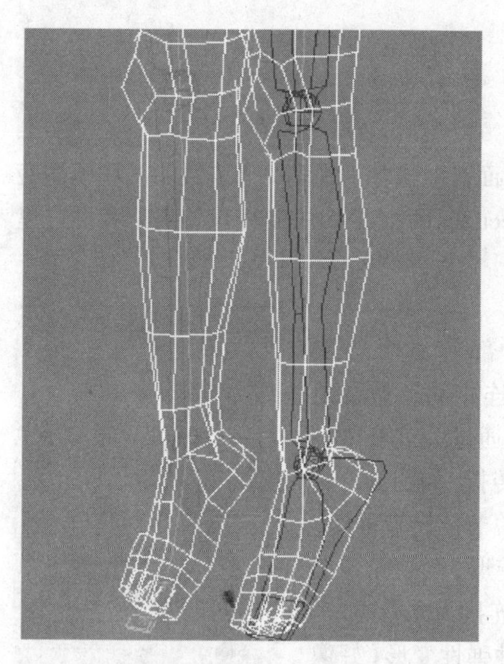

图5.33　足部踮起时，光滑连接（右足）导致右小腿轻微弯曲变形；折角连接（左足）不导致小腿弯曲变形。比较它们的脚跟部也略有不同，这也是不同连接对周围模型有不同程度影响的反映

在我们的角色中，只将足骨（Bip01 L/R Foot）链接设置为折角形的（先选择足骨链接，然后取消Continuity的勾选），其余链接皆保持光滑连接（勾选Continuity）。在实际操作中，当将一个链接的Continuity勾选状态做改变时，很可能会出现模型的异常变形，这和前面图5.30中反映出的情况相似，都是一种临时性的错误。解决问题的一个实用办法是将Continuity选项上方的Active选项做一个往复的改选（先取消勾选，再恢复勾选。Active选项用来激活一个链接的控制作用）。以图5.32为例，要对足骨和小腿骨链接都做一遍这样的操作，模型的异常变形就会被纠正过来。

除了足骨骨骼之外，其他的骨骼链接全部保持Continuity的勾选，这样它们都是光滑的类型，但还需要调整它们的Bend参数，使得不同部位的链接表现出不同程度的“弹性”。选择那些需要调整的链接并在Link Settings卷帘的Bend参数组中调整Tension（张力）和Bias（偏移）两个参数的数值。我们这里的设置是较为统一的，将从骨盆到颈椎的处于中轴线上的骨骼链接保持默认设置：Tension=0.5, Bias=0.5；将四肢上的其他骨骼链接统一设置为：Tension=0.01, Bias=0.5，这个设置为链接保持了极轻微的“弹性”。

3.2　控制模型的扭曲

当通过封套为每个骨骼链接分配了网格顶点后，每段骨骼在运动时只会影响分配给它的那些顶点。封套的交叠可以让一段骨骼能够部分地控制属于邻近骨骼控制范围的一些顶点（关节附近），但有时这种邻近范围的影响还显得不够，例如在处理前臂和手的扭转动作时。这个动作的起因在手掌，当手掌（或拳头）试图翻转时（例如拧干毛巾），前臂就会随之产生扭动。在真实的人体上，前臂的扭动是由两根骨骼（尺骨和桡骨）协作完成的，但三维软件的骨架结构被简单化了，前臂只有一根骨骼，所以当手掌骨骼做翻转动作时，前臂骨骼并不会运动，但我们此时仍然要前臂的模型网格产生相应扭动。由于前臂较长，这种由手掌骨引发的前臂网格的变形并不属于封套的控制范畴。为解决这一问题，Physique修改器在Link层级中提供了两个扭曲参数，它们位于Link Settings卷帘的Twist参数组中。针对每段链接都可以设置和调整扭曲参数，但在人体模型中最需要调整的还是手臂与腿部。

在默认情况下，当手掌做出翻转的动作时，由其引起的前臂模型的变形并不能较好地反映出肌肉的拉伸特点，如图5.34左所示。因此我们需要调整前臂链接的扭曲参数，即Twist

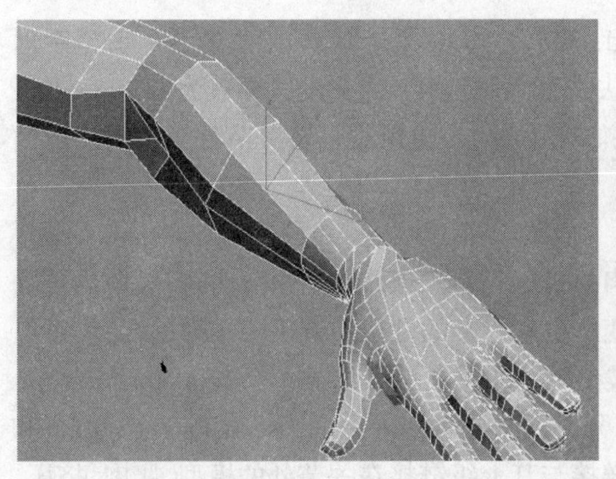
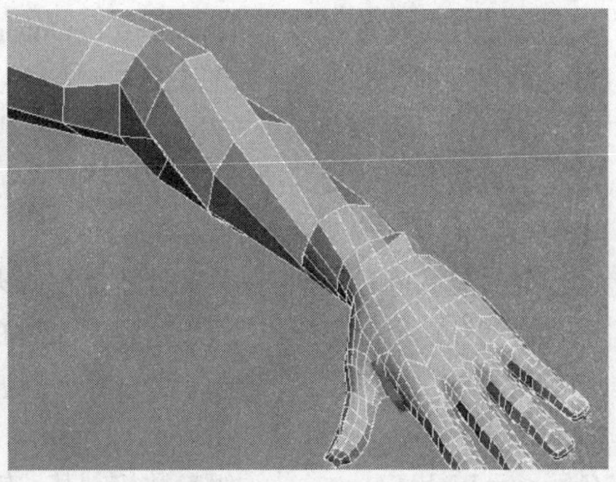

图5.34 左图显示出在默认的链接设置下,前臂模型不能产生正确的扭曲(模型未做细分);右图则显示当调整了前臂链接的扭曲参数后,模型产生了正确的扭曲

参数组中的Tension和Bias数值。为此,选择前臂链接,设置扭曲参数为:Tension=0.5、Bias=1.0。于是,前臂模型产生了更为合理的扭曲变形,如图5.34右所示。除了前臂以外,对锁骨和大腿链接的扭曲参数也做了适当的调整,分别是:锁骨Tension=1.0、Bias=0.0;大腿Tension=0.0、Bias=0.5(腿部的扭曲与手臂有所不同)。脊椎和颈椎虽然也会有扭动的动作,但由于这里的骨骼都很短,依靠封套的交叠就足以产生扭曲变形,就不需要再调整扭曲参数了。其他链接也都保持默认数值(Tension=1.0、Bias=0.5)。

3.3 表现肘与膝关节在弯曲时的骨感

按照正常的封套控制,上下肢在做小幅度弯曲时可以产生较理想的模型变形,但当肢体用力做大幅弯曲时,肘部或膝部的模型变形会显得有些疲软,如图5.35左所示,缺乏关节处尖突的骨感。我们可以调整链接的滑动参数来改变这种状况。滑动参数位于Link Settings卷帘的Sliding参数组中,包含三个数值(Physique应处在Link层级)。我们选择上

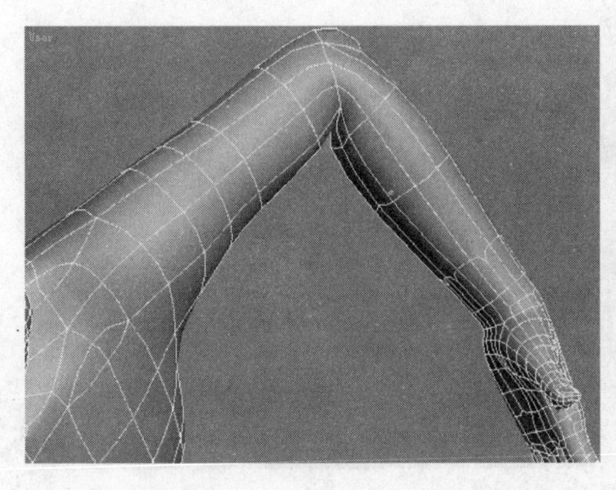
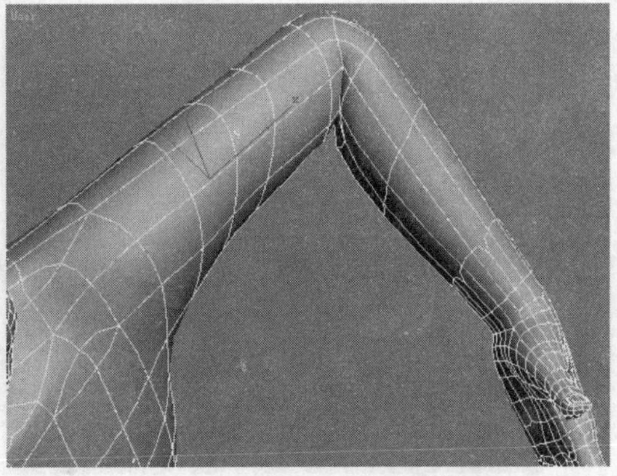

图5.35 左图显示未做滑动参数调整时,手肘部位的模型略显疲软;右图显示调整了上臂链接的滑动参数后,手肘部位增加了骨感(图中的模型已在Physique修改器之上添加了网格细分修改器)

臂链接，为其设置参数为：Inside=0.1，Outside=0.8，FallOff保持默认数值“0.5”，于是手肘部位的模型即得到改善，如图5.35右。接下去选择大腿链接，为其设置参数为：Inside=0.0、Outside=0.21，在膝关节处产生轻微滑动效果。在手指上，也可根据各关节处模型的实际情况适当设置有关链接的滑动参数。

3.4　处理关节弯曲后的肌肉挤压

与骨感的问题相似，在关节处还存在肌肉的挤压问题。当肢体用力弯曲时，关节内侧的肌肉会相互挤压产生压迫变形，这种附加的变形也是封套的常规控制无法实现的，我们可以调整链接的折皱参数来产生这种变形。折皱参数位于另外一个卷帘——Joint Intersections卷帘之中（Physique同样要处在Link层级），分为两个参数组——Crease at Parent's Joint和Crease at Link's Joint。前一组参数控制某一链接与其上级链接在关节处的模型（肌肉）挤压，而后一组控制某一链接与其下级链接在关节处的模型挤压。另外，这两组参数还都包含一个Active可选项，它用来激活（或关闭）每个参数组的控制作用。

当未激活和调整折皱参数时，弯曲的腿部在膝关节内侧的肌肉略显僵硬，缺乏弹性，如图5.36左。我们此时选择大腿骨链接，勾选Crease at Link's Joint参数组中的Active选项，这样就从大腿骨一侧对膝关节的挤压变形进行调整。保持其中参数的默认设置：Blend From=0.0、To=1.0、Bias=0.25；随后再选择小腿骨链接，勾选Crease at Parent's Joint参数组中的Active选项，这样就进一步从小腿骨一侧对膝关节的挤压变形进行调整。将这一组中的参数调整为Blend From=0.0、To=1.0、Bias=0.0。于是，处于膝关节内侧的腿部肌肉就表现出弹性的挤压效果，如图5.36右所示。对于手臂和手指，在各个关节处也有类似情况，可以酌情进行调整。

Physique修改器除了在链接层级中提供有关模型变形特征的参数外，还提供了Bulge（膨胀）和Tendons（肌腱）两个层级的参数，它们可以产生并控制在肢体运动中的肌肉隆起和肌肤牵连等生理现象。

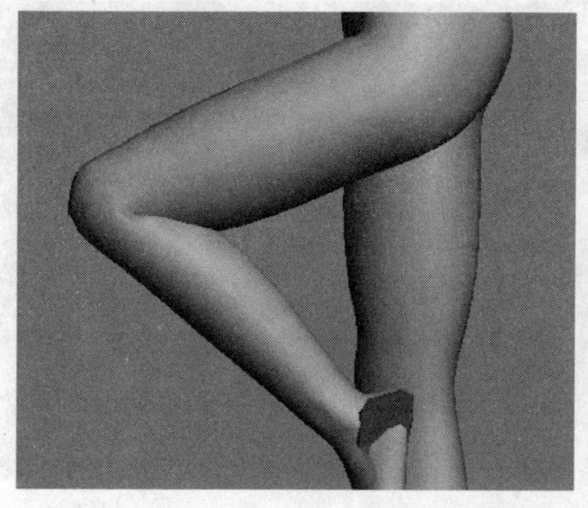
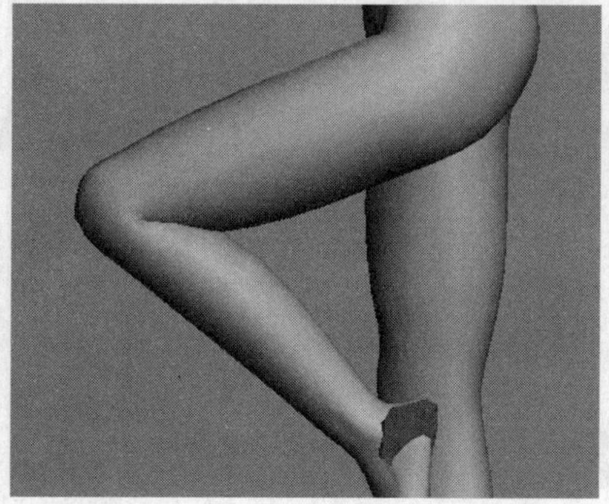

图5.36　左图显示出未调整折皱参数时，大腿肌肉在膝关节内侧没有挤压变形，缺乏弹性；右图为激活并调整了折皱参数后，大腿肌肉表现出弹性

4. 针对顶点修正控制混合

Physique修改器提供的封套功能只能在整体上确定骨骼链接对模型网格的控制，在某些区域，用这种方法确定的控制混合（网格分配）并不一定合理，例如在臀胯部、肩颈部等骨骼链接较集中的部位（如图5.37所示）。在这种情况下，我们需要对某些网格顶点做有针对性的控制混合的修正。Physique修改器在其Vertex（顶点）层级提供了这种修正功能。

在修改器堆栈中点击Physique的Vertex层级，视图中模型网格上的顶点即会被标示出来，同时在修改面板下方可获得针对顶点控制的调整功能，主要包含在Vertex-Link Assignment（顶点-链接指派）卷帘中。当Vertex Operations参数组中的Select按钮被按下时，我们就可以在视图中选择顶点，并随后调整对它们的控制。下方的Assign to Link（指派给链接）按钮和Remove from Link（从链接上解除）按钮可以直接将被选择的顶点明确地指派给某个链接（由其控制）或脱离某个链接的控制。使用这两个功能时，先按下所要的按钮，然后到视图中选择有关的链接（黄色的链接线）。例如对胯下的某些顶点，我们可以清除它们原有的任何链接控制，这样它们不会受任何骨骼的影响而变形，但仍然会跟随骨架重心运动，如同固化的雕塑模型。这种顶点被称为“根顶点”（Root Vertices），当它们被选择后在视图中显示为蓝色。另外在使用封套设置链接分配时，对个别难以用封套包围但仍希望分配给相关骨骼的顶点，也可以采用这里的顶点层级中的指派功能为其直接指定链接。

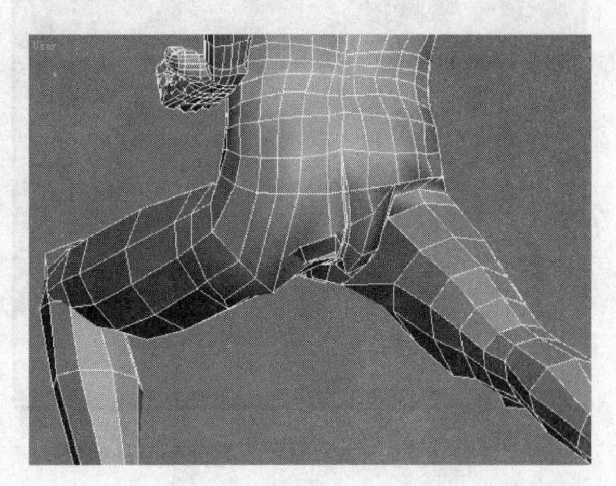

图5.37 使用封套进行网格分配后，臀部一些顶点的控制混合并不合理，导致模型出现不恰当变形

直接指派功能虽然操作明确，但不能调节多链接控制的混合程度。对于受多个链接共同控制的顶点，可以直接调节它们的权重值来调整各个链接的控制影响力。权重值以数值的形式表示出参与混合控制的各个链接的影响程度，数值越大，控制影响力越强。

对于某个接受多重控制的顶点，要调节与其关联的链接的权重值，首先要将这些链接与该顶点的分配关系进行锁定。卷帘中的Lock Assignments（锁定分配）按钮用来完成这个锁定。在选择某个（些）顶点后，点击这个按钮，随后再点击下方的Type-In Weights（键入权重值）按钮，即可在打开的Type-In Weights窗口中看到有关链接的权重值列表。图5.38中显示了模型臀部的一个顶点的链接权重值情况，它分别受到骨盆、左大腿骨和第一脊椎骨的控制，有关的权重值分别是：1、1和0.58。

顶点被锁定后在视图中会显示为方块（普通顶点显示为十字），此时它的链接关系就不能再改变。如果发觉参与控制的链接组合不妥当，需要调整该顶点的链接分配，则应该先

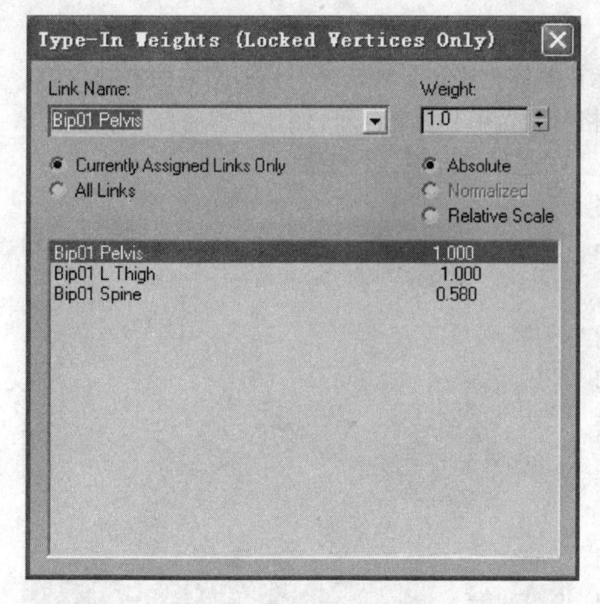

图5.38 查看和修改链接权重值的Type-In Weights窗口

将该顶点解除分配锁定，即点击Unlock Assignments按钮，随后才可以使用上面讲过的Assign to Link和Remove from Link按钮调整链接的分配。注意在使用Assign to Link按钮时，可以通过选择多个链接为所选择的顶点指派多个链接控制（混合控制）。在实际操作中，在详细调节链接的权重值之前，用这个步骤明确链接控制的组合是很常见的。

Type-In Weights窗口中不仅显示了某个（些）顶点受不同链接控制的权重值，还可以直接调整这些权重值，从而改变控制混合的结果。只要在窗口下方的链接列表中点击一个链接名，然后就可在上方的Weight参数框中修改有关的权重数值。当Absolute（绝对）选项被勾选时，这些权重值可以被设置为任何一个正数（包括小于1或大于1的正数）。一个链接在控制混合中最终发挥的作用取决于这些权重数值之间的相对大小，数值越大，链接的影响力就会越大。在调节权重值之前，我们可以先将骨架摆成某种姿态，尤其是那些最容易暴露蒙皮问题的姿态，将控制混合的问题表现出来，然后当我们调整权重值时，可以随时在视图中看到控制的变化结果，这样可以确保获得最有效的调整，例如对于臀部或裆部而言，最容易暴露问题的姿势是弓步或踢腿的动作（如图5.37所示）。在摆设骨架姿态时要注意的一点是：先退出骨架的形体模式（Figure Mode ），再设置骨架，确保原始的标准姿势不会被破坏。

在实例制作中，我们摆出了弓步、马步、踢腿等动作检验臀部和裆部的蒙皮情况；摆出抱拳、冲拳和架挡等动作检验肩、背、腋下的蒙皮情况；摆出头部的各种摆动检查颈部的蒙皮情况。针对不合理的变形，选择有关的顶点并调整链接的组合与有关的权重值。另外对于裆部的一些顶点，我们在前面已经使用Remove from Link（从链接上解除）功能将其从原有的所有链接上解除，使之成为根顶点。这些顶点只会跟随骨架的根对象——重心对象运动，不会再受任何骨骼的影响，也就不会因为任何骨骼的运动而变形。这种处理可以在大幅度动作中减少一些不必要的模型变形，但由于这些顶点不再受任何骨骼的影响，我们在动画中也就不能再改变和它们对应的骨盆Pelvis的方位（即不能再对骨盆做旋转操作），否则又会出现模型局部错位的现象。这和实际情况是相符的，我们在角色动画中一般并不需要旋转骨盆，取而代之的是直接对重心对象进行操作。最后调整完成的若干局部效果如图5.39所示，注意方形的顶点标识表示的是被链接锁定的顶点。

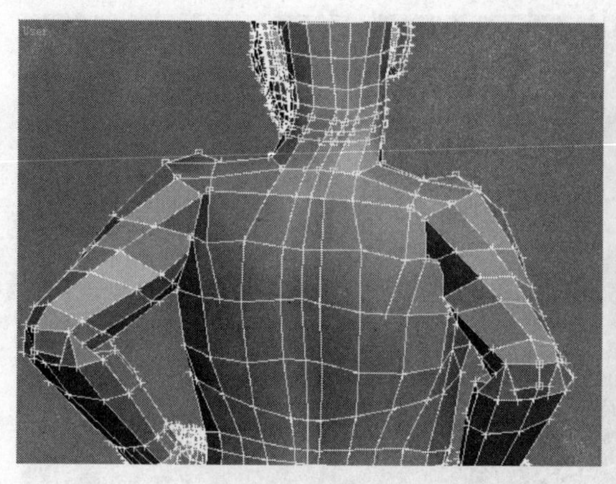
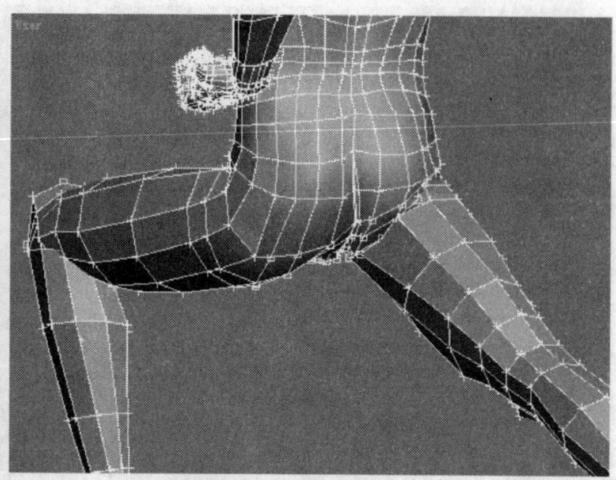

图5.39　人物肩、颈、背部以及臂胯部的顶点经过权重值调整后的结果

5. 将蒙皮设置用文件保存

经过针对局部顶点的链接权重值的调整，角色模型的蒙皮设置就可告一段落。至此，模型从总体上应该较合理地接受骨架的控制，当我们将骨架摆出各种所需的姿势时，模型应该会产生自然合理的变形，这就为下一阶段制作动画打下了坚实的基础。在结束蒙皮工作时，我们要将蒙皮设置的具体内容，也就是在Physique修改器中所做的各项设置，保存到单独的文件中（脱离当前的场景文件），这种文件被称为phy格式文件。单独保存phy文件可以让我们把相同或部分相同的蒙皮设置应用于其他的角色蒙皮上，即便新的骨架系统和产生phy文件的骨架系统在构成结构上不尽相同。

保存蒙皮文件的方法很简单，先在修改器堆栈中回到Physique层级，然后在Physique卷帘中点击保存文件按钮，在弹出的对话窗口中设置文件名和路径并将文件保存。保存文件按钮左边的按钮为载入文件按钮，可以在其他场合载入已保存的phy文件。在载入phy文件时也有很多的选择性设置，我们在此就不详述了。

第三节　使用Skin Morph修改器校正肌肉的变形

尽管使用Physique修改器可以让角色模型在肢体运动方面取得总体效果，并且在通常情况下产生可以接受的动作外形，但模型上总还是有一些部位在某些特殊的姿势中出现较异常的变形，尤其是那些肢体的关节部位。图5.40中显示了两个动作，这两个动作利用现有的蒙皮控制所获得的效果显然还不够理想，主要体现在肩关节和腋下周围的模型变形与肌肉应有的真实情况相差较大。对于这类情况，我们需要使用另一个修改器——Skin Morph对模型进行局部的修正。

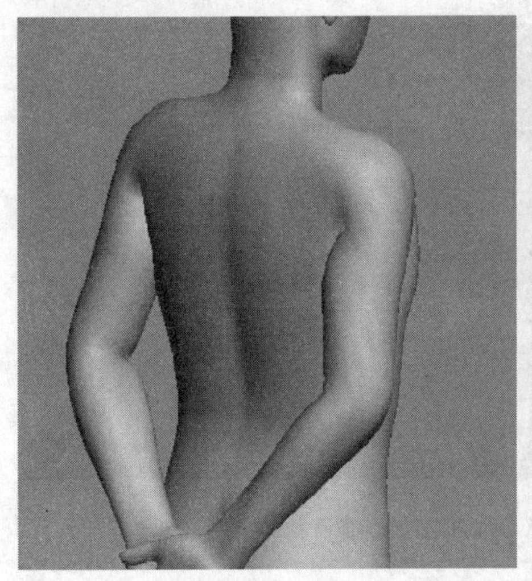

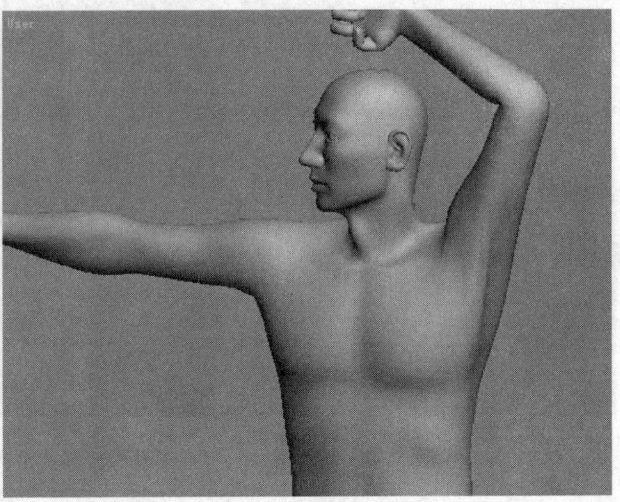

图5.40 使用Physique修改器不能获得理想结果的两个姿势

1. Skin Morph修改器介绍

Skin Morph修改器可以让我们针对骨骼或骨骼链的某一个具体姿势对角色模型的网格进行编辑，它的使用要建立在Physique修改器的基础之上，也就是角色模型先要应用Physique修改器，然后再使用Skin Morph修改器。这样，由Physique修改器所建立起的模型网格与骨架系统的关联关系就可以被Skin Morph进一步引用。现在我们就从修改器列表中选择Skin Morph，将其添加到堆栈中Physique修改器的上方。注意：如果我们在修改器堆栈中已经在Physique修改器上方添加了网格平滑修改器MeshSmooth，则要注意现在Skin Morph添加的位置，不要让它出现在MeshSmooth的上方。同时，为方便后面的模型校正，还可以将MeshSmooth修改器暂时停用。

Skin Morph修改器的工作原理是针对骨骼的某些具体姿势由人工设定模型网格的局部形态，这样当该骨骼在运动中出现这些姿势时，模型的局部变形就由这些人工确定的网格形态所决定，而不再是简单地表现出Physique修改器的控制结果。在Skin Morph修改器中，我们可以只选择若干个对变形有直接影响的骨骼进行设定，并且对于每段骨骼，我们可以为它选择多个姿势进行模型网格设定。其工作流程就是先为修改器有针对性地选择骨骼，然后再为每段骨骼标记出要影响变形的那些重点姿势——骨骼旋转角度，随后是针对每段骨骼的每个姿势，在网格模型上编辑局部形态。

2. 设置Skin Morph修改器并修正模型

我们现在就针对图5.40中的两个姿势，利用Skin Morph修改器对模型变形进行修正。首先在面板上的Parameters卷帘中点击Add Bone按钮，弹出骨骼选择对话窗口。这个窗口中列出了我们目前角色所使用的骨架上的所有骨骼，从中选择左右上臂骨骼Bip01 L

UpperArm和Bip01 R UpperArm，将它们添加到Parameters卷帘的列表中（见图5.41）。注意，如果在骨骼选择对话窗口中看不到角色骨架的全部骨骼，这可能是由于它们已经被隐藏起来了。要恢复这些骨骼的显示，最快捷的办法就是回到Physique修改器的层级，并在其面板中检查一下最下方的一个选项Hide Attached Nodes，应该将其设置为不勾选的状态。

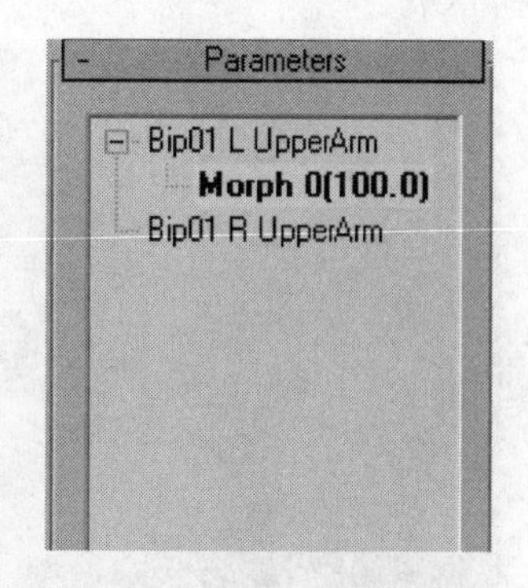

图5.41 Parameters卷帘中的列表

随后，在场景中调整骨架的手臂骨骼，使之形成图5.40左图所示的姿势——双手后背。现在调整骨骼不需要再进入骨架的形体模式（让按钮 保持释放），处于这个姿势下的上臂骨的方位将作为Skin Morph施加影响的一个标记位置。由于人体骨架各种姿势的形成实际上主要是靠骨骼的旋转来实现的，所以这个骨骼的标记位置主要是指它的旋转方位。下面我们要让修改器记录下这个上臂骨的标记方位，并且要在这个标记方位上为模型设置变形修正。在调整完骨架姿势后要重新回到Skin Morph修改器，必须重新选择身体对象Body。

随后，在Skin Morph修改器面板的Parameters卷帘内的列表中选择Bip01 L UpperArm（左上臂骨），在面板下部的Local Properties卷帘中点击Create Morph（创建变形）按钮，这样就为当前左上臂骨的方位做了标记，并且为这个标记创建了一个变形对象。被记录下来的左上臂骨的方位并没有在修改器面板中明确地显示出来，只是在修改器内部对其做了记录；同时所创建的变形对象也并不是在场景中出现一个新模型对象，而是作为对原有角色模型的一组网格修改数据被保存在Skin Morph修改器中。当然，在视图的显示中为了表明新的变形对象的出现，还是将角色模型网格的线框更新显示为橙色。在Parameters卷帘内的列表中，位于Bip01 L UpperArm名称的下方出现了一条名为“Morph0”的新条目，它就是新创建的变形对象及其骨骼标记方位的标识，它在列表组织关系上从属于Bip01 L UpperArm，如图5.41所示。

创建了变形对象之后，我们就可以通过它具体地为模型设置网格变形。先点击面板中Local Properties卷帘内的Edit按钮，这样就进入了对变形网格的编辑模式。此时可以直接进入视图对模型上橙色的网格进行编辑，但该模式只允许编辑（移动）网格的顶点。橙色网格上的顶点会显示为很小的橙色，使用主工具条移动工具 就可以移动这些顶点，被编辑过的顶点会显示为亮黄色。不过由于系统将顶点显示得非常小，事实上很难察觉到，操作时不妨直接观察网格线的交叉点。理论上我们可以编辑整个模型上的任何顶点，但实际上我们只需要编辑和当前这段骨骼有关的那个局部（目前是左肩背和腋下）。通过顶点的编辑将网格调整为所希望的模型外观，以修正由Physique修改器产生的变形中的不合理成分。对图5.40左图姿势的局部网格修改情况如图5.42所示，编辑完成后应点击释放Edit按钮。

目前经编辑修改的变形网格确定了角色模型在动画中变形的一个状态，当左上臂骨旋转到目前标记的方位时，这个变形状态就会在角色模型上表现出来。但当左上臂骨离开这

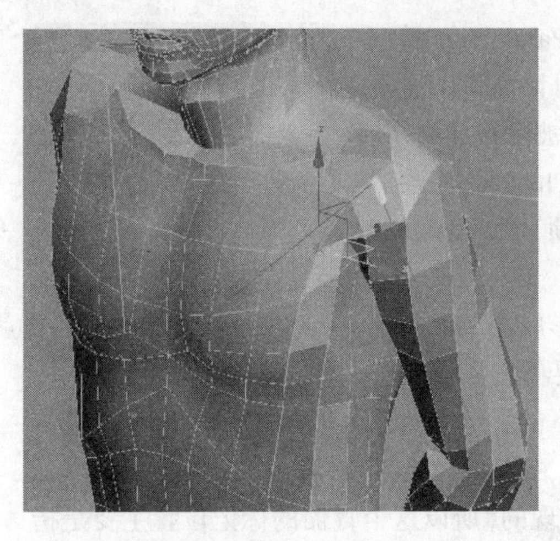

★图5.42　编辑(移动)变形网格上的顶点

个标记方位时,角色模型就应该逐渐地表现出由Physique修改器所确定的形态,也就是说在一般姿势下模型的变形仍然应该由Physique修改器确定,这就是Skin Morph修改器对Physique修改器的修正作用。但问题是这个修正作用影响的范围会有多大,也就是说左上臂骨在离开这个标记方位多远之后,Skin Morph修改器的影响会消失。在Skin Morph修改器面板中的Local Properties卷帘内有关于这个因素的控制参数,即Influence Angle参数。我们只要保持在Parameters卷帘列表中选择相关的变形对象条目(目前就是Bip01 L UpperArm下属的Morph 0条目),就可以通过设置Influence Angle参数来改变目前这个变形对象的影响范围。这个参数用角度数标示影响范围(骨骼的运动只包括旋转),默认设置为90度。在范例中我们需要更小的影响范围,所以将其设置为"15"。与此相应,在Parameters卷帘列表中Morph 0条目右侧括号中还显示了一个数值,它表示动画过程中某个时刻变形对象Morph 0对角色模型的影响程度(最高为100,表示完全影响)。

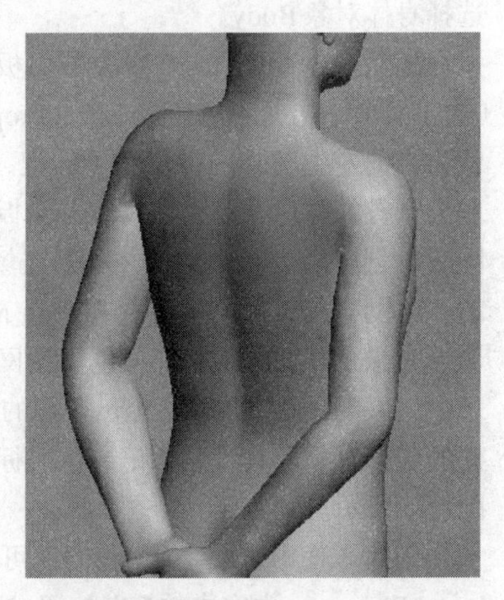

图5.43　经过Skin Morph修改器修正后的角色模型

左上臂的问题处理好之后,我们再用完全相同的方法为右上臂骨做Skin Morph的设置和调整,这样在Parameters卷帘列表中的Bip01 R UpperArm条目下会生成属于右手臂的Morph 0变形对象,它的Influence Angle参数同样也要设置为"15",而在场景中对右臂部分网格的调整也基本仿照左臂进行。在这个姿势下经Skin Morph修改器修正过的身体模型如图5.43所示,可以和图5.40左图做一个比较。

3. 修正更多姿势

我们可以使用同一个Skin Morph修改器为模型所有需要修正的姿势进行修正,方法是在该Skin Morph修改器中添加更多的与矫正有关的骨骼,或是为已经添加的骨骼在不同的姿势上创建更多的变形对象(Morph)并编辑其变形网格。在范例中我们将继续对图5.40右图的姿势进行修正。

图5.40右图姿势中模型上出现问题的主要部分仍然是左肩和左腋周围,相关联的骨骼是左上臂骨Bip01 L UpperArm(只有它的旋转中心点在左肩关节处),这段骨骼已经添加进

Skin Morph修改器的Parameters卷帘列表中，所以我们要做的事情就是在目前这个姿势上为列表中的Bip01 L UpperArm再创建一个变形对象。先在视图中将骨架的姿势调整为图5.40右图所示状态，然后回到角色模型上，在Skin Morph修改器的Parameters卷帘列表中选择Bip01 L UpperArm条目，并随之点击Local Properties卷帘中的Create Morph按钮，一个新的名称"Morph 1"即出现在Bip01 L UpperArm下方（从属关系），意味着我们为左上臂骨在当前姿势下又创建了一个变形对象。

重复前面的方法在视图中编辑变形对象的模型网格，以修正身体模型对于肌肉表现的不合理之处，并为这个变形对象的影响范围设置Influence Angle参数为"15"。修正以后的模型姿势如图5.44所示。

虽然在范例中我们只针对两段骨骼为两个姿势进行了修正，但将前面介绍的方法继续进行下去，就可以对未来整个动画中任何由Physique修改器无法准确实现的模型变形加以局部矫正，达到对Physique修改器功能的补足与加强。

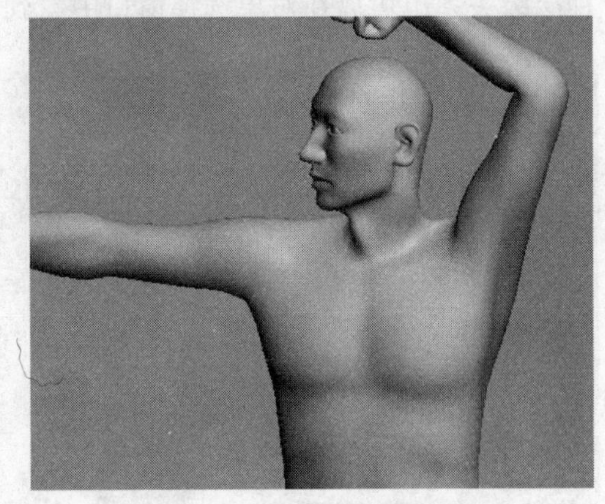

图5.44　修正以后的第二个姿势

第四节　让骨架驱动身体其余部分

经过蒙皮设置，骨架已经可以带动人体模型Body产生运动了，但人体上除了人体模型之外的其他部分，例如眼睛、头发或者其他可能有的附属物，将如何处理？对于这些细小而零散，或者本身不产生明显变形的对象（例如盘紧的发髻、帽子等），我们不必要再使用蒙皮的方法（尽管可以这样做），而可以使用更为简单快捷的对象链接的方法解决它们跟随身体运动的问题。

对象链接就是在场景中的不同对象之间建立起一种上下级的联系，一个上级可以直接联系多个下级，但一个下级只能直接联系一个上级。这种联络关系的扩大蔓延会在对象间形成一种类似人类家族谱系的关系网，所以上级对象也称父对象，下级对象也称子对象。和在家族中一样，父子关系是相对的，成员称谓是双重的，这种类似家族谱系的关系网在计算机技术中也称树状关系或层级关系（hierarchy）。

层级关系的一个重要作用是：一个子对象会继承其父对象的运动，这里的运动包括了位移、旋转和缩放，合称对象变换（transform）。这种对运动的继承会在层级网络中沿着父子关系一直下推至末端，每个对象在继承其父对象的变换运动时，还可以添加进自己的运动，形成复合运动，这样在层级关系网的终端对象上可能会表现出非常复杂的运动。

在我们的场景中，已经有一个非常好的层级关系的例子，这就是人体骨架Bip01。现在可以直观地查看一下它的组成情况。点击主工具条上的图解视图按钮，或选择主菜单中Graph Editors \ New Schematic View选项，打开一个图解视图窗口，如图5.45左所示。这个窗口会将场景中所有对象的名称以及层级关系显示出来，在该窗口内部的工具条上点击层级模式按钮（或选择该窗口菜单中Options \ Hierarchy Mode选项），即可看到组成整个骨架的所有骨骼对象名（小方框中）以及在它们之间形成的层级关系示意图。这种层级关系也可以在对象选择窗口中看到，点击主工具条上的按钮（或按H键）打开对

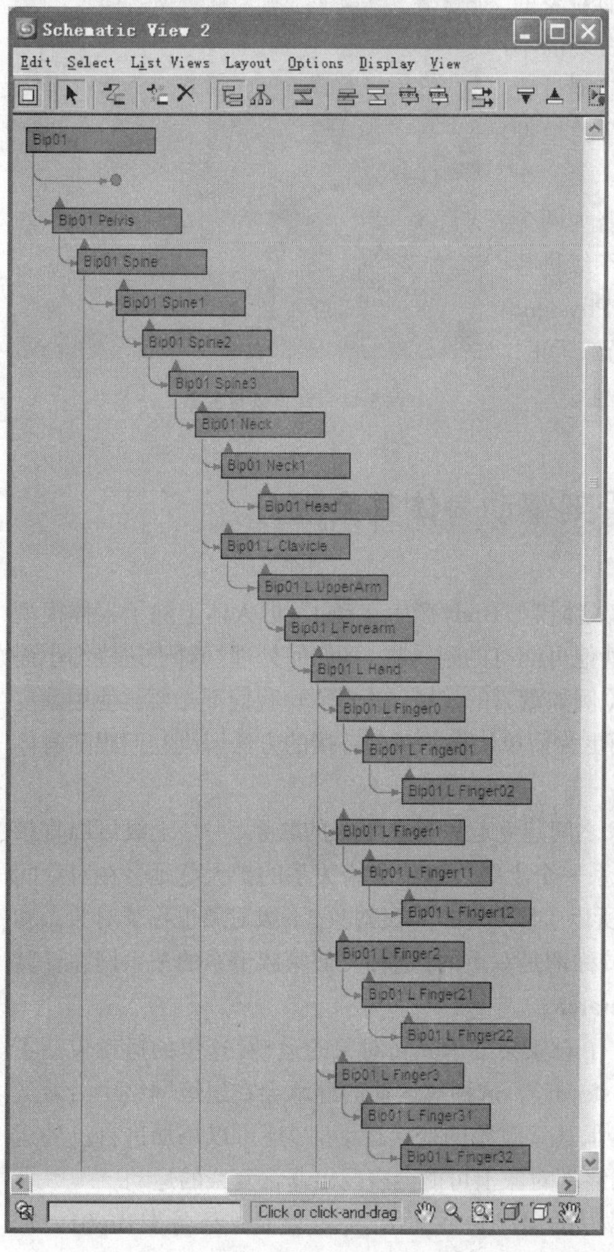

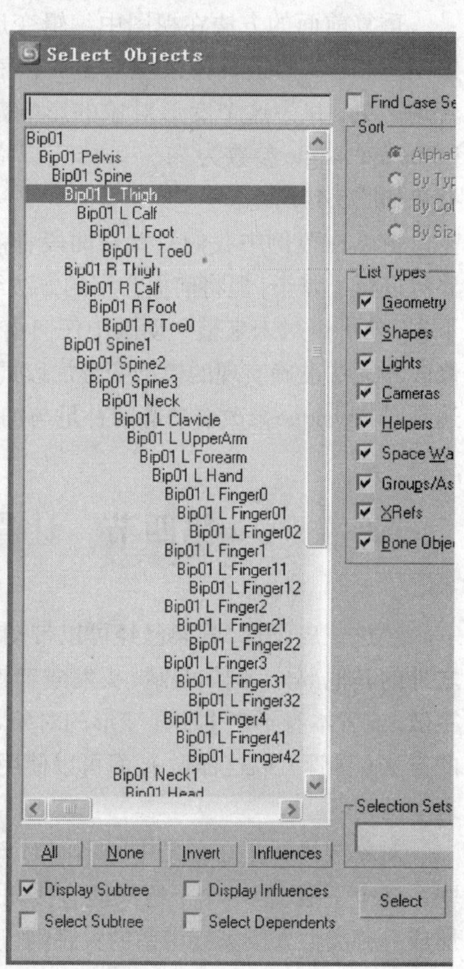

图5.45　图解视图窗口（左）和对象选择窗口（右）中显示的骨架层级图局部

象选择窗口，窗口中左侧的列表显示了场景中所有对象的名称，勾选列表下方的Display Subtree（显示树结构）选项，对象名列表就会以缩进排列的方式显示出对象之间的层级关系，如图5.45右所示。

对象层级关系中的基础——父子关系是通过对象链接操作建立的，我们现在就用链接操作将眼球、头发和眉毛这些对象确定为头骨的子对象，这样它们就可以跟随头部一起运动了。链接前这些对象必须在视图中显示出来，如果曾经隐藏了其中某些，现在可以用鼠标右键单击场景空白处，在弹出菜单中选择Unhide by Name选项，在接踵而来的对象选择窗口中选中所需的对象名，最后点击Unhide按钮将这些对象显示出来。

随后，在场景中复选（Ctrl键+单击）双眼、头发和眉毛几个对象，也可打开对象选择窗口来选择它们。然后点击按下主工具条上的选择与链接按钮，按H键再次打开对象选择窗口，在其中选择头骨对象Bip01 Head，并点击窗口中的Link按钮，片刻之后链接关系就创建完成，此时不可忘记要点击主工具条上的选择按钮以退出创建链接的工作状态。新的链接关系建立后，马上可以在有关窗口中查看一下。图5.46显示了对象选择窗口中对象名列表的更新部分。图5.47则显示了通过骨架控制摆出的一个头部上仰的姿势，眼睛、头发等对象已完全跟随头部一起运动了。

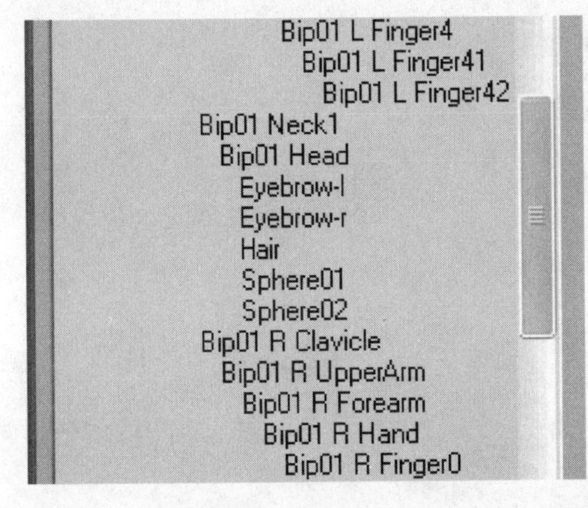

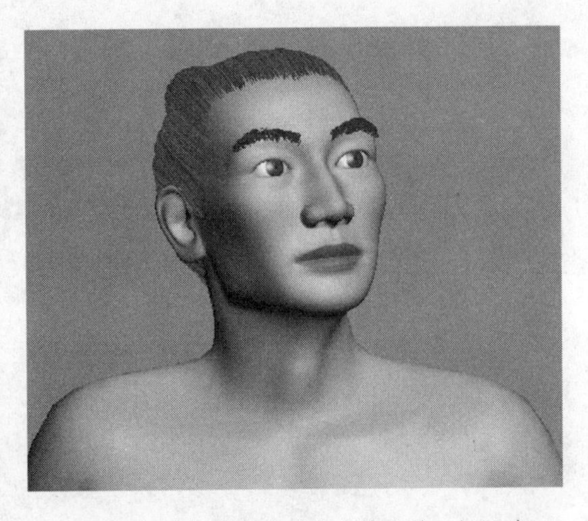

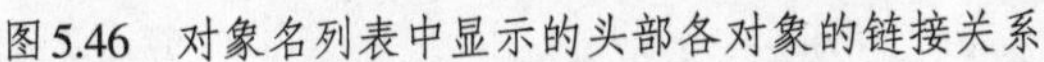
图5.46　对象名列表中显示的头部各对象的链接关系

图5.47　头部的所有对象跟随头骨一起运动

第五节　骨架与蒙皮小结

骨架与蒙皮的设置工作是三维角色动画制作的重要基础工作。3ds Max中的角色工作室模块（Character Studio）提供了两个强有力的功能——二足骨架系统（Biped）和Physique修改器。前者可以帮助我们高效地配置出丰富多样的二足和四足生物的骨架结构，并且满足广泛的角色运动与表演的要求；后者为使角色模型接受骨架系统的有效控制提供了很多科学的设置方法，包括封套（Envelope）、链接（Link）和顶点（Vertex）等，以及一些二级动画的控制功能，包括膨胀（Bulge）和肌腱（Tendons）。

在对骨架进行形体结构配置以及在此后进行蒙皮的初始设置时，我们应该激活骨架的形体模式（Figure Mode）进行工作。在检验蒙皮设置结果时，我们要退出骨架的形体模式，在动画模式下进行工作。在蒙皮设置阶段不要使用经过表面网格细分的模型，使用原始的低密度网格模型可以大大提高蒙皮设置的工作效率。

当我们完成了骨架和蒙皮的设置工作后，应该将骨架设置保存为独立的fig文件，将蒙皮设置保存为独立的phy文件。这两个文件可以被应用于其他场合或场景中的骨架设置或蒙皮设置，最大限度地减少项目制作流程的重复工作量。

第六章

动画

动画设计是三维动画创作流程中的核心部分，也是动画艺术独特魅力的表现所在。在角色动画中，动画设计主要完成角色的各种表演，它们在制作上又划分为两种不同的类型——肢体动作和面部表情。

肢体动作动画表现全身或某些身体局部的动作和表演，它主要的制作方式是运用前一阶段设置好的骨架系统进行动作设置。设置好的骨架就像一副木偶，可以很容易地摆弄它的肢体做出各种动作。除此之外，软件还提供了其他一些功能（比如修改器）来帮助表现肢体运动中的一些二级运动（身体上的连带运动）。

面部表情动画主要专注于由面部肌肉形成的表情表演。面部肌肉的运动细微而复杂，其动画的基本实现方法是通过编辑模型网格形成各种变形来产生表情特征。

本章主要讲述肢体动作动画，我们要完成的一系列动作是一段武术表演，可供参考的Max资源文件被放置在资料光盘的Resource\Chapter6文件夹中。

第一节　制作骨架的关键帧动画

1. 骨架动画的准备工作

肢体动作动画主要通过设置骨架的运动和动作来实现，角色模型会借由Physique修改器的控制而跟随骨架产生动作变形。因此，在制作肢体动作之前，我们应该先将角色模型等不需要用于工作的场景对象隐藏起来。为此，在场景中分别选择人体模型Body以及眼睛、头发、眉毛等模型并将它们隐藏（鼠标右键菜单中选Hide Selection），场景中只留下人体骨架模型Bip01。选择骨架的任何一段骨骼，激活运动面板，并在Biped卷帘中确保退出了形体工作模式，这样二足骨架就处于动画工作模式之中。

在对骨架设置动画之前，还要对动画视频的制式进行设定。在用户界面右下角的播放控制按钮区中点击时间配置按钮，弹出一个时间配置窗口，如图6.1所示。窗口的左上角一组参数设置视频的帧率（Frame Rate），其中包含了不同地区影视媒体使用的不同帧率选项。在中国和欧洲等地区，电视媒体使用的制式为PAL制，所以我们在此应该选择它，下面会显示出PAL制具体的帧速率——25 FPS（帧/秒）。在制作动画之前预先设置好视频帧率，对动画的后期编辑工作是很重要的。

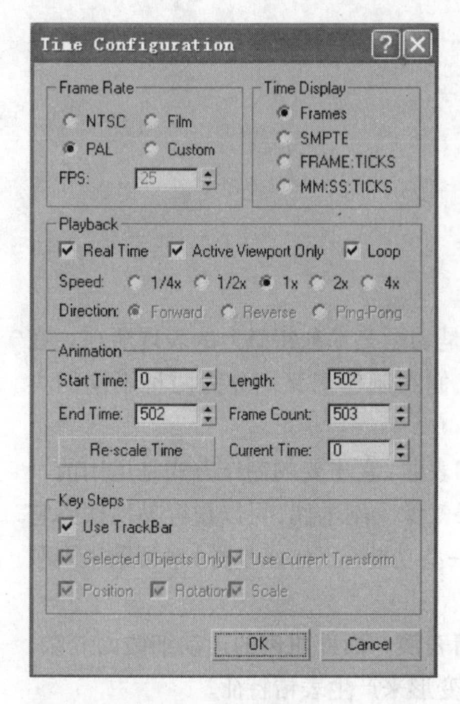

图6.1　时间配置窗口

时间配置窗口中部的动画参数组（Animation）中是有关当前轨道条上的显示设置，包括起始、终止的帧编号等。轨道条是位于用户界面下方的长条形记时标尺，在很多动画软件中也被称为“时间线”，它是制作动画的重要工作区域，在动画制作中我们有时会需要改变它的显示设置。目前我们可以将动画参数组中的Start Time设置为“0”，将End Time设置为“200”，完成设置后点击“OK”关闭窗口。

2. 设置第一个动作

2.1　确定骨架的初始姿态

在骨架动画设置中，骨架起始的位置和姿态可以不同于骨架在形体模式下的标准位置与姿态（达·芬奇姿态）。我们可以使用主工具条上的变换操作工具（主要是移动和旋转）来定位骨架的初始状态。

要重新确定骨架的初始位置，需要将骨架整体移动。要整体移动骨架必须先选择骨架的重心对象Bip01（位于骨盆中的正八面体），然后再使用移动工具进行操作。为避免选择重心对象的不便，运动面板上还提供了更便捷的工具——重心变换工具，它们是位于Track Selection卷帘中的、和。当选择了骨架上的任何一个骨骼，即可选择这几个工具整体地移动或旋转骨架。用这样的方法将骨架安放到站立于世界坐标的原点（场景中心点）的位置。

随后我们要设置骨架的初始姿态，是一个背手站立的预备姿态。摆出这个姿态主要的操作是摆放手脚的位置，这主要靠主工具条上的旋转工具完成（注意不是Track Selection卷帘中的旋转工具）。我们先从手臂开始，将它们旋转到身后背手的位置上。先设置左手臂，即选择左上臂骨Bip01 L UpperArm，再选择主工具条上的旋转工具，并在主工具条的参考坐标系下拉列表中选择Local（局部坐标），即显示为Local。这样在视图中，在左上臂骨的根部围绕肩关节处出现局部坐标的旋转操纵器（陀螺仪符号），如图6.2左所示。用鼠标拖动操纵器的Y轴转轮（正常显示为绿色，被选择操作时显示为黄色），旋转整条手臂向下。由于整条手臂从锁骨到手指形成一个上下级的链接关系（父子对象关系），所以旋转上臂会自然带动下方手臂的转动（而不会影响锁骨）。当将手臂旋转到向下垂直并略微偏向内侧后，再转而拖动蓝色的Z轴转轮，使左手臂略微向后翘起（背到身后）。然后再拖动红色的X轴转轮，扭转左手臂，使手掌心指向身体内侧，如图6.2右所示。注意局部坐标系的坐标陀螺（旋转操纵器），当使用它做旋转时，它自身的轴向也会发生旋转变化。

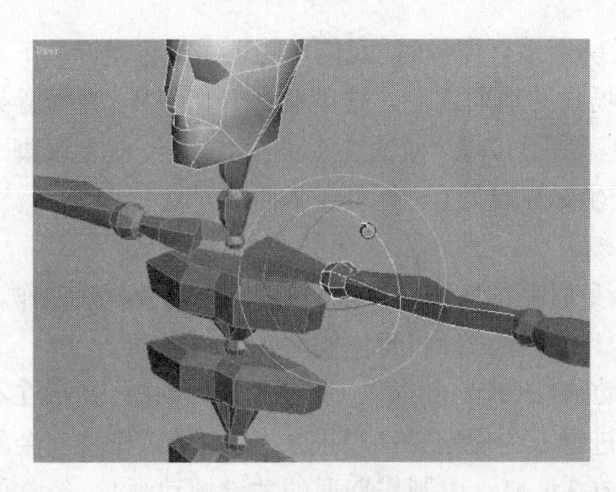
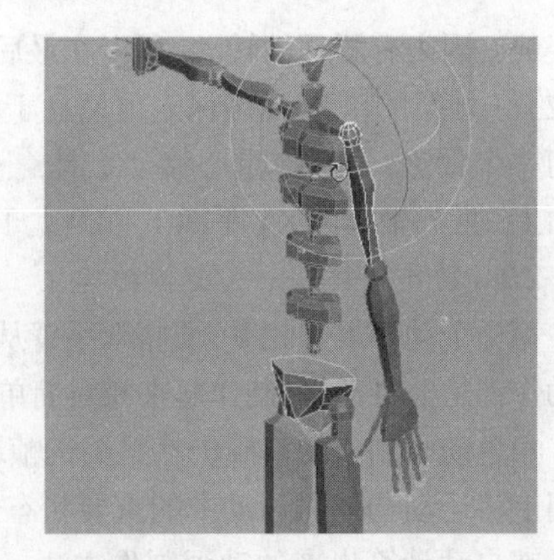

★图6.2 通过旋转左上臂骨旋转整条左手臂至下垂方向

接下来我们要旋转左前臂，先要选择它。选择左前臂可以用选择工具直接点选左前臂骨骼Bip01 L Forearm，或者按键盘Page Down键。当我们在一组相互链接、构成上下级关系的对象中依次选择对象时，Page Down和Page Up键可以让当前选择向下一级或上一级对象转移。选择好左前臂以后，继续使用旋转工具旋转它。左前臂的旋转中心在肘关节，仿照前面的方法将其旋转弯曲，如图6.3中的位置。随后继续选择左手掌，使用同样的旋转操作将其翻转为掌心向后，如图6.3所示。在旋转手臂骨骼时应该注意：要将肢体与身体间保留足够的空间，为人体模型的体积留出位置。必要时可以将人体模型显示出来，检查一下结果。

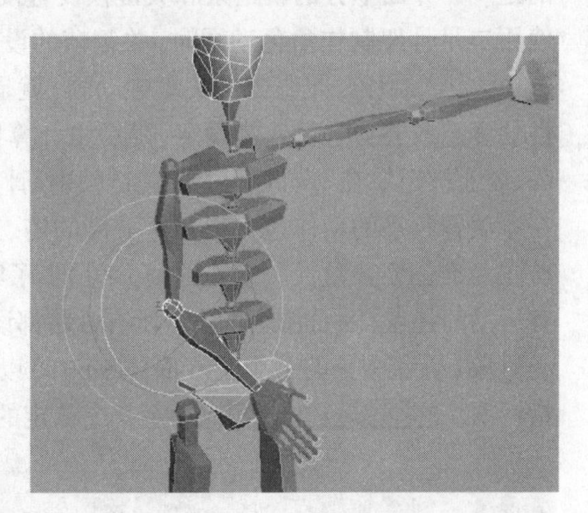

图6.3 从骨架背面看到的左臂姿势

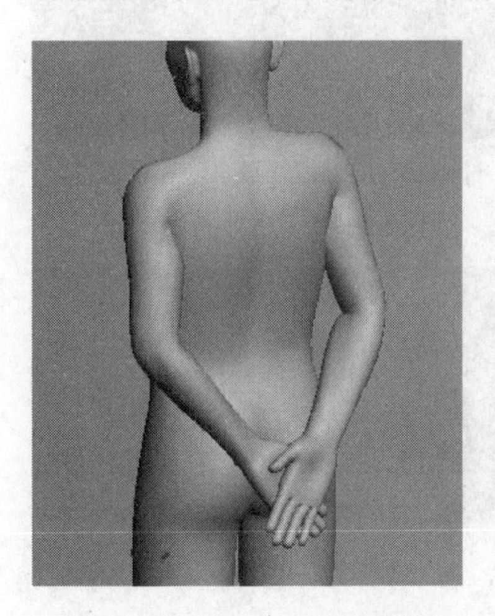

图6.4 检查人体模型的姿势

左臂调整到位后，再使用同样的方法将右手臂也调整到背后，右手掌叠放于左手掌之外。当手臂的姿势调整好后，我们还可以将两个锁骨的方向略微向后转（锁骨的旋转中心在颈椎处），使肩头向后开展，以表现出扩胸的动作特点。然后我们可以显示出人体模型（使用Unhide by Name），并通过旋转视图从各个角度检查一下这个姿势的设置结果，如图6.4所示。在图中，我们已经为人体模型添加了MeshSmooth修改器。

手臂的姿势调整到位后，我们再将角色的双脚略微并拢。这可以轻微旋转两条大腿的骨骼向内侧靠拢，形成站立姿势。因为有腿部的转动，所以在最后确定站立姿势时，我们可能还需要再微调一下人体的位置（骨架的位置），确保人体站立于场景的地面之上。这就和一开始一样，选择骨架的任何一个骨骼，再选择重心移动工具↔（水平）或↕（垂直）移动整个骨架，使之双脚踩在地面上（世界坐标的XY平面），并站立于坐标原点处（身体处于Z轴正方向）。

2.2 动作分解——关键帧的确立

第一个动作展臂收拳，要将双手臂从身后翻掌向侧面平举，然后向体前做收拳动作。这个动作都是上身动作，制作起来相对简单。注意：最好将身体模型Body先隐藏起来。

角色动画制作的基础仍然是关键帧动画（Keyframing）。所谓关键帧动画，是指在不同时间上将运动物体在运动中的重要状态进行人为设定并加以记录，再由计算机将其余的运动状态自动计算出来的动画制作方法。在3ds Max中制作普通的关键帧动画时，经常使用的是用户界面下方的轨道条和关键帧设置按钮（见第二章图2.1）。但在Character Studio中使用二足骨架制作角色动画时，关键帧的设置方式有所不同，要使用运动面板中的Key Info卷帘。制作二足骨架的关键帧动画，就是将骨架（角色）的预定动作中一些重要的特征性的姿态或姿势进行人为设定，随后由计算机实现完整的连贯的动作。人为设定的骨架姿势、姿态被记录在不同时间上的关键帧中，骨架关键帧的标识符号也包含在轨道条上。

展臂收拳的动作包含了几个关键的姿态，如图6.5所示，加上准备姿势共计9个。我们首先为准备姿势设置一个关键帧，来初步了解一下关键帧设置的情况。这个姿态相当于所有运动的起点，因而在此应该对所有骨骼都设置一个关键帧。为此，我们可以双击骨架的重心对象（骨盆中央的一个正八面体Bip01）以选择所有的骨架骨骼，随后将轨道条上的时间指针滑块 76 / 200 拖动至某个认定的初始位置（如实例中为第76帧，拖动时注意滑

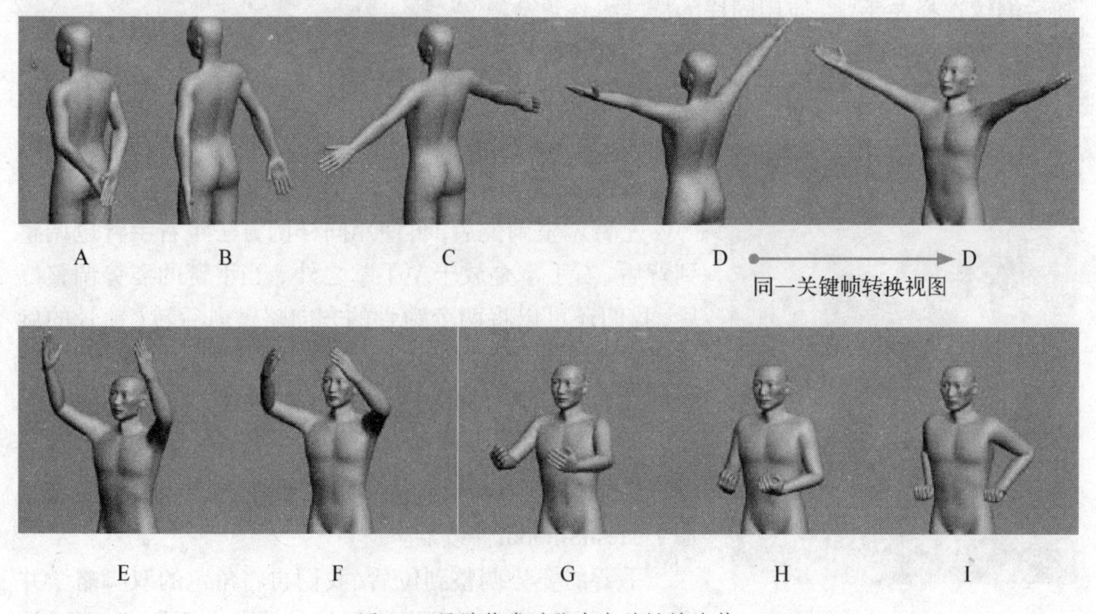

图6.5 展臂收拳动作中各关键帧姿势

块上的当前帧数值提示），然后在Key Info卷帘中点击按钮，于是一个关键帧标识符（灰色小矩形）就出现在轨道条的76帧位置上。这里由于事先选择了全部的骨骼链，所以点击一次按钮就会给全身所有的骨骼添加一个关键帧。可以马上检验这一点，任意选择一段骨骼并观察轨道条，都可以在相同的位置（76帧）发现这样一个关键帧符号。这些关键帧记录了每段骨骼在这个初始时间上的初始方位，它们组合在一起就记录了整个骨架的一个初始姿态，也就构成了准备姿势的记录。

2.3 调整手臂的姿势

第一个关键帧设置好后，为继续下面更多的关键帧设置，我们先要改变一下轨道条指针的位置，就用鼠标拖动时间指针滑块向后到某一个新的位置。按照动画运动规律，第一个动作的这9个姿势当然应该出现在轨道条的一些特定位置上，但在开始设置姿势时我们可以不用考虑具体的时间点，只将它们依次排列在轨道条上即可，时间分配的问题放在后一阶段去考虑，所以暂时可以将指针滑块移动到临时位置，例如78帧。

在78帧，我们设置动作中的第二个姿势，即图6.5中B处所示的姿势。我们首先要将骨架摆出姿势B的状态，其中的重点是重新摆放两条手臂的骨骼链，先不要考虑其他部分的骨骼。我们使用与上一节中摆放初始姿势时相同的操作方法重新摆放手臂，也就是使用主工具条上的旋转工具来旋转手臂上的每段骨骼，注意此时会继续沿用前面已经设置好的局部坐标系Local。在骨架的动作姿态设置工作中，旋转操作是最主要使用的一种操作，因为骨架肢体都是前后相连接的骨骼链，而骨骼没有伸缩的变化，肢体所能做出的任何姿势都是由骨骼围绕关节旋转产生的。我们先从一条手臂入手（比如左臂），将其摆放到如图6.5B所示的位置，在操作过程中应仔细体会旋转每段骨骼时所能产生的效果，它们各有不同的特点。当将左手臂摆放到位后，我们再去处理右手臂。由于姿势B中的双手呈完全对称的姿势，我们将用姿势复制的方法替代右手臂的手工摆放。

在运动面板中有一个Copy/Paste（拷贝/粘贴）卷帘，其中提供了有关骨架运动形态的复制方面的功能，如图6.6所示。该卷帘中对骨架的运动形态做了两个层面的定义：一个是姿势（Posture），另一个是姿态（Pose）。姿势（Posture）是指骨架中一部骨骼或骨骼链的运动形态；而姿态（Pose）则是指整个骨架的某个运动形态。对应这两个不同层面的定义，卷帘中分设了不同的标签面板。我们在复制手臂的姿势时使用的就是“姿势”这个层面的功能（标签）。

像视窗操作系统中的普通复制操作一样，复制的过程包括“拷贝”和“粘贴”两步。我们首先要把左手臂已经调整好的姿势做一个拷贝记录。这个记录在Copy/Paste卷帘中要分两步进行，首先要确定一个骨骼选择集，也就是要表明我们要复制的这个姿势涉及哪些骨骼。为此，我们首先选择整条左手臂骨骼链，即双击该链的根部骨骼——左锁骨Bip01 L Clavicle，随后点击创建选择集按钮，马上会在其上方的选择集列表中出现新创建的选择集默认名称，将其修改为“l-arm”，这样整条左手臂就被定义为一个名为“l-arm”的骨骼选择集。这个选择集一经定义，下次就可以直接从下拉列表中选用它，而不必每次都重新定义。

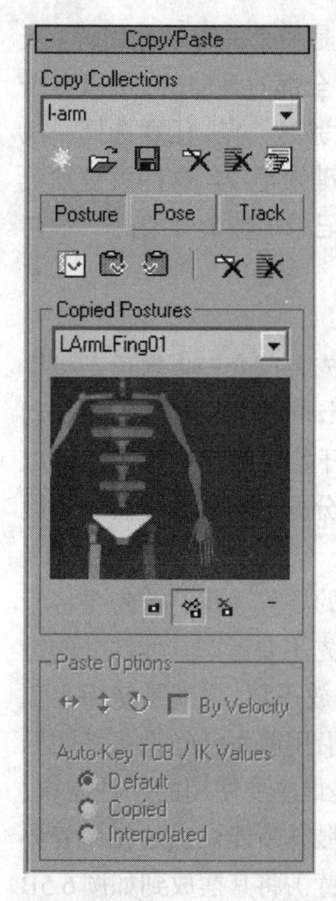

图6.6 拷贝/粘贴卷帘

接下来要进行记录左臂姿势的第二步，也就是单击拷贝姿势按钮，它会将左手臂（l-arm选择集）当前在视图中所摆出的姿势做一个记录（拷贝），这个记录的内容直接以示意图的形式显示在下方的小窗口中，如图6.6中示意图上的红色的左手臂，而被记录的这个姿势的默认名称也会出现在示意图窗口上方的下拉列表中。在记录一个姿势时使用骨骼选择集的方式可以有效管理大量的姿势拷贝，我们往往会将各种重要的骨骼链定义为一个个选择集，再将每条骨骼链所展现出的各种重要姿势进行拷贝，这些拷贝会集中在示意图窗口上方的那个下拉列表中并隶属于有关的选择集。使用Copy/Paste卷帘中的两个下拉列表，就可以很清晰地管理骨架身体各不同部分可能制造的大量姿势了。

接下来就要将拷贝下来的左手臂的这个姿势“粘贴”给右手臂。先检查Copy/Paste卷帘中Copy Collections和Copied Postures两个下拉列表中的名称是我们刚才所记录的左手臂的那个选择集和那个姿势，随后点击Paste Posture Opposite（粘贴到对面）按钮，在视图中可以看到右手手臂马上呈现出和左手臂完全一致（对称）的姿势。

2.4　为手臂设置关键帧

两条手臂的姿势摆好后，我们要给这个姿势B设置关键帧来记录它。在为骨架设置关键帧时，可以只针对骨架的某个肢体部分设置关键帧，也就是说某个关键帧可以只记录骨架上某条骨骼链的姿势，而不必是整个骨架的姿态。默认情况下这些可以被单独进行动画记录的骨骼链分别是：头颈（包括头部）、脊柱、手臂（从锁骨至指尖）、骨盆、重心、腿（从大腿骨至脚趾）。此外，如果有尾巴和辫子，也可以单独记录。这些被分组记录下来的不同骨骼链的动画数据也被称为“轨道”（Track）。在轨道上添加一个关键帧，则骨骼链上的每段骨骼都会拥有这样一个关键帧。或者，当我们选择了任何一段骨骼并为其添加关键帧后，其所在的整条骨骼链的每个骨骼也会同时添加一个关键帧。

我们现在就要针对两条手臂（而不是整个骨架）设置关键帧。目前的骨骼选项应该还是整条左手臂，所以点击Key Info卷帘中的按钮，为整条左手臂设置关键帧。操作完成后可以看到在轨道条的第78帧位置上出现了一个新的关键帧符号，这意味着整条左手臂上的每一骨骼都拥有了这样一个关键帧（可以逐一检查）。左手臂完成后，再设置右手臂。任意选择右手臂上的一段骨骼（例如右上臂骨），然后点击按钮，轨道条第78帧处同样出现关键帧符号。值得注意的是，虽然我们刚才选择的只是右上臂骨，但此时整条右手臂的每段骨骼都已经被设置了一个关键帧。同样可以检查这一点，任意选择右手臂上的一段骨骼，在轨道条的78帧位置上都可以看到一个关键帧符号，这个结果源于上面讲到过的“轨道”的概念。轨道的概念说明，在骨架动画中，虽然每段骨骼都可以拥有自己的关键帧，但关键帧的设置是以骨骼链（轨道）为单位而进行的，这样设计的好处是可以大大提高工作效率。

在为骨架或骨骼（链）设置关键帧时应该特别注意一点，就是它的工作顺序应该是先调整好时间指针滑块的位置，再使用旋转工具旋转调节骨骼和肢体的姿势。当骨骼肢体的新姿势调整好后，在还没有为其设置关键帧（点击 ）之前，切记不能移动时间指针滑块，否则，刚刚调整好的姿势会消失，取而代之的是前一个关键帧上的姿势。

姿势B调整设置好了，我们接着要使用与刚才过程中完全相同的方法，把图6.5中剩下的7个姿势调整设置出来。再重申一下工作的程序：首先要移动时间指针滑块到某个新的临时位置，然后使用旋转工具 旋转调节左手臂上的有关骨骼（包括手指）到适当的方位并最终摆出动作要求的姿势，然后将姿势拷贝下来 （由于在设置姿势B中已经定义过左臂选择集，这里就不需要重新定义了，新拷贝的姿势将归属在这个选择集中），再将该姿势拷贝给对面的右手臂 ，最后使用按钮 分别为左右手臂设置关键帧。在设置手指的弯曲姿势时（如攥拳），可以运用骨骼链的旋转方法，即选择整条骨骼链（鼠标双击手指第一节），然后旋转该链根部骨骼（第一节）即可。

2.5　添加辅助动作关键帧

图6.5中各处的手臂姿势（关键帧）设置好后，展臂收拳动作的主体组成部分已确立下来，但还有一些细节要处理。首先是上身的后仰，这是人体在配合展臂动作时做出的一个轻微的附加动作。这个动作虽然幅度很轻，但对于真实的表演者而言是必不可少的，对于专业的动画设计师而言也是不容忽视的。细致完美的动画艺术表现，就往往体现在对这些次要的协助性动作的把握和处理上。三维动画软件有着强有力的动画编辑功能，制作三维动画更应该充分地表现出这些生动而富有个性的动作细节。三维动画软件的好处在于可以随时对已经设计出来的动画做重新调整和补充，因而我们可以在动画设计的一开始只专注于角色表演中的主要动作，随后再将一些必要的附加动作添加上去，有些附加动作在动画设计中也被称为“二级动作”（Secondary Motion）。下面我们就针对刚才已经设置好的展臂收拳动作的关键姿势，添加上身的后仰动作。

这个上身后仰动作由脊柱和头颈的运动形成，我们需要配合手臂的动作，在适当的时刻设置脊柱和头颈的姿势并保存关键帧。由于后仰动作十分简单，我们不需要像手臂动作那样设置许多关键帧，只要两三个关键帧就可以把动作表现好了。对于脊柱而言，第一个关键帧应伴随图6.5A的姿势进行设置，也就是目前轨道条上的第76帧，在这里需要一个作为运动起点的脊柱和头颈的姿势（关键帧）。因此将时间指针滑块拖动到第76帧（注意观察滑块上的帧数提示），然后用旋转工具 选择（单击）脊柱上的有关骨骼，并利用旋转操纵器沿X轴前后适度旋转这些骨骼，形成一个站立时的初始脊柱姿势（它有可能略不同于达·芬奇姿态中的脊柱），最后点击按钮 确定脊柱的关键帧。脊柱的下一个关键帧位置可以与图6.5D姿势相同，将时间滑块拖动到图6.5D中手臂姿势（关键帧）所处的位置，然后继续用旋转工具 旋转脊柱的有关骨骼（沿X轴），调整出上身略微后仰的姿势，随后设置脊柱关键帧。脊柱复原的时间应该与图6.5H姿势相同，所以继续将时间滑块拖动至图6.5H中的手臂关键帧位置，恢复脊柱在开始时（76帧）的姿势。这里可以仍然使用旋转脊柱骨骼的办法，但一个更精确快捷的办法是在76帧处为脊柱的姿势做一个拷贝（初次拷贝脊柱姿势要先定义脊柱选择集，方法同前），随后再在图6.5H的时间点粘贴脊柱姿势并设置脊柱关键帧。

三个脊柱关键帧设置好以后，再回头设置头颈的姿势关键帧。仍然从76帧开始，设置一个初始的头颈姿势和关键帧，然后拖动时间滑块至图6.5D所在的位置，旋转头颈（包括头部）各骨骼形成头部后仰的姿势，并点击按钮设置一个头颈关键帧。最后拖动时间滑块至结束姿势即图6.5I处，恢复头颈的初始姿势并再次设置关键帧。

2.6　调整动画时间分配

至此，武功表演第一个动作展臂收拳的所有部位的所有关键帧都已经设置完毕，我们可以将目前的动画播放一下。点击界面右下角播放控制区的动画播放按钮，可以在视图中看到动画播放时人体骨架所做出的动作，这个动作是电脑将所有关键帧的姿势连贯起来形成的。再次点击这一按钮则停止播放，从这次预检性的播放中我们会发现很多问题。首先是时间分配的问题，由于我们的关键帧分布在轨道条上临时选择的位置上，因而在动画播放时关键姿势的出现并没有与实际动作合拍。正确的动作表现应该是让关键的姿势出现在恰当的时刻，所以我们要根据对运动规律的研究经验将前面设置好的关键帧在轨道条上重新排布。关键帧的设置是按轨道划分的，所以调整关键帧的位置（出现时间）也要按轨道进行。手臂上的关键帧数量最多，首先予以调整。先确保选择了手臂上的任何一段骨骼，然后在轨道条上依次选择对应于图6.5中各个姿势的关键帧符号，选择时只要用鼠标点击某个关键帧符号使之显示为白色即可。在已选择的关键帧上鼠标光标转变为拖动提示，用鼠标水平拖动关键帧符号至新的轨道条位置，这样整个手臂轨道在该处的关键帧就被重新定位。在实际调整一组关键帧时，采用从右至左的顺序调整更为合理些。我们在范例中将这一组共9个关键帧重新确定的位置是：A 76、B 82、C 89、D 94、E 98、F 99、G 101、H 103、I 105，使它们根据动作需要空开了不等的时间间隔。对于两条手臂的关键帧都要做同样的调整，最后轨道条上的关键帧分布现实情况如图6.7所示。

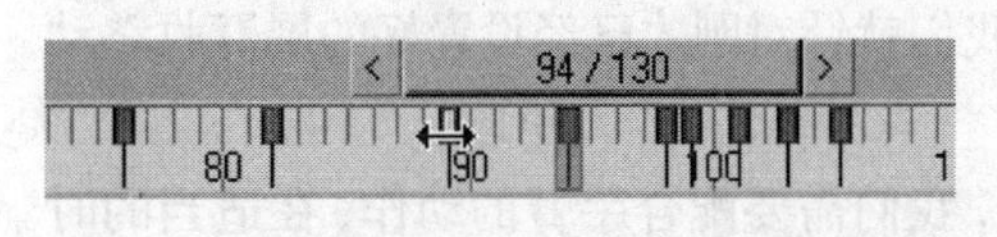

图6.7　重新定位手臂关键帧后的轨道条显示

两条手臂的关键帧调整好后，再用相同方法将脊柱和头颈轨道的关键帧重新定位。在范例中，脊柱的三个关键帧的新位置是76、94和103，头颈的关键帧的新位置是81、94和105，其中大部分是和手臂的某些关键帧位置（时间）相重合的。关键帧时间分配的工作完成后，我们需要再检查一下动画的情况。将时间指针调整回到动作之前（76帧之前），点击动画播放按钮观看骨架动画。如果觉得有必要，还可以显示出身体模型Body（使用Unhide by Name），这样可以看到更确切的身体的运动。但在显示身体模型动画时，模型的复杂网格有可能对电脑造成过重的运算负担因而降低播放的连续性，这时应该将身体模型上的细分修改器MeshSmooth关闭，只显示粗糙（块面）模型的运动。我们会发现，合理的时间分配使动作的结果大为改观，但是动作中仍然还有一个小问题，那就是动作还不够平稳，有一些抖动的迹象。

2.7　调整关键帧过渡参数和动画函数曲线

动作中出现这些抖动和摇摆现象的原因是，在默认情况下，3ds Max的Character Studio在自动计算关键帧之间的运动时采用的是一种曲线化的模式，也就是让动画中的运动在经过每个关键帧时都形成某种程度的平稳过渡。这样的曲线化运动模式在复杂的转向运动中会增加物体的自然摆动，表现出运动的惯性，适用于许多常见的物理运动的情况，尤其是对笨重的机械物体的操作。但在其他情况下它就有可能不适合，激烈、强劲或受意识支配的动作往往呈现的是匀速运动的特征。这方面属性的修改要在Key Info卷帘中的TCB参数区进行，TCB参数区通常是被收敛的，要点击TCB标签左面的"+"才能将其展开（如图6.8）。

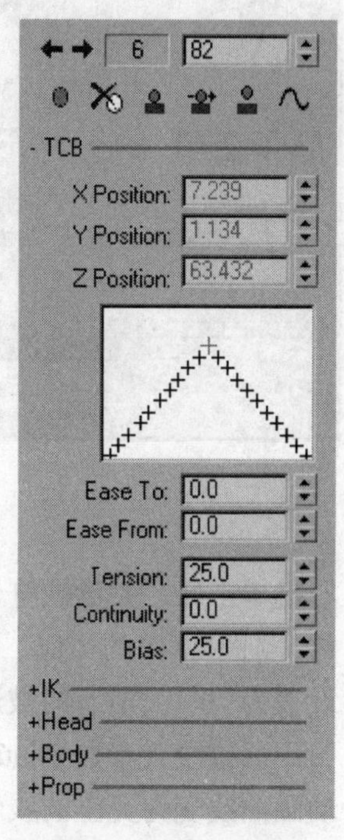

图6.8　TCB参数区

人体骨架动作的实现以旋转骨骼为主，而在旋转控制方面，TCB并不是一个十分精确的控制模式，普通动画中的旋转控制现在默认采取的模式是欧拉角（Euler）模式，TCB是3ds Max早期使用的模式。但是在Character Studio的角色动画中，TCB仍然是默认的旋转控制模式，因为大多数情况下骨架运动实际上并不需要使用Euler模式。

在武功表演动作中为了减少抖动，我们要在TCB参数中增加运动的线性设置。首先在轨道条上显示出某条轨道的关键帧，然后逐一选择这些关键帧标识符，并修改TCB参数区中的Continuity（连续）参数为"0"。对已经设置过动画的每条轨道都要做相同的修改，注意在TCB参数区中对关键帧的参数做修改必须先逐一选择关键帧后再进行，为了提高修改的效率，我们可以使用Character Studio中的一个有力工具——Workbench，它是专门用于查看和编辑关键帧动画计算结果的一个模块。只要选择任一骨骼并显示运动面板，就可以通过点击面板内Biped Apps卷帘中的Workbench按钮打开Workbench的工作窗口，如图6.9所示。

在窗口的主要区域中显示的是所选骨骼的动画函数曲线，也就是经电脑计算出的该骨骼在一段时间内不同时刻的运动状态的数据曲线，曲线上的小方块标识代表关键帧。由于运动状态一般要分解为不同坐标轴上的标识，所以关键帧的标识也被一分为三了。总窗口的左面还有一个骨骼列表，列出了组成目前骨架的所有骨骼名称，可以在这里选择所关心的骨骼。虽然Workbench的功能很多，但我们现在不对它的功能做全面介绍，只是用它来成批量地修改关键帧的参数。为此，确认选择Workbench窗口中工具条上的工具，然后在曲线区域拉动鼠标框选所有要调整的关键帧标识符（在选择后它们会显示为白色），随后鼠标

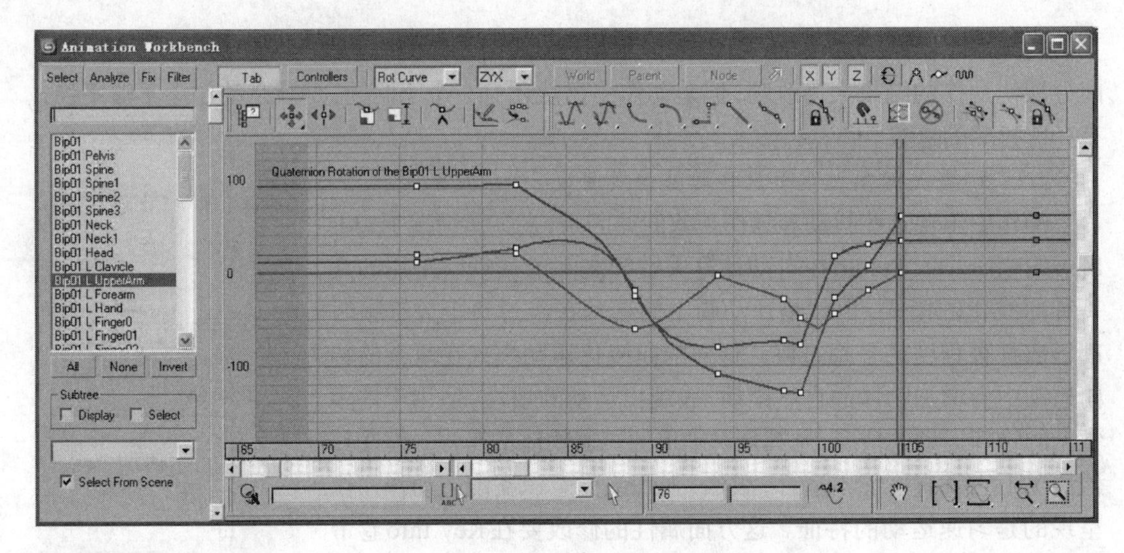

图 6.9　Workbench工作窗口

右键单击任一关键帧符号即会弹出一个关键帧参数调整窗口，其中的主要内容就是TCB参数，与图6.8中的类似。此时只要对所需的参数做一次修改（例如我们现在要将Continuity设置为“0”），所有的被选关键帧上的这部分参数都会改变过来。

通过设置参数Continuity的数值为“0”，我们加强了动画曲线的线性特征，但并不能使动画曲线变为完全的线性。完全线性的动画曲线是以直线段连接各关键帧的折线，用TCB方式无法准确地调整出来，但这样对于角色动画而言已经足够了，角色动画并不是严格的机械运动，使用TCB模式有其简洁的优势，所以Character Studio将它作为默认模式。

现在我们再来看看动画的改变情况，播放动画后骨架的动作更加流畅自然了。总的来讲，Character Studio对于TCB参数的默认设置更有利于制作卡通风格较强的动画，而线性的动画函数曲线则有利于形成真实感较强的动画。至此，武功表演的第一个动作就已经设置完毕了。在进入下一个动作之前，我们还要做少许准备，就是让第一个动作的最后一个姿势（图6.5 I）保持一段时间，作为两个动作之间的停顿，这需要我们在保持姿势不变的情况下在后续的某个时刻再设置一组关键帧。所以，先将时间指针滑块拖至轨道条113帧的位置，然后分别选择左右手臂、头颈和脊柱上的某块骨骼，再相应点击关键帧按钮 ，于是骨架人体在105帧至113帧之间会持续保持一个固定姿势。

3. 设置第二个动作

第二个动作非常简单，就是一个弓步下蹲的动作，如图6.10所示。这个动作主要发生在腿部，与手臂不同的是，制作腿部动作要随时考虑脚与地面的接触。

3.1　调整初始关键帧的位置

在本章的2.2节中，我们已经为整个骨架设置了起始关键帧，就在轨道条76帧的位置，这其中也包括了双腿的轨道。但双腿的动作将开始于113帧，所以我们要把它们在76帧处的起始关键帧移动到113帧（与前一个动作的最后姿势的结束关键帧重叠）。为此，同时在两条腿上各选择一段骨骼（按下Ctrl键连续点选），然后在轨道条上用鼠标点击并拖动第一个关键帧符号到113帧位置，拖动时注意查看界面左下方信息条中的动态数据提示，到达目标位置后松开鼠标。腿部的起始关键帧被确定在113帧，这样它们在113帧以前的任何时刻都会保持自己的初始姿势不变，这就如同手臂在76帧以前的情况一样。同样地，对于身体重心对象，我们也需要在113帧出现它的起始关键帧，但如果我们单独选择身体重心对象（骨盆中央的正八面体），就会发现轨道条上还没有它的任何关键帧，这是因为在前面的2.2小节中全选整个骨架设置关键帧的方法唯独不能给重心对象设置关键帧，这是Character Studio对重心对象的特殊处理，所以我们要在此为重心对象补设起始关键帧。点击按下Track Selection卷帘中的重心移动按钮↕，这个按钮可以自动选择重心对象并允许用鼠标垂直移动整个骨架身体。此时我们不去改变身体的方位而直接点击按钮●，为重心对象创建第一个关键帧。

重心对象的关键帧设置情况与其他骨骼关键帧略有不同，重心对象的运动被分解为水平位移、垂直位移和旋转三个独立部分，每个部分的操作分别由Track Selection卷帘中的↔、↕和↻工具提供，因而对每个部分的关键帧设置就要单独进行，这些关键帧的标识也有所区别。例如上面我们为垂直运动设置了一个关键帧，它在轨道条中的显示就是一个黄色的小矩形。如果设置的是水平运动的关键帧，它的显示就是红色的，而旋转运动的关键帧则是绿色的。在实践中应该注意区别不同颜色的不同含义，以弄清关键帧和运动的性质。对应于↔、↕和↻，重心对象的三个独立运动也被称为三个不同的重心运动轨道。

3.2 设置简单下蹲姿势——IK控制

接下来，按照制作第一动作中的工作程序，我们要给骨架设置本动作中的第二个姿势，即图6.10中的下蹲姿势。这个姿势的设置不像设置手臂动作时那样简单，因为整个下蹲动作中脚底应该一直保持紧贴地面，所以我们在调整腿部姿势及身体重心位置后，要确保脚底的垂直位置回到地面。如果按照调整手臂的方法调整腿部，满足这个要求显然有些麻烦，所以Character Studio在骨架动画中专门设计了控制足部运动的工具和参数来解决这一问题，这就是运动面板◎的Key Info卷帘中的IK

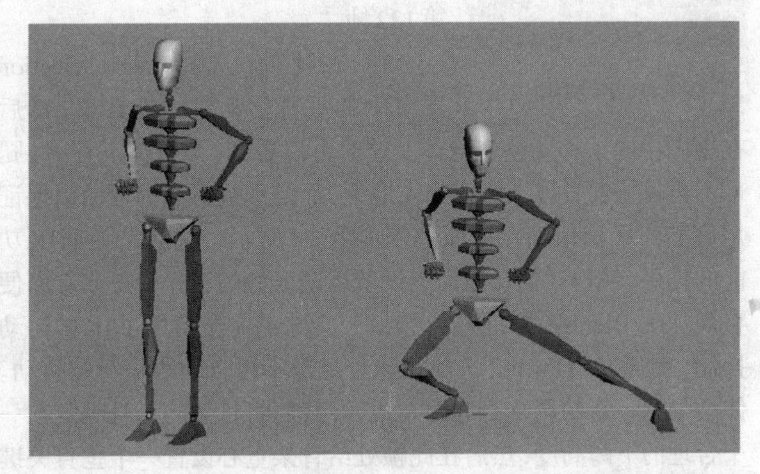

图6.10 弓步下蹲

参数区。IK是反向运动学（Inverse Kinematics）的缩写，这是骨骼动画中的一个重要控制方法，简言之就是靠骨骼链末端的骨骼运动来确定整条骨骼链的姿势。对于腿部而言足骨就是末端骨骼，Character Studio为腿部动画设计的IK方法比一般的IK有更强的功能。下面我们就从实际操作中体会IK的作用。

一般而言，如果我们要让人体下蹲，直觉的第一反应就是将身体向下按。但如果我们仿照这种方法在3ds Max中将骨架的上半身向下拉时（使用Track Selection卷帘中的↕工具），就会发现骨架会全身僵直地向下移动，好像人在太空中一样，完全没有地面对脚部的抵抗作用。骨架的默认参数设置就是假设人体是自由地悬浮在空中的，如果我们需要骨架的腿部能自动"感知"地面的存在，就可以在IK参数区中启用有关设置。先将骨架恢复原位，这不需要重新向相反的方向移动骨架，只要随意地拖动一下轨道条上的时间指针滑块（到所有关键帧之后），骨架就会恢复到最后一个关键帧的姿势。随后定位时间滑块到122帧，准备设置姿势和关键帧。

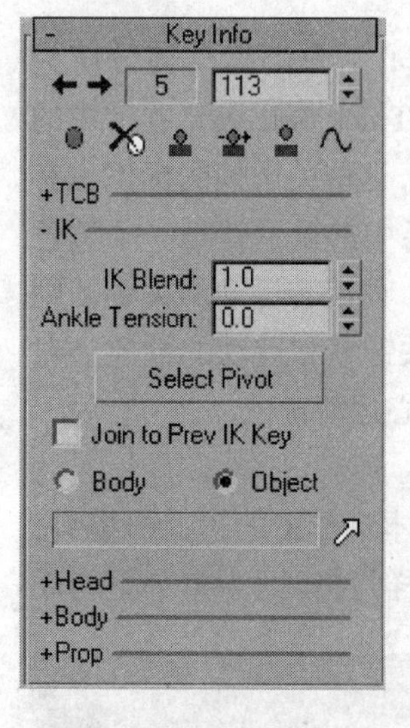

图6.11　IK参数区

首先展开Key Info卷帘中的IK参数区（点击左边的"+"），然后任选腿上的一段骨骼并点击关键帧设置按钮●，为这条腿设置一个新的关键帧，随后即可看到IK参数区中的参数与选项处于可操作状态。我们将其中的参数IK Blend设置为"1.0"，并点选区域最下方的"Object"（对象）选项（见图6.11），这样就完全启用了这条腿的IK功能。但是就像TCB参数一样，IK参数也属于关键帧参数，每个不同的关键帧都可以有独立的IK参数。因此为保证整个下蹲动作的正确性，我们应该将和这一动作有关的所有关键帧的IK参数都做这样的修改。退回到这条腿的初始关键帧（113帧），在此处将IK的参数和选项做同样的修改。确保对另外一条腿也完成相同的工作，最后回到第122帧。

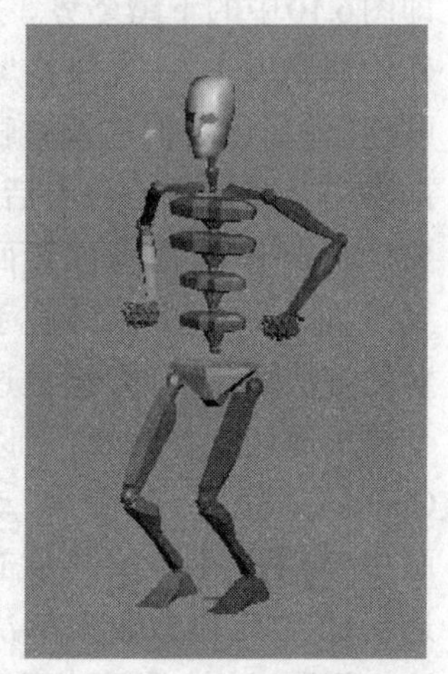

图6.12　启用腿部IK设置下蹲姿势

在122帧处，选择Track Selection卷帘中的垂直移动重心工具↕，然后在视图中向下移动整个身体。这时可以看到，当身体下移时，腿部不再保持僵直以至脚部穿入地下，而是形成自然的弯曲以保证足底始终平稳地踏在地面上，如图6.12所示。这就是腿部IK功能的作用，使得我们在地面上设置运动姿势的工作变得非常简便直观。IK Blend参数设置为"1.0"，意味着完全启用了IK的运动控制，而选择"Object"选项意味着足部不再自动跟随身体移动。体会了这一新的调整姿势的方式后，我们将骨架的上身确定在一个合理的下蹲高度，然后在此帧处给骨架重心设置一个垂直关键帧●，它在轨道条上应显示为黄色矩形。有了关键帧，我们可以检查一下这个动作的动画情况。将时间滑块拖回到113帧，然后点击动画播放按钮▶播放动画，可以看到一个自然的下蹲动作。值得注意的是：如果前面我们在修改腿部关键帧的IK参数（IK Blend）时，只修改了122帧处关键帧的参数，而没有同样修改113帧处关键帧的参数，那么虽然可以在122帧处正常设置出图6.12中的姿势，但在播放动画时就会发现，动作过程中脚部仍然会穿透地面。必须同时修改113帧和122帧的参数，保证在整个动画过程中IK Blend的数值始终为"1.0"不变，才能获得最终正确的动画。

3.3 设置左腿的弓步

图6.12只是一个中间过渡姿势，我们要继续将正确的弓步姿势调整出来，需要在刚才设置过关键帧的帧位上对姿势进行进一步修改。选择主工具条上的移动工具✥（或按W键）并用它选择骨架左脚（蓝色），将时间滑块重新定位到122帧，然后横向（X轴）向外移动左脚骨，直至将左腿拉平，如图6.13所示。做完这个修改后，再次点击关键帧按钮●以保存左腿姿势的修改。这里要强调一下，每当我们在一个关键帧处（时间指针在此）对骨架的原有姿势做出修改后（同一轨道内），如果希望确定新的姿势，都必须马上点击关键帧按钮●以保存新姿势。否则，当我们移动了时间指针后，所做的姿势修改会全部丢失，骨架恢复到原先的姿势。经过上面的操作，我们大致确定了下蹲的姿势，但还需要补充一些细节。

首先是在下蹲过程中，两只脚都会有不同程度的向外转动，尤其是左脚。要对此做出修改，首先当然要确保指针还停留在122帧，随后就应该是对骨骼进行旋转操作。但当我们使用主工具条上的旋转工具↻旋转左脚骨时，却会发现足骨现在的旋转中心位于脚趾根部，而并不像其他骨骼那样在前端关节处（例如手掌骨的旋转中心在腕关节，那么足骨的旋转中心应该在踝关节），这是由于IK控制系统为足骨的转动设计了很多独特的旋转中心。如果我们此时转换到线框显示模式（F3键），就会在左脚的脚趾根部看到一个红点显示，如图6.14所示，这个点就是在使用IK控制时当前左足骨的旋转中心。注意：现在骨架的脚趾是一趾单节的结构（这是上一章在骨架配置中的设置）。如果我们再点击IK参

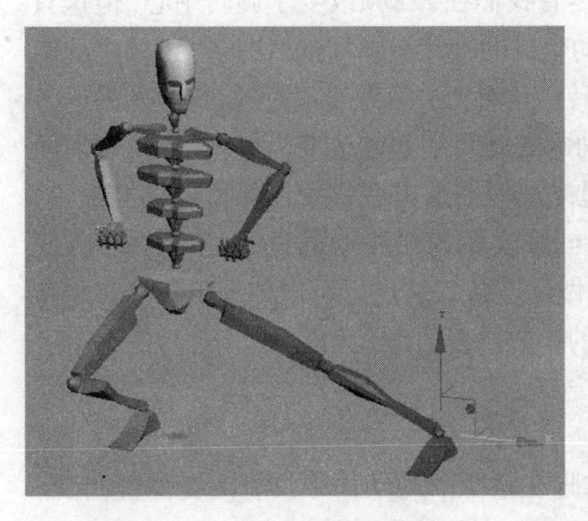

图6.13 水平移动左脚骨将左腿拉平

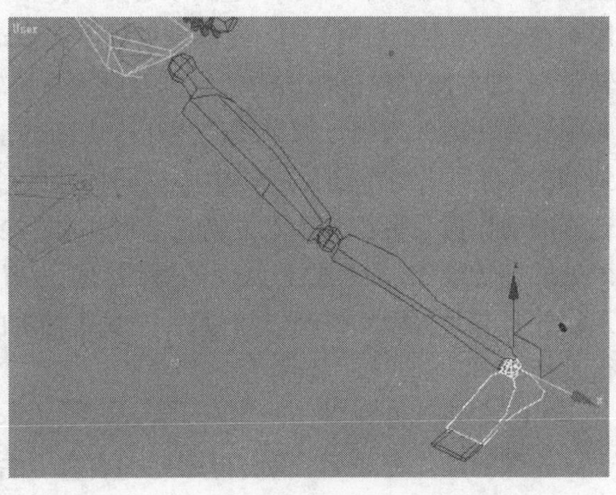

★图6.14 左足骨的默认旋转中心显示为红色

数区中的Select Pivot按钮，图中左脚掌范围内就会显出7个可选点，如图6.15所示，其中显示为红色的就是当前的足骨旋转中心，而其他显示为蓝色的则是可被选择作为新旋转中心的点。所有这些点都是IK控制系统提供的可选旋转中心。

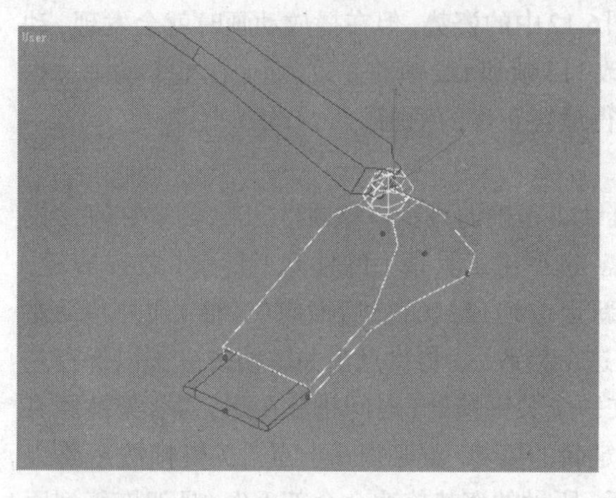

★图6.15　左足骨其他IK旋转中心显示为蓝色

在122帧上，以趾根为中心的足骨旋转不仅会给腿部姿势造成较大的破坏，还会失去对脚趾的控制，造成整个足部的变形。因此，我们希望在122帧的操作中，改变左足骨的旋转中心，让它围绕脚跟旋转，这样的操作过程看上去会更自然。于是在Select Pivot按钮的按下状态，用鼠标选择脚跟处的中心点（如图6.15红箭头所指）。然而在改变旋转中心点之前应该注意，如果前面已经做过了一些尝试性操作，应该先将这些操作的影响清除（摆动时间指针），否则更改旋转中心会确认这些操作结果。新的旋转中心选择完成后要再次点击Select Pivot按钮将其释放，然后再用旋转工具平行地面旋转左足骨略微向外，此时左足的旋转当然就已经围绕着脚跟进行了，左腿的变形减小，脚趾也与足骨保持一致，这样的旋转操作就更加自然和有效。旋转完成后再次点击关键帧按钮以保存对关键帧的修改，然后来播放一下动画，可以看到左脚在伸腿为弓步时自然地外旋（见图6.10）。

还需要说明一下的是，下蹲弓步的动作由两个关键帧确定——113帧和122帧，我们刚才只在122帧处修改了左足骨的旋转中心，而113帧处的左足骨旋转中心仍然在原先默认的脚趾根处（IK参数属于关键帧）。在电脑生成两个关键帧间的动画时，左脚的旋转中心实际上由前一个关键帧（113帧）上的中心点决定。尽管我们在122帧改变了旋转中心，但这只影响在122帧上的旋转操作，在两关键帧中间自动生成的旋转动画却依然围绕113帧中的旋转中心，即左脚在向外伸出时还是围绕趾根在旋转。这看上去有些难以理解，但电脑的运转必须要有明确的规则。如果我们想让这中间的动画的旋转中心也改变为左脚跟，就必须回到113帧将那里的左足骨旋转中心也同样修改过来。但在这里我们宁愿保留原先的设置，这样的动作似乎更符合武术的特征。我们在122帧修改IK旋转中心的目的，不仅在于方便该处的旋转操作，而且要为后面的脚部动画设置做好准备。从这里可以体现出我们对制作工作的要求，就是要清晰地理解每一个关键帧上的参数设置的意义和作用，用理性的态度进行工作。

3.4　设置更多细节动作

左脚的动作完成后，我们再来处理右脚。右脚在整个下蹲动作中没有改变位置，只需要添加一个轻微的外旋使右腿姿势更加放松即可。这个外旋应该是一个明确围绕脚跟的

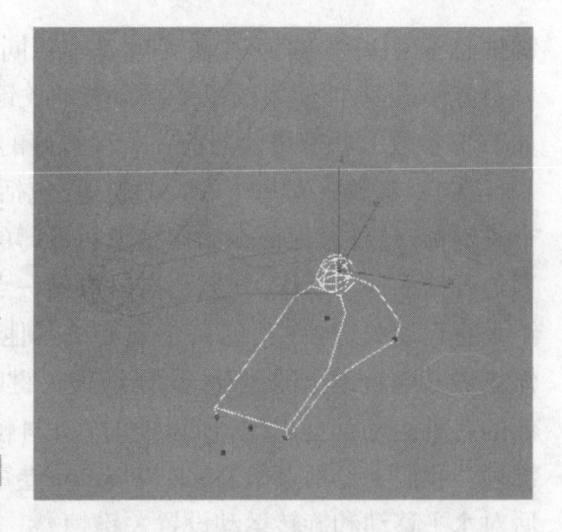
★图6.16 为右足骨指定新的旋转中心

旋转，因为身体的中心偏重在右脚，所以我们要将113和122两个关键帧处的IK旋转中心都指定为脚跟。仿照前面的方法，先选择右足骨，然后依次将时间滑块定位到113帧和122帧的位置，点击Select Pivot按钮后分别为两处的右足骨选择脚跟中心点作为旋转中心，如图6.16所示，完成后点击释放Select Pivot按钮。注意，在单纯修改关键帧参数时（例如IK参数和TCB参数），是不需要点击关键帧按钮的，参数修改会随时保存。只有在视图中改变了骨骼的姿势时，才必须点击按钮加以保存。最后在122帧将右足骨略微向外旋转（见图6.10），并点击按钮保存关键帧设置。

双脚的设置完成后，我们再要给头颈部设置一个转头的动作，让它在身体下蹲的同时将视线转向左前方。转头的动作非常简单，在113帧原来已经有了一个头颈关键帧，现在在122帧处再设置一个关键帧并在此设置骨骼的转头姿势，随后点击按钮保存。这样配合身体的下蹲，头部有一个向左前方地面望去的动作（见图6.10）。

3.5 调整关键帧参数

身体各部分的姿势和关键帧设置好了以后，最后调整这些关键帧的TCB参数，基本上要逐一进行。分别选择各个轨道（包括身体重心），在它们的113帧处将TCB参数设置为：Continuity为“0”，其余参数保持默认值（即Tension和Bias为“25”、两个Ease参数为“0”）；在122帧处将双腿和身体重心的Ease To参数改为“30”，其余参数同上。头颈部的参数保持同上。在这些设置中，Continuity为“0”是为了提高运动的线性特征，前面已经详述过了；而设置Ease To参数为“30”则为产生动作中的加速度，依照常理，下蹲和伸腿都是加速运动，速度越来越快，在动作到位时则戛然而止。

至此，弓步下蹲的动作就全部设置完成了。这个动作只包含两个关键帧，主要的工作体现在对关键帧参数和选项的调整上。最后可以播放一下动画检查这个动作的完成情况。

3.6 制作动作停顿

弓步下蹲动作完成后应该保持最后的姿势停顿片刻，我们可以依照第一个动作结束时添加停顿的方法，使用关键帧按钮添加新的关键帧（见第2节结束）。也可以将最后的关键帧（122帧）进行复制，这个方法更为简单。

分别选择有关的身体各部分的轨道（只需选择其中某个骨骼），在轨道条上会出现它们的关键帧符号。按住键盘Shift键，随后用鼠标拖动122帧处的关键帧符号向右少许，至124帧处释放鼠标后再释放Shift键，便可以在124帧处复制一个与122帧相同的关键帧（拖动时要注意观察界面左下方的信息条中的数据提示）。所谓相同的关键帧，就是说它们所记录的骨骼（链）的姿势以及关键帧参数和选项都是完全一致的。在很多情况下，我们新添加的关键帧总希望保持与前一个关键帧基本相同的参数和选项设置，所以采用关键帧复制的办法就会方便很多，而使用按钮新设置的关键帧的某些参数与选项采用的是系统默认设置(例如TCB参数)，很有可能与前一个设置好的关键帧相差甚远。

在124帧确保对每个有关的轨道，包括头颈、脊柱、手臂、腿、身体重心等，都复制了前一个关键帧，这样就保证在动作结束后下蹲的姿势能够有片刻(2帧)的停顿。但为了能够顺利地开始下一个动作，我们还需要再做一点补充。我们前面已经为身体重心设置(并复制)了垂直运动关键帧(黄色)，但重心的其他两个运动轨道到目前尚未有关键帧，因为此前身体未做其他轨道上的运动，所以缺失关键帧并无影响。但现在马上要进入下一个动作，身体的各种运动都会出现，所以此时在124帧应该为缺失关键帧的重心运动轨道补充设置关键帧。我们要分别点击Track Selection卷帘中的↔和↻工具按钮(自动选择重心对象)，然后对水平移动和旋转运动设置关键帧，并分别修改它们的TCB参数的Continuity为“0”。这两个关键帧也是水平和旋转的起始关键帧。设置完成后124帧上的重心关键帧符号就会出现红、绿、黄三色构成的色带，表示此处存在重心对象的三种运动的三种关键帧，任选↔、↕和↻之一即可在轨道条上看到各色的关键帧标识，例如120 130。

4. 设置第三个动作

第三个动作——弓步冲拳是中国武术的典型动作，如图6.17所示。由前面最后停留的姿势(图6.10)过渡到弓步冲拳的姿势，中间头、手、身、腿、脚都做出了各自的动作，是相对较为复杂的过程。但如果对前面两个简单动作中的基本概念都已掌握清楚了，这里的制作就只是一个工作量的问题。

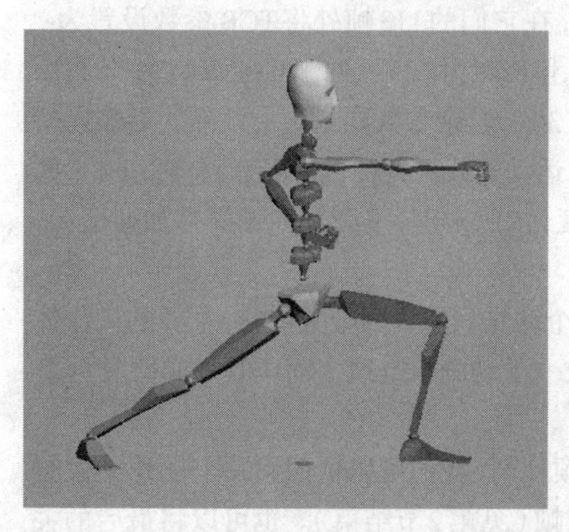

图6.17　弓步冲拳

整个动作的制作顺序是：先将身体重心左移形成左弓步、上身转体向左、右手臂冲拳打出。此外，双脚和头部均要相应做出调整动作。

4.1　制作左弓步

首先将时间指针滑块拖动到133帧，然后选择Track Selection卷帘中的身体重心横向移动工具↔，鼠标沿X轴方向拖动移动操纵器向左移动身体，如图6.18左。此时可以看到，由于双脚采取了IK控制，会贴在地面上原地不动，只有上身向左产生平移。控制移动距离至适当的位置，随即点击关键帧按钮在133帧处生成一个关键帧。然后在Track Selection卷帘中改换为身体旋转工具↻，继续在视图中将上身向左旋转至左前方，如图6.18右所示，旋转完成后仍然要点击按钮确认旋转的更改。此外，即使不对重心做垂直移动，仍需要给垂直轨道设置关键帧，确保重心位置的稳定(不受后续工作的影响)。选择↕工具并点击，这样在133帧处的重心关键帧符号就是红、绿、黄三色的了。

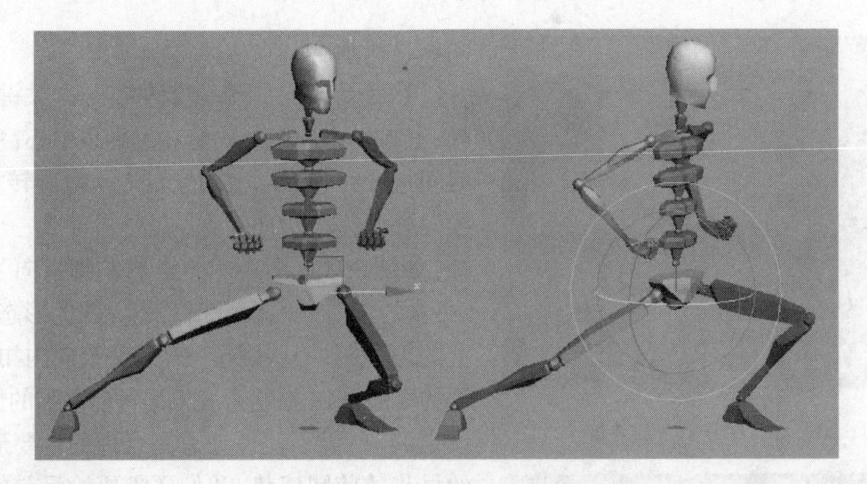

图6.18 将上身向左平移并旋转

我们看到左弓步的姿势大体形成了，但双脚在这个过程中还没有任何变动，这是不符合实际的。真实的动作中都会有很多细节，双脚此时会略微转向以摆出最佳步姿，而且旋转的中心各不相同——左脚将围绕脚跟旋转（重心所在），右脚会围绕足尖旋转。这种动作分析就是所谓的动画表演的重要组成部分，动画制作者应该设身处地地研究体会动作的表演过程（乃至亲自表演），才能形成对动作的清晰认识，从而制作出真实生动的动画。即便在当前已有很多动画工作是依靠动作捕捉仪来完成的，动作分析仍然是专业动画设计师不可缺失的基本能力。

根据以上分析，我们进一步调整双脚。先选择右脚，它目前最后一个关键帧是124帧，是从122帧复制过来的，因而它的旋转中心在脚跟处。将时间滑块定位到124帧，再将视图切换到线框显示就可以检查到这一点。点击IK参数区中的Select Pivot按钮，并选择右足趾尖处的一个IK旋转中心点，如图6.19所示，完毕即点击释放Select Pivot按钮。将时间滑块移动至133帧，使用主工具条上的旋转工具旋转右足骨使脚跟转向外（足尖斜向左前方），随即点击生成一个新关键帧。在这个旋转过程中还可以看到，随着右脚跟的外旋，整条右腿也会进一步被拉直，如果我们在图6.18的步骤中没有给右腿留出适当的弯曲（即身体向左移动过多），那么当右腿被完全拉直后，右脚有可能会被迫离开地面，因为腿骨是不能伸长的。出现这种情况也不要紧，只要继续运用身体移动的方法将身体的位置往回适当调整，离开地面的右脚就会自动回复到地面上，这就是IK参数中“Object”选项的作用。注意在身体位置调整后要点击按钮做确认。根据实际情况进行反复校正，将整条右腿（右脚）调整到一个最为合理的姿势，如

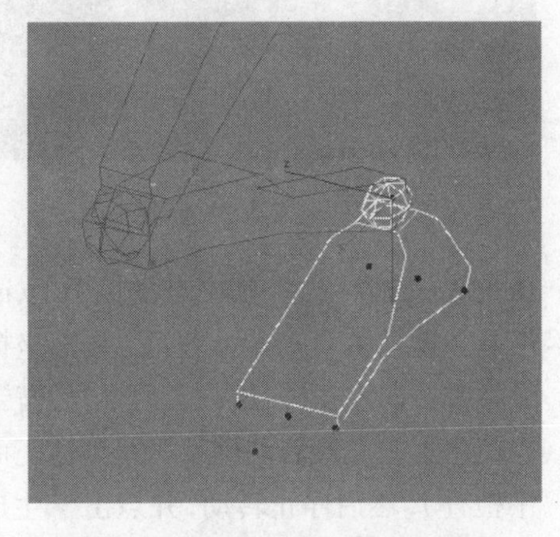

图6.19 指定右足足尖的IK旋转点

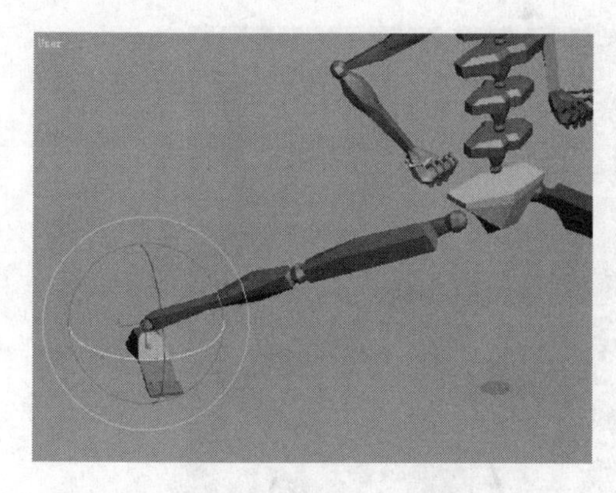

图6.20　右腿在弓步中的姿势

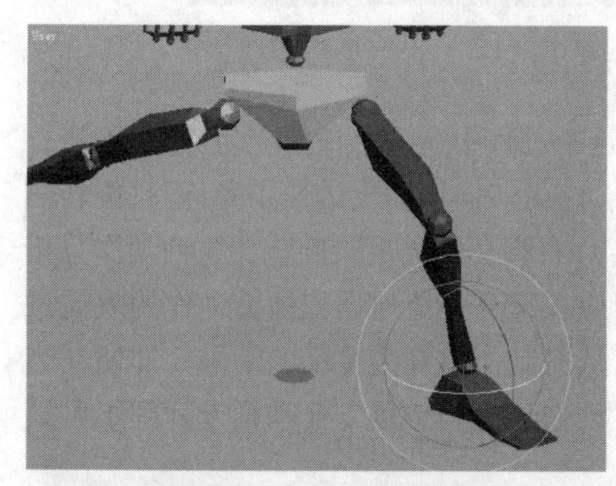

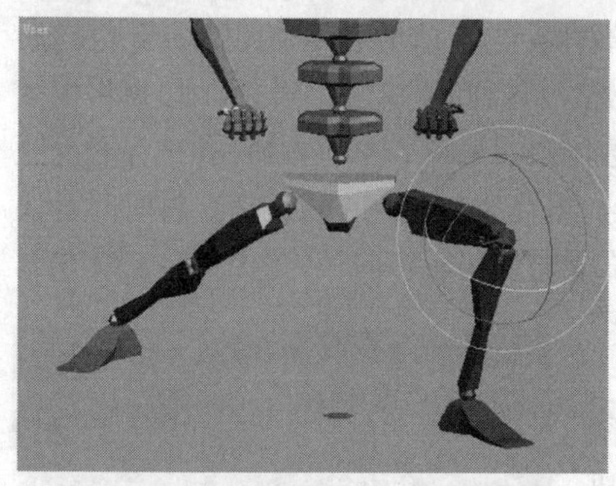

图6.21　旋转左脚、调整左膝

图6.20所示。

然后是调整左脚，左脚的前一个关键帧在124帧，其旋转中心已经确定在了脚跟中心，所以定位时间指针到133帧，使用旋转工具旋转左足骨继续向外到完全指向左方，点击生成一个新关键帧，如图6.21上图所示。虽然左脚指向了正左方（弓步的正前方），但此时观察左腿的形态（图6.21上图）会感到有些别扭——膝关节向内扣，这个腿部的姿势是IK控制系统根据目前左脚的情况自动设定的，所以不能保证总是合理的。要形成刚健的弓步的前腿姿势，我们还需要给目前的左腿膝关节做略微调整，而这只需要旋转小腿骨。继续停留在133帧，用旋转工具点击选择左小腿骨，然后沿X轴向（红轴）做旋转，小腿的X旋转可以调整腿部弯曲平面的方向，于是膝关节的位置就移动了。将左膝关节摆平——大、小腿与脚尖形成一个“Z”字平面，见图6.21下图，随后点击保存整个左腿关键帧。

4.2　旋转上身

双腿的姿势设置好后，我们来设置上部身体。上面在制作左弓步的一开始，向左移动身体后已经将身体做了一定程度的左转（图6.18），但打出右拳时有一个发力的动势，肩膀会用力再向左转，并会带动脊柱轻微扭转，所以现在我们要把脊柱和肩膀的这个细微变化表现出来，时间指针滑块应继续保持在133帧处。

在软件操作中扭转脊柱，除了很笨拙地逐节扭动脊柱，还可以设置整体地扭转它。选择脊柱的第一节椎骨（最下面一个），展开运动面板的Bend Links卷帘，在其中点击按下Twist Links Mode（扭转骨骼链模式）按钮，随后使用主工具条旋转工具沿水平面（局部坐标系的X轴）向左旋转第一椎骨，旋转时可以看到整条脊柱都被向左扭转，越往上的椎骨的转动幅度越大，形成脊柱的扭转形态，同时带动整个肩部也产生了向左旋转。确认肩膀到达正面向左的位置（即与双脚连线完全垂直，可以在顶视图中检查），然后停止转动，并点击生成一个关键帧，结果如图6.22所示。到这里，读者也可以再多做些练习性的操作，以比较一下按钮按下与否对旋转第一椎骨效果的影响，只要不

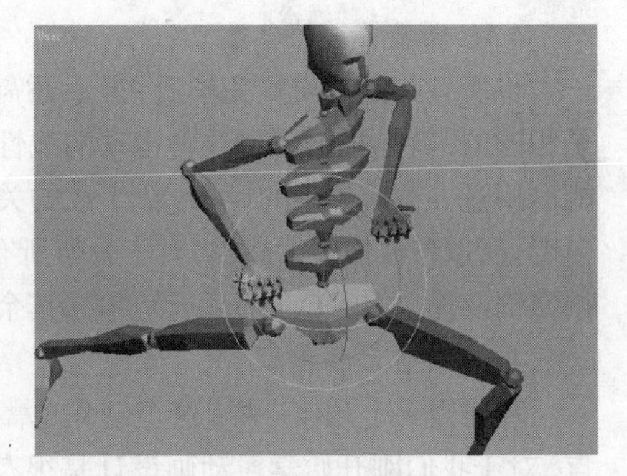

图6.22　扭转整个脊柱，使肩部转到90度

再点击关键帧按钮●，练习就不会影响到刚才设置好的关键帧内容（只要移动时间指针滑块就可将关键帧的姿势恢复）。最后将按钮↖释放。

脊柱扭转完成后，如有必要，再对头颈部分做转动调整，使得头部平视正左方（弓步方向），为头颈在133帧处也设置一个关键帧。

4.3　双臂的动作

最后要设置双臂的打斗动作，首先是右臂向前冲拳，同时在这个过程中左臂有一个小的摆动，是一个辅助的格挡动作。

为更加细致地制作出两条手臂的动作，我们需设置更多的关键帧。虽然关键帧数目较多，但在每个关键帧上设置手臂姿势的方法和前面两节是相类似的，我们就不再详述了。现在将两条手臂的各关键帧位置和关键帧上的姿势做一个情况汇总：

右手臂共设四个关键帧，它们在轨道条上的位置分别为124、127、131及133；左手臂也共设四个关键帧，其位置分别为124、127、130及133。左右手臂的第三关键帧位置不同，这是分别考虑每条手臂动作的不同需要而产生的结果。各关键帧处的姿势以及两条手臂关键帧在轨道条上的情况如图6.23所示。

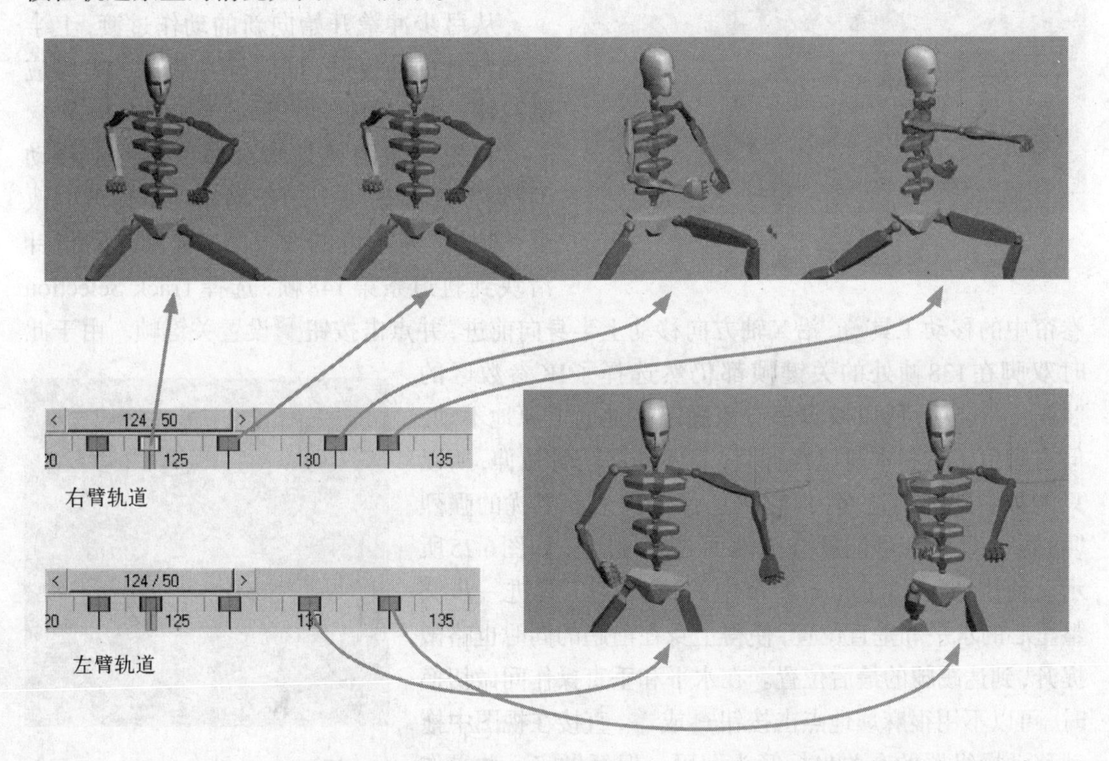

图6.23　124帧至133帧中各手臂关键帧以及相应的手臂姿势，其中124帧与127帧两手臂合并一张图中显示

4.4　调整关键帧参数

将所有关键帧设置完毕后，最后还需要对它们的TCB参数做必要的调整，目的和以前是相同的，就是根据需要改善运动的线性和加速度的特征。TCB参数不同于IK参数，它不能沿用过去关键帧中的设置，新生成的关键帧还要重新设置。现在这个动作不需要设置加速度，所以参数修改很简单，对于骨架所有轨道（包括重心的三个独立轨道）的所有关键帧，按惯例设置它们的Continuity为“0”，其余参数保持默认不变。

4.5　设置动作停顿

和前面一个动作一样，这个动作也需要设置一个短暂停顿。这种停顿是中国武术的特点，对于我们刚开始学习动画设计是很有帮助的。将骨架所有轨道在133帧处的关键帧复制一个到138帧，播放动画检查动作。

5. 设置第四个动作

第四个动作——趋步踢腿的动作过程如图6.24所示（接续图6.17）。这个动作虽然是一个过渡性动作，但制作上却有一个新的情况出现——右脚要离开地面在空中踢出，这需要我们改变IK的控制设置。

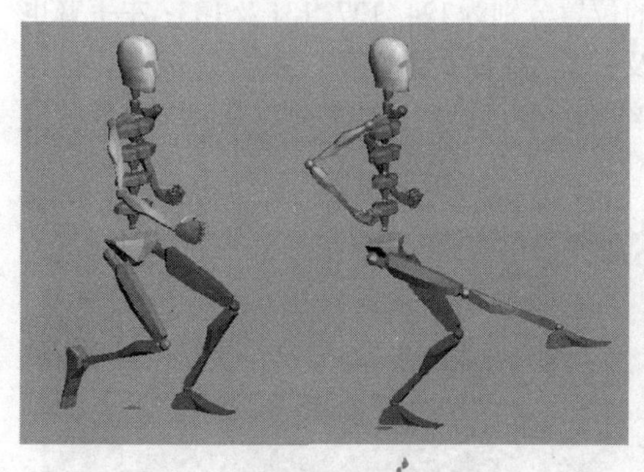

图6.24　趋步踢腿

5.1　拖步移动身体

从弓步冲拳开始向新的动作过渡，上半身要继续向前挺进，同时伸在后面的右脚应随身体一起向前拖动并回收（如图6.24左）。

首先要做的还是将身体重心向前移动（我们需要根据每个动作初始的身体朝向改变“前方”等方位的含义）。定位时间指针滑块到轨道条第148帧，选择Track Selection卷帘中的移动工具↔，沿X轴方向移动上半身向前进，并点击按钮●设置关键帧。由于此时双脚在138帧处的关键帧都仍然选择了IK参数区的“Object”选项，所以双脚都应该固定在地面上原地不动，但右脚由于右腿本身已经伸直，又不能将腿骨拉伸，所以只能被右腿拖离地面，但它仍然保持向地面靠拢的强烈“意愿”，只要有可能就会被地面“吸”过去，如图6.25所示。使用Track Selection卷帘中的↔和↕工具进一步调整重心的水平和垂直位置，使得上身在前趋的同时也略微提升，到达踢腿的最后位置。在水平和垂直操作间做切换时，可以不用很麻烦地点击按钮↔或↕，直接在视图中拖动移动操纵器的有关坐标箭头即可。但每做完一种操作

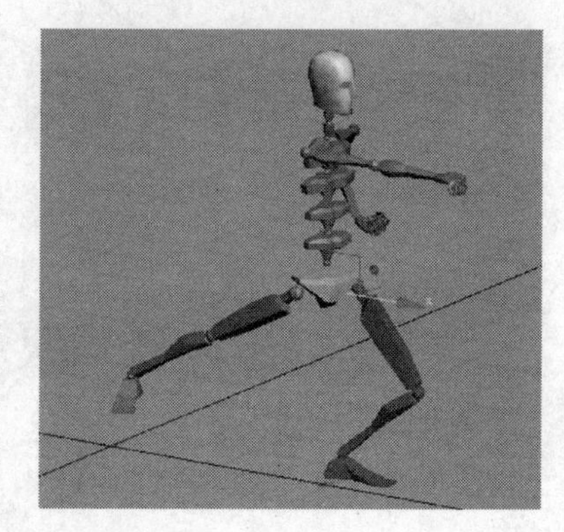

图6.25　向前移动身体重心

就要点击按钮●以记录所做修改，否则部分调整可能会丢失。最后要为旋转轨道↻也设置关键帧，即使并没有旋转重心。分别将三个轨道关键帧TCB参数区中的Continuity设为“0”，这样上身在138帧至148帧之间便产生一个平稳移动的动画。接着我们要在这段时间里调整设置手臂和腿脚的关键帧。

先选择右脚足骨并将时间指针定位于143帧，选择主工具条上的移动工具✥并在视图中向前移动右脚，在移动右脚的过程中可以看到，右腿会根据右脚的位置自动调节它的弯曲，注意将右脚调整回到地面并靠近身体，随后点击●生成一个关键帧。接着改换到主工具条上的旋转工具↻，注意在从移动工具改变为旋转工具前一定要先点击关键帧按钮以确认移动操作的结果，否则，改换为旋转工具后前面移动操作的结果可能会丢失。使用旋转工具旋转右脚的方向，注意这时右脚足骨的IK旋转中心在足趾尖（红点），所以旋转本身可能也会略微改变腿部的弯曲姿势，将右脚的姿势调整到如图6.26中所示的“歇步”的位置，并点击●更新关键帧的修改。然后，如果需要，再回到移动工具进一步调整右脚的位置，使其足尖刚好立在地面上并与身体保持合适的距离，任何修改完成后不要忘了确认关键帧。最后，修改新关键帧的TCB参数中的Continuity为“0”。

图6.26 调整右足的歇步

到这里，我们将右腿的动画设置暂时告一段落，转过去先把上身和手臂的动画设置完成。因为它们都只需要一个新关键帧就可以完成动作，将它们确定好后骨架的总体姿态以及在这个动作过程中的运动变化就基本确定了，再来设置右腿就更有把握。合理地安排制作顺序，对快速准确地设计动画很有帮助。

5.2 设置上身及手臂的完成姿势

将时间指针移动到148帧，前面已经在此处为身体重心设置过一个关键帧，所以上半身会前移到关键帧中所定义的位置，但双脚不会变化（此处尚没有双脚关键帧）。我们要在这里为手臂和脊柱调整最终的姿势。

可以使用我们调整骨骼姿势时的常用方法将右手臂调整回到在腰间握拳的姿势（如图6.28所示），但此时我们也可以运用本章第2节中讲过的姿势复制的方法简化制作程序。为此，我们回忆一下第一个动作（展臂收拳）的最后一个姿势的制作（图6.5I），在那里我们设置完全对称的手臂姿势时就使用了姿势复制方法，为左臂姿势做了一个拷贝，现在可以把它找出来。

展开Copy/Paste卷帘，在Copy Collections下拉列表中选择“l-arm”，这是我们在2.3小节中定义的一个左臂选择集。确认Posture按钮被按下，然后在下方的Copied Postures下拉列表中选择左臂收拳在腰际的那个姿势，可以在下方的示意图窗口中核对这个姿势，如

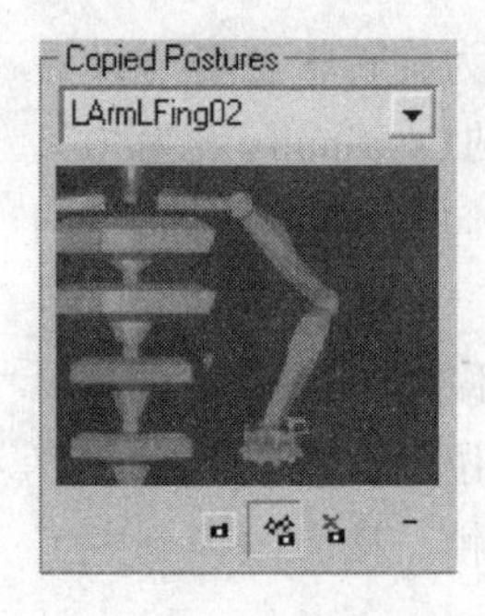

图6.27　左手臂的一个拷贝姿势

图6.27。这个姿势找出来后，我们只要再简单地点击一下“粘贴到对面”按钮，原来的握拳姿势就精确地复制给右手臂了。注意目前是在第148帧处，点击按钮将复制出来的姿势保存在关键帧中。

此后，利用Track Selection卷帘中的重心旋转工具将身体方向旋转摆正（骨盆要正对前方，但不要去旋转骨盆），点击按钮设置一个关键帧。再利用主工具条上的旋转工具旋转第一椎骨（如果需要，可以在Bend Links卷帘中按下Twist Links Mode按钮），将脊柱扭转平正并使肩膀正对前方，随后同样点击按钮设置一个关键帧。将头颈的方向也向正面做调整并设置关键帧。最后，在148帧上的骨架姿态如图6.28所示。

为新添加的这些关键帧调整TCB参数，将它们的Continuity设为“0”，其余参数保持默认。现在播放一下动画，目前除了右腿最后还没有踢出去以外，身体其他部分的动作已经成形了，这为我们回过头去在143至148帧之间继续为右腿设置动画创造了很好的条件。

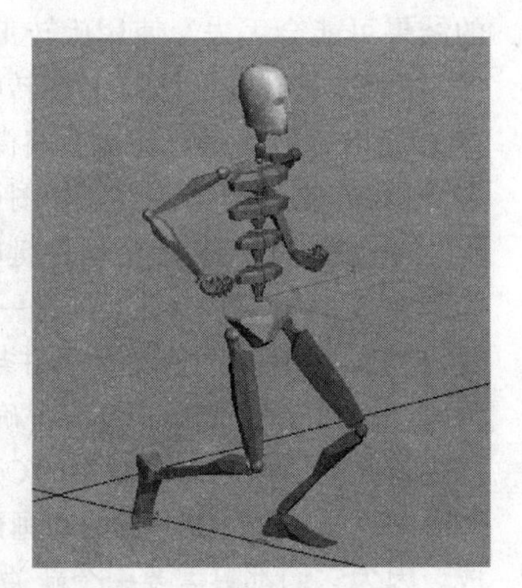

图6.28　第148帧处的当前姿势

5.3　完成踢腿动作

右腿从143帧的“歇步”到148帧之间要完成一个踢腿动作，在这期间右腿要先形成一个前踢的准备姿势，然后迅速踢出。准备姿势我们将其定在147帧（时间指针），调整右腿的操作也十分简单，只要拖动右脚足骨向前，如图6.29左所示，然后点击按钮设置关键帧。要注意的是：从138帧到143帧再到147帧，由于右足骨的关键帧都是采用的完全IK控制（IK Blend=1.0，选择Object），所以如果播放动画，会看到在自动生成的运动过程中足部（足尖）始终没有离开地面。如果没有IK的完全控制（主要是Object选项），右脚在这个过程中就可能会穿入地下。

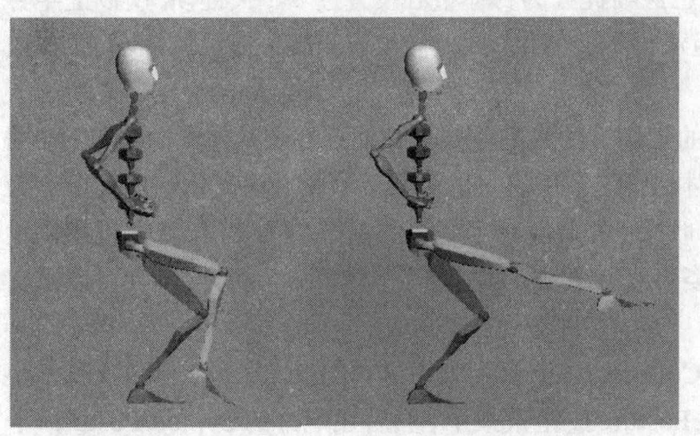

图6.29　右腿的踢腿动作

随后是踢出的动作，我们留给整个踢出动作的时间只有一帧，以表现出踢腿的迅疾和强劲。在148帧处调整右腿姿势如图6.29右所示，并点击按钮设定关键帧。对147和148两个新关键帧同样要调整Continuity参数为“0”，除此之外我们还要修改148帧的IK设置。148帧的情况与前面一段时间不同，在这里右脚要离开地面，并在空中自由踢出，划出弧线的轨迹。IK参数中的“Object”选项不再适合，因为这个选项会导致右脚在踢出时走直线路径——两个关键帧中右足位置间的连接直线。脚部在空中走直线轨迹多见于踹腿或谨慎地伸腿的动作，而不是发力踢腿的动作。虽然在这里，动作（关键帧）的转换只有一帧间隔（没有插帧计算），完全看不到右脚的运动轨迹，即便不做修改也不会影响动作效果，但对后续动作的影响仍然存在。同时，明确理解软件原理会在其他场合中有明显帮助。所以，应对这个右腿的148帧关键帧在IK参数区中切换到“Body”选项（“Object”会自动清除），同时将IK Blend的数值设为“0”。

播放138帧至148帧间的动画，检查踢腿动作的姿势与节奏。

5.4 制作收腿动作

第148帧踢腿动作做出后，右腿应马上回收，这个姿势不像冲拳等姿势那样可以停顿。所以把时间指针移动到153帧，调整右脚及右腿的姿势如图6.30所示，然后为右腿设置新关键帧。设置新关键帧的Continuity参数为“0”、IK Blend参数为“1.0”（Body选项保持）。这里设置IK Blend的数值为“1”，在148帧到153帧间产生的右腿动作轨迹与将它设置为“0”时有明显不同。它设置为“0”意味着动作接近于正向动力学控制（Forward Kinematics或FK）的运动形态，大腿协调运动较少；而设置为“1”则接近反向动力学控制（IK），大腿会参与协调保持脚部走直线。由于前面一个关键帧（148帧）将IK Blend设置为“0”，所以在148至153帧之间IK Blend的数值不断变化（从0到1），运动过程只能说是接近反向动力学的特点。读者可以在制作现场比较一下两者的区别，修改关键帧的参数很方便，不需要点击按钮 加以确认，反复检查一个动作时可以用鼠标左右来回拖动时间指针滑块。

图6.30 回收右脚

设置完收腿的动作，我们要在第153帧为身体的其他部分也添加关键帧，以保证这些部分在148帧到153帧之间保持不变。方法同前，不需要改变其他部分的姿势，如果不是使用关键帧复制方法，就应该将Continuity参数修改为“0”。

6. 设置第五个动作

前一个动作的收腿动作一做完，马上接着就做下一个动作——马步架打，如图6.31所示。它接着上个动作的最后姿势（图6.30），身体顺势左转背对观众，右脚落地，双腿成马步，双手握拳架打。

在制作这个动作时，身体重心的移动和转向、双手臂的姿势变换、头颈的转向右视等动作在调整方法上和前面几节中的动作基本相同，这些轨道所需的关键帧数目不等，但它们最后姿势（图6.31）的关键帧应该设置在162帧的位置。这些关键帧都要设置Continuity参数为“0”。此外，需要加以关注的是右脚的运动设置，它也只需要在162帧的位置上设置一个

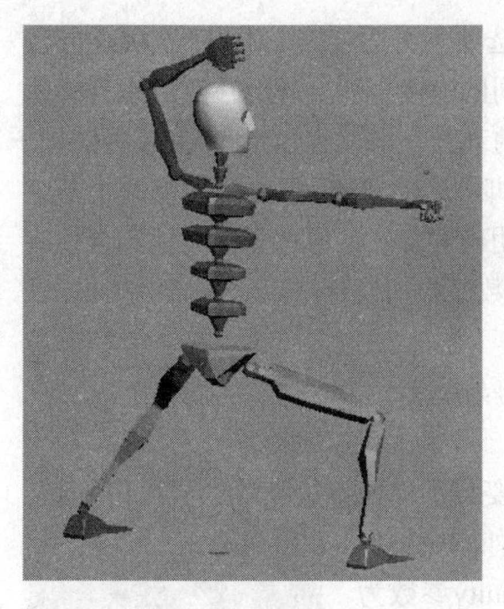

图6.31　马步架打

关键帧，但在这里它要从空中落回到地面上。

对于右脚（腿）的设置，先确认时间指针定位在162帧处，调整右腿的姿势如图6.31使右脚落地，然后点击按钮 添加关键帧。这个关键帧要设置Continuity参数为"0"，而在IK参数和选项方面可以保持和其前一关键帧一样的设置（选择"Body"，IK Blend=1.0）。

马步架打动作完成后，要加一个停顿保持最后架打的姿势，所以对所有在162帧处设置过关键帧的骨架轨道，将其162帧的关键帧复制一个到168帧处，准备进入下一个动作。

7. 设置第六个动作

第六个动作弓步推掌是一个过渡性动作，从马步架打姿势开始向右侧身落掌抱拳在腰际，然后向左弓步侧身推出左掌，分别如图6.32左、右两图所示。

这两个动作的特点是双脚保持与地面紧贴、基本没有移动，而上身做出各种姿势动作。要保证双脚在身体重心移动中不受影响并保持固定在地面上，需要在动作开始的第一关键帧处为它们的IK设置选择"Object"选项。这个第一关键帧就是168帧，在这里左腿的关键帧不用说就是选择"Object"的（我们在之前从未修改过）；但右腿则不然，右腿的168帧关键帧在复制后使用的还是162帧处的设置——"Body"选项和IK Blend=1.0，所以我们在此要将选项修改为"Object"，这样就可保证在动作进行到图6.32左图姿势时双脚不会移动了。但左脚在这个过程中应该有一个轻微的外旋（这样姿势更合理自然），所以在第175帧创建新关键帧时，要将左脚足骨以脚跟为中心向外（左）旋转。左脚足骨的IK旋转中心在前面的几个关键帧中一直就设置在脚跟中央，所以这里的设置没有问题，直接旋转即可。

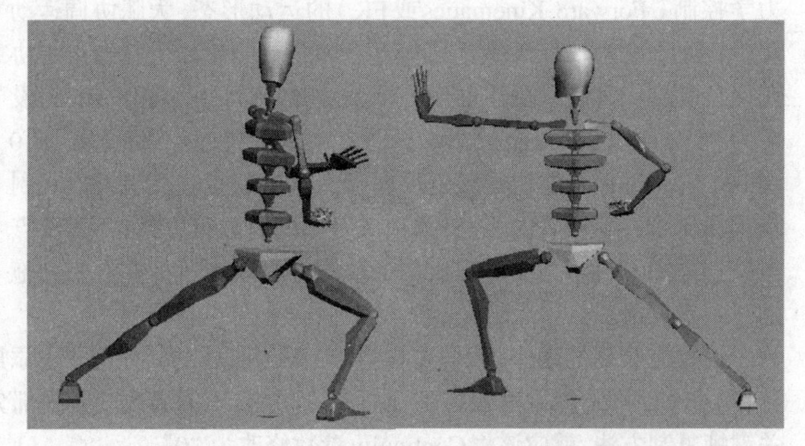

图6.32　弓步推掌动作中的两个姿势

在图6.32左图姿势中，双腿（脚）的姿势基本上是受IK控制自动调整的，此外双手臂、身体重心、脊柱、头颈都需要人工调整，方法与之前相同，注意脊柱的扭转操作。最后当然都要设置关键帧,位置统一在175帧处,并设置TCB的Continuity参数为“0”。

由图6.32左图姿势向右图过渡,上身及双手臂的调整继续沿用前面的方法,双脚由于在175帧处的IK参数选择为“Object”,所以双脚不随身体移动,双腿的姿势自动调节。但要注意的是双脚为配合身体平移的转动调节,因为左弓步的姿势要求左脚足尖向前(推掌方向),同时右脚脚跟要向外旋转,形成更符合生理的自然姿势。左足在外旋时的旋转中心依然应该是脚跟,因为身体重心会移向这只脚;右足的旋转中心则应该在脚趾,这样可以在脚跟外旋时增大双腿踝关节间距,以弥补弓步与马步的踝间距离差。

由于175帧处左脚的IK旋转中心已经在脚跟,所以只要直接旋转就可满足要求;但此时右脚的旋转中心也被设置在脚跟(从前面的关键帧沿袭下来的),应该加以改变,因此需要选择右足骨并在视图中重新选择脚趾根部的旋转中心点(使之变红),这样再旋转右足骨则会产生足跟向外的效果。新的关键帧位置应该在184帧,左右腿(脚)都在这里设置关键帧,并调整Continuity=0。其他各个轨道如手臂等也都在184帧设置一个关键帧并设Continuity=0。最后,为设置动作停顿,在193帧处复制各个轨道的关键帧。

在这里还有一个小环节值得注意,就是为制作推掌动作,在动画中首次摆出了手掌的姿势,这个手势在后面的制作中还要多次用到,所以我们最好在此给它做一个姿势拷贝,以备今后使用。在视图中鼠标双击左手掌掌骨以选择整个左手,展开运动面板中的Copy/Paste卷帘,在其中首先点击创建选择集按钮,为左手掌的全部骨骼创建一个骨骼选择集,在上方的选择集名称下拉列表中修改这个选择集的名称为“l-hand”。确认Posture按钮被按下,然后点击拷贝姿势按钮,在下方的示意图窗口中检查被拷贝的左手掌姿势(红色)以及在该窗口上方的下拉列表中的姿势名称——“LArmLFing01”。下次再需要调节出这个手势,只需从这里粘贴即可。

第二节 完成更多的骨架动画

1. 制作后续动作

至此我们已经完成了六个动作的设置工作,骨架关键帧排布到了第193帧,要继续进行下面的动画设计,轨道条的显示范围已经不够,需要先更新显示的区段。点击用户界面右下角播放控制按钮区中的时间配置按钮,弹出时间配置窗口,如图6.1所示。在其中设置Start Time参数为“190”、End Time为“350”,关闭窗口。于是,轨道条显示从190帧到350帧之间的时间范围,我们可以在其中继续设置动画和关键帧。这个时间显示范围仍然不能涵盖到范例动画的结束,如果在这个时段中的工作完成后,读者还可以照此方法继续改换显示轨道条的下一个时间范围:300—500帧。

在范例中此后还包含有很多重要动作,但从制作原理上讲基本不会超越前面六个动作中所介绍的内容,因此就不再一一详述了。我们在此将对后面的动作做一个全面归纳,并拾取其中的某些重点问题做相关解释。对后续动作的主要内容我们用截图的形式显示于图6.33中，图中每一个人物姿态都是连续动作中某一个较为重要的瞬间，这些瞬间基本上都是

图6.33　功夫表演的后续动作截图

关键帧出现的位置，但少数几个例外，主要是为了将动作表达清楚。另外，并非所有关键帧的内容都在图6.33中显示出来，很多地方关键帧过于密集，会致使画面拥挤。

在图6.33中用箭头示意线标出了人体运动的方向以及动作衔接的方向，起点接在前面动作的最后一个姿势——弓步推掌。整组动作包括跑动、起跳踢腿、落地调整、摆莲腿、落地转身、扫堂腿、俯身弓步冲拳、弓步冲拳、收式等，其中表现了大量的腿部动作以及手、脚、身的配合。运用前面讲解的制作原理，制作出这些动作内容应该不会有大的障碍，但由于动作本身的复杂度有所增大，首先需要我们能更好地分析动作构成，因而工作量也会大大增加。

2. 轨道运动与运动分析

在骨架动作分析上，我们应该逐渐培养三维动画中骨架运动轨道的思维方法。运动轨道这个概念在前面几节中已经提到过多次，它是指骨架身体上的头颈、脊柱、手臂（从锁骨至指尖）、骨盆、重心、腿（从大腿骨至脚趾）等数条被分别对待的骨骼链（或对象）上所包含的运动。在这些轨道上可以分别独立地设置关键帧，从而形成有关骨骼链（肢体）自己的运动动作（其中身体重心包括水平、垂直移动和旋转三个分轨道）。所有轨道上的运动最终合成在一起，便形成骨架人体的完整动作。所以，我们在设置动画、表现动作时，应该从这种轨道合成过程的相反方向进行思考，对一个个完整动作按轨道进行分解，明确在完成整体动作当中每个轨道所要做出的动作，这就是所谓的动作分析。在正确的动作分析基础之上，通过轨道关键帧设置的具体制作方法即可实现有效轨道运动，从而最终合成完整动作。

在这一点上我们可以看到三维动画与二维动画的明显区别。二维动画本质上是逐帧动画，它的关键帧实际上是动画影片中的某些重要的定格画面，因而在制作关键帧时所有的画面内容（包括角色可见的身体部分）都必须被确定表现出来。但三维动画不一样，关键帧并不代表一个完整的定格画面，分散在不同轨道上的关键帧只是一些局部的运动数据或状态的记录，每条轨道上的关键帧只能决定本条轨道的运动，各轨道上的运动联合在一起才会形成完整的运动。这样，三维动画实际上已经突破“帧”的概念，尽管影片最终还是要以“帧”的单元来构成并播放（电影工业称帧为“格”），但三维动画在制作过程中已经只有时间的概念，也就是制作者直接关注的是在某个特定时刻某个肢体部分应该摆出何种姿势，从而能够让整体组合成所需要的动作。这是运动分解方法带来的直接结果，用这种方式来实现运动当然更加理性和科学，能更加精确地完成高度复杂的运动并且效率更高。由于时间因素在运动分解中的重要性要高于静态画面，3ds Max的轨道条在计时上可以直接采用时间单位——Tick（1/4 800秒），而不必如影视传统那样使用静态画面——帧或格。

所以，三维动画的制作基础是分析运动、理解运动，而不是像二维动画那样极力去捕捉一个个运动的瞬间。三维动画与二维动画需要的是两种不同的思维方式，三维动画考虑的是随时间不断发生的、连续的运动或动作，而二维动画考虑的是按顺序排列的静态画面。虽然在三维动画制作中，我们也会关注一个动作的典型姿态是否会在画面中准确呈现，但我们

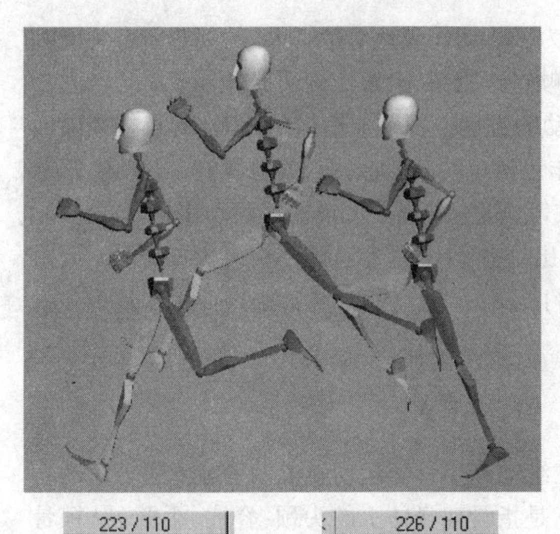

图6.34 奔跑动作的三个重要瞬间。下图左边显示身体重心对象的三个关键帧，右边显示手臂与腿部的三个关键帧

实现它的方法是不同的。

举一个简单的例子来说明这个问题。在一个普通的奔跑动作中（如图6.34），身体重心会做一个抛物线运动。如果按照二维动画的方法，我们最起码要在起跳、升至最高点、落地三个时刻为其制作全身的关键帧；但在三维动画中，重心运动的水平轨道除了在起跳和落地两个时刻需要设置关键帧以外，过程当中不需要再设置任何关键帧。重心的垂直轨道在起跳和落地时刻需要设置关键帧外，在最高点时刻要再设置一个关键帧。而手臂与腿脚在动作过程中的关键帧则不一定要设置在运动的最高点。这样的情况在图6.33的系列动作制作中非常普遍。我们在练习骨架动画制作时，重点就是要掌握运动分解与运动轨道的科学分析方法。大家也可以打开本章的配套场景文件，对已制作完成的动画研究一下骨架运动中每个轨道的关键帧设置情况。

3. 上身与手臂的动作

在制作整个图6.33中的系列动作时，上身与手臂动作的制作原理是相对简单的，主要就是使用主工具条上的旋转工具去旋转有关骨骼以产生骨骼链的各种姿势。但其中要注意运用脊柱的弯曲与扭转模式，它们在Bend Links卷帘之中（如图6.35），可以让脊柱在旋转操作中实现整体弯曲或扭转。在处理手臂包括手掌的各种姿势时，应该注意运用姿势复制的办法，避免在相同或相近姿势上的重复劳动。总之，在这段动画中，上身与手臂的设置是相对简单的。

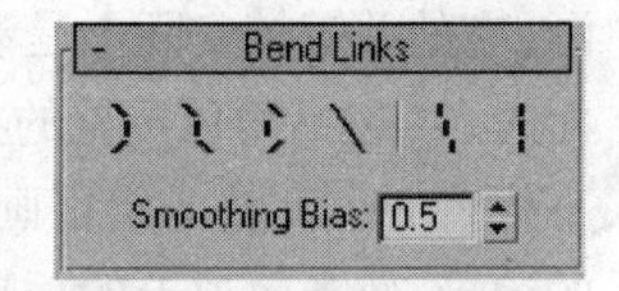

图6.35 Bend Links卷帘

4. IK参数对腿部的控制

4.1 自由运动与受限运动

需要加以关注和研究的是腿部轨道的动作设置，主要是由于脚部与地面接触带来的特殊影响，使得腿部的运动存在自由运动与受限运动两种不同形式。所谓自由运动，就是脚部没有任何约束或具体目标，完全在腿部的带动下运动，例如腾跃在空中时腿部的摆动；所谓受限运动，是指脚部受到运动轨迹的限制或有一个明确的运动目标，比如在地面上原地旋转、拖动、在空中蹬踏某物体等。腿部的不同运动形式以及它们内部的具体变化，主要靠

Key Info卷帘中的IK参数和选项来控制。在前面几节中,我们已经多次运用了IK参数与选项的控制,下面将结合后续动作的设计来更全面地认识IK控制的作用。

IK参数区见图6.11所示。在我们设置腿部轨道的动画时,首先要明确目前腿部在做的运动属于哪种形式。如果是自由运动,则对相应的关键帧应该选择IK区域中的“Body”选项,它意味着身体重心的运动将带动腿与脚一同运动,这样的例子如图6.33中A处的踢腿和B处的转身摆莲腿;如果腿部做的是受限运动,我们就要在有关关键帧上选择IK区的“Object”选项,它会让脚部的运动脱离身体的影响,或固定在空中,或遵循自己独立的运动路线,而这种情况下整条腿的姿势就要根据身体和脚部的位置做出适应性调整,例如大量出现的走路、跑动的落地阶段、步伐转换等动作。

除了上面这两个基本选项外,IK参数区还有一些重要的参数和选项,它们是针对两类运动中更详细具体的情况而设置的。首先是IK Blend这个参数,它决定在腿部运动中IK控制的级别,最低数值“0”代表关键帧之间的运动不受IK控制,最大数值“1”代表完全的IK控制。这个参数在配合Body/Object选项的不同选择时,产生的效果也不同。

4.2 用IK参数进行更详细的控制

首先来看图6.33中C处的扫堂腿(详见图6.36),在这个动作中,一方面左腿要保持伸直并随着身体的转动而划出圆弧,另一方面,对左脚也有一定的约束要求,就是要紧贴地面不能离开。如果在旋转过程中身体重心的垂直位置不改变,那么左腿的动作用自由运动就可解决。但这个动作的旋转中身体重心恰恰要向下调整,完全的自由运动会导致左脚在重心下降时穿入地面,所以适当的限制必不可少。对左腿而言就是在一个大体的自由运动之中,加入一定的运动限制。因为属于自由运动,所以左腿在这个动作中的关键帧要选择“Body”选项;但同时又要限制左脚的轨迹,所以要将这些关键帧的IK Blend参数设为“1.0”。选择“Body”容易理解,为了让身体带动左腿;而设置IK Blend是要继续保持IK的运动控制,这样在关键帧之间的运动中左脚会保持在地面(关键帧上的左脚通过人为设置保证贴在地面)。如果IK Blend被设为“0”,左腿将做完全自由的运动,左脚在这个动作过程中会穿入地下。IK的这种设置组合在前面第五个动作中的右腿上也使用过。

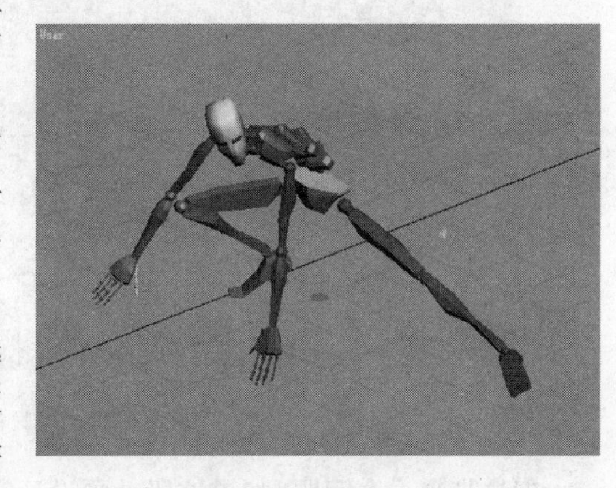

图6.36 扫堂腿动作

在IK选择“Object”选项时,在整个范例中我们使用的IK Blend都被设为“1.0”,这是完全的受限运动情况。但在实际工作中有时将IK Blend设为“0”也会有帮助,这时脚部的位置变化虽然摆脱了身体重心的影响,但关键帧之间脚部运动的轨迹可能就不是简单的约束路径(例如直线)。

当腿部做完全的受限运动时，我们对足骨的旋转中心可以有多种选择，点击按下Select Pivot按钮，足部周围就会显示出7个可选的旋转中心（见图6.15），围绕这些旋转中心旋转足骨，会引起整条腿的骨骼调整，自动形成一个较为匹配的姿势。同时在腿部的动画中足骨也会围绕这些中心旋转。但是，经常会碰到两个相邻的受限关键帧上的足骨旋转中心不相同的情况，跑步就是一个例子。跑步中落地的脚从最初着地到最后离地，它旋转围绕的中心是变化的，如图6.37中脚部的红点所示，开始时是在脚跟，最后在脚趾根。图中三个姿势都有关键帧，并且是受限关键帧——Object / IK Blend=1.0，由于①和②两个关键帧的足骨旋转中心不同，我们在设置关键帧②时就要有所注意。首先要明确从①至②之间的运动中，足骨的旋转中心始终由①来确定，也就是在脚跟。在关键帧②建立之初，我们首先要调整脚部姿势，而使用旋转工具调整姿势，以脚跟作为旋转中心最为方便。所以此时我们仍然要继续使用关键帧①中设置的旋转中心，在没有用按钮生成新关键帧之前，这个旋转中心是默认的。在我们调整好图②中的姿势并点击按钮生成关键帧②之后，便可以修改旋转中心的选择，为后续的动作设置做准备。此时，如果我们还想再调整关键帧②上的脚部姿势，旋转操作就会围绕新的中心——趾根了。

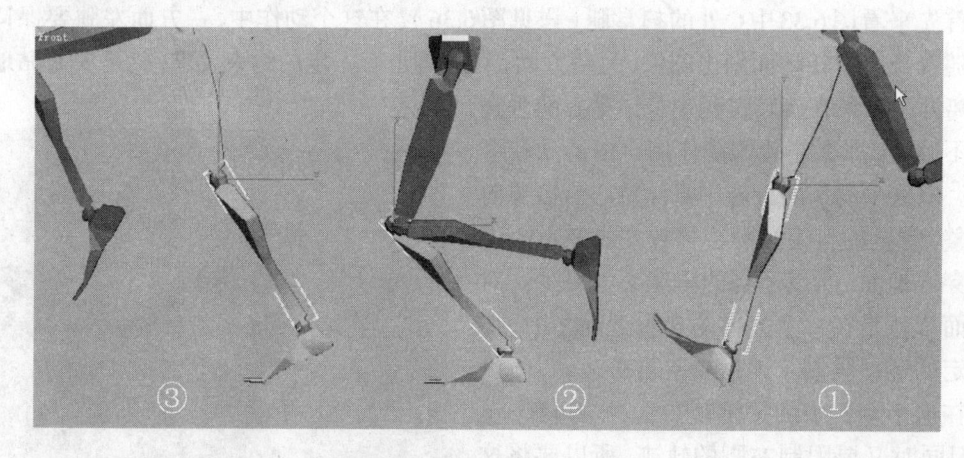

★图6.37　跑步中脚部的分解动作

但这带来一个问题，如果这段动画设计完了又想回来改动一下关键帧②中的脚部姿势（比如说脚掌的落地方向），这时的旋转操作就会围绕趾根而不会是脚跟，这样操作就不能准确地保证从①到②之间脚跟是固定在地面上不动的，会产生滑动错误。同时，围绕趾根旋转足骨，会失去对脚趾的同步控制，破坏脚趾与足骨的自然一致性。

解决问题的办法是针对关键帧②在其IK参数区中勾选“Join to Prev IK Key”（加入前一关键帧）选项，这个选项保证：即便我们已经选择了新的足骨旋转中心，但在此帧处继续使用旋转工具旋转足骨时，仍然会采用前面一个关键帧留下的旋转中心。有了这个选项，关键帧②中的姿势修改就再不必担心会破坏动作的准确性了，而后续的动作（②到③）则依然保持原状。这个选项大多数情况下用于微调姿势或矫正错误，当有关调整操作已经完成后，可以再取消这个选项。

由此可见，合理巧妙地组合IK参数区中的选项与设置，是本范例中解决好腿部运动的关键。同样的IK参数调节方法也可应用于手臂，如果在其他场合要制作四足动物，或者人类的攀岩、施工操作等动画，就可以为手臂进行有关的IK参数与设置而获得准确控制。

5. 用TCB参数控制变速

在制作图6.33的系列动作中，还要注意变速运动的表现，这种情况不是很多，但重要的地方是不容忽视的。例如在图中A处的起跳，在高高跃起中身体做出的是抛物运动，受重力作用在垂直方向上有速度变化。这个动作在达到起跳最高点时必然要设置一个重心垂直关键帧，我们通过对这个关键帧的TCB参数的设置实现变速运动。选择Track Selection卷帘中的垂直轨道按钮 ，在轨道条中选择这个关键帧，然后在Key Info卷帘中展开TCB参数区，设置其中的参数：Ease To=40、Ease From=40、Continuity=0。此后，骨架身体在跃起时就会表现出重力加速度的影响。还可以从运动函数曲线中印证这一点，打开Workbench窗口（如图6.9），查看一下垂直方向的位置曲线。在窗口中要显示位置曲线，应在上方的下拉列表中选择Pos Curve，曲线中的蓝色线表示重心的垂直运动函数。在图6.38中我们可以看到函数曲线呈抛物线形态，关键帧处于最高点，这说明重心在纵向所做的是变速运动。

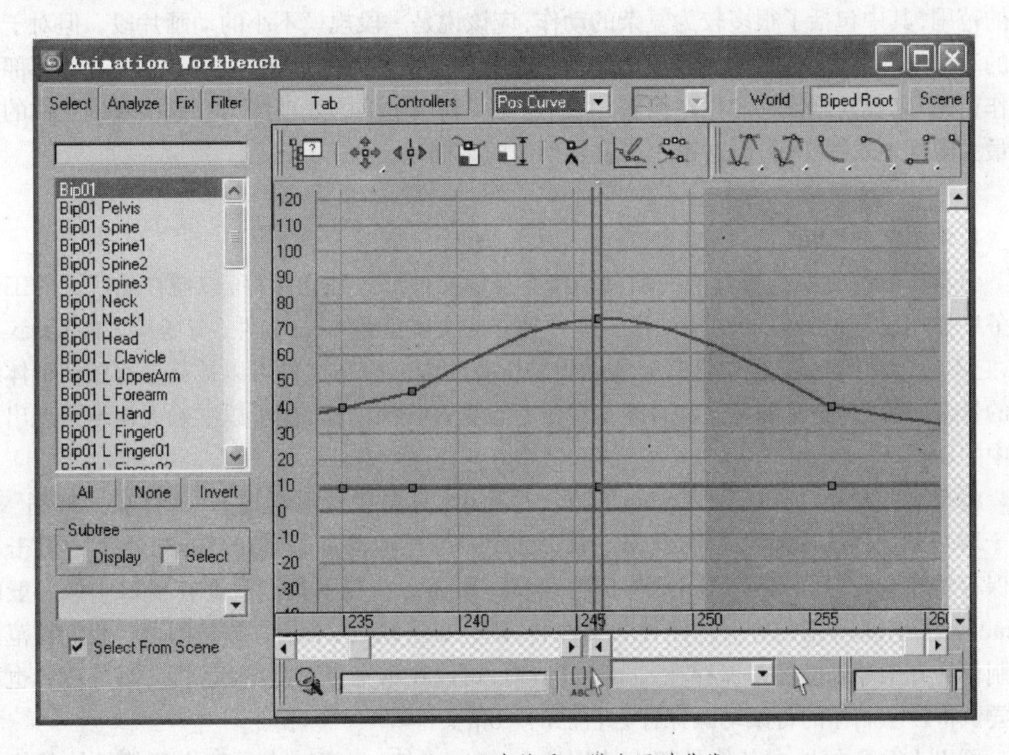

图6.38 Workbench中的重心纵向运动曲线

在我们这则范例中，多数情况下我们会在关键帧的TCB参数中设置Continuity为"0"，原因在前面的2.7小节中已经详细说明。这种设置在关键帧较为密集的时候是完全适用的，但在关键帧之间跨度较大的时候，比如大幅度的单一动作中，Continuity=0所导致的明显的线性运动特征往往是不合理的，这时候就需要像刚才那样通过对TCB参数的种种设置，来表现加速度和力的特点。在图6.33的系列动作中，我们不仅在跑跳动作中对重心运动设置了变速，在个别手臂与腿的动作中也做了变速设置。在表现变速运动时，除了刚才的Ease To和Ease From两个参数外，还可以对其他参数进行设置，例如设置Continuity为非零的数值等。变速运动的情况可以在视图中通过播放动画进行检查，更准确的方式是使用Workbench窗口通过函数曲线进行检查。

Character Studio为轨道关键帧设计的参数与选项种类很多，我们这里只是着重介绍了TCB和IK两组，对其他一些有价值的参数与设置，读者可以进一步学习有关资料来提高骨架动画的设置水平。

第三节　动画数据和动作编辑

前面我们已经完成了教学所要求的一段骨架动画，这段动画的核心内容覆盖了400多帧的范围，其中包括了很多较为复杂的动作，应该说是一段规模不小的动画片段。但对于动画的动作设计而言，这种动画片段的制作只是完成了最基础的（当然也是最核心的）那部分工作，接下来就动画设计和生产而言，我们还需要利用电脑的处理能力让这些基础工作的成果最大限度地发挥作用，而这第一步就是动作的数据化。

1. 动画文件*.bip

将动作数据化就是将骨架的动画动作本身以文件形式独立保存，以便在更广泛的工作任务中使用已经设计好的动画动作。这种独立的文件就是*.bip文件，与场景文件*.max不同，它不包含骨架对象，但包含骨架所做出的所有动作。*.bip文件可以被其他有相似形体结构的骨架所使用，这时即使这些骨架完全没有设置过任何动作，也可以准确无误地再现出文件中的动作。

将现有的骨架动作保存为*.bip的方法很简单，只要在动画模式下（形体模式按钮处于释放状态）选中骨架中的任何一段骨骼，即可在运动面板的Biped卷帘中点击文件保存按钮，它会打开*.bip文件保存窗口。在通常情况下我们只要在窗口中像一般的Windows操作那样指定好保存路径和文件名，随后点击Save（保存）按钮即可。我们在范例中制作的骨架动画已经被保存在Kongfu.bip中，可以在本书资料盘中找到它，另外读者也可以尝试将自己制作的骨架动画保存为自己的*.bip文件。

可以十分方便地在其他骨架上使用这个*.bip文件，只要一个骨架在形体结构的构成上与文件所来源的骨架相同,也就是在形体模式中它们的设置相同,新的骨架就可以很好地继承和再现文件中描述的运动。方法也很简单,只要在动画模式下选择新骨架的任何一个骨骼,然后点击Biped卷帘中的打开文件按钮,按照Windows操作选择保存好的*.bip文件,即可在场景中看到新骨架做出了原来的动画动作。图6.39显示了我们将Kongfu.bip应用于一个人猿骨架后的情形。事实上在很多场合中,即便是新骨架的组成结构与原骨架略有不同,它也能很好地实现文件中的动作。在新骨架以这种方式接受文件中动作的同时,以前为它设计的任何动画都将丢失。

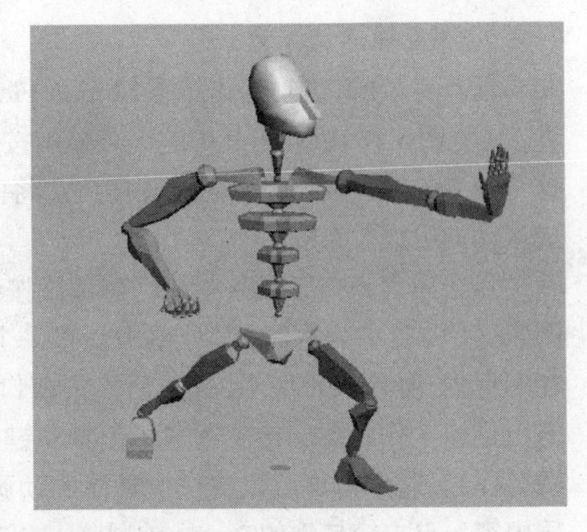

图6.39　将Kongfu.bip文件应用于一个人猿骨架后的一个动作画面

2. 动作编辑——Motion Flow

*.bip文件不仅可以用于将动作转移给不同的骨架系统,而且也可以为动作编辑提供原始数据。所谓动作编辑,就是对已有的动画动作进行重新组织和衔接,以合成新的动画的工作。Motion Flow模式就是Character Studio中的一个重要的动作编辑模块,我们在此只举几个简单的例子,说明动作编辑的基本情况。

Motion Flow模式的启动按钮位于运动面板的Biped卷帘中,与形体模式按钮并列。按下这个按钮,运动面板中就会出现Motion Flow卷帘,其中包含了众多的关于角色骨架的运动编辑功能。我们将用Motion Flow的功能在已经保存的动画数据文件Kongfu.bip中挑选出几个动作,进行新的组合,形成新的运动。

2.1　准备一个新的骨架

为了说明动作编辑的方法,我们需要一副新的骨架。当然也可以在原有骨架上进行工作,不过由于现在只是要讲解Motion Flow的部分功能,并非真的要在范例中实施这些编辑,所以新建一副骨架为好。

在命令面板中弹出创建面板,点击按下系统对象类型按钮,选择卷帘中的Biped对象类型,在用户视图中拖动鼠标创建一个新的默认骨架。然后点击标签回到运动面板,在Biped卷帘中按下形体模式按钮进入形体模式。点击同一卷帘中的载入形体文件按钮,在浏览窗口中选择我们在第五章第一节末尾保存的形体文件Mybiped.fig并确认窗口,于是视图中新创建的骨架就具有了我们一直在使用的骨架结构形态,这是Kongfu.bip文件所依托的原始骨架结构。随后释放按钮退出形体模式,现在的新骨架上没有任何动画。我们下面要使用Motion Flow从Kongfu.bip中的整段动画中提取出奔跑的动作(见图6.33),然后将它连接成一段连续的奔跑。

2.2　设置连续跑动

保持骨架的选中，点击按下Motion Flow模式按钮，在面板下方看到Motion Flow的卷帘（见图6.42）。点击其中的图表显示按钮，打开Motion Flow的图表窗口（见图6.40），这个独立的窗口使用逻辑示意图的方法将内容不同的运动文件（*.bip）组织在一起，形成合成运动的组成关系。

点击图表窗口工具条中的创建片段按钮，鼠标显示出文件片段创建光标。在窗口的图表区中（目前为空白）某处单击创建一个动画文件片段图标，其默认名称为“clip1”显示在图标内，如图6.40所示，完成后点击窗口工具条的选择工具（注意它是在图表窗口中）退出创建工作状态。接着用选择工具右键单击clip1片段图标，打开一个文件引用窗口（见图6.41）。这个窗口可以将一个具体的动画文件指派给当前的这个clip1图标，让它包含实质内容。点击窗口中的Browse（浏览）按钮，弹出一个常见的文件浏览窗口，在其中查找选择我们先前制作好的动画文件Kongfu.bip并确认窗口，Kongfu.bip的文件名信息就会出现在文件引用窗口中。

Kongfu.bip文件中包含了范例中整段动画的所有内容，但现在只需要其中的那段奔跑。经过对原来动画的检查发现，奔跑动作起于204帧、止于232帧，我们要在文件引用窗口中筛选出这段内容。在窗口中设置Start Frame（起始帧）的数值为204、End Frame（终止帧）的数值为232，这样我们就明确地指明Kongfu.bip文件中奔跑的那段动画数据作为现在片段图标的引用内容，这段被选出的动画的时长也即刻自动地显示在引用窗口的Length数据项中。完成这些设置后的文件引用窗口如图6.41所示，此后点击OK按钮确认窗口的内容。随着动画文件内容的指定，图表窗口中clip1片段图标的名称也被自动改换为它所引用的文件名称——“Kongfu”。这样我们就已经在Motion Flow的图表窗口中建立了一个最简单的运动图表，这个运动图表只表示我们组织动画文件、合成新运动的一个构想和准备，要真正在骨架上体现出合成运动，还需要据此构建编辑脚本。

Motion Flow脚本以文字表单的形式描述出参与到合成运动之中的每个文件片段的出现顺序以及相互衔接的程度与方式。编辑运动脚本要在Motion Flow卷帘的Scripts区域中

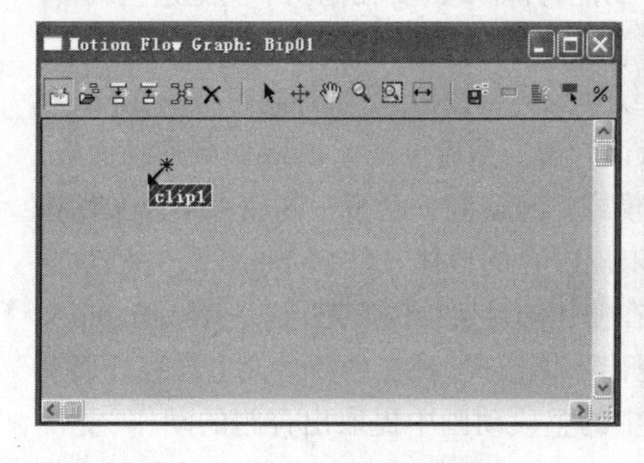

图6.40　Motion Flow图表窗口

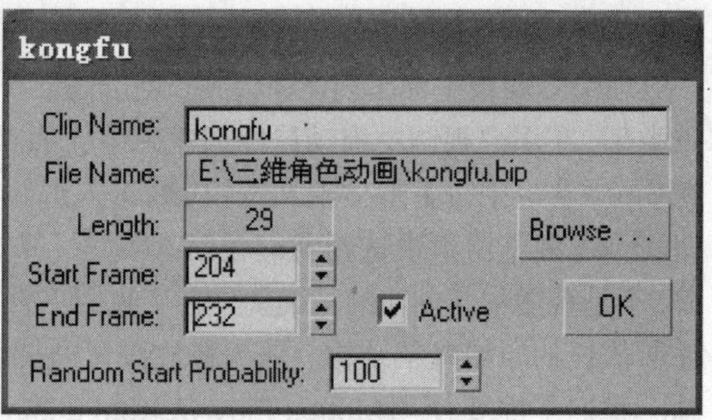

图6.41　文件引用窗口

进行，当我们有了最基本的图表之后，Scripts区中的定义脚本按钮就成为可用的，点击按下这个按钮即可根据Motion Flow图表定义运动脚本。

按下按钮后，Scripts区中脚本名下拉表中就会出现新建默认脚本名“script1”，此时Motion Flow图表窗口也应保持显示。用鼠标在图表中的Kongfu片段图标上单击，随即会看到在卷帘的Scripts区域当中的脚本区出现第一行片段文件名“0000 : KONGFU”（参考图6.42），文件片段名前方的数字表示其在脚本中的开始时刻（用帧计数）。再次用鼠标单击图表窗口中的Kongfu片段图标，相同的片段文件名会在脚本区中的第二行出现，即“0017 : Kongfu”。第二行片段是在第一行片段中的动画执行完成后紧接着应该执行的动画内容，我们现在这样设定是让第二行使用与第一行完全相同的文件片段，是对该片段的一次重新调用，Motion Flow给它自动设定了起始时刻——0017帧。这种同一文件片段在脚本中的反复调用是允许的，而且是很有电脑特色的使用方法，此时在图表窗口中的Kongfu片段图标上出现一个指向自身的箭头，表明该片段在执行完毕后又被重复调用。让Kongfu文件在脚本中两次出现后，我们还可以第三次调用它。在确认按钮仍然被按下的情况下，再一次用鼠标在图表窗口中单击片段Kongfu，于是它的名称第三次出现在脚本区里，位列第三行，起始帧为0034。经过这样设置后的脚本区内容如图6.42所示，至此点击按钮将其释放。

图6.42　Motion Flow卷帘

现在我们来看看视图中的骨架上发生了什么。拖动轨道条的时间指针滑块或者从第0帧播放动画，可以看到骨架做出了我们在范例中制作的那个奔跑动作（图6.33中一开始的那段），而且可以跑得比范例中更远。这显示出Motion Flow脚本的作用，通过将奔跑的动画片段连续运行三次而合成了一个新的、更长的奔跑动画。但却有一个很明显的问题：现在骨架不能跑完一个周期（完整的两步）就会出现脚步滑动和紊乱。这是因为虽然我们在动画文件Kongfu.bip中制作的奔跑正好是一个完整的周期，而且我们在构成Motion Flow图表时也利用文件片段正好筛选出这段动画（204帧—232帧），但在Motion Flow脚本中，每次调用这个动画片段时并没有让它单独运行完就开始下一次调用了。这可以从脚本中的每条文件片段名旁边的起始时间看出来，如图6.42中，第二次调用的起始时间是17帧，而Kongfu片段的时长应该为29帧（见图6.41），第一次调用还剩下12帧没有单独运行。这没有单独运行的12帧并不是被丢掉了，而是和第二次调用中的开头12帧重迭执行，这种重迭来自脚本创建时的默认设置，其结果让动画产生了混合效果——不同的动作混合在一起协调成了新的动作。

既然我们在Kongfu片段中选取的是一个完整的动作周期，那么就应该在脚本中的重复调用时让它们完全首尾相连，基于这个考虑我们要到Motion Flow卷帘中去做有关修改。在

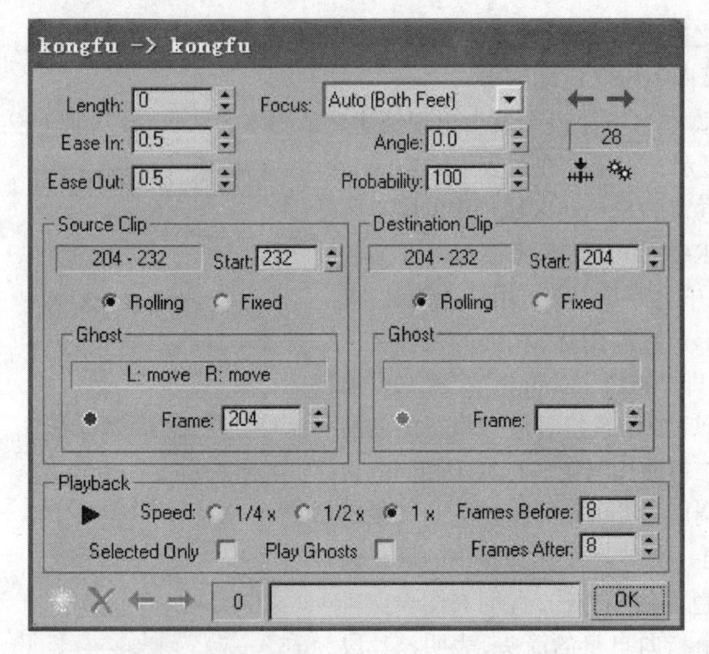

图6.43　编辑过渡窗口

脚本区域中单击选择第一行片段名，然后点击上方的编辑过渡按钮，弹出编辑过渡窗口，如图6.43所示。窗口中的Source Clip参数组对应脚本中当前选中的片段，将其中的Start参数设为232；窗口最上方的Length表示重迭动画的长度，将其设为0，此时脚本区中第二片段的起始时刻自动更改为“0028”，与第一片段重迭一帧（循环动画单元往往多出一帧）。点击OK按钮确认编辑过渡窗口，再次检查视图中的骨架动画，前两个奔跑周期已经十分自然地连接在一起。不仅如此，由于我们在脚本中的三条片段都是引用Motion Flow图表中的同一片段，所以刚才在编辑过渡窗口中调整参数之后，三条片段的衔接都会产生相同的改变，第三片段的起始时刻也自动调整为“0056”，于是在视图中第三个奔跑周期也形成了正常的连接。

由脚本片段之间的重迭所产生的混合动画被称为运动过渡，当脚本表单中的几个文件片段所包含的动作完全不相同时，往往需要设置这种运动过渡来消除动作衔接上的突变。但在刚才这个例子中由于针对的是同一段可循环的动画，所以就不需要运动过渡了。

新的合成动画编辑好以后，我们可以将当前的编辑信息加以保存，点击Motion Flow卷帘中的文件保存按钮，把编辑工作保存到一个*.mfe文件中。下面我们再举一个例子，利用Motion Flow将两个不相连的动作连接为一个连贯的动作。

2.3　连接两个不相连的动作

我们下面要从Kongfu.bip文件中选出两个并不相连的动作，通过Motion Flow的动作编辑将它们连接成一个连续的动作。我们还是在刚才的场景中进行练习，可以将刚才那个骨架上的运动脚本清除，重新来编辑它的动作（刚才的脚本已经保存）。点击Motion Flow卷帘脚本区中的删除脚本按钮，刚才创建的脚本即会消失。

如果Motion Flow图表窗口已经关闭，点击Motion Flow卷帘中的图表显示按钮显示出图表窗口，现在在图表窗口中留有刚才创建的唯一一个文件片段——Kongfu。我们要连接的两个动作是第六个动作——弓步推掌（见图6.32），以及图6.33中A处的腾空踢腿。这两个动作在Kongfu.bip中出现的时间段分别是：168—194、232—262，由于引用的时段不同，我们需要在图表窗口中创建两个引用Kongfu.bip文件的片段图标。

在图表窗口中点击创建片段按钮，并在图表区中单击鼠标创建第二个片段图标，右击鼠标停止创建同时换成选择工具，再右键单击新建片段图标打开文件引用窗口，在其中通过浏览按钮选择运动文件Kongfu.bip作为引用，并设置筛选区间为：Start Frame=232、End Frame=262，确认窗口后这个片段图标的名称会自动更改为"Kongfu1"。再为原先的那个片段图标Kongfu打开文件引用窗口，修改筛选区间为：Start Frame=168、End Frame=214。然后用选择工具单击选中Kongfu片段图标上指向自身的箭头线，再点击窗口工具条中的删除工具将其删除（它实际上是一个自己向自己过渡的标志）。

回到Motion Flow卷帘，点击定义脚本按钮，然后在图表窗口中依次点击片段图标Kongfu和Kongfu1，它们的名称出现在脚本区中，同时它们的图标之间出现表示过渡的连接线，右击鼠标释放按钮。在脚本区中选择第一行Kongfu片段，点击编辑过渡按钮打开其窗口。在编辑过渡窗口中设置Source Clip组中的Start=204；再设置Destination Clip组中的Start=232（Kongfu1中的第一帧）；最后设置Length参数为"10"，这样会产生一个长度为10帧的动作过渡区。其余参数保持默认，点击OK确认窗口。

播放一下视图中的动画，可以看到骨架从弓步推掌动作之后马上做出腾空踢腿的动作，尽管动作的连接还多少有些不完美，不过在许多情况下由Motion Flow动作编辑带来的高效率的动作重组和编排，其好处是显而易见的。通过卷帘中的按钮，我们还可将Motion Flow所编辑出来的动作转变为关键帧动画，这样当退出Motion Flow模式后（释放按钮），仍然可以看到和使用编辑合成后的动画。

第四节　面部表情动画简述

前面我们讲述了骨架动画的制作方法，利用骨架动画可以实现角色肢体运动的各种动画。但除此之外，角色动画中还有很重要的一个部分就是面部表情动画。表情运动主要体现在面部，和肢体运动不同的是，表情运动的形成除了有少量骨骼的作用外，主要是靠肌肉运动产生的。肌肉运动的形态变化比骨骼运动要复杂得多，面部肌肉的组织结构又非常细致丰富，所以三维软件需要有骨骼以外的其他办法来解决表情动画的制作问题。

在3ds Max中我们使用Morpher修改器来制作以肌肉运动为主的面部表情动画。Morpher并不能直接操纵面部肌肉产生运动，它需要设计师在面部模型网格上预先实施编辑，为其确定好一些重要的表情瞬间状态，随后Morpher会将这些人工确定的表情瞬间状态连接成连贯的表情动画。这些由人工确定的表情瞬间就好比二维动画中的关键帧（原画），而Morpher修改器所完成的则是其余的插帧动画部分。由Morpher所生成的动画也称变形动画。

1. 使用单独的头部模型制作表情

在设置表情的关键瞬间时，我们可以在原有的角色模型上进行工作。但原有的模型是一个人体整体模型，仅仅为了改变面部的表情而使用人体整体模型则不免有些累赘，而且也不容易和人体模型上已经制作好的肢体动画相互结合，所以一个更好的选择是先获取一个单独的头部模型，然后在这个模型上设置表情瞬间。获取单独的头部模型可以从原有的整体模型中分离出头部部分，为了使工作场景和流程更具条理，我们还准备将这个模型存放在一个单独的文件中。

在原先的场景中点击选择人体模型Body，在修改面板中将其已有的修改器全部删去，其中应包括：MeshSmooth、Skin Morph、Physique和Unwrap UVW。还可以将场景中的骨架对象也删去，因为制作表情动画不需要这些骨架。场景清理好后，使用主菜单File\Save As选项将场景保存为另外一个文件，可以取名为“face.max”，这样我们便可以在一个单独的文件中专门制作表情动画，暂时排除不相关内容的干扰。接着就应该分离出头部的模型，为此，继续保持身体模型Body的被选状态，然后在修改面板上进入多边形网格（Editable Poly）的面次对象层级，在视图中选择身体模型上位于头颈以下的所有网格面并将其删除（注意要通过旋转视图检查，确保完成了正确的删除），由此获得一个只有头部部分的模型，将其更名为“Head”。如果这时觉得面部的材质因失去控制而显得混乱，可以进入材质编辑器中找到人体材质（一个Multi/Sub-Object材质），对其中的位图贴图释放窗口工具条上的显示按钮，使得场景视图中不显示出贴图的纹理（详细操作请见第四章）。至此，我们回到了一个最原始的、表现头部的多边形网格模型，下面要设置的表情瞬间状态就将在这个网格模型上通过网格编辑制作出来。

面部可以做出的各种表情中，有很多是让面部保持左右对称的，例如微笑；但也有很多会让面部左右出现不对称，例如做鬼脸。我们这里只为大家例举一个微笑的表情，即一个对称的表情。在为对称表情设置模型网格时，我们又可以利用软件的自动对称功能来简化操作，也就是只需要在半边脸上设置网格，让软件复制出对称的另外一半。因为刚才从人体模型上获得的头部模型本身是一个完整的头部，为了实施对称化操作，我们还需先将其一半删去，因此在头部网格上继续选择右半边的所有面并将其删除。这半个头部的模型是我们下一步工作的基础。

2. 复制和制作表情模型

依靠这半个头部模型我们可以制作和保持一个表情瞬间，但如果一个表情需要人工确定多个瞬间来实现，仅靠这一个模型是无法完成的。这种情况是必然出现的，因为哪怕只是一个简单的微笑，我们也起码需要为面部设定两个状态——一个是没有开始笑时的面部，另一个则是微笑完全表现出来时的面部。既然一个模型只能塑造出一个表情状态，Morpher修改器就允许我们使用多个模型来表现一个表情中的几个不同瞬间。当我们用相互独立的几个模型分别刻画出一个表情的若干瞬间形态后，Morpher修改器就可以将这些模型的形态数据加以收集，最终生成连续的变形动画。这些独立的模型都是变形动画中的变形对象，Morpher对这些变形对象是有严格要求的，那就是：它们的模型所拥有的顶点数目必须相互一致，并且顶点的编号规律在模型之间也是对应相同的。也就是说从网格点清单的方面来看，这些模型是完全一样的，这种一致性也被称为相同的拓扑结构。只有拓扑结构相同了，不同模型的形态数据才能被放在一个Morpher修改器中使用。

因为Morpher有着这样严格的要求，所以我们在制作一个表情的中间过程时就要十分注意操作步骤。惯常的方法是，将基础（初始）模型进行若干复制，获得几个独立而结构相同的模型对象，然后再对每一个模型实施网格编辑，制作出这个表情的几个关键瞬间的面部形态。但在复制模型之前，应该把基础模型的结构确定妥当，以保证在这个结构下可以编辑出整个表情所需要的任何关键状态。如果事先没有准备好，在随后的表情设置中又被迫反复修改各表情模型上的网格结构，就很容易出现各个模型间拓扑结构不一致的情况，最终导致Morpher工作失败。这一点不要忽视了，在我们的例子中就包含这个问题。因为刚才那个头部模型是从前面的身体模型上分离出的，在创建身体模型的阶段我们尚未考虑要为制作表情动画做准备，所以这个模型的结构是不充分的——它的双唇之间没有可以张开的结构（可以仔细回忆并研究一下第二章的建模过程）。为了确保后面表情模型的结构一致性，我们首先需要修改基础模型，让它增加出可以塑造微笑的唇间结构，即便这些结构在平时（不微笑）看来是多余的。

运用已经熟悉的多边形网格建模和编辑的方法，将头部模型Head在双唇接缝处切开，并给每个嘴唇从开口处再增加一些向内延伸的网格面，这些面将在制作张口微笑时用来表现口腔内壁的有关部分。这里只需要在嘴唇内部增加一些网格结构，对于原有的网格除了做切开以外不要改变原先的形态，这样从外表上看去，模型的面部表情就几乎不会有变化。

随后，使用Shift键加移动操作的办法对修改妥当的头部模型Head加以复制。我们举例的表情只是一个简单的微笑，整个表情只需要制作两个关键状态，所以对Head模型只复制一份就够了。将复制出来的头部模型命名为“Head-1”，对Head-1继续进行网格编辑，制作出微笑时的面部表情。注意此时的编辑只能通过移动现有网格顶点进行，不能再对网格增加或删除顶点。此间可以对比一下两个模型上的顶点编号，当选择了某个顶点后，它的顶点编号会出现在修改面板的Selection卷帘底部，如图6.44所示。对比一下两个模型上的结构对应点，检查它们是否具有相同的编号（注意：在顶点编辑时如要到另一个模型上选择顶点，必须先在当前模型上退出顶点层级）。编辑完成后的Head-1模型和基础模型Head显示于图6.45中，此时我们先不急于将每个模型的对称部分复制出来，而是直接进入变形动画的制作步骤。

图6.44 模型顶点的编号显示

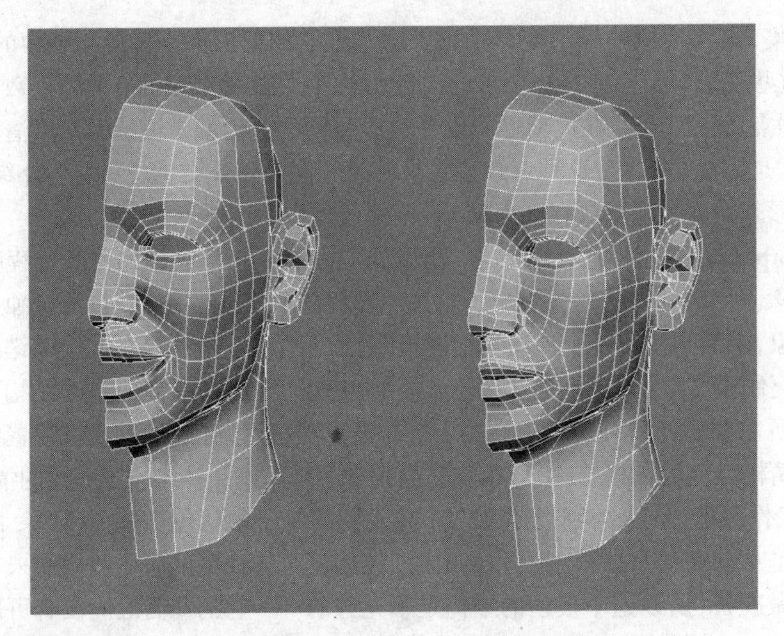

图6.45　两个头部模型分别代表了产生微笑表情时的两个状态

3. 使用Morpher修改器制作变形动画

下面我们将利用制作好的两个表情模型——Head和Head-1，运用Morpher修改器生成微笑表情的变形动画。变形动画的生成虽然需要借助多个模型对象，但Morpher毕竟是修改器，它只能被施加在一个对象上。对于已经制作好的若干个变形对象，可以选择其中任何一个来添加Morpher修改器，但比较合理的做法是将Morpher添加在基础模型（变形系列的初始模型）上，在我们这个例子中就是Head模型。

选择初始头部模型Head，从修改器下拉列表中为其添加一个Morpher修改器，修改面板中随即出现Morpher的诸多功能选项。Morpher修改器功能中最核心的是其Channel（通道）组织，Morpher使用通道来存放和使用不同变形对象的形态数据，每个通道对应于一个变形对象。所以，添加好Morpher修改器后接着要做的自然就是将各个变形对象载入通道之中，但初始对象则不再需要载入，它已经是Morpher所依存的对象了。

在Morpher修改器面板的Channel Parameters卷帘中点击Pick Object from Scene按钮，然后用鼠标到场景中点击选择头部模型Head-1，于是Head-1的名字就会出现在Channel Parameters卷帘的有关部分。同时，在另一个有关通道的重要卷帘——Channel List卷帘中也会出现Head-1的名字，如图6.46所示。在Channel List卷帘中，Head-1的名称出现在一个按钮上，这个按钮代表接受了当前这个变形对象的一个通道。在这个通道下方还排列着许多这样的通道，只不过那些通道目前尚未接收任何变形对象，所以在它们的按钮上显示着“empty”（空白）的字样。因为我们举例的微笑动画只有两个变形对象，所以在Morpher修改器中只需启用一个通道。而如果我们要制作的表情动画依赖于更多的变形对象，那么无疑就需要反复使用Pick Object from Scene按钮的操作，将更多的变形对象依次载入排列在下方的通道中，直至所有所需的变形对象都被载入完毕。Morpher实际上载入的是这些变形对象的数据，并不是这些对象本身。来自一个变形对象的数据独自占据一个通道，它也被称为Morpher的一个变形目标（Morph Target），无论是Channel List卷帘还是Channel Parameters卷帘中显示的变形对象名称，实际上都是指相应的变形目标。

Morpher可以用很复杂的方式来控制通道、利用变形目标，我们此处只是介绍它最基本的使用方法。现在我们有了一个变形目标，就可以通过Morpher的调节，看到模型从初始状态到展开微笑的表情变化过程。在Channel List卷帘中的每个通道按钮旁边都有一个百分比数值，调节这个数值就可以控制相应通道上的变形目标对模型当前形态的影响程度。现在在Head-1通道的旁边将百分比值调整为“0”（不需输入%），在场景中就会看到模型Head回复到初始的无表情状态；再将百分比值调整为“100”，Head模型就呈现出微笑的状态，和Head-1模型的形态完全一致；如果再将百分比值调整为“50”，就看到了微笑动作的一个中间状态，这个过渡状态是由Morpher产生的形态，我们没有进行过人工设置。不管Morpher中包含的变形目标有多少个，实现一个表情的变形动画都是通过设置其通道的百分比数值来实现的。现在，在真正实现微笑动画之前，我们还有些问题要先处理好。

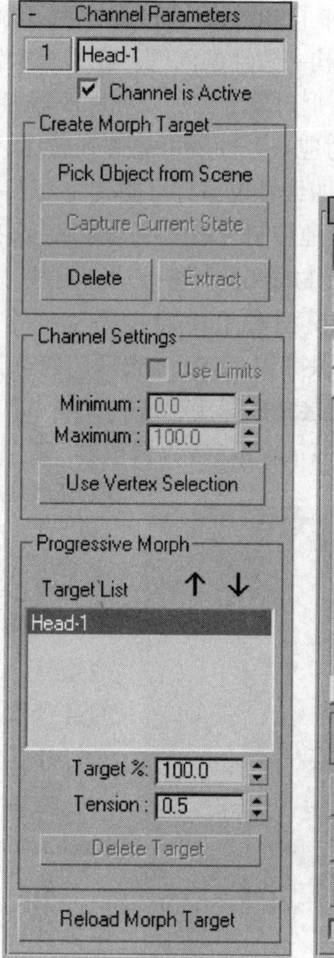

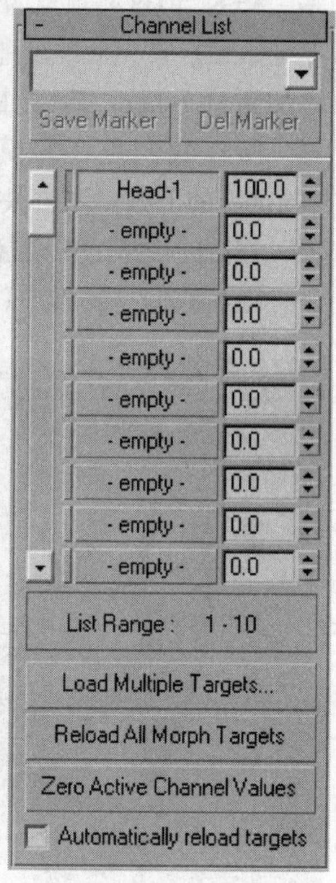

图6.46　Morpher面板中关于通道的两个卷帘

4. 恢复模型的完整性

虽然添加了Morpher修改器后Head模型可以产生表情动画效果，但现在它还只是半个模型，网格也没有细分，其表面的材质贴图也混乱了。这些都是因为为了添加Morpher修改器，我们先把其他修改器都删去了。现在要重新使用这些修改器，实现头部模型的完整效果。

首先想到的应该是对称修改器Symmetry，我们需要它来产生一个完整的、左右对称的头部。我们选择在添加了Morpher修改器之后再添加Symmetry，而不是将其加在Morpher之前，也是因为拓扑结构一致性的问题。在实践中发现，如果我们在使用Morpher修改器之前就在每个制作好的变形对象上添加对称修改器，那么它们在形成完整对称的模型同时，它们原有的顶点编号的对应一致性就可能遭到破坏，也就是说虽然它们的顶点数目相互间还是一样的，但这些顶点的编号规律有可能就完全不一样了。我们无法在添加Symmetry修改器导致顶点扩充后准确地控制它们的编号规律，那么一个解决办法就是将Symmetry修改器添加到Morpher之后，让Morpher回避掉这个问题。

所以我们现在为模型对象Head再添加一个Symmetry修改器，它在堆栈中会位于Morpher的上方。注意保持Weld Seam选项的勾选，并为Threshold设置一个很小的数值，保证对称后的模型的中间接缝被焊接起来。

随后我们需要添加Unwrap UVW修改器，来保证新模型有正确的贴图效果。因为头部模型是从身体模型上分离出来的，它网格上的材质标号（ID）并没有变化，保留着我们在第四章中为人体设计材质时对面部所做的ID设置。因此我们现在再次添加Unwrap UVW后，只需要再简单地重复一下第四章中有关的操作，将人体材质中的各个次材质重新贴敷到面部应有的位置，并重新打开其位图贴图的视图显示。

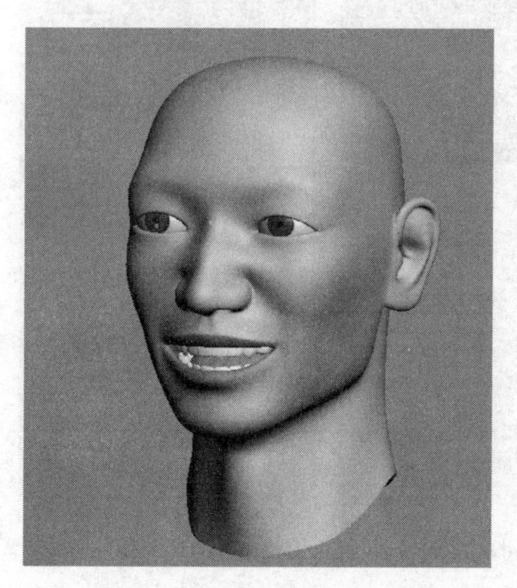

图6.47　头部模型做出的微笑表情

继续再为Head对象添加上网格细分修改器MeshSmooth，得到完整头部的最终效果。

最后，我们还需要进行一定的建模工作，来塑造出牙齿和舌头的模型，微笑时张开的口腔中一定会看到这些部位。牙齿的模型要按照生理构造将上下两排区分为不同对象，以便于制作必要的动画。最后完成的结果如图6.47所示。

5. 设置微笑变形动画

最后，我们要将微笑的变形动画完整地实现出来，剩下的操作非常简单——就是给Morpher修改器中变形目标所处通道的百分比参数设置动画。这是3ds Max中最简单的一种关键帧动画。在Head模型的修改器堆栈中选择Morpher，在用户界面底部的动画控制区中按下Auto Key按钮，并在关键帧曲率按钮表中选择线性按钮，如图6.48所示。让轨道条上的时间指针停留在第0帧，然后在Morpher面板的Channel List卷帘中为唯一一个变形目标Head-1的通道设置百分比参数为“0”，再把时间指针拖动到第10帧，将

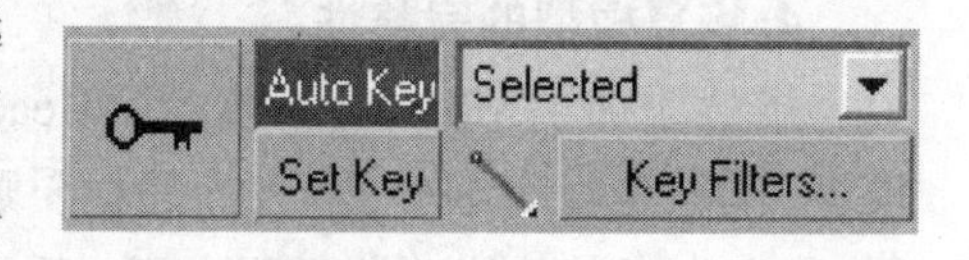

图6.48　按下Auto Key按钮并选择线性关键帧曲率

通道百分比设为“100”，随即释放Auto Key按钮。在第0帧和第10帧之间播放动画，就可看到面部做出微笑的表情。进一步的完善可以再对牙齿设置转动动画，表现出微笑中颌骨的运动。

最后将被隐藏的头发和眉毛显示出来，渲染透视视图，结果如图6.49所示。

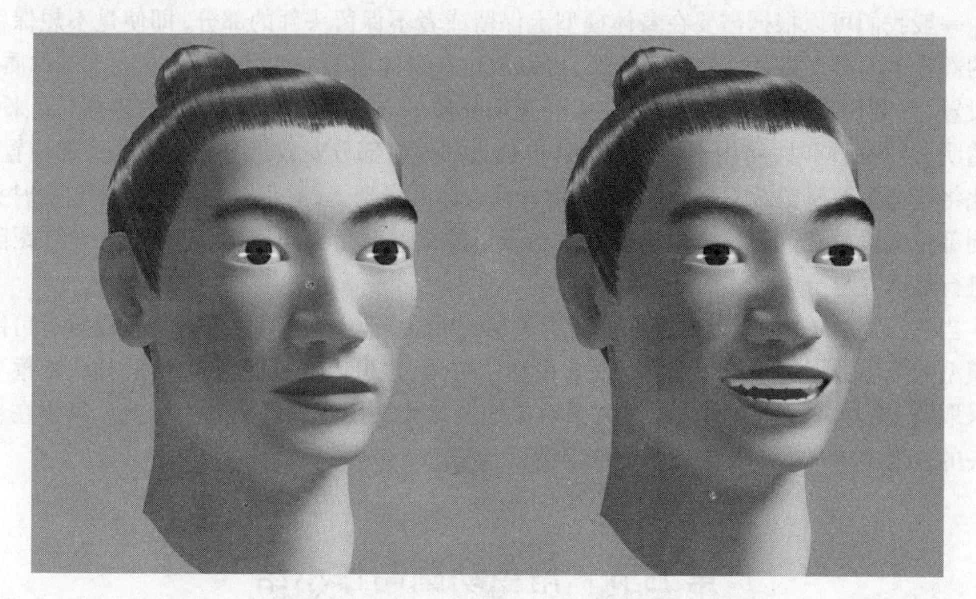

★图6.49 微笑表情动画两个关键帧的渲染图

6. 非对称表情的制作

上面制作的微笑表情中，面部模型始终是保持左右对称的。但实际上还有很多表情在表达时，面部并不是左右对称的。在制作这类表情时就无法借助3ds Max的模型自动对称功能来简化操作，而必须在完整的头部模型上设置表情关键瞬间，制作变形对象。这样在准备制作变形对象之前，就需要将头部模型建立为完整模型，并在这一基础之上进行模型复制和表情制作，其后的Morpher修改器当然也要以这些完整的模型作为变形目标。制作这样的表情动画，其中模型编辑的工作量自然就增大了。

如果一个表情的几个关键瞬间中有些是对称的，有些是非对称的，例如在微笑中做鬼脸时，其情况依然不能有多少简化。因为3ds Max中可以进行模型自动对称操作的几个功能——例如Symmetry修改器、Mirror修改器等，都不具备明确的顶点编号控制。这样，如果我们使用的变形对象不能保持和初始对象严格的复制关系的话，各个变形对象之间的顶点编号一致性就有可能丧失，结果使Morpher生成的变形动画出现形态混乱。因此，在这种情况下，尽管有一部分变形对象的模型是呈现左右对称的，我们仍然需要在一个完整的头部模型上完成两边相同的网格编辑操作（可以在网格编辑操作中寻求一定的简化方法）。

7. 表情动画的应用

使用Morpher修改器制作表情动画的方法需要将头部的模型部分单独分离出来，这在制作面部特写镜头时是没有问题的，但如果实际影片中需要包括胸部的特写或者更广的景别时，就会出现这个头部模型如何与身体模型再次联合起来的问题。

一般我们可以根据需要在身体模型上保留或者不保留头部的部分，即使是不想保留头部的部分也不必要将其从模型上清除，可以通过在身体模型上继续进行材质标号（材质ID）的设置，并利用在多/次对象材质中设计透明材质的方法将头部模型部分"隐藏"起来（变为透明）。与此同时，将用于制作表情的单独头部模型部分安放到身体相应的头部位置，并在此将这个头部模型做蒙皮设置，让它附着到人体的骨架上，并保持与完整身体蒙皮时头部相同部位的设置相同。这样新的能够做出表情的头部就会如同连接在身体上一样，跟随骨架进行运动并与身体整体保持一致。

当然，表情的头部模型已经添加使用了Morpher修改器，再对它进行蒙皮设置有可能会使模型的工作数据过于复杂。为了简化模型的数据，也可以通过适当的处理，让头部模型不必采取蒙皮的方式，而是直接通过父子对象的链接方式固定到骨架的头骨上。只要在最后镜头的表现中这样做不会出现明显的穿帮就行了。

第五节　角色动画制作小结

骨架动画的基本方法是轨道关键帧动画。Character Studio将二足骨架划分为身体重心、头颈、脊柱、手臂、腿脚等独立的运动轨道，将身体的整体运动和动作分解为不同轨道的运动。在轨道上设置关键帧时，要运用旋转或移动操作调整有关的骨骼、设置姿势。腿部和手臂骨骼链的姿势调整都可以利用IK控制系统和有关参数，提高动作的合理性和准确性，可以使用TCB参数调整运动的惯性和加速度。骨架动画数据可以保存在*.bip文件中，借此将运动提供给其他骨架。Motion Flow模式可以利用*.bip数据进行连续性很高的动作编辑。

面部表情动画制作的主要方法是使用Morpher修改器制作变形动画。Morpher要求我们事先为其准备好一些变形对象，作为对表情中一些关键瞬间状态的表达，这些变形对象的模型网格相互间必须保持严格的顶点编号一致性。Morpher修改器依据这些变形对象生成自己的变形目标，从而实现对变形动画全过程的调节与控制。除了单独使用Morpher修改器之外，在表情动画制作实践中，还可以采用将骨骼与Morpher修改器混合使用的方法。

第七章

服装与仿真

服装与织物是三维角色动画设计制作中的重要内容，也是颇有挑战性的一项工作。三维服装的传统制作方式是将它作为普通的模型对象来处理，也就是用和其他模型一样的方法进行建模，让它适当地围绕遮盖着角色模型的身体。在动画制作之前，照搬对身体模型进行蒙皮的方法，将服装模型蒙皮到角色的骨架系统上。在动画制作中，仍然只针对骨架设置动画运动，服装模型受到运动骨架的驱动，产生出衣物跟随身体变动的效果。

这种方法一个很大的优点是工作过程简洁，由于服装模型同样要使用蒙皮方法并且衣物通常都会遮蔽身体，所以我们完全可以省去部分乃至全部的身体建模。同时在动画制作过程中，服装模型会通过蒙皮作用完全响应骨架运动的驱动，不会在骨架动画之外增加任何动画设置工作。早期的三维动画都使用这种方法，现代很多卡通风格的动画也仍然在沿用这一方法。

但这个方法的缺点也是显而易见的，它难以表现衣物自身的特有运动，例如褶皱、飘动等，所以较适合于表现紧身衣或硬质铠甲之类的服装。对于宽松、柔软的服装的动画表现，现代三维动画软件已发展出了物理系统仿真的计算模块，利用模仿真实物理运动规律的力学仿真计算，自动确定纺织物受人物运动及环境影响而产生的变化。这种方法需要消耗大量的机器计算量，对计算机系统的性能要求较高；同时在制作中也要求创建出完整的角色模型（尽管可以省略一些细节），增加了一定的前期工作量，所以这种方法目前还不能在动画制作中广泛使用。但它无疑是计算机动画中的一个高技术发展方向，是推进影视动画进一步向高端发展、将计算机动画与虚拟现实等未来科技应用相连接的重要环节。

在实际动画生产中，很多企业的做法是将两种方法混合使用。为了缩减制作时间、简化制作流程，在动画设计中尽量采用贴身和厚硬的服装，例如牛仔服、西装、运动紧身衣等，对这些服装可以采用传统的模型与蒙皮方法处理；另外可以根据成本和技术要求，适当选取一些需要特别表现的地方，采用宽松或飘挂类型的服装设计，如裙子、袍子等，对于这些衣物则采用表现更为精准的物理仿真计算，以展现真实的褶皱与飘动等效果。

在3ds Max中，对于纺织物的仿真计算模块主要是专门开发的Cloth（织物）修改器，它比另一个通用的物理仿真模块——Reactor在处理纺织物方面功能更强大。Cloth的主要工作是对纺织物模型在人物运动和各种环境因素影响下应该产生的物理运动进行计算，而为了配合Cloth解决服装和衣物的建模问题，3ds Max又开发了颇具特色的Garment Maker（服装制作）修改器，将传统方法中雕塑式的服装建模手法，改变为更接近真实服装设计剪裁过程的建模方法，充分展现了“仿真”这一概念的广泛意义。这两个修改器的使用是本章学习的重点，我们将继续推进我们的范例，为人体模型制作一套简单的古代服装。本章可供参考的Max资源文件被放置在资料光盘的Resource\Chapter6文件夹中。

第一节　使用Garment Maker模拟服装剪裁

Garment Maker是为配合Cloth修改器做织物动态仿真而开发出来的模拟服装剪裁的修改器。在3ds Max中模拟进行服装剪裁，就是先通过线条图形绘制出衣料的裁剪图样，再将其转换成代表剪裁好的衣料的表面对象，最后将这些表面对象围绕身体安放到相应的缝制部位并确定好缝合接缝的位置。Garment Maker修改器为这一过程提供了所需要的全部功能。

模拟服装剪裁的第一步就是创建二维线条图形，勾勒出衣料剪裁的形状轮廓，就像服装设计师最开始在图纸上绘制剪裁图一样。二维线条图形对象不同于三维模型对象，它们只是线条轮廓，没有面积和体积，创建二维线条图形时要根据角色身体模型的尺度和比例“量体裁衣”。在织物动态仿真中，三维软件会按真实世界的实际尺寸去理解衣物和身体的尺寸，并影响到相应的计算结果。因此，在创建图形或模型时，我们要格外注意三维场景尺度背后的单位换算关系，也就是一个场景长度单位对应的实际物理长度是多少。关于这个问题，我们曾经在第二章角色建模中的第四节开头有过详细介绍。在默认情况下，3ds Max场景中的一个长度单位对应真实世界中的一英寸，即1 Unit = 1.0 Inches，通过主菜单Customize\Units Setup打开系统单位设置窗口可以检查这一点。按照这样的一个单位换算关系，我们在前面创建人体模型时就已经核准了它的身高比例，使之符合实际，现在如果再根据这个模型进行测量剪裁，应该就没有大问题了。由于在服装制作中随时需要对照人体模型进行参考，所以我们先要对前面动画制作部分所完成的场景做一些状态调整。

1. 准备人体的初始姿态

打开上一章完成的场景文件，现在场景中的可见内容是前面刚刚完成的骨架动画。由于骨架动画的设置，人体模型将跟随骨架做出各种武术动作。我们在开始进行衣料剪裁时，需要人体有一个起始的标准姿态，这个姿态基本上就是人体的达·芬奇姿态，但现在整个的动画过程中已经没有这个姿态了，所以还需要再为骨架设置出一个这样的初始姿态。当然不要破坏已经设计好的系列动作，所以选择在所有动作之前设置这个姿态。在先前的动画设计中我们将动作的开始时刻确定在第76帧——在此出现了第一个关键帧，而在它前面留出了一定的空闲时段，这样做就是考虑到后面在服装设计时会需要设置一些补充姿态或动作。

现在我们就在第0帧为骨架设置一个供服装剪裁使用的初始姿态。如果轨道条当前的显示时段不包括第0帧，可以点击时间配置按钮，在时间配置窗口中将轨道条显示时段设置为0—100帧。将时间指针滑块拖动到第0帧，在这里骨架仍然保持着武术表演开始时的准备姿势。现在选择任何一段骨骼，在运动面板的Biped卷帘中点击按钮进入形体模式，此时视图中的骨架恢复到原始的达·芬奇姿态。在形体模式下骨架的动画是看不到的，但我们可以从这里将达·芬奇姿态复制到动画模式中去。为此，展开Copy/Paste卷帘，点击按下Pose（姿态）按钮，再点击其下方的拷贝姿态按钮，整个骨架的当前姿态就被拷贝下来，并在示意图小窗口中以红色表示出来。然后释放按钮进入动画模式，点击卷帘中的粘贴姿态按钮，达·芬奇姿态便出现在骨架上（关于复制卷帘中姿势和姿态的区别，请参考第六章"调整手臂的姿势"部分）。为了在第0帧保持住这个姿态，需要在此给骨架的所有轨道都设置关键帧，于是双击骨架骨盆中央的重心对象（可以按F3切换线框显示）选中骨架的所有骨骼，再点击Key Info卷帘中的按钮设置关键帧。有了关键帧，在轨道条上移动时间指针滑块后，第0帧上的达·芬奇姿态就不会丢失了。出于以后服装仿真效果的考虑，我们还要将第0帧的双手姿势稍作改动，旋转手掌骨让掌心斜向下与地面成60度，如图7.1所示，姿势修改后不要忘记点击关键帧按钮确认。经过这个修改，在第0帧至第76帧间，人体骨架会出现一段缓慢的过渡动画。

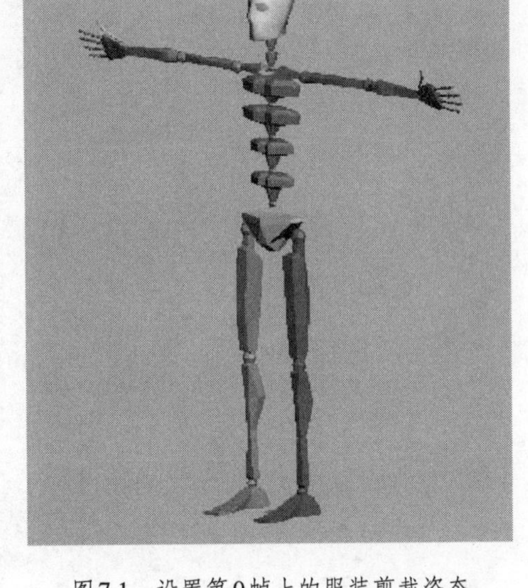

图7.1 设置第0帧上的服装剪裁姿态

随后，我们应该将人体模型Body在视图中显示出来。在视图空白处单击鼠标右键，在弹出的临时菜单中选择Unhide by Name选项，继续在弹出的窗口中选择Body对象名并确认窗口，人体模型就重新出现在视图中。现在用鼠标拖动一下时间指针滑块，可以看到人体模型已经随着骨架做出相同的动作，这就是蒙皮的控制作用。回到轨道条第0帧，让人体模型摆出配合剪裁的初始姿势。为了实施精确裁剪，我们还应该开启模型网格的细分。在选中人体模型的情况下，检查修改面板上的修改器堆栈，堆栈的最上方应该是一个MeshSmooth修改器，这是我们在第二章中添加、后来可能又被关闭的网格细分修改器，现在点击其左边的图标将其重新开启。选择MeshSmooth修改器，检查一下它的Iterations参数确认设置为"1"，这样人体模型的表面就会因网格细分而变得更加光滑、更接近真实，我们在衣料裁剪乃至服装仿真中需要这种表面效果。之后还要再做一件事，就是将骨架整体隐藏——现在不需要看到它了。由于现在骨架被包裹在身体模型之内，用鼠标选择有所不便，如果不使用右键菜单的办法则可以改用Physique修改器中的设置完成隐藏。选中人体模型对象，在命令面板中弹出修改面板，在其修改器堆栈中选择Physique，再到面板中打开的Physique Level of Detail卷帘的最下方勾选Hide Attached Nodes

选项。这样，驱动人体模型的骨架就被隐藏起来。骨架虽然被隐藏，但并不影响人体模型所获得的动画。

2. 模拟衣料剪裁——裤子

指导剪裁的图稿是画在平面上的，但在3ds Max的三维场景中我们不能随意选取绘制图样的平面，Garment Maker修改器限制我们必须将作为图样的二维线条图形创建在世界坐标的水平地面——即XY平面上，否则修改器不能正常工作。这个平面就是在顶视图（Top）中看到的平面。

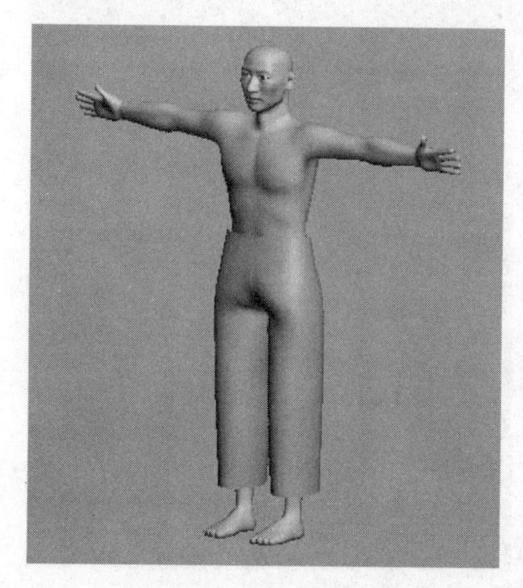

图7.2　裤子的雏形

我们先来制作裤子，采用尽可能简单的设计，它的基本概念如图7.2所示。对于这样一个基本的裤型，衣料的常见剪裁方法是将其分割为前后左右四片进行画样，但在电脑模拟中，我们可以在结构上稍作改变，以简化裁剪过程并保证以后的“缝合”更容易成形，所以对它按左右两片进行裁剪。想象一下将这条裤子从胯部中线分割为左右两部分，并将两条裤筒从内侧竖向剪开，再将每个部分平展，会成为怎样形状的一块面料，这个形状就是我们要在平面图上绘制的剪裁图（参见图7.3右）。

2.1　采用图形（Shape）对象绘制裁剪图样

在Top顶视图中，我们要按照这个形状创建两个平面的线条图形。在第三章中，我们曾为制作毛发导线而创建过CV Curve类型的NURBS Curve曲线，现在我们要使用另一种更为基本的曲线类型——Spline。Spline曲线在3ds Max中属于Shape（图形）对象，它可以用我们在平面绘图软件中熟悉的Bezier曲线工作法进行曲线

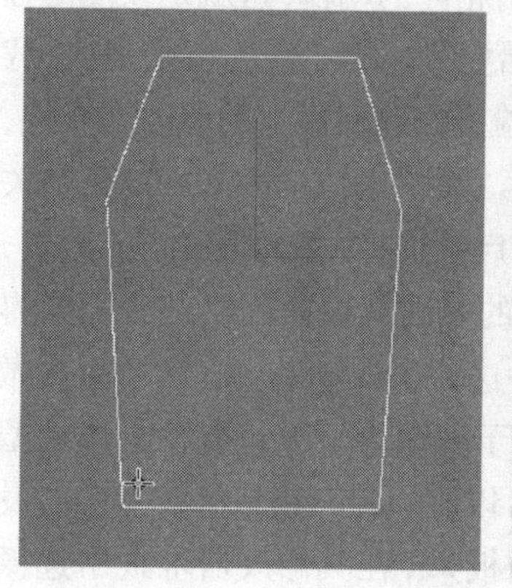

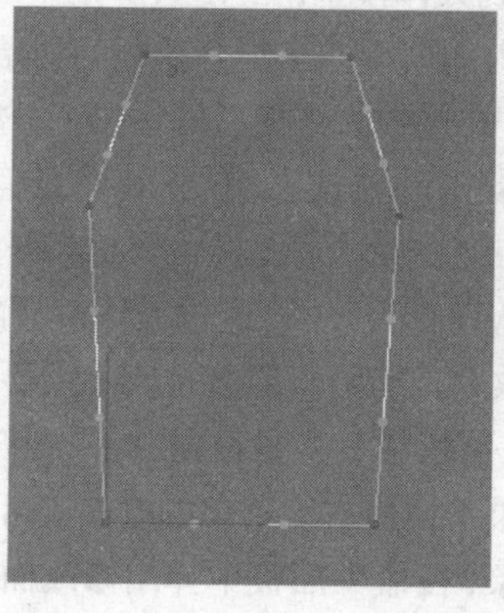

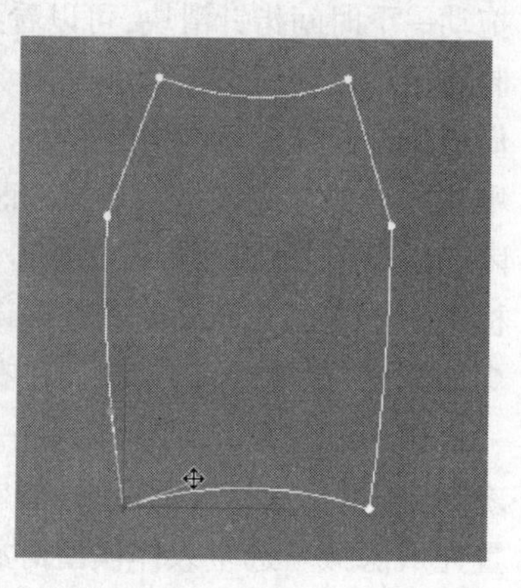

★图7.3　在Top视图中创建多边形线条图形并用Bezier方式编辑它

调整。要创建Spline曲线，先弹出创建面板，再点击图形分类按钮，确认分类按钮下方的曲线类别列表中显示的是“Splines”之后，点击选择Object Type卷帘中的Line按钮，接着就可以在Top视图中单击鼠标开始创建线条对象了，每单击一次会创建曲线的一个顶点，连续单击视图不同位置就会形成连接前后顶点的折线段（两点之间为直线）。创建顶点时也可以使用鼠标拖动的方法——按下鼠标左键后移动鼠标，这样创建的顶点是平滑类型的，线段在经过它时成为光滑的曲线。

我们现在先创建一条封闭的折线段，即只使用单击鼠标的方式创建一个个顶点，形成如图7.3左图所示的多边形图形。要封闭这个多边形需要在创建完最后一个顶点时，让鼠标回到第一个起始顶点的位置再次单击它，随即出现询问是否封闭图形的对话窗口，确认窗口即可将多边形图形封闭。这个多边形形状是半条裤子面料的大致裁剪形状（上下为裤腿方向），但还不够准确，真实的裁缝不会接受这样的剪裁，照这样去缝制裤子一定要走样。即便是在电脑中模拟计算，这种问题也会暴露——但这正是电脑模拟能在一些关键之处与真实工作保持相仿而产生的魅力。那么下面我们将用Bezier曲线调整方法修改这个图形的形状，在此之前可以先大致检查一下剪裁图样的尺度。在Top视图中应该可以看到人体模型的顶面（可以按下鼠标中键并拖动或使用视图浏览工具中的平移工具来移动视图进行查找），根据模型展开的手臂长度可以获得对其腿部长度的估计，以此判定多边形图形的尺度。如果有较大出入，可以在下面的Bezier方式调整中一并加以改进。

Bezier曲线调整方法可以让我们利用顶点上的控制点来确定经过本顶点的线段的走向和弯曲度。前面我们通过单击创建的顶点属于线性顶点，它们没有控制点，线段在连接到它们时只能是直线。可以将线性顶点转变为Bezier顶点，那样就可以控制曲线了。确保刚才的多边形线条对象仍被选中，在命令面板中弹出修改面板，可以看到这个线条对象的默认名称为“Line01”。在下方的Selection卷帘中点击按下顶点层次按钮进入顶点编辑层次，Top视图中多边形图形的顶点会突出显示出来。用鼠标拉框选择所有顶点使它们显示为红色，随后鼠标右键单击任意顶点弹出右键菜单（也称四角菜单），在左上一联中勾选“Bezier Corner”，每个红色顶点的两边会出现一对绿色的控制点，它们与所属顶点以黄色直线相连，如图7.3中图所示。随后改换主工具条的移动工具，重新选择一个顶点，分别移动它的两个控制点来改变连接它的线段的弯曲和指向。如果屏幕上出现移动操纵器，最好先把它关闭（按“X”键），否则它容易干扰自由移动。倘若发现移动操作已经受限制，可以按“X”键再打开移动操纵器，单击操纵器坐标轴夹角处的黄色方块开启平面自由移动后，再关闭操纵器，继续正常操作。最后要将原先的多边形线条图形调整为曲线的外轮廓，如图7.3右图所示。在调整顶点的控制点的同时，也可以使用移动工具自由移动这个顶点的位置，这样可以调整整个图形的尺寸比例，使之更接近合理，但不必精益求精，后面在缝制服装时还有机会微调。

在顶视图中创建出图7.3右图的图形后，它就是半边裤子的剪裁图样，我们还需要另外半边的图样才可以进行剪裁。另外半边和这边是完全对称的，我们将把它复制出来。此时在Selection卷帘中点击按下Spline（线条）层次按钮进入线条编辑层次，然后用鼠标单击曲线线条整体地选择它（选择后会显示为红色）。在Geometry卷帘的中下方找到镜像操作功能组，如图7.4所示，按下其中的左右镜像模式并勾选下方的Copy选项，然后点击Mirror按钮，在视图中可以看到整条线条被做了一个左右镜像复制，并且新复制出来的线条会自动处于被选中状态（红色）。使用移动工具将复制出的线条移动到原先线条的右边（此时可以开启并使用移动操纵器）。现在点击释放线条层次按钮，对照修改面板头部可以知道现在的线条图形对象Line01已经包含了两条互相对称的封闭线条，这些线条还有它们的顶点都是图形对象的次对象。至此，从几何上讲我们已经完成了整条裤子所需的裁剪图样。在使用Garment Maker修改器进行裁剪和拼版前，还要再做一步处理。

图7.4　线条镜像操作功能选项

在后面使用Garment Maker进行拼版时，我们需要在面料片上定义缝合边缝，这是Garment Maker为Cloth服装仿真所做的特殊准备。在定义边缝时，我们希望能在面料边界上有详细挑选的自由，而这要求作为图样的图形线条被分割为不连续的线段。为此，我们要将刚才的图形线条在每个顶点处割断。确认图形线条Line01仍然处于被选中的状态后，再次点击按钮进入顶点编辑层次，用鼠标拉框选择图形上所有的顶点（变红），在Geometry卷帘开头点击Break按钮。从表面上看视图中什么也没发生，但切割作业已经完成，此时线条上显示出的一个顶点实际上已经分裂为两个位置完全重合的顶点。试着用鼠标选择一个顶点并移动它，就可看到它所在的位置上还有另外一个顶点。在这些分裂的顶点处曲线被断开，原先的封闭曲线变成一段段不相连接的线段，尽管看上去它们是连接的。使用主工具条Undo按钮取消移动顶点的操作、复原曲线轮廓，此时的线条图形对象Line01已经准备好进入下一步的裁剪。

2.2　衣料裁剪

使用Garment Maker修改器可以将线条图形对象转换成表面对象，表面对象是一种实体模型，可以真正代表衣料之类的薄层材质。只要选择线条图形对象并为其添加一个Garment Maker修改器（在修改器下拉列表中找），转换的过程就会自动完成。此时Top视图中的Line01图形已经显示出它的内部填充，如果我们将视图显示模式转换为线框（F3），可以发现Line01对象的内部网格呈现形状不规则的网状分布，如图7.5所示。这种网状的纹样是经过专门设计的，它可以让表面模型在进行仿真计算时模拟出更自然的衣料褶皱，在技术上它也被称为Delaunay（德劳内）网格（注：德劳内为俄

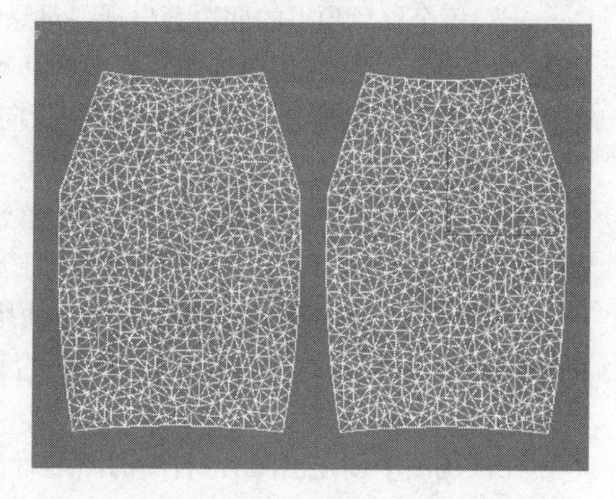
图7.5　Garment Maker产生的Delaunay网格

罗斯数学家）。

Delaunay网格的细密程度直接关系到模拟衣料的真实度，所以Garment Maker的修改器面板中首先出现的就是关于它的参数——Density。它的数值越高，网格就越密集，但过于密集的网格会极大地增加仿真计算的运算负担甚至使计算无法进行，所以在实践中要根据具体情况选择最适合的网格密度参数值。在这里，我们可以设置Density=1.1。观察完Delaunay网格的情况，可以按F4键返回填充显示模式。随着线条图形对象Line01在Garment Maker修改器的作用下转变为表面对象，按照剪裁图样模拟衣料剪裁的工作就已完成，我们在此将其更名为Pant（裤子）。下一步是要把剪裁好的每块“衣料”放到“模特”身体上去拼合。

2.3 衣料拼合

按拼合衣料的标准流程，在一开始要为Garment Maker修改器指定作为模特的人体模型并在其上设定一些定位参照点，以便于对衣料裁剪片做快速的初步定位。为此，在确认Garment Maker修改器在堆栈中仍被选中后，在修改面板的下部点击“None”按钮并到视图中点击选择将作为模特的人体模型——Body，这个选择就把Body作为设定参照点的具体人体，此时Body的名称会出现在原来“None”按钮的表面。在进行参照点设定时，先点击按下下方的一个“Mark Points on Figure”按钮，这样所有视图中会在左上角出现一个人体图标，它被用作定位导航（参见图7.6左）。人体图标上标有多个星号，观察红色的那个星号，它指示应该在人体模型上设定参照点的位置。默认时首先是胸口处的星号显示红色，这时我们要在Front（前）视图中的人体正面找到我们认为是红色星号所表示的位置。当鼠标在人体模型上游走时会显示为一个红色的小圆圈，找到我们认定的位置后单击鼠标，一个大的十字坐标轴标记会出现在此，它标志着一个设定好的定位参照点，这个过程可参见图7.6。接着人体图标上的红色星号会转到下一个位置，继续如刚才那样在正面人体上设定新的参照

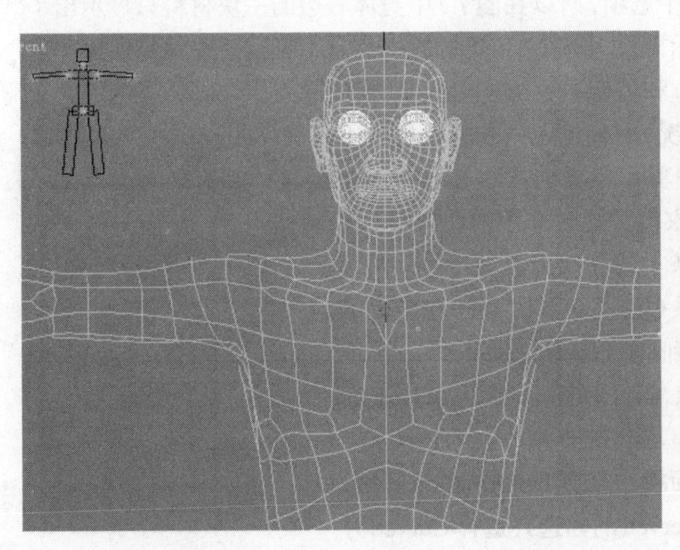

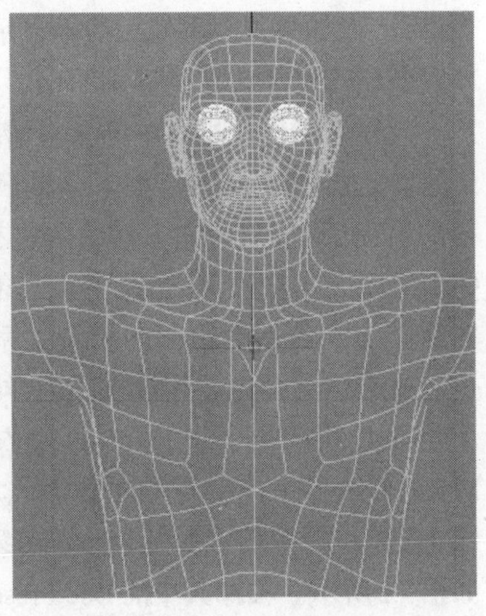

★图7.6 在人体模型上设定定位参照点

点，直至所有的参照点均被确定。注意在寻找有关的人体部位时，可以使用平移视图的快捷操作，即按下鼠标中键并拖动鼠标来移动视图中的显示区域。设定工作完成后，点击释放Mark Points on Figure按钮。

图7.7　自动定位的裁剪片

下面要将这两块裁剪出来还平放在地面上的衣料围裹到模特的腿上，首先是利用Garment Maker提供的一组控制快速定位衣料裁剪片。为此，先确认在修改器面板中选择了Arranged Panels选项，再进入修改器的Panels（布片）层级，然后在用户视图中（立体）选择左边的一块裁剪片使之显示为红色，到修改器面板中的Panel Position（布片位置）区域中点击Right Side按钮，这块裁剪片就会被自动放置到模特身体右侧并对齐上下方位。继续选择另一块裁剪片并点击修改器面板的Left Side按钮，这块材料被自动放置到身体左侧，这两块衣料的位置如图7.7所示。

在用户视图中可以看到模型和空间的三维状况，但对于表面模型的显示有一点要注意：表面模型是有方向性的，它有一个被定义好的法线方向（垂直于表面），用以区别正反面。如果在视图中看到的是表面对象的正面，那么它会正常显示，如果看到的是其背面，它可能不能正常显示，这取决于对象的属性设置中的Backface Cull选项。鼠标右键单击对象选择Object Properties，在对象属性窗口的General面板中可以找到这个选项。我们为Pant对象勾选了这个选项，所以在图7.7中身体右边的一块材料只显示出了轮廓线，而如果视图不使用线框显示模式，连这一条轮廓线也会看不见。这也就是在操作衣料时我们需要经常在线框显示（F3）和填充显示（F4）之间切换的原因。

现在查看用户视图中的衣料情况，它们的上下位置可能还不正确（如图7.7），我们需要进一步进行手工调整。手工调整裁剪片位置的方法和调整一个普通对象的空间位置是一样的，此处我们需要向下移动两块衣料。同时选中两块衣料（按Ctrl键），进入左视图，选择主工具条上的移动工具，移动两块衣料至与腿部保持恰当的位置关系（除了上下位置外左右可能也需要调整），可以在用户视图中详细检查移动的结果。

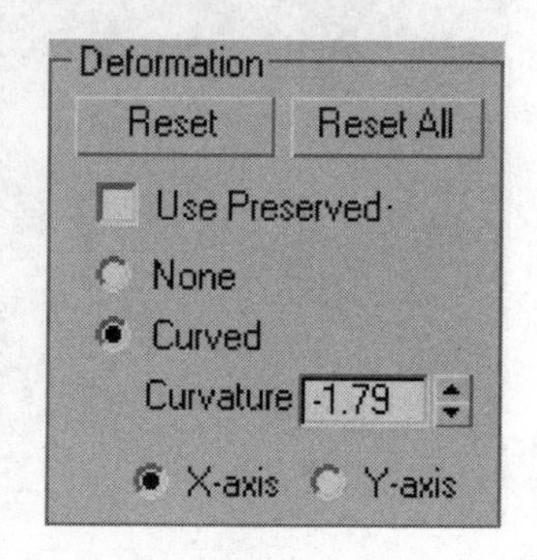

图7.8　Deformation功能

下面我们开始尝试让两块衣料向双腿包卷，在Garment Maker修改器中也配置了这个功能。不要离开修改器的Panels层级，选择左腿旁的衣料片，在修改面板中找到Deformation区域，如图7.8所示。去掉其中的Use Preserved的勾选并选择Curved开关，再点选最下方的X-axis开关，然后调节Curvature参数，在视图

图7.9　调整衣料片的包卷

中可以看到这个参数的调节会控制衣料的包卷方向和程度。将视图切换到填充显示模式，一边调节Curvature参数值，一边旋转视图从各角度观察衣料包卷的情况，应该使衣料包卷到尽可能贴近身体但又不能插入身体内部，如果有必要，还可以同时使用移动工具继续调整衣料片的位置。这块衣料调整好后，再以相同方法调整好另外一块，它们的Curvature参数值应该是相同的，调整完毕后的情况如图7.9所示。

2.4　定义缝合边缝

由Garment Maker提供的衣料片拼合的功能目前还比较有限，要继续将衣料片在人体身上组合，我们需要进一步地仿真缝合。但在仿真缝合前，需要定义缝合边缝，即确定各块衣料上的哪条边要与哪条边缝合在一起。缝合边缝的定义仍然是在Garment Maker修改器中进行的。

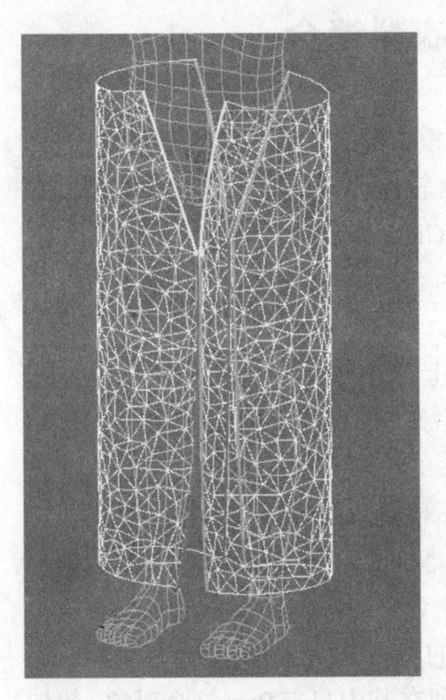

★图7.10　裤料缝合边的对应关系

对于现在这条由左右两块材料缝合的裤子，我们设想的缝合方向是：在腹部与臀部做左右缝合，在双腿部分做前后缝合。可以参考图7.10所示，图中标示出了四对颜色相同的边界，要把这些颜色相同的边界成对缝合在一起。为此，继续选中Pant（裤子）对象，在修改器堆栈中进入Garment Maker修改器的Seams（缝）层级，在这个层级中我们可以定义衣料边界的这些缝合关系。在定义时为了能从视图中清楚地看到每条要缝合的边界，最好使用线框显示模式（F3）。

在Seams层级的修改面板上只有一个Seams卷帘，首先对照图7.10同时选中两条黄色的边界（按下Ctrl键进行复选），被选中的边界会显示为红色（视图中的边界原先均显示为白色）。随后点击Create Seam按钮，一个缝合边缝就被定义下来，此时两条边界之间会显示出许多表示连接作用的平行线，即缝合拉力线，但这两条边界并不会马上合拢起来——这个工作要在后面的仿真中进行。依照同样方法将裤料上所有的缝合边缝都定义下来，在定义不同地方的缝合缝时要旋转视图以便看清要选择的边界。如果碰到无法创建缝合缝的情况，可以增大Seams卷帘下方的Seam tolerance参数值，然后再行尝试。定义好的缝合缝如图7.11所示，平行的缝合拉力线一般显示为绿色，如果选择它们则会显示为红色。

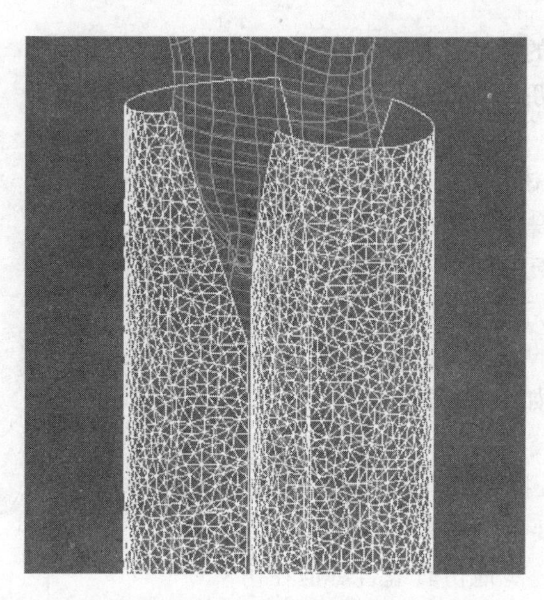

★图7.11　用户视图中定义好的缝合缝

第二节　使用Cloth仿真衣料缝合

衣料的仿真缝合是服装仿真的一个基础阶段，它通过模拟缝合拉力，并考虑到模特身体或其他外界实体对衣料的阻挡作用，在物理规律指导下由软件计算出衣料缝合成服装并穿着在身体上的效果。这是一个动态的计算过程，需要使用Cloth修改器进行。

1. 添加Cloth修改器并设置对象属性

回到刚才的工作现场，在Pant对象的修改器堆栈上退出Seams层级（选择Garment Maker修改器层级），从修改器下拉列表中选择Cloth，将其添加进堆栈。Cloth修改器结构颇为复杂，我们会由浅入深地了解如何使用它。

首先我们需要指定参与Cloth修改器仿真工作的所有对象，尽管我们已经将这个Cloth修改器添加给裤子对象（Pant），但还有其他的对象需要考虑，所以单击修改器面板中的第一个按钮Object Properties，打开一个对象属性窗口，参见图7.12（注意这个Object Properties窗口和右键菜单中调出的那个Object Properties窗口是不同的）。这个窗口的左边有一列对象名列表，列出了参与当前这个Cloth修改器仿真的对象。现在其中只有Pant这个对象，我们还需要人体对象Body加入其中，所以单击列表上方的Add Objects按钮，在弹出的窗口中选择Body对象并确认窗口，Body的名称就出现在列表中。

当前的仿真只包括Pant和Body这两个对象，我们要对它们的物理属性进行定义。先选择Body，然后点选窗口下方的Collision Object开关，这个开关定义Body对象在仿真中作为

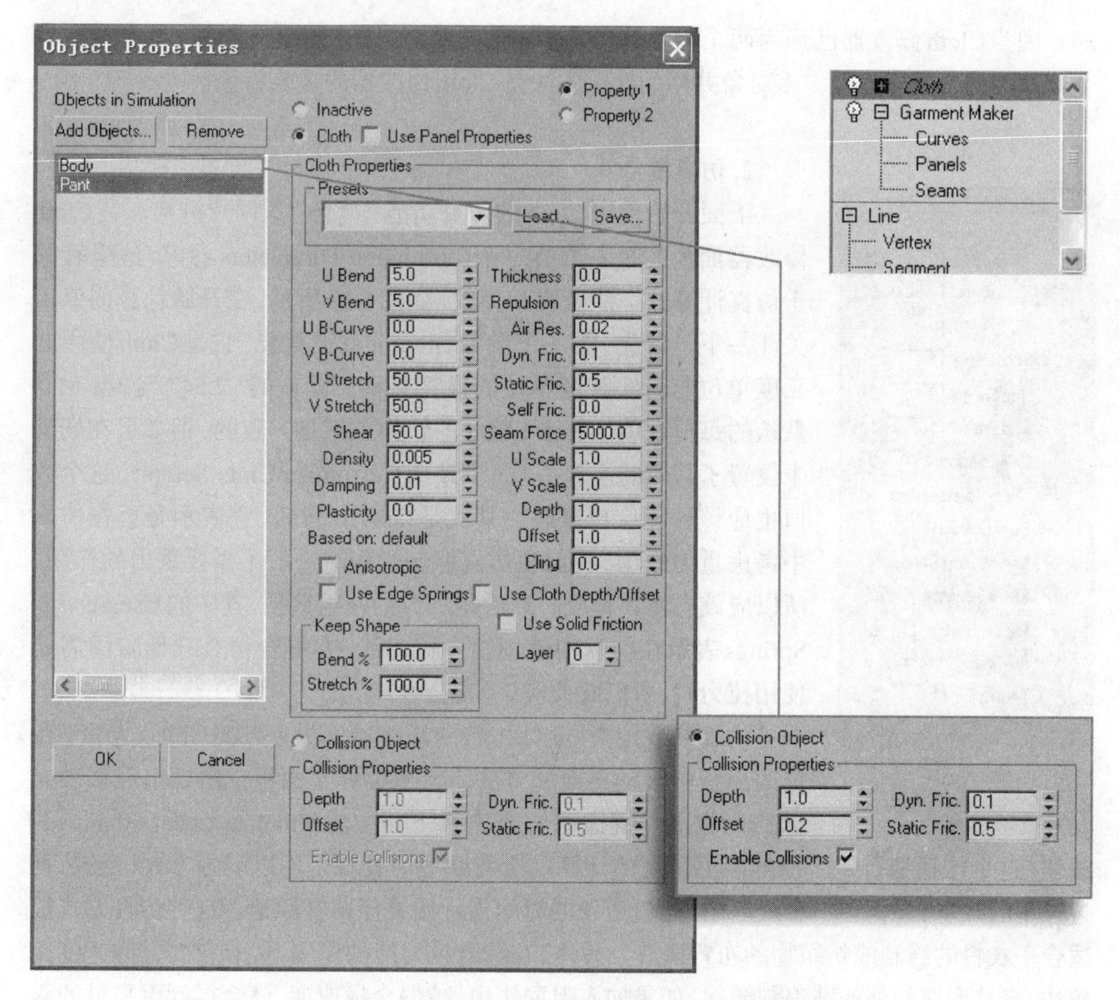

图7.12　在对象属性窗口中定义Body和Pant在仿真中的物理属性

碰撞对象，也就是对衣料有阻挡作用的物体，但其本身不具有衣料的特性。下方还有一些碰撞对象的物理参数，我们改变了Offset参数的数值，将其设置为"0.2"，这个参数限制衣料可以贴近碰撞物体的最小距离。其他参数保留默认设置，见图7.12所示。再选择Pant，然后点选窗口上方的Cloth开关，这个开关将Pant在仿真中确定为衣料。窗口中部是关于衣料对象的大量的物理参数，这些参数的默认值适合于模拟普通的棉布材料，我们在此全部接受不做修改，如图7.12所示。最后点击OK按钮确认窗口中的设置。

经过对象的选择与仿真属性的设定，两个对象——Pant和Body都成为了Cloth修改器的控制对象，也就是说在这两个对象的修改器堆栈中都会出现Cloth这个修改器，尽管我们并未直接为Body对象添加过Cloth修改器。再分别选择一下这两个对象，查看修改器堆栈即可以核实这一点，并且此时Cloth修改器在两个对象的修改器堆栈中均以斜体字体显示其名称（见图7.12右上角），这种斜体字的名称说明该修改器是同时被两个或更多对象所共用的。因为Cloth修改器已经为两个对象共用，所以现在无论选择Pant还是Body都可调整这个修改器的参数或设置。多对象共用的使用方法是Cloth修改器的重要特色。

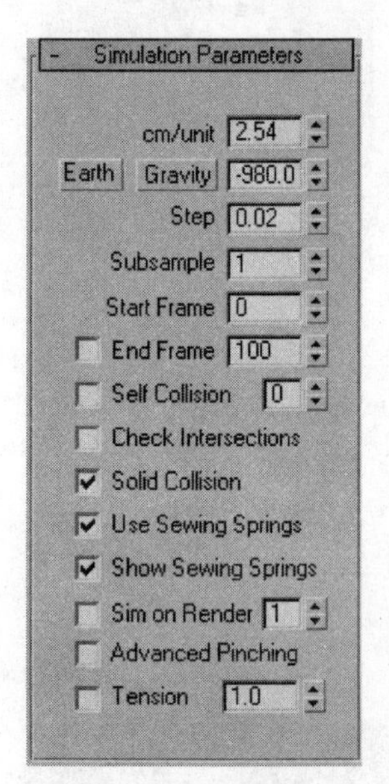

图7.13 仿真参数区

2. 仿真缝合

下面开始使用Cloth的仿真功能"缝合"这两片裤料。在Cloth修改器面板的最下方有一个Simulation Parameters卷帘，这里有关于仿真计算的一些设置和参数，如图7.13所示，在开始计算前值得关注一下。首先，第一个参数cm/unit就很重要，它是Cloth使用的长度单位与真实长度单位的换算关系。默认的"2.54"与3ds Max默认的每长度单位等于1英寸的转换关系是一致的，但如果在场景中设置了其他的换算关系（主菜单Customize\Units Setup），这个数值也应该被相应地修改。其次是Gravity按钮，它表示是否在仿真中考虑重力作用，我们在仿真缝制过程时一般不需要重力的作用，所以应该先将其释放。然后是下方的一组选项，其中的Use Sewing Springs表示在仿真中使用缝合拉力线，在缝合仿真开始阶段需要使用拉力线，所以此项应该勾选。

仿真参数检查好以后，转向修改器面板上方的Object卷帘（在修改面板中滚动界面的方法是将鼠标移至面板空白处出现移动光标后按下左键拖动），点击按下其中的Simulate Local（damped）按钮，这个按钮执行一个原地阻尼仿真的计算。所谓原地仿真就是不以动画方式记录仿真过程中的状态，只保留一个最后结果，轨道条的时间指针始终停留在原地。这种仿真方式很适合于衣料的缝制或纺织物的布置摆放。另外，在缝合拉力线的作用下，衣料的合拢速度比较快，容易形成额外的波浪与皱褶，如果加入阻尼作用、减慢合拢速度，就会得到更平整的服装。Simulate Local（damped）这个按钮兼备这两个特点。

点击按下Simulate Local（damped）按钮以后，3ds Max启动仿真计算，在视图中会动态显示出衣料片在拉力作用下相互合拢并包裹身体的进程，在软件界面左下角的信息条中也会显示当前进程的有关信息。集中注意力观察仿真进程，当看到两块裤料已包裹住身体并即将收紧缝合缝隙时，点击Simulate Local（damped）按钮将其释放（或按键盘Esc键），仿真进程即刻被停止，此时的缝合状态应该如图7.14左所示。在缝合缝尚未完全收紧时停止仿真计算，是因为缝合拉力线施加的是一种弹性力，它虽然有利于将分散的衣料聚拢并包裹模特，却难以形成完全紧密的闭合。我们需要关闭缝合拉力线后再继续仿真，使衣料接缝迅速达到完全闭合。因此在Simulation Parameters卷帘中取消Use Sewing Springs选项的勾选，然后再次点击按下Simulate Local（damped）按钮，仿真继续进行。在没有缝合拉力线的作用时，衣料缝隙会直接快速地闭合起来。这一次的仿真只要看到衣料缝合的动作即可停止——马上释放Simulate Local（damped）按钮，在视图中看到的缝合结果如图7.14右所示。

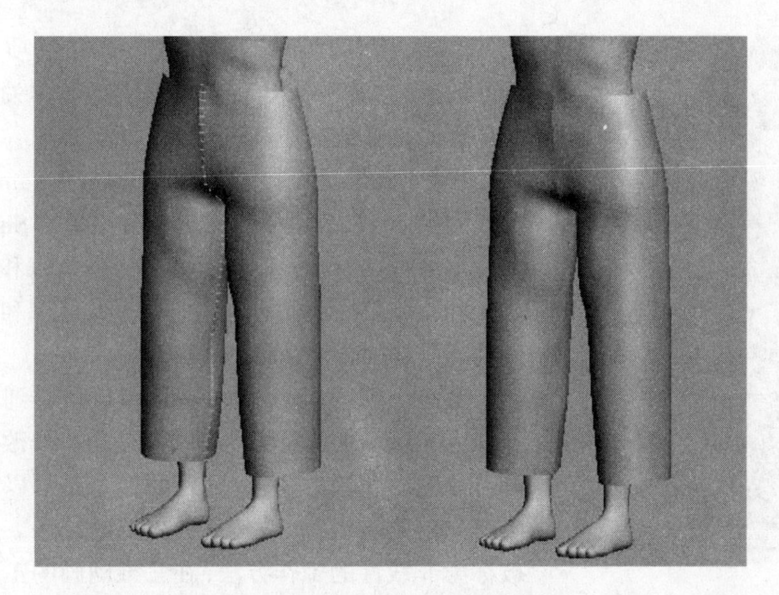

图7.14　第一次仿真缝合的过程

3. 解决仿真后的问题

我们现在是第一次看到这条裤子的缝制结果，它的裁剪是否正确，穿着是否合适，这些方面都有可能出现问题。比如现在图中的这条裤子，虽然尺寸基本正确，但穿着后裤筒向外分——双脚没有从当中伸出。这一点对真实的裤子也是一个不能忽视的问题，而在服装仿真中对此要求会更高。因为现在的穿着状态将是这条裤子往后进行动态仿真的一个起点，如果这个起点状态不够端正，后面的仿真结果将会受很大影响。这个问题的产生，主要源于仿真缝合之前衣料片的摆放还不够合理。为了改善这个状况，让裤筒尽量中正地套住双腿，我们要回到Garment Maker修改器中去调整当初的一些操作与设置。但在回去之前我们先要把刚才的仿真结果清除，为此重新勾选Simulation Parameters卷帘中的Use Sewing Springs选项，然后在Object卷帘中点击Reset State按钮（Selected Objects Manip区域），视图中的裤子就应恢复到仿真之前的状态。

在修改器堆栈中选择Garment Maker修改器名称，系统会弹出一个警示窗口，点击“Yes”继续执行操作，这样我们在堆栈中就进入了Garment Maker修改器层级，为确保操作过程的顺利，可以将上方的Cloth修改器暂时关闭。在Garment Maker的修改器面板中选择Arranged Panels选项，重新进入Panels层级。在视图中分别选择每块裤料片并用旋转工具（主工具条）左右旋转它们，使它们的下口略微向内靠拢，如图7.15所示，如有需要还可以使用移动工具再仔细调整它们的位置，甚至还可以修改卷曲参数Curvature。调整完成后在修改器堆栈中回到Cloth修改器层级并将其开启，此时如果视图中的裤料没有准确反映出刚才在Garment Maker中的修改，可以再次点击Object卷帘中的Reset State按钮。现在从图7.15中可以看到，两块裤料的下口更加接近以至于产生相互交叉，但只要我们在

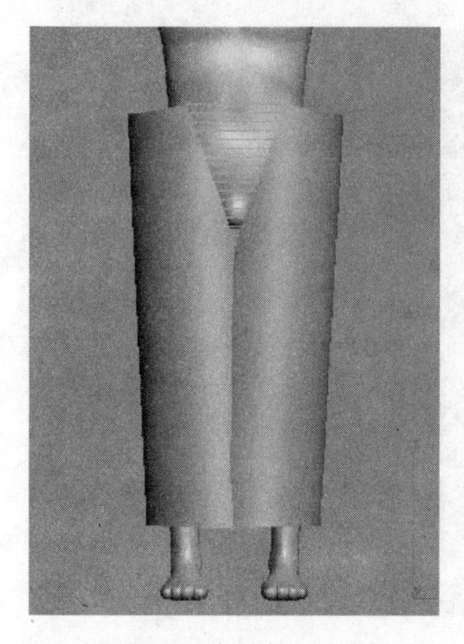

图7.15 回到Garment Maker的Panels层级并调整裤料片的方向

使用Cloth仿真时不选择Self Collision选项（Simulation Parameters卷帘中），这种超越真实的形体关系就不会影响仿真的正确性。

在Cloth修改器中，检查Simulation Parameters卷帘中的设置和参数，然后在Object卷帘中单击Simulate Local（damped）按钮重新进行仿真，仿真的步骤和过程与第一次相同。结束后我们看到这条裤子的缝制和穿着效果都得到了明显的改善，如图7.16所示。

通过上面的修改过程，我们可以体会到修改器堆栈工作方式所带来的巨大便利。正是由于修改器堆栈的这种可以随时重溯的功能，才使我们总是可以在事后再去修改先前的不足，并快速获得更新的结果。这种方法也被称为非线性的工作方法，在三维动画的工作流程中是极为重要的。

前面我们只对仿真中可能出现的裤子缝制和试穿方面的问题进行了调整，其实初始的仿真结果中还可能暴露更加基本的剪裁方面的问题，例如有可能发现图样的绘制有问题等，依赖修改器堆栈的非线性工作方式，我们一样可以轻松解决这些问题。其做法就是回到修改器更下方的Line层级，这个层级是当时创建和编辑图样线条时的工作场所，保留着对线条进行各种层次（包括顶点、线段等）编辑的功能。但是回到Line层级编辑时要注意，这个层次是可以修改图形的形态甚至结构的，它的修改会导致上层的修改器Garment Maker及Cloth更新它们各自的处理结果，如果Line的更改太大，就可能导致上层在更新时出现错误或异常结果。所以，每当我们的调整工作要在修改器堆栈中向下选择修改器、并且下面这层修改器具有改变对象结构的功能时，系统就会弹出警示窗口，提示可能出现意外结果。此时我们仍然可以继续往下操作，但必须心中清楚要尽可能保持修改的限度。在这个例子里，可以在线条层级中改变图样的比例、曲线的弧度和细部尺寸等，但尽量不要添加新顶点、删除原有顶点或改变原来的顶点切断方案。只要把握合理，这种非线性的编辑方法可以反复运用，最终将服装的剪裁和穿戴调整到最为满意的结果。如果开始的失误较大，无法再维持在正常的非线性工作流程中解决问题，

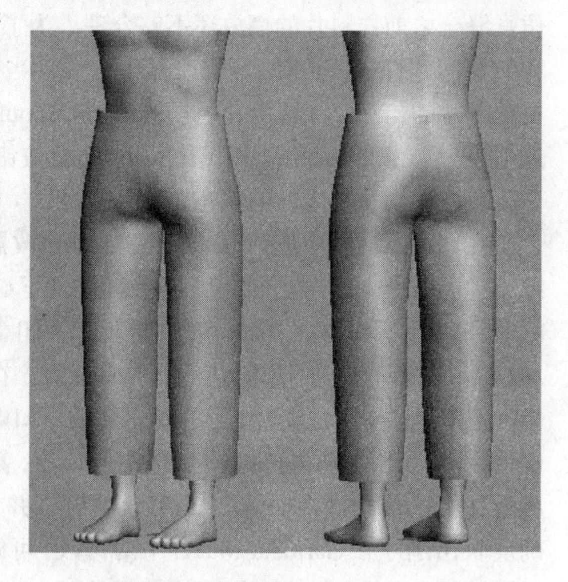

图7.16 改善后的缝制和试穿结果

就只能重新设置上方修改器的工作条件甚至删除这些修改器再重新添加。

4. 仿真计算的精度问题

服装仿真计算与普通的关键帧动画计算不同，其计算过程和结果往往带有一定的不确定性。这并非由于仿真算法的设计不可靠，而是由于仿真计算本身面对的就是受复杂因素影响的物理过程，计算的精度和模拟的真实性在不同的初始条件或外界条件下可能会突然发生很大变化。例如当我们在仿真中对衣料的形状或摆放做了反复多次修改后，或是我们用原来的衣料设置在不同版本的软件中重新进行计算时，都有可能产生出大相径庭的计算结果。图7.16a显示的是我们在刚才的仿真过程中由于修改衣料或者更换软件版本可能产生的一种情况，其仿真计算过程和结果都和上面我们叙述的内容很不一样，而其实我们对仿真条件的改动可能只有很少一点。这种问题主要是由仿真精度和仿真条件的不匹配造成的，在仿真计算中较为普遍，其解决办法就是提高仿真精度。

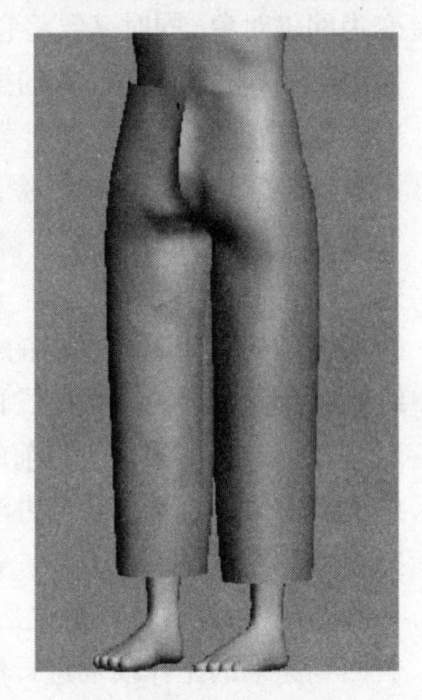

图7.16a　仿真计算可能出现异常的结果

在Cloth修改器中涉及仿真计算精度的参数有两个，它们是Simulation Parameters卷帘下的Step和Subsample，其默认数值分别是“0.02”和“1”。当仿真计算过程出现异常——比如衣料变动过快导致过度褶皱甚至无法继续计算时，就可以尝试逐渐降低Step或提高Subsample的参数值，直至获得稳定和理想的计算结果。

在前面这个阶段的仿真缝合完成后，我们获得了一条完全概念化的裤子——它没有任何与人体相束缚的地方，也没有下垂或皱褶的自然表现，完全是平整和悬浮的。这个状态的服装制作是很重要的工作阶段，它是以后约束仿真和动态仿真的工作起点。

第三节　仿真穿戴约束

对这条处于游离状态中的裤子，要做的下一件事情就是让它真正穿到人体上，也就是要做出约束在人体上的效果。这条裤子需要在腰部和脚踝处被系紧到模特身上，这个“系紧”的动作也是一个仿真过程。为了让这个仿真过程能够单独而顺利地进行，我们必须使用一个新的Cloth修改器。因为如果在原有的Cloth修改器上继续启动仿真计算，其衣料上的缝合缝又会继续产生仿真运动，破坏我们调控好的状态。但现在如果直接在修改器堆栈上添加第二个Cloth，又会让Pant对象的编辑结构过于复杂，增加计算负担、降低制作效率，而且容易出错误。所以我们应该在新一轮的仿真开始之前，将前一阶段的工作做一个结算，以一个精炼的组成形式进入到后续的工作中。为此，我们要压缩修改器堆栈的层级至最简，将堆栈中那些“陈年旧账”一并了结，让裤子Pant对象以一种最简单的模型对象类型出现在堆栈中。

1. 塌陷修改器堆栈

三维模型结构最简单的类型就是可编辑网格对象（Editable Mesh）。我们要将裤子转变为网格对象，同时又要将它从线条图形创建一直到Cloth缝合仿真而形成的最终结果固定保留下来，完成这个任务的操作称为堆栈塌陷。在修改器堆栈的最顶端选择Cloth修改器，右键单击它的名称，在弹出菜单中选择“Collapse All”（塌陷全部）选项，系统会弹出一个警示窗口告知塌陷带来的风险，如果我们已认定目前对象的编辑结果正确，点击“Yes”按钮执行塌陷。这样，Pant对象在修改器堆栈中过去所有的内容都消失了，只留下“Editable Mesh”这一项，它说明Pant现在是一个可编辑网格类型的对象，其构成结构已经被简化至最简。同时在视图中可以看到裤子的外观表现没有产生任何变化，说明塌陷保留了修改器制造的最终结果，但这是一个“固化”的最终结果，它不再能像原来那样进行非线性修改了，所以实施塌陷要慎重。如果认为目前的塌陷不妥，可以马上使用Undo操作恢复堆栈。另外在实践中也经常采用文件备份的办法保留一份带齐所有修改器的对象拷贝，即在没有塌陷之前，选择主菜单File→Save Copy As选项，在弹出的保存文件副本的对话窗口中为文件副本命名并确认窗口，这样在塌陷之后的工作中一旦发现由剪裁和缝合工作产生的问题时，就可以很快回到原来的工作现场进行修改，并更新工作场景中的内容。3ds Max不能同时打开两个场景文件，所以文件副本保存好后，应该重新打开文件原本进行工作。

堆栈塌陷操作是对象创建和修改过程中的一个重要手段，它可以避免冗长的修改器堆积造成的系统功效下降，稳定制作的阶段性成果，减小场景文件的存档大小。堆栈塌陷除了有像刚才那样从顶到底的全部塌陷，也可以有选择性地从某个修改器开始向下塌陷。

2. 黏合缝合缝

现在的Pant对象已经成为一个简单的网格对象，但在它身上还带有仿真运算留下的痕迹，这就是缝合缝。就网格模型的结构而言，现在的网格表面在原先缝合缝的路线上是断开的，但从外表上看初学者很难分清这点。如果我们把图7.16中的裤子模型在缝合处放大，如图7.17所示，在其中的左图中，可以看到原来裤料裁剪片的缝合处出现“裤缝”。当然真实裤子也是有裤缝的，但不管这里的裤缝和真实裤缝的位置是否一致，这种裤缝都是有害的，因为它们在结构上是断开的。

为了检查证实这一点，我们可以临时移动一下网格模型上的顶点。一般而言，如果我们移动网格模型上的一个正常顶点，会牵拉模型表面发生改变，但不会出现表面裂缝或裂口，但如果我们尝试地移动一下裤子模型“裤缝”上的顶点，情况就会不一样。在视图中选择裤子模型并在修改器堆栈中进入Vertex顶点编辑层次（或在修改面板中点击按下顶点层次按

钮 ），在这个层次中，网格模型上的顶点都会在视图中显示出来。用Ctrl键加点击的办法同时选择多个缝合缝处的顶点，再改用移动工具 移动这些顶点，即可在视图中清晰地看到模型上出现了裂口，如图7.17右所示。这是因为我们在模型网格的这条缝合缝处看到的每个顶点实际上都是两个位置重合的顶点，它们的位置暂时重叠，给人以模型表面是连续完整的错觉，而实质上它们却没有几何上的连接关系。一旦你移动了其中一个顶点，模型表面就被分开，显示出它们原来只是一种“搭接”关系，并没有真正地合为一体，这就是我们所说的“断开”。

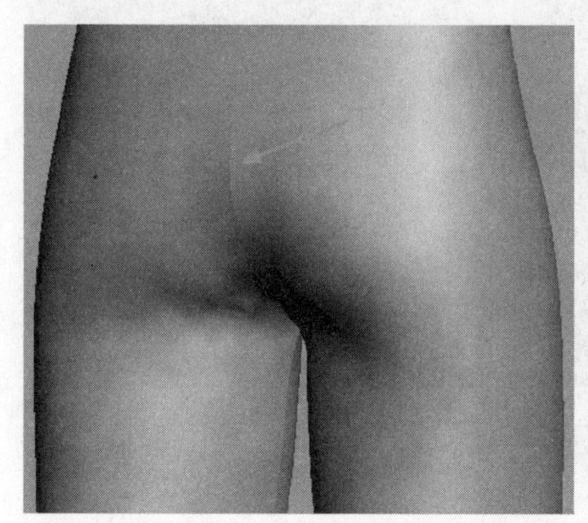
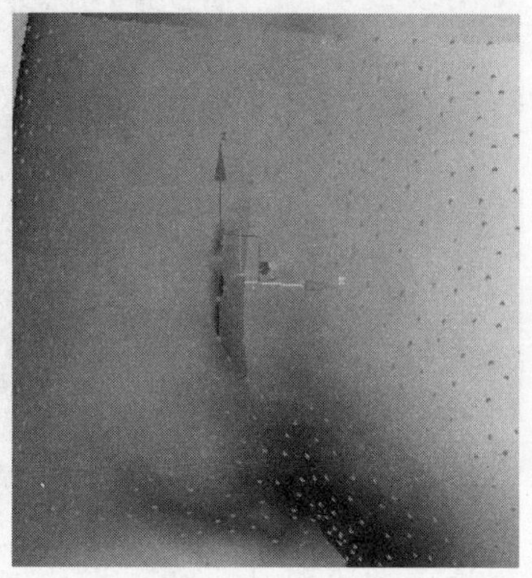

★图7.17　裤子模型在缝合缝处网格是断裂的

断开的模型在进一步的动态仿真中一定会出现问题，因为在各种拉力作用下实际断开的搭接处一定会开裂，所以在继续仿真之前，我们先要解决这个问题，就是要把模型网格在缝合缝处真正连接起来。在开始连接前，不要忘记使用Undo命令 恢复模型的原状。

仍然停留在模型的顶点层次，将视图切换到线框显示模式以便清楚看到所有顶点。进入前视图Front并缩放视图重点显示腹部与胯部，用鼠标拉框选择此处所见的缝合缝上的所有顶点，可以包括一部分沿线周边的顶点，这些顶点在被选择后即显示为红色，如图7.18左所示（在顶点选择前要注意Selection卷帘中的Ignore Backfacing选项不要勾选）。随后在修改面板的Edit Geometry卷帘中点击Weld（焊接）区域内的Selected按钮，这个按钮会将选中的所有顶点中极为接近的顶点合并为一个顶点。怎样才算“极为接近”，在Selected按钮旁边有一个参数表明了距离的上限，默认值为“0.1”。按照目前场景长度单位的换算关系，它等于2.5mm，已经足够小，只有那些在缝合缝上相互重合的顶点之间的“零”距离才会落在这个上限之内，其他周边也被选中的顶点之间的距离显然大于这个值。所以在这个条件下进行的Weld（焊接）操作就会很准确地将此处裤缝上那些导致模型断开、但又相互位置重叠的一对对顶点两两合并起来。合二为一之后，左右两处的网格自然就连接为一个连续的整体了。此时切换回到填充显示模式，就会看到图7.17中裤子模型在此处的“裤缝”也消失了——这是模型连接好的一种反映，如图7.18右所示。

腹部与臀部的缝合缝连接好后，还要照样将裤腿内侧的缝合缝“焊接”起来，在左视图中完成这次操作是最方便的。完成后，整条裤子的网格模型会形成一个光滑连续的整体，表面不再出现可见的“裤线”，这种十分单纯的模型结构会为下一步的服装仿真提供一个稳定可靠的基础。

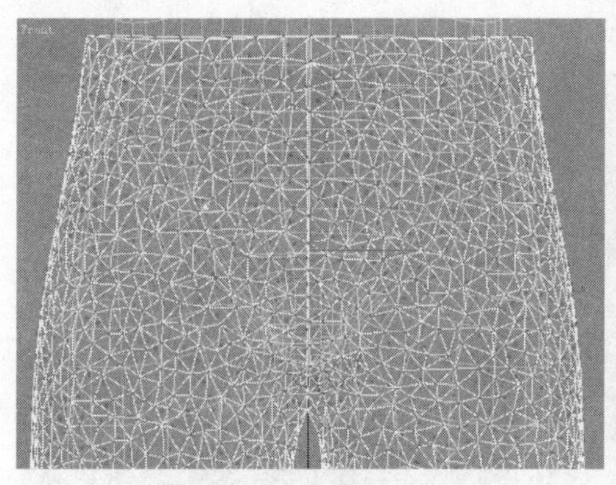

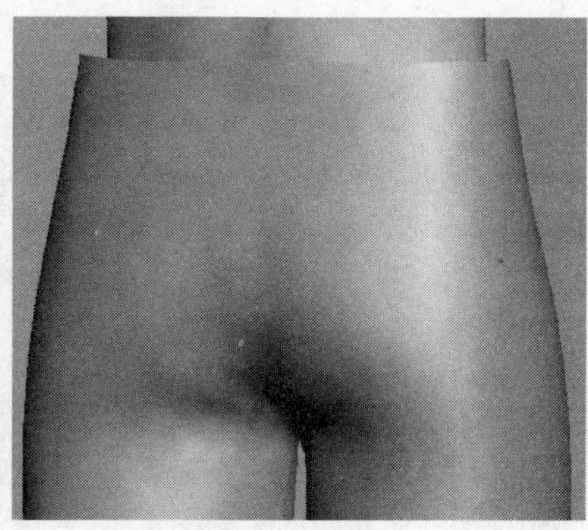

★图7.18 焊接裤缝上重合的顶点

3. 仿真约束

3.1 添加新的Cloth修改器

现在要通过约束仿真产生裤子真正穿到身体上的效果，也就是要在腰部和两个脚踝处将裤子收紧到身体上，模仿系紧裤带的结果。这个仿真也要通过Cloth修改器进行，所以我们给Pant模型重新添加一个Cloth修改器。和以前的步骤一样，我们首先要为Cloth修改器添加和设定对象及其属性，于是点击修改器面板上的Object Properties按钮打开对象属性窗口，如图7.12。接着使用按钮Add Objects将人体模型Body添加进对象列表，并为Body打开Collision Object开关，在Collision Properties参数区中修改Offset为“0.03”，保持其他参数为默认值。对比前面第二节第1小节里在Collision Properties参数区中的设置，我们在此将Offset的数值减少到非常小。Offset参数的含义是表示衣料对象可以贴近到碰撞物体的最小距离，这里我们希望在收系裤带时让裤子的相应部位尽可能贴近身体，这样在将来继续仿真穿着上衣时就不会导致穿着太臃肿。对于Pant对象的设置则与前面小节中的完全一样——打开Cloth开关并接受默认值。对象选择与属性设置做好以后，确认并关闭对象属性窗口。

3.2 定义顶点编组

Cloth修改器可以模拟对衣料的牵拉动作，方法有很多种，我们这里使用表面吸附的方法将裤子上要收紧的部分紧紧吸附到人体模型的表面，从而产生被带子绑缚的效果。为此，我们先要为Cloth确定出Pant模型上的哪些部分应该被吸附，这就要在Cloth修改器的编组层级中进行工作。在修改器堆栈中展开Cloth修改器的子层级并选择其中第一层Group（编组），这样修改面板中就出现了在Pant模型上设置编组的有关功能，同时在视图中Pant模型的网格顶点也都显示出来。

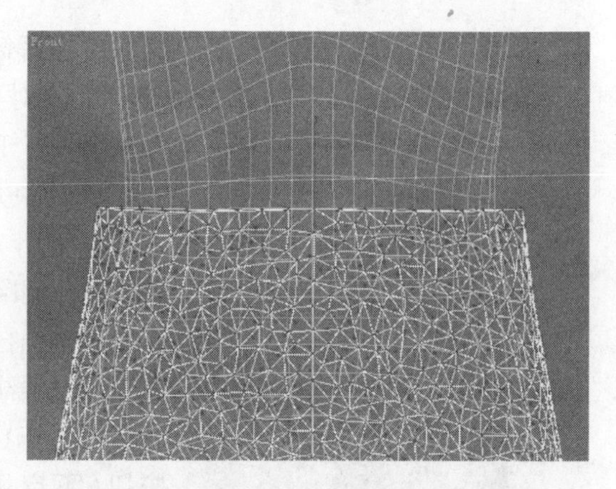

★图7.19 选择Pant模型腰部的一些顶点

Cloth修改器的编组功能是以模型顶点为对象进行操作的，编组就是要将模型上某些部位的顶点选择出来组成一个顶点组，并以组为单位接受Cloth提供的有关控制作用。现在首先要把裤子在腰部栓裤带部位的一些顶点选择出来，于是进入前视图（Front）并切换为线框显示模式，缩放视图集中显示模型的腰部，用主工具条上的选择工具拉框选择裤子模型腰上一条带状区域中的顶点，被选中的点照例显示为红色，如图7.19所示。随即在修改器面板中点击Make Group按钮，在弹出的编组命名窗口中修改组的名称为“Waist”（腰）并确认窗口，这样一个名称为“Waist”的顶点组就被定义，它的名字会以“Waist（Unassigned）”的字样显示在修改器面板Group卷帘下部的列表区中，这表明该组目前尚未被指派任何约束。

图7.20 编组层级中的修改面板局部

3.3 为编组指派约束

我们必须为一个顶点组指定一种约束（Constraint），才能让Cloth在仿真时给这个组加入某种外力效果。对于Waist这个组，我们需要一种表面吸附力，所以选择列表区中的Waist组名，然后点击按下Group卷帘中的Surface按钮，该按钮即显示为黄色，此时系统等待用户指定场景中的某个对象作为吸附表面。在视图中单击选择人体模型Body对象，于是Group卷帘内编组名列表区中的“Waist”名称后面的文字改变为“（Surface to Body）”，这说明Waist组已经被指派了一个Surface（表面吸附）类型的约束，见图7.20。选择完模型后Surface按钮则自动弹起释放。

接下来就要为这个Surface约束设置需要的参数，有关约束的参数与选项在Group Parameters卷帘中，如图7.20下方所示。我们在其中要修改Offset参数为“0.0”，这样的设置会让顶点组尽可能紧贴到吸附表面上。

腰间的顶点组设置好以后，我们再在裤筒下口设置顶点组，用来向脚踝绑缚裤筒。方法和前面完全一样，在左视图中选择Pant对象最下方的一层顶点（包含两只裤脚），将其定义为一个顶点组“Ankle”，再为这个顶点组指派相同的Surface约束并设置相同的参数。

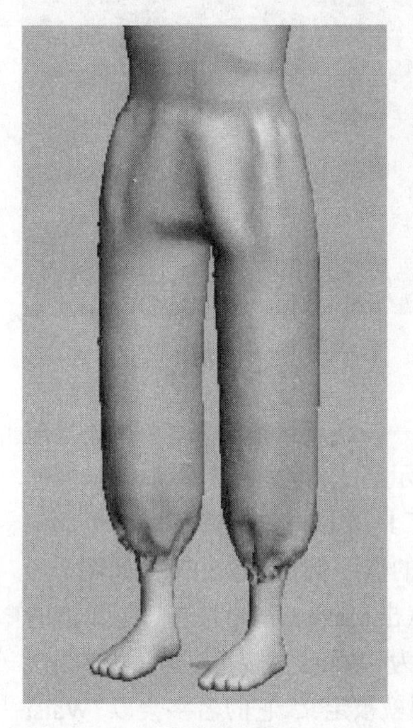

图7.21　经约束仿真绑缚好的裤子

3.4　开启仿真计算

编组和约束设置完成后，我们来启动Cloth的仿真计算，让裤子自动绑缚到身体上。在修改器堆栈中返回到Cloth修改器层级，在修改面板下部的Simulation Parameters卷帘中去掉Use Sewing Springs选项的勾选，并释放Gravity按钮（不启用重力）。随后点击Object卷帘中的Simulate Local（damped）按钮，在仿真计算过程中密切观察视图中裤子的变化。我们定义的两个顶点组很快被吸附到人体模型离它们最近的那些表面上，由此拉动裤子上的相连部分不断运动、产生褶皱。随着仿真的不断继续，褶皱不断扩大和加深，当出现我们满意的褶皱效果后马上点击Simulate Local（damped）按钮将其释放，终止仿真计算。经过仿真后绑缚好的裤子模型如图7.21所示，可以看到通过仿真计算产生的衣料绑缚和褶皱效果还是十分自然的，如果想用纯粹建模的方法实现这种衣料效果恐怕不是件容易的事。

4. 为动态仿真做准备

约束仿真完成后，我们还需要对模型进行一些处理，使得它更适合下一阶段在运动人体上的仿真。首先第一件事还是要塌陷修改器堆栈，道理和前面第一小节是一样的。但在塌陷之前我们还需做好一件事，就是要保留Cloth修改器中的顶点编组选择集。

4.1　定义和使用顶点选择集

上面在Cloth修改器中进行工作时，我们曾进入Group（编组）层级中定义了两个顶点组，这两个组中的网格顶点已经通过仿真被紧紧吸附到了人体模型表面。在以后的动态仿真中，我们希望这两组顶点仍然能够紧贴并固定在人体模型的相应部位，跟随运动的人体一同运动。但如果现在我们塌陷修改器堆栈，这两个顶点组的定义将丢失，要保证这两个组中的顶点在新一轮的仿真中还能够紧贴住人体，我们就需要在新添加的Cloth修改器中恢复这些组。从系统的稳定和简洁考虑，我们不希望在修改器堆栈中同时放置两个Cloth修改器，那么要想在已经删掉了一个Cloth（堆栈塌陷）之后再恢复原来的编组定义，唯一的办法是利用3ds Max的自定义次对象选择集。

重新进入Cloth修改器的Group层级，在编组名列表区中选择Waist编组的条目，此时视图中模型腰部的那些顶点显示为红色。在用户界面主工具条上的自定义选择集列表框中输入

"Waist"并按回车键，Waist编组中的所有顶点就被定义为一个名为"Waist"的顶点选择集，如图7.22所示。顶点选择集是一个次对象选择集，它可以复制给网格模型本身，并不像顶点编组那样只属于Cloth修改器。用同样的方法为Ankle编组中的顶点也定义一个顶点选择集为"Ankle"。由于这两个顶点选择集是通过Cloth修改器的编组定义的，为了在Pant对象的网格模型中也可以使用到这些选择集，我们要将这两个顶点选择集合并为一个选择集，然后再拷贝下来。

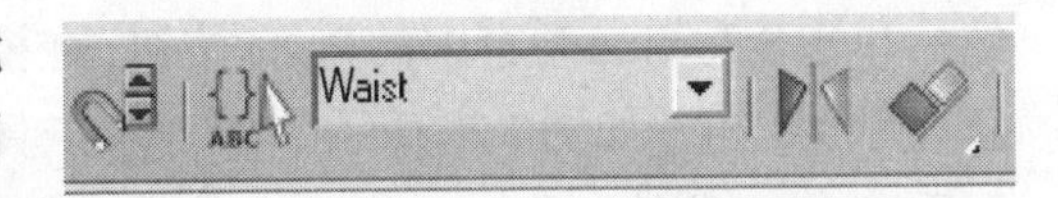

图7.22　定义一个顶点选择集

在主工具条上点击Edit Named Selection Sets按钮（见图7.22中Waist名称框左侧图标），打开自定义选择集编辑窗口，如图7.23所示。在窗口中列出了刚定义的两个顶点选择集的名称，将它们全部选中（按住Shift键选择），然后点击窗口中的Combine（合并）按钮再弹出一个对话窗口，在其中输入合并以后的新选择集的名称，比如"Tied"，随后确认窗口。这样我们就把原来两个顶点选择集合并而产生了一个新的选择集，它包含了Cloth的两个编组中的所有顶点。原来的两个顶点选择集仍然保留，它们与新选择集的名称一同排列在选择集编辑窗口，点击OK确认选择集编辑窗口。接着我们要将新的顶点选择集Tied拷贝到系统剪贴板中，这样就可以在稍后粘贴给Pant网格模型。

Edit Named Selections
Named Selections:
Ankle
Waist
Combine　Delete
Subtract (A-B)　Subtract (B-A)
Intersection
OK　Cancel

图7.23　选择集编辑窗口

点击修改面板Group卷帘中编组名列表区下方的Copy按钮，即会弹出一个拷贝选择集的对话窗口，其中排列了刚才定义过的三个顶点选择集的名称，选择合集Tied的名称并按OK确认窗口，选择集Tied就被记入系统剪贴板。

4.2　塌陷修改器堆栈

在修改器堆栈中选择Cloth层级，单击鼠标右键并在弹出菜单中选择"Collapse To"，这个选项与"Collapse All"的区别是它只塌陷到当前所选择的修改器而不是塌陷全部堆栈，但在这里的结果是一致的（塌陷之前应注意保存文件副本）。塌陷后，Pant对象转变成为一个Editable Mesh对象，而原先在Cloth中定义过的顶点选择集现在也会丢失，因而我们要马上把记录在系统剪贴板中的顶点选择集复制给现在的Editable Mesh对象。于是，进入网格对象的顶点层次，

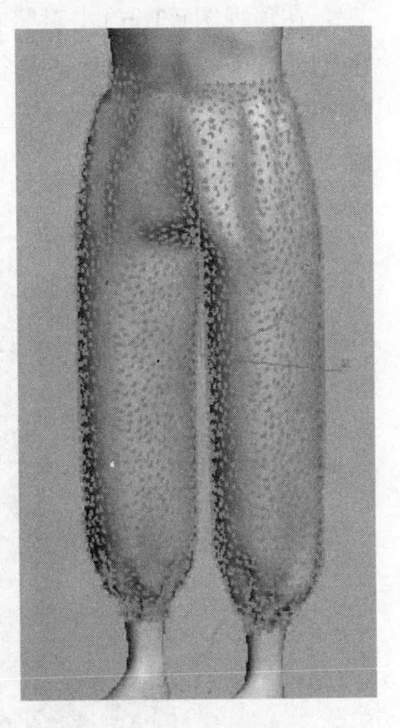

★图7.24　将顶点选择集复制给Editable Mesh模型

然后单击Selection卷帘中的Paste按钮，在模型上便可以看到选择集Tied中的所有顶点又重新显示为红色，如图7.24所示。展开主工具条上的自定义选择集下拉列表（见图7.22），可以看到“Tied”的名称已经出现在其中，说明网格对象Pant现在已经拥有了这个选择集（注意：顶点选择集只有在顶点层次中才能看到）。这个选择集包含了裤子上那些曾在约束仿真中起过重要作用的顶点，我们在后面进一步的仿真中还需要引用它。

至此，我们完成了有关裤子裁剪和原地仿真（包括缝合与约束）的全部工作，现在的裤子模型已经非常接近于正常穿着的状态，但仍然保持了具有普遍代表性的形态，这样的形态是以后在运动人体上进行动态仿真的良好起点。

第四节　创建并设置靴子与衣领

靴子也是服装的一部分，但我们并不使用Garment Maker来创建它，因为它的特点是紧身和硬质的，按照我们在本章开头的说法，普通的建模方法应该更适合它。因此我们运用在第二章中介绍过的多边形网格建模方法来为模特创建一双靴子，略有不同的是这次从一张鞋底的线条图样开始。

1. 从轮廓线开始创建靴子模型

在顶视图（Top）中对照右脚脚底的边缘轮廓创建一个封闭的线条图形，创建方法与前面创建裤子剪裁图样时是完全一样的，而且这里只需要线性的线条，即顶点之间都是直线连接，如图7.25左所示。保持这条图形对象的选择状态，在修改器堆栈中看到它目前的类型

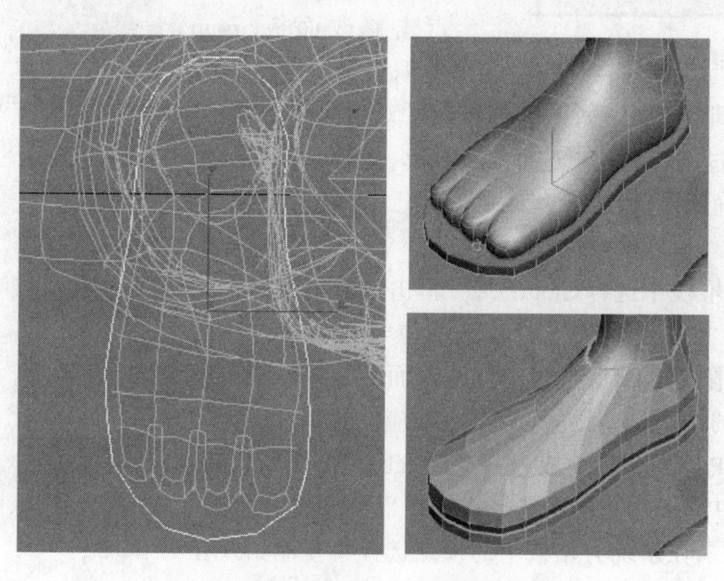

图7.25　从线条图形开始创建靴子模型

为“Editable Spline”。鼠标右键单击堆栈中的这个类型名条目，在弹出菜单中选择“Editable Poly”，就将这个图形对象转换为一个可编辑多边形网格。目前刚转换过来的网格模型实际上只是一个多边形的面，这个面是有正反面的区别的。如果在创建线条图形时是沿着逆时针方向进行的，那么此时这个面就会正面朝上——在顶视图中看到的是它的正面；反之，看到的就是反面。我们此时需要的是正面，如果情况相反，下文中会有改正的提示。

接下来我们要将鞋底平面向上拉起形成立体模型。在修改器面板上进入Polygon（多边形面）层次■，再进入视图并选择鞋底平面，如果现在鞋底表面是正面朝下的，可以点击Edit Polygons卷帘中的Flip（翻转）按钮将其反转。然后点击按下卷帘中的Extrude（挤出）按钮，到视图中点击并拖动鞋底表面向上，形成一个立体的厚度，如图7.25中所示。接着再点击按下另一个按钮Inset（内插），在视图中点击并拖动立体鞋底的上表面，使之轮廓向内收缩，形成一个面积缩小的表面分割。下一步按下卷帘中的Bevel（斜切）按钮，点击并拖动鞋底上表面的内圈表面向上继续升起至适当的高度，松开鼠标左键后再移动鼠标，新高度上的表面的大小此时会发生改变，待其略微扩大后再单击鼠标左键确认操作结果。此后反复使用Bevel功能一层层地拉起模型，并结合多边形面的移动操作形成靴子的鞋体，如图7.25右所示。

到这个程度后，我们再回头看一下鞋底的情况。在用户视图中旋转视图（Alt+鼠标中键）观察脚底部分，可以看到鞋子的底部是漏的，这是因为通过挤出等操作塑造网格模型的立体形态时，表面不断向上隆起，但在最下面一层并没有自动补充一个多边形面，即造成如图7.26左所示的情况。我们需要人为将这个大缺口补上，于是在修改器面板上进入模型的Border（边界）层次，然后用鼠标在视图中点击选择鞋底开口的边界线，使其显示为红色，随后在Edit Borders卷帘中点击Cap按钮，鞋底随即被封闭，整个鞋子模型也就成为一个封闭的实体，如图7.26右所示。如果鞋子的上下位置不准确，可能会导致部分脚掌穿出鞋底或离鞋底太远，这时就还需仔细调整鞋子的垂直位置。

此后再回到鞋子的正面，可以运用多边形网格的各种编辑方法（见第二章）调整鞋体的

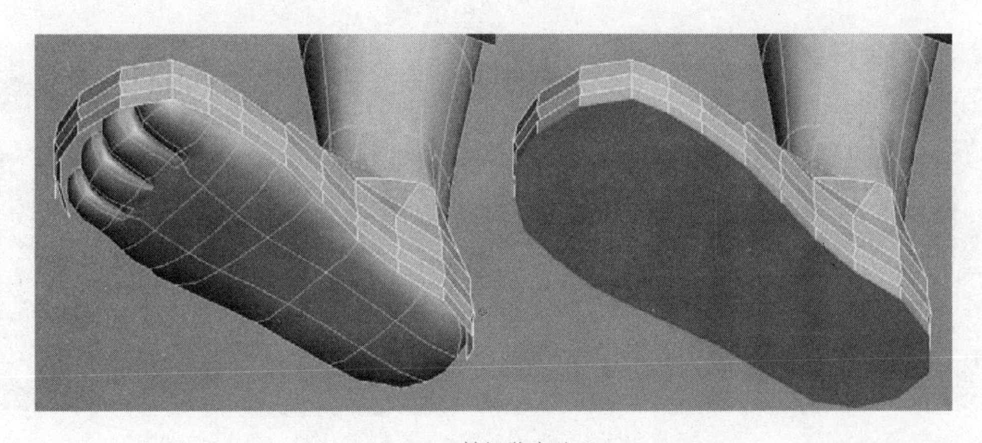

图7.26　封闭鞋底的开口

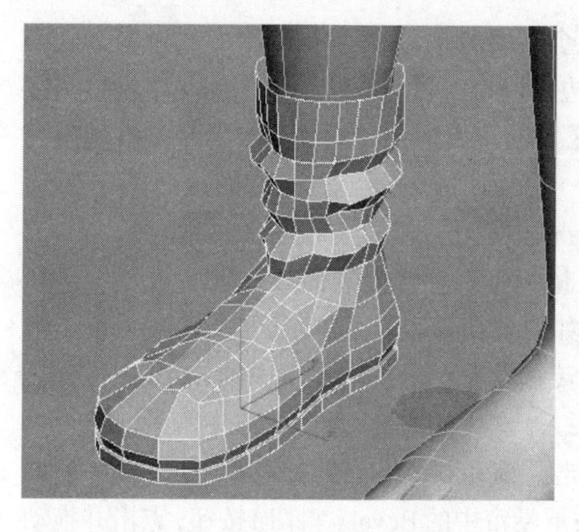

图7.27　初步建立的靴子模型

造型，使其外形更接近设计要求。随后结合刚才介绍过的一些方法继续塑造靴子的上方部分，通过进一步的造型和反复的网格调整（包括表现折皱），得到如图7.27所示的模型。在这个模型中我们删除了靴子筒最顶端的一个面，形成开口的靴筒，具体操作就是在面层次下选择靴筒顶端原来的多边形面，然后按键盘Delete键将其删除。这样的模型原本已经可以表现一只靴子了，但我们对它还有要求，要它将来参与到服装的动态仿真中并对裤筒绑扎口边缘的布料起阻挡作用，这样一来要求模型在靴筒口一带具有一定厚度，并且从内部也能接触到模型表面的正面。由于标准的三维模型表面是没有厚度的单层薄壳，满足上述要求的办法只有继续拓展模型，从靴筒边缘向内、向下延伸模型表面，包裹成一个有一定厚度的实体结构。

回到模型的边界层次，在视图中选择靴筒顶端的开口边界线使其显示为红色，点击Edit Borders卷帘中的Cap按钮将开口重新封闭。然后转到模型的面层次，选择靴筒顶端的多边形面（变红），点击按下Edit Polygons卷帘中的Inset按钮，在视图中点击并拖动红色的被选面。和前面处理鞋底模型时一样，当鼠标拖动时红色的面会收缩，周边出现一圈新的表面形成环绕带状，如图7.28左所示，只需要形成一圈很窄的环形即可松开鼠标确认操作。随后改换为Bevel按钮，点击拖动中间红色的面将其向下推，到达适当深度后松开鼠标左键并继续移动鼠标适当缩小下沉后的红色面，使之保持在靴筒内部，如图7.28中。最后可以删除这个下沉的红色面（Delete键），只留下靴筒口内侧一小段竖向表面，如图7.28右所示。随后可以针对一些细节进一步调整靴子的造型，这时使用的操作主要是移动相关顶点的位置，

★图7.28　给靴子筒开口增加一点厚度

要注意靴筒壁内侧的那一小段表面上的顶点，可能需要调整它们的位置以保持靴筒壁厚度的均匀，同时又要与小腿表面空开足够的距离（可以显示出人体模型进行对照）。

2. 表面细分与镜像对称

网格模型造型完成后需要进行表面细分，在第二章中我们曾使用MeshSmooth修改器对网格模型进行细分，但可编辑多边形（Editable Poly）对象本身就具有表面细分的功能，在方便的时候我们也可以使用它来实施细分。

在修改器堆栈中返回到对象层级（Editable Poly），在修改面板中向下找到Subdivision Surface卷帘（可以使用面板滚动操作），在其中勾选Use NURMS Subdivision选项，然后将下方的Iterations参数设置为“1”，视图中的靴子即会出现表面细分后的平滑效果，如图7.29所示。可编辑多边形自身提供的表面细分功能可以通过Use NURMS Subdivision选项随时开启或关闭，使用灵活并简化了修改器堆栈的结构。现在我们可以将靴子模型的对象名称更改为“Boot”。

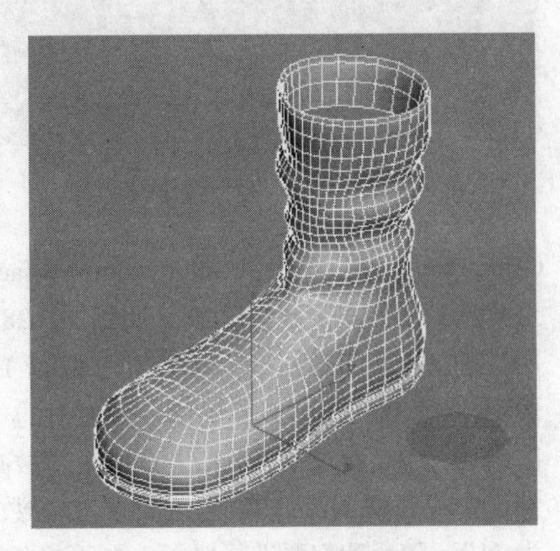

图7.29　表面细分后的靴子模型

下面我们要将靴子模型从一只变为一双，方法也有多种，我们使用对称修改器。展开修改器下拉列表并从其中选择Symmetry添加给模型对象。Symmetry修改器的面板内容很简单，在默认情况下它选择世界坐标的X轴方向作为对称轴（即对称面平行于世界坐标YZ平面），这一点符合我们的需要。但在默认设置下它产生的对称模型与原来的靴子在同一位置上，而我们需要将其放置到人体的左脚上，所以要重新定位对称过程依据的这个对称面。为此，勾选Parameters卷帘中的Flip选项，然后在修改器堆栈中展开Symmetry的内部层级并选择其中的Mirror，此时便可以在视图中移动对称面了。它现在在视图中显示为一个黄色的方框，并且应该显示出移动操纵器的坐标箭头（按X键切换）。可以使用鼠标直观地移动对称面方框，即拖动操纵器的X方向箭头向人体的左方移动（如果没有勾选Flip选项，模型可能会随之消失）。仔细观察视图中对称面的位置，将其放置在X轴坐标为零的位置。这个位置位于人体正中央的纵剖面上（即世界坐标的YZ平面），所以能够保证对称出来的左边一只靴子正好穿在人体的左脚上。如果感觉用鼠标操作难以保证精确，可以使用用户界面下方的变换输入框，如图7.30所示。当选择了内部层级Mirror后，直接在变换输入框中的X参数中输入“0”，这样视图中的对称面黄框就会精确地移动到坐标原点的YZ平面上。定位好对称面后，左脚的靴子也就准确地穿

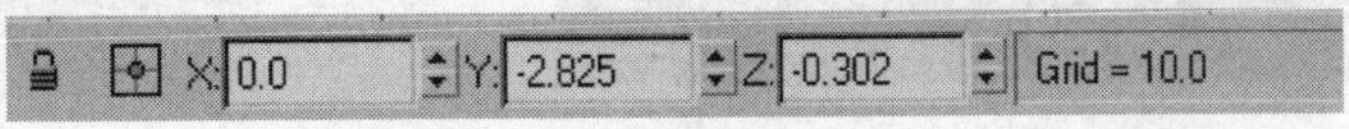

X: 0.0　Y: -2.825　Z: -0.302　Grid = 10.0

图7.30　变换输入框

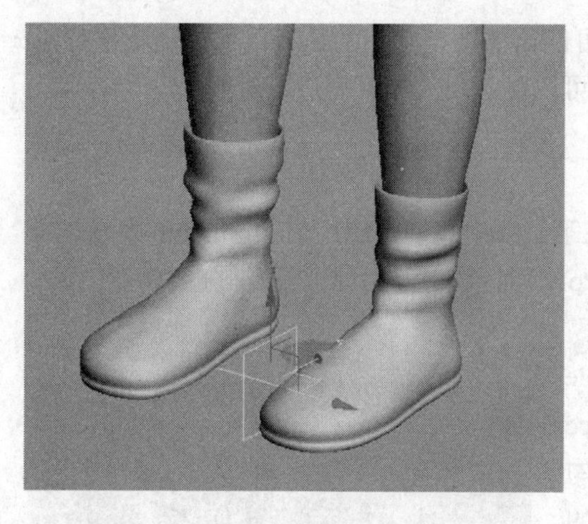

图7.31　复制出对称的靴子

在了左脚上，如图7.31所示。

3. 区分靴子表面材质

下面我们要通过材质设置将靴子底部与表面的不同材料表现出来。要将一个完整模型对象的不同部位用不同材质表现，应该使用多／次对象（Multi/Sub-Object）材质，关于它的工作原理可以参阅第四章第三节的有关内容。按照第四章的介绍，使用多／次对象材质之前应该先为模型设定材质ID。

确认Boot对象仍然被选择，在堆栈中暂时关闭Symmetry修改器，退回到对象层级（Editable Poly），然后到Subdivision Surface卷帘中暂时取消Use NURMS Subdivision选项，这样在视图中的靴子模型就又回到图7.28右图的样子。在堆栈中进入对象的面（Polygon）层次■，选择前视图（Front）或左视图（Left），在视图中拖动鼠标框选鞋底的一层网格表面，如图7.32左所示。要确保鞋底上沿的一圈顶面也被选中，如图7.32中所示，如果不能一次准确选择，可以使用Alt键辅助框选做减法选择。然后到修改面板的Polygon Properties卷帘中找到Material参数区，在Set ID参数框中输入“1”，为鞋底的这些网格面设置材质ID为“1”。随后我们要选择靴子上剩下来的所有面并为其设置另一材质ID，于是选择主菜单Edit→Select Invert选项（反转选择），这个选项将视图中靴子模型表面的红色显示范围做了一个反转改变，原来没有被选中的面现在处于选中状态。同样是在Material参数区中为这些面设置材质ID为“2”。这些工作完成后，退出网格对象的面层次，然后重新勾选Use NURMS

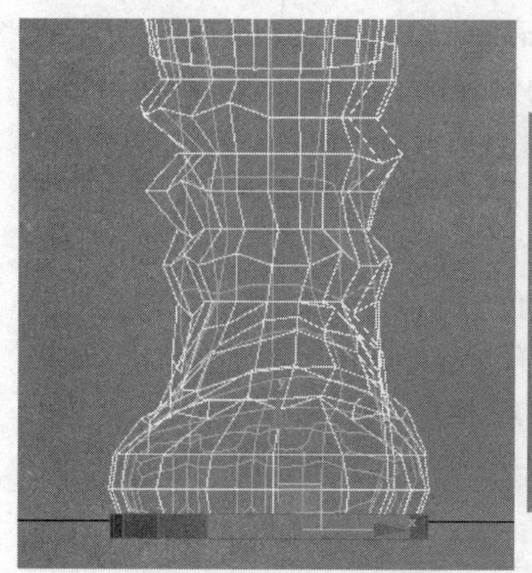

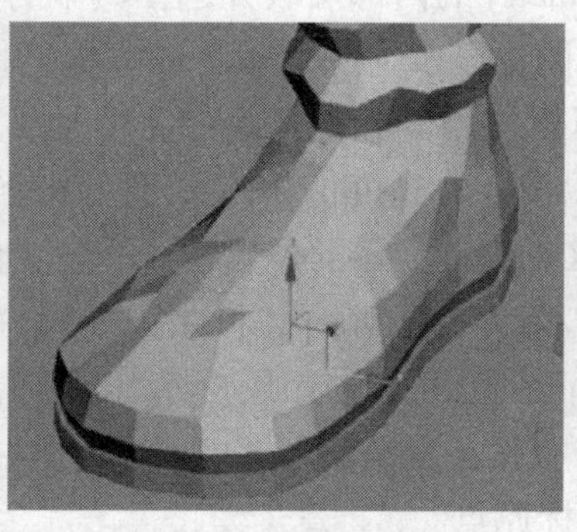

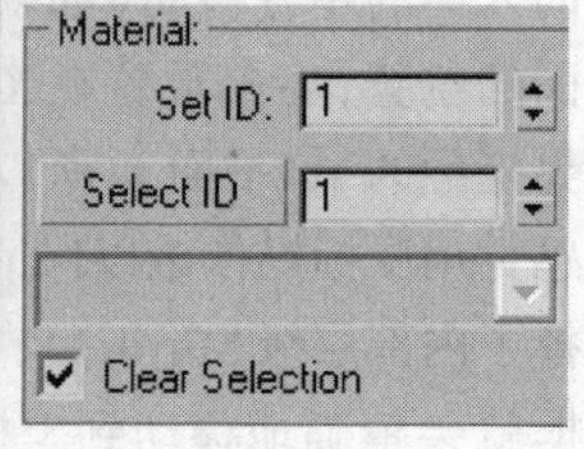

图7.32　选择鞋底的网格面并为其设置材质ID

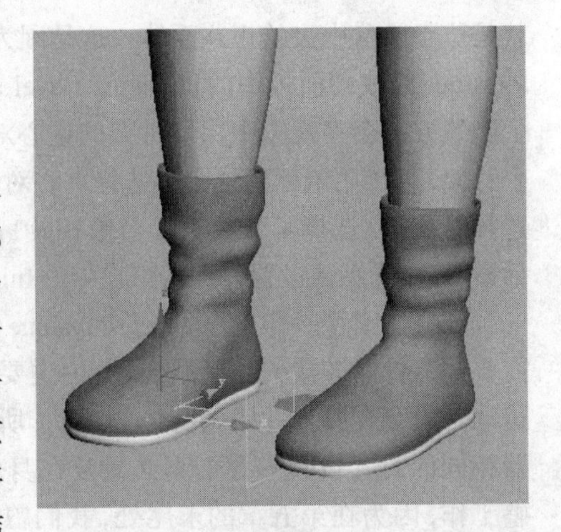

图7.33 为靴子模型设置多/次对象材质

Subdivision选项，在修改器堆栈中返回到最顶层的Symmetry修改器并将其开启，视图显示恢复图7.31中的样子。

设定好ID编号，再来对靴子的材质做基本的定义。打开材质编辑器（参考第四章有关部分），选择一个闲置的材质样本槽，更改其名称为"Boot"，并为其选择Multi/Sub-Object（多/次对象）的材质类型。接着，在次材质列表中为ID编号为"1"和"2"的两个次材质分别做最基本的材质定义，以区别靴子底部和表面的材料颜色。随后将这个材质指派给场景中的靴子对象Boot，显示结果如图7.33所示。

4. 设置靴子的动画

要将靴子真正"穿"到脚上，就要让身体带动它产生运动。靴子是属于紧身和硬质的服装类型，没有必要运用仿真来计算它的运动，只要使用蒙皮的办法像对待身体模型一样让骨骼来驱动它。这种方法也是三维动画中处理服装的常用方法。

为了使靴子对象的修改器堆栈尽量简洁，我们先将它的堆栈进行塌陷，然后再为它添加提供蒙皮功能的Physique修改器。在塌陷之前要注意的是，如果多边形网格对象已通过勾选Use NURMS Subdivision选项产生了表面细分，那么直接塌陷堆栈就会将细分的表面转化为模型的基础网格。也就是说在形成新的Editable Poly模型时，Subdivision Surface卷帘内的Use NURMS Subdivision选项的勾选被自动清除，同时保留由Use NURMS Subdivision选项所设置的细分网格。这样会使靴子模型的网格密度变得非常高，不利于后面再进行Physique的设置。所以，在塌陷堆栈之前应该先为Boot对象清除Use NURMS Subdivision选项的勾选，使之还原为初始的模型密度，然后，在修改器堆栈中右键单击最顶层的Symmetry修改器并选择Collapse To菜单选项，确认警示窗口后，Boot（靴子）对象转变为一个单纯的Editable Poly模型。

随后展开修改器下拉列表并从中选择Physique修改器添加给Boot对象。之后，点击按下修改面板中的Attach to Node按钮，为蒙皮工作选择一个骨架或骨骼系统（参阅第五章有关内容）。我们要通过对象选择来为靴子模型指定一个控制骨架，它当然要与控制人体模型的是同一副骨架，也就是我们场景中的唯一骨架——Bip01。但和第五章中的情形有所不同的是，我们现在在场景中已经隐藏了骨架模型，即便是切换到线框显示模式（F3），整个骨架也是看不到的。这样就需要先将骨架在场景中重新显示出来，一般的做法是使用鼠标右键单击场景空白弹出的四角菜单。但是仔细研究一下原先的场景就会发现，虽然骨架的所有骨骼都已被隐藏，但唯独骨架的重心对象Bip01（重心对象与骨架同名）还显示出来，它就是位于骨盆中央的正八面体。这是因为我们在本章一开始使用的隐藏骨架的方法是：在Physique修改器面板中的Physique Level of Detail卷帘内勾选Hide Attached Nodes选项，这个隐藏方法会在视图中保留骨架的重心对象。在这种情况下，我们就不需要重新显示出整个骨架，直接用鼠标到视图中选择重心对象即可（还可以按H键弹出对象选择窗口，按名称选择对象）。选择了骨架重心对象Bip01后，照例会弹出Physique Initialization（初始化）对话窗口，接受默认设置并点击窗口中的Initialize按钮，完成Physique修改器的初始化。

和身体模型一样，在添加了Physique修改器并接受了Bip01骨架的运动控制之后，我们需要调节骨骼链接的控制混合，其中主要的是封套的调节。然而由于靴子模型要表现出的运动是紧套在脚上并跟随身体的运动，所以我们完全可以采用与身体模型的Physique修改器相同的封套设置。我们不必重复在身体模型上曾做过的有关Physique修改器的封套调整工作，因为在第五章的末尾处，我们曾经将身体模型调整好的Physique设置保存为一个*.phy文件，其中就包含了那个Physique修改器的全部封套信息，现在只要将这个文件载入靴子模型的Physique修改器中，就可以获得与之相同的设置。

在Boot对象的修改器堆栈中选择Physique修改器，在修改面板中点击打开文件按钮，在弹出的文件浏览窗口中找到并选择先前保存的*.phy文件，单击OK按钮后系统弹出一个Physique Load Specification窗口。这是一个关于*.phy文件载入的规格选项窗口，窗口内下方有两列骨骼列表，分别在每个列表中复选Biped骨架左右侧的Toe0、Foot和Calf三个骨骼（如图7.34所示），然后点击OK按钮确认载入。*.phy文件载入后，靴子模型上

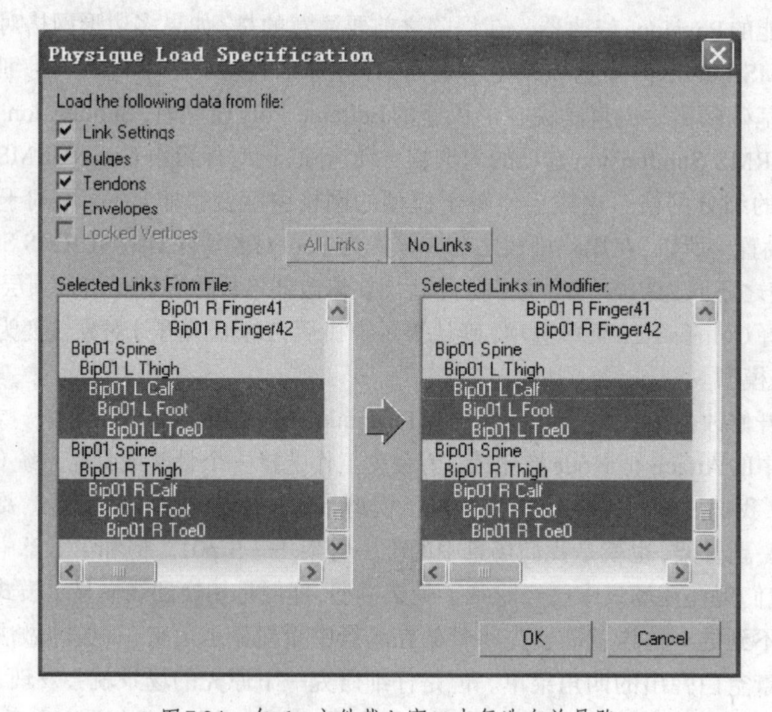

图7.34　在phy文件载入窗口中复选有关骨骼

Physique修改器的基本设置就和身体模型的完全一致了。虽然相对身体而言，靴子模型只是一个很小的模型，它只能接受小腿以下的几块骨骼的控制，骨架上的大部分骨骼根本不会对它产生控制作用，但这并没有什么关系，Physique修改器中对大腿以上的所有骨骼链接的功能设置（包括封套设置）无非是被闲置罢了。完成以后可以检查一下靴子上的封套情况，马上进入Physique修改器的Envelope层级，在视图中选择一条足骨链接，可以看到它与身体模型完全相同的足骨封套以及受到不同程度控制的模型顶点显示出的不同颜色，如图7.34a所示。在实践中还要注意的一点是，从身体模型的Physique修改器中保存的*.phy文件还包含着顶点（Vertex）锁定的信息，这些内容对于靴子是不需要的，并且会导致靴子蒙皮的错误。我们可以在身体模型上的Physique修改器中将顶点的锁定全部清除，即选中所有被锁定的顶点并使用Unlock Assignments，然后再保存一个新的*.phy文件。这个文件不包含顶点的锁定信息，将其应用于靴子模型便可产生预期效果。

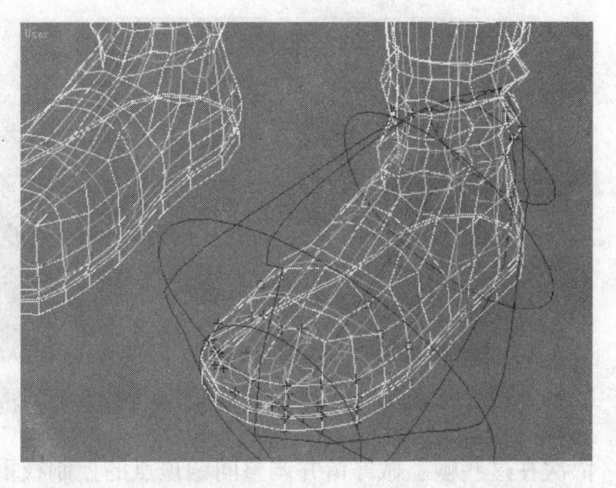

★图7.34a　在靴子模型上载入身体模型的Physique封套

Physique的设置完成后，在堆栈上返回到Physique的修改器层级，然后来看一下当人体运动时靴子的情况。在轨道条上拖动时间指针滑块向右，到达人体运动的某个瞬间，可以看到现在靴子已经能很好地跟随双脚运动了，如图7.35所示。如果仍然存在模型跟随问题，还可以继续微调Physique修改器的封套。另外，如果仔细观察还会发现另一个问题，就是运动中的双脚模型有时会“穿出”靴子露到外面来。这主要是因为靴子模型与人体模型原始的网格密度不一致，人体模型在脚部附近的原始网格密度明显低于靴子模型，虽然在两个对象上使用了相同的封套设置，但靴子上更细密的网格可能在运动中产生更多的弯曲或转折，导致较为平坦的人体足部有时会暴露到外面，如图7.36上所示。解决这个问题我们还是使用Physique的标准功能，即针对靴子上的个别顶点进行控制权重调节。

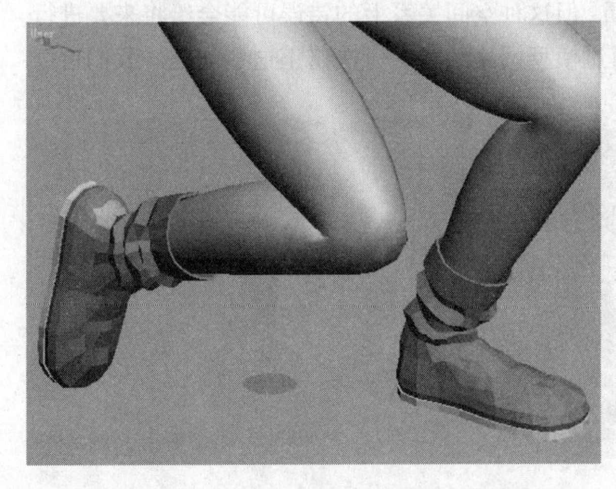

图7.35　穿在脚上的靴子随身体产生运动

在轨道条上拖动时间指针滑块并在视图中观察人体和靴子的运动情况，找到“暴露”问题最严重的那些时刻，

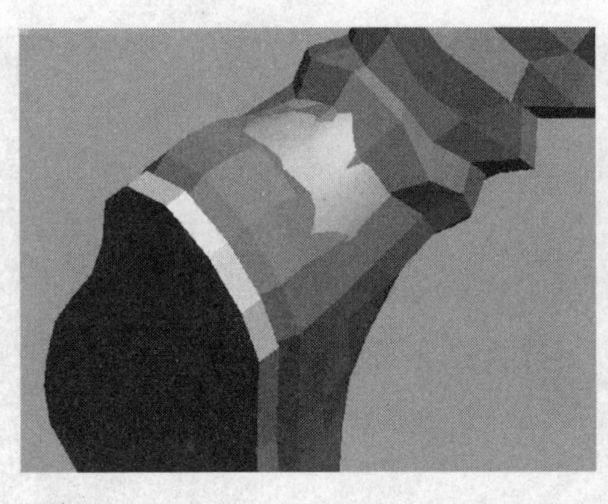
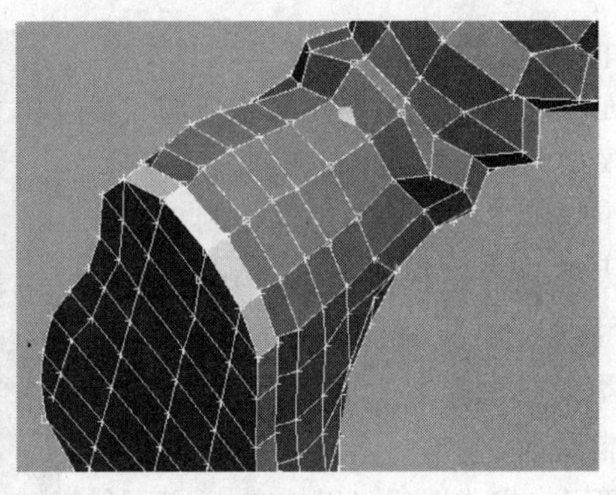

图7.36　调节靴子模型顶点的控制权重

依次在这些帧上做停留并调整问题顶点的控制权重值，调节的具体方法请参阅第五章第二节第4小节的内容。经过针对问题顶点的控制权重值的调节，得到改善的靴子模型如图7.36下所示。这样从宏观角度讲，"暴露"的问题已经基本解决，如果还要更精确地保证不出现错误，可以在将来通过材质设置将双脚隐藏起来。检查和修改完成后，要将时间指针滑块恢复到第0帧。

通过Physique修改器为靴子模型设置完动画后，我们再为它重新添加一个表面细分修改器——MeshSmooth，采用MeshSmooth修改器的默认设置，靴子模型便会重新回到图7.33的效果。

5. 修正裤子模型与靴子的穿着关系

靴子模型创建完后，我们将裤子模型重新显示出来，再检查一下它与靴子的形体关系，可能会发现存在着相互穿插的问题，如图7.37左所示（在靴子筒口处）。这主要是因为裤管的收口是通过仿真绑扎产生的，而靴子则是另外建模的，它们之间并没有直接的约束关系。这些相互穿插的现象虽然不是很严重，但这种空间关系上的错误可能会给将来要进行的服装动态仿真造成麻烦，所以我们要通过模型网格编辑的方法修正这些问题。我们可以

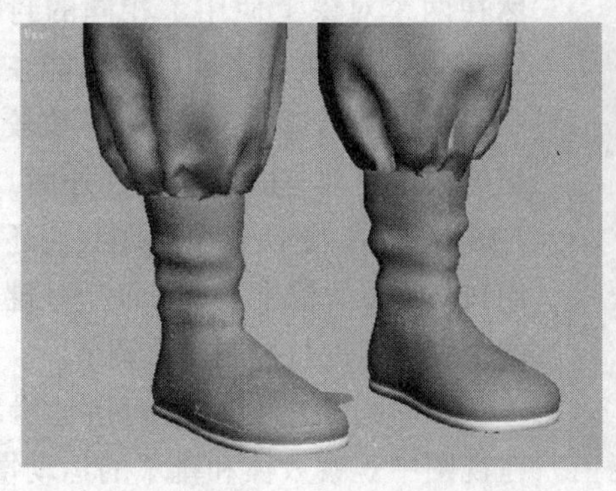
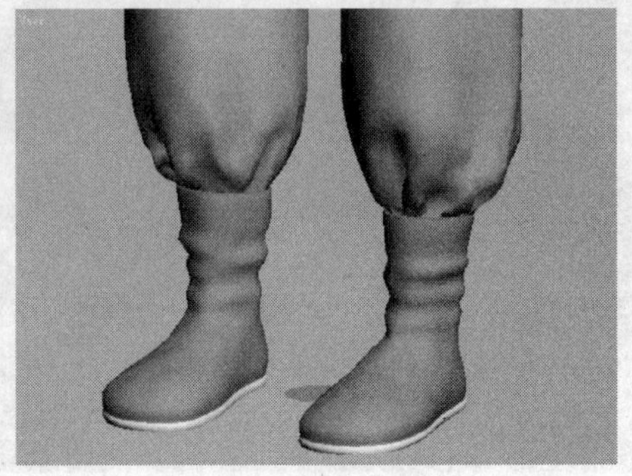

图7.37　对裤子模型进行网格编辑，将裤管全部收到靴筒的内壁之内

运用多边形网格编辑的方式调整靴子的靴筒，将其略微扩大以容纳整个裤子的束腿部分；也可以去调整裤管收口处的模型，将其收入靴筒之中，因为现在裤子模型已经被塌陷为一个Editable Mesh对象了。编辑Editable Mesh对象的方法与编辑多边形网格（Editable Poly）的方法十分相似，而且Editable Mesh对象是比Editable Poly对象更为基础的一种模型，它的编辑功能更为简单。通过仔细的网格调整工作，我们得到如图7.37右的结果，注意要将所有裤管收口处的衣料“塞”到靴子筒口向内翻卷的表面之内。

6. 创建一小片衣领

在创建上衣之前，我们还要先创建一小片暴露在外面的衣领，因为在后面的上衣仿真中需要使用它。这片衣领也是一个表面对象，我们仍使用多边形网格（Editable Poly）的方式创建它，结果如图7.38左所示。注意这片面料是如何缠绕在脖子上的，网格顶点的排布不要过于紧贴人体表面，要为随后的网格细分留下空隙。运用已经学过的网格对象编辑方法将它的形态调整到位，然后在Editable Poly对象的修改面板中将用于网格表面细分的Use NURMS Subdivision选项勾选，并设置Iterations参数值为“2”，以充分细分衣领模型。再将模型命名为“Collar”，结果如图7.38右所示。

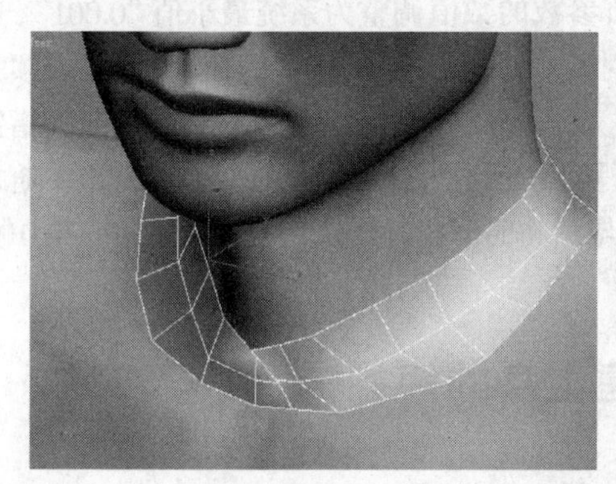
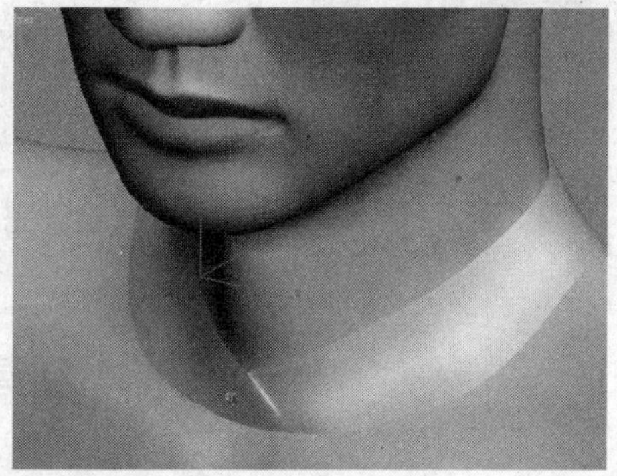

图7.38　创建一小片衣领模型

衣领模型创建好后，和靴子一样需要解决跟随人体运动的问题。我们可以重复使用在靴子模型上用过的直接往人体骨架上蒙皮的方法（即添加Physique修改器的方法），但在此还有其他选择，我们可以使用Skin Warp修改器。Skin Warp修改器也是一个蒙皮修改器，但它不是将所属对象蒙皮到骨骼系统上，而是蒙皮到另外一个对象的表面，这“另外一个对象”也称为控制对象，而修改器所属的对象被称为基底对象。控制对象可以具备任何形式的动画，最常见的情况下它是一个受骨架驱动而运动的角色模型。通过Skin Warp蒙皮以后，基底对象会紧跟控制对象一起运动。基底对象可以是动画角色的服装服饰，或者是比控制对象的模型更为细化的角色模型局部。使用Skin Warp修改器取代Physique修改器的好处是：我们可以先将基底对象设置为细分模型（例如通过Use NURMS Subdivision选项），然后再进行蒙皮，而不必像使用Physique时那样在蒙皮后再添加MeshSmooth修改器。同时，使用Skin Warp的设置过程也不像在Physique中那样复杂。

于是，选择衣领对象Collar，从修改器列表中为其选择添加Skin Warp修改器。Skin Warp修改器面板的局部如图7.39所示。在Parameters卷帘的一开始是控制对象名列表，初始时它是空白的。点击按下列表下方的Add（添加）按钮，到视图中选择人体模型对象Body，经过一定时间的预置计算，Body的名称即出现在列表中，意味着它成为一个控制对象，随后右键单击鼠标释放Add按钮。在这个过程中要注意，添加Body为控制对象的计算处理可能需要一段时间，其长短取决于电脑配置的计算能力。在系统界面下方的状态信息条中会显示出关于处理进程的信息，应该注意观察此处信息所提示的进展情况，在处理过程结束前不要执行其他操作以免发生系统混乱。

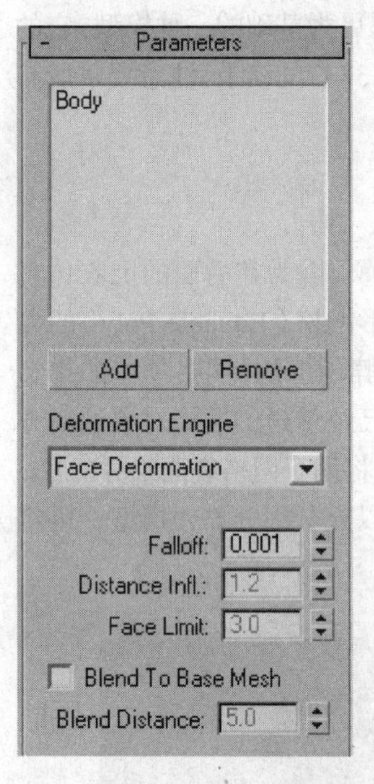

图7.39　Skin Warp修改器面板

接着在名为Deformation Engine（变形引擎）的下拉列表中选择Face Deformation选项，它启用面元类型的变形控制。然后在其下方将Falloff参数的数值调整为系统最小值“0.001”，这样可以让控制对象对基底对象形成“刚性”的控制，形成衣领完全紧贴身体的效果。设置完成后，用鼠标拖动轨道条的时间指针滑块查看动画效果，可以看到衣领已经贴在人体的颈部并随之一同运动了，检查完毕后将时间指针滑块恢复到原位——第0帧。

第五节　创建上身的短袍

下面的任务是制作角色上身所穿的短袍，其整个过程步骤与制作裤子时基本相同。首先要进行衣料剪裁，也就是绘制出表示衣料裁剪片的平面图形对象，并使用Garment Maker修改器为缝合仿真做好各种准备，然后使用Cloth修改器对短袍的缝合与穿戴做仿真计算。

1. 创建衣料的二维图形

为衣料裁剪创建图形对象必须在顶视图中进行，这是Garment Maker修改器的特殊要求。于是，鼠标右键单击Top（顶）视图窗口进入顶视图，运用本章第一节第2小节中创建裤子裁剪图时曾介绍的方法，创建一组二维图形线条，如图7.40所示。短袍剪裁的衣料图形要比裤子复杂得多，我们效仿真实服装剪裁画样中的一些经验，将图样划分为若干重要部位进行绘制，如图中所示，包含了前襟、后襟、前摆、后摆、衣袖、衣领、袖口和束腰等部分。每部分的图形形状也要大致按照实际剪裁中的合理图样进行绘制，例如衣袖与前、后衣襟在肩部周围的曲线，

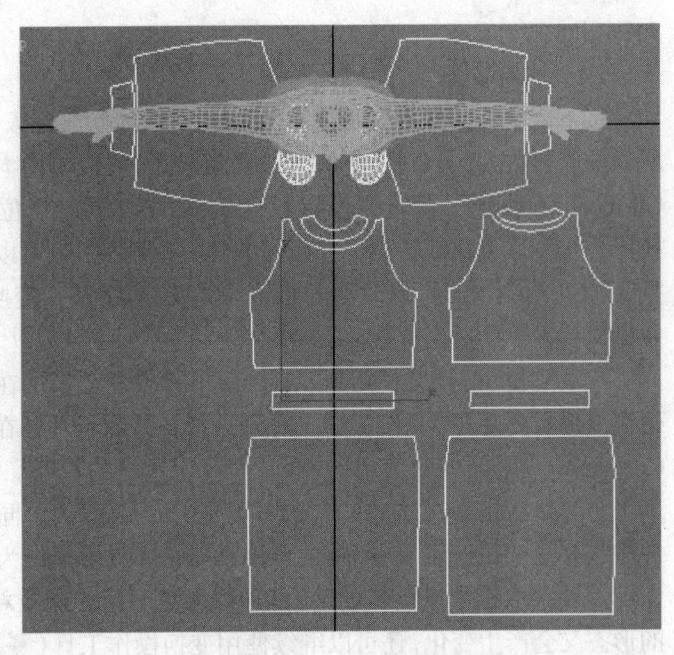

图7.40 在顶视图中创建短袍裁剪图样

就是仿效了真实裁剪绘图的原则；前、后襟在衣领处的弧线并不相同也是出于这种考虑。此外，各部分的尺度也要仔细考量，保证衣服穿着合体，可以在顶视图中对照人体模型的有关尺寸进行估算。例如衣袖的图形就直接创建在与手臂重合的位置，以进行有效比对；其他部分的图样可以对照衣袖的尺寸进行裁定，人体尺度的一般规律是双臂展开长度等于身高。

在创建这些图样时，要先将每个独立部分的图形创建为封闭的图形，并且要让这些图形统一包含在一个图形对象之中。要在创建多个封闭图形时让它们属于一个图形对象，有两种办法可以选择。一个就是在创建完第一个封闭的图形之后，马上进入Modify（修改）面板，在Geometry卷帘中点击按下Create Line按钮，然后到视图中继续创建后续的图形。一直到创建完所有的图形，再点击释放Create Line按钮，这样之前所创建的所有图形线条就会归属于同一个图形对象；另一个办法就是先用创建面板中的Line 按钮方式持续创建所有预计的图形，这样创建出来的若干线条图形会各自构成独立的图形对象。随后选择其中一个图形（常用第一个图形），进入Modify（修改）面板并点击按下其中的Attach（附加）按钮，然后到视图中用鼠标依次点选其他所有图形，于是所有的线条图形就会归属到一个统一的图形对象中（操作完成后释放Attach按钮）。这个统一的图形对象在修改器堆栈中显示为Line类型，其中每个独立的线条图形被称为Spline（线条）次对象。让裁剪图样中包含的所有图形构成为一个统一的图形对象是Garment Maker修改器的前提要求。

图形对象创建完成后，我们还要将其所有的线段断开，也就是在每个顶点处将顶点一分为二，这是为了在Garment Maker中定义缝合边缝的需要。断开所有线段的操作方法详见本章第一节2.1小节结尾处。衣料图样的绘制准备工作完成后，我们就要为它添加Garment Maker修改器了。

2. 模拟剪裁

保持衣料图形对象处于被选中状态，从修改器下拉列表中选择Garment Maker修改器添加进堆栈。在修改面板Main Parameters卷帘中设置Density（密度）参数值为“1.1”，这样我们就在Top视图中看到裁剪图样表面的Delaunay 网格，其网格密度应与前面的裤子大致相同。

2.1　衣料拼合

接下来要将平摊在地面上的衣料一块块地摆放到人体的有关部位，也就是我们在先前所说的衣料拼合。衣料拼合的方法比较灵活，可以使用本章第一节2.3小节中所介绍的利用Garment Maker修改器定义模特参照点的功能来快速定位衣料裁剪片，并配合使用基本的变换操作（移动和旋转）进行详细的方位调整；也可以直接使用主工具条上的和工具，在Garment Maker修改器的Panels层级，运用基本变换操作功能将衣料片从地面上移动并摆放到人体的适当部位。

摆放到位后，还要使用Panels层级下修改器面板中在Deformation区域内提供的设置来适当变形衣料片（参见图7.8）。分别选择各块衣料片并在Deformation组中相应地设置参数Curvature（弯曲）的数值，让衣料片产生包裹状的弯曲。如果该参数尚不可用，则应先取消其上方Use Preserved选项的勾选并打开Curved开关。同时注意还要在下方的轴向选择开关中选择适当的弯曲变化轴向，例如X-axis或Y-axis。为Curvature参数设置的数值要根据实际需要采取正数或负数设定，并通过调整数值控制衣料片的弯曲程度。设置弯曲后衣料的形态又会产生变化，还可以继续使用变换操作工具（或）调整它们，使之到达最佳方位。预先对衣料片进行恰当的弯曲，可以让以后的缝合仿真效果更佳。最后形成的衣料摆放方位可以参考图7.41中所示。

2.2　义缝合边缝人

在定义短袍的缝合边缝时，情况要比裤子复杂，因为这里有众多的边线和复杂的缝合关系。在定义缝合边缝时，Garment Maker修改器对衣料边界线提出了一些几何上的要求。首先，缝合缝的定义必须在边界线之间两两进行。如果要用多条边界线定义一条缝合缝，必须

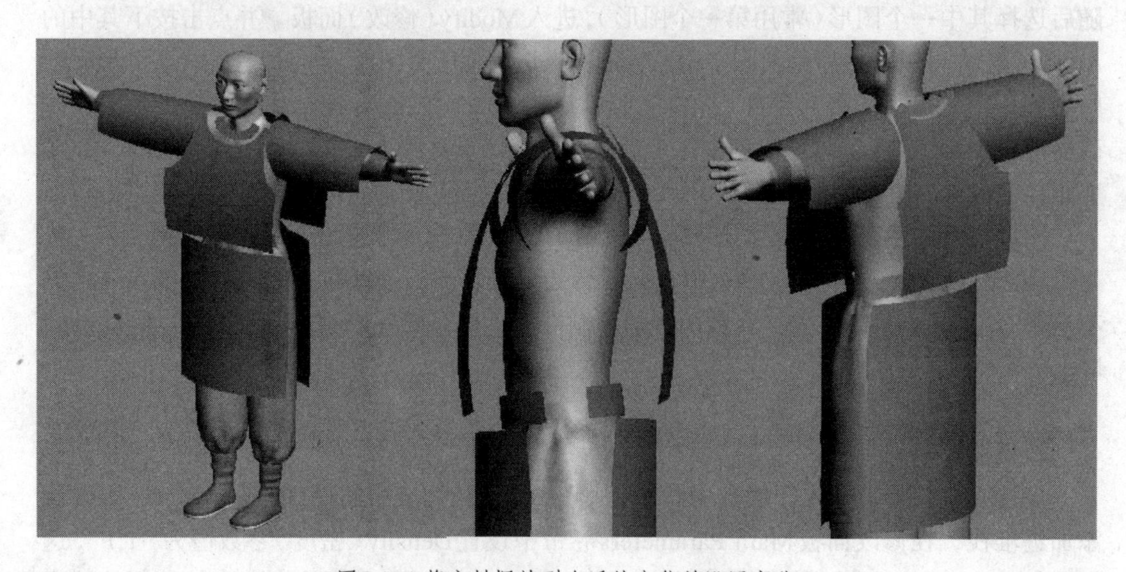

图7.41　将衣料摆放到合适的方位并设置弯曲

先将它们分成两组，将每组中的边界线构成一个多段边界（MultiSegment），然后在两组之间定义缝合缝；其次，用于缝合缝定义的每条（组）边界线必须是前后贯通但却不能完全闭合的，也就是整条线路上只存在一对端点（终止顶点），线上其他顶点之间要么由边界线自身相连，要么由已定义的缝合缝相连。这些要求的提出是为保证Garment Maker几何计算的顺利进行，为了遵循这些要求，在较复杂的衣料上定义缝合边缝时就要特别注意定义它们的顺序。图7.42中标示出了短袍左侧的一些主要衣料边界线，图中的红圈字母标示了边界线上的有关顶点，我们将从肩部开始对定义缝合边缝的这些原则与顺序方法做具体的说明。

首先还是要进入Garment Maker修改器的Seams（缝）层级，然后在视图中用鼠标复选法（Ctrl+单击）同时选择边界线AB和EF，它们是最简单且符合要求的一对边界线，再点击修改器面板中的Create Seam按钮，就应该可以在它们之间定义出一条缝合边缝。但在实际操作中可能会看到系统弹出一个长度错误提示，这是因为两条边界线的长度差别超出了Garment Maker修改器所允许的范围。在Seams层级的修改面板中有一个Seam tolerance参数，它规定了参与缝合缝定义的两条（组）边界线在长度差异上的容忍值，是一个百分比数值。这个参数的默认值是0.06，即6%，如果两条边界线的长度差别超过了该参数的规定值，在创建缝合缝时就会出现错误提示。在这种情况下可以增加Seam tolerance的参数值，甚至可以让它超过“1”，直至让这条缝合缝可以产生为止。我们在此将Seam tolerance设置为“0.8”，以充分容纳可能存在的边界长度差，再次点击Create Seam按钮即可完成这条缝合边缝的创建，如图7.43-1所示。

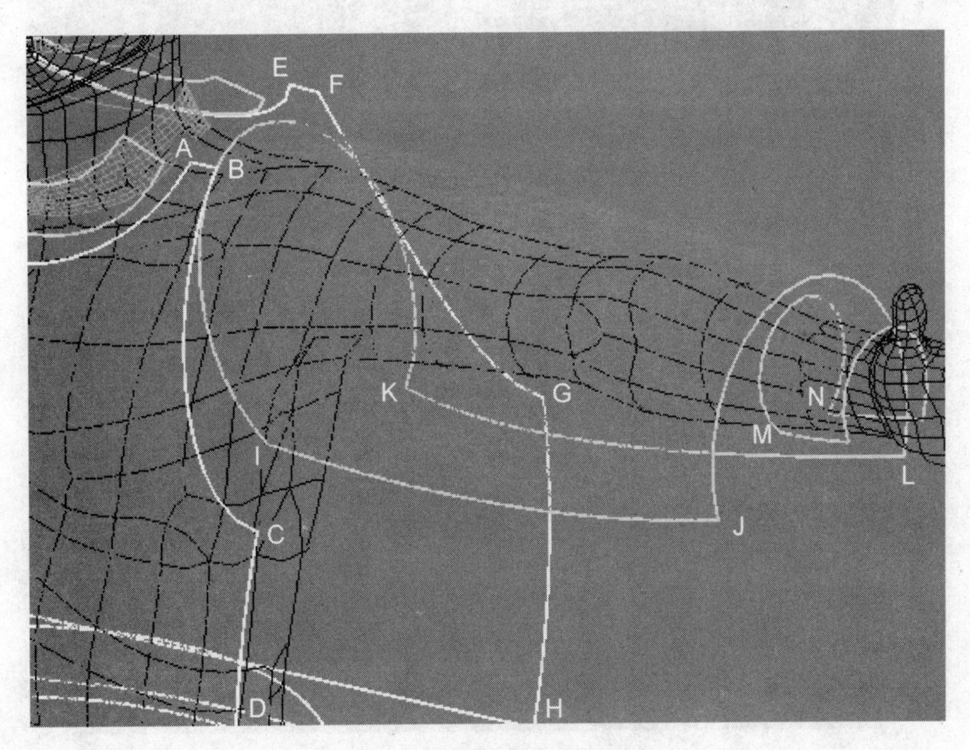

★图7.42 短袍局部衣料边界线分布

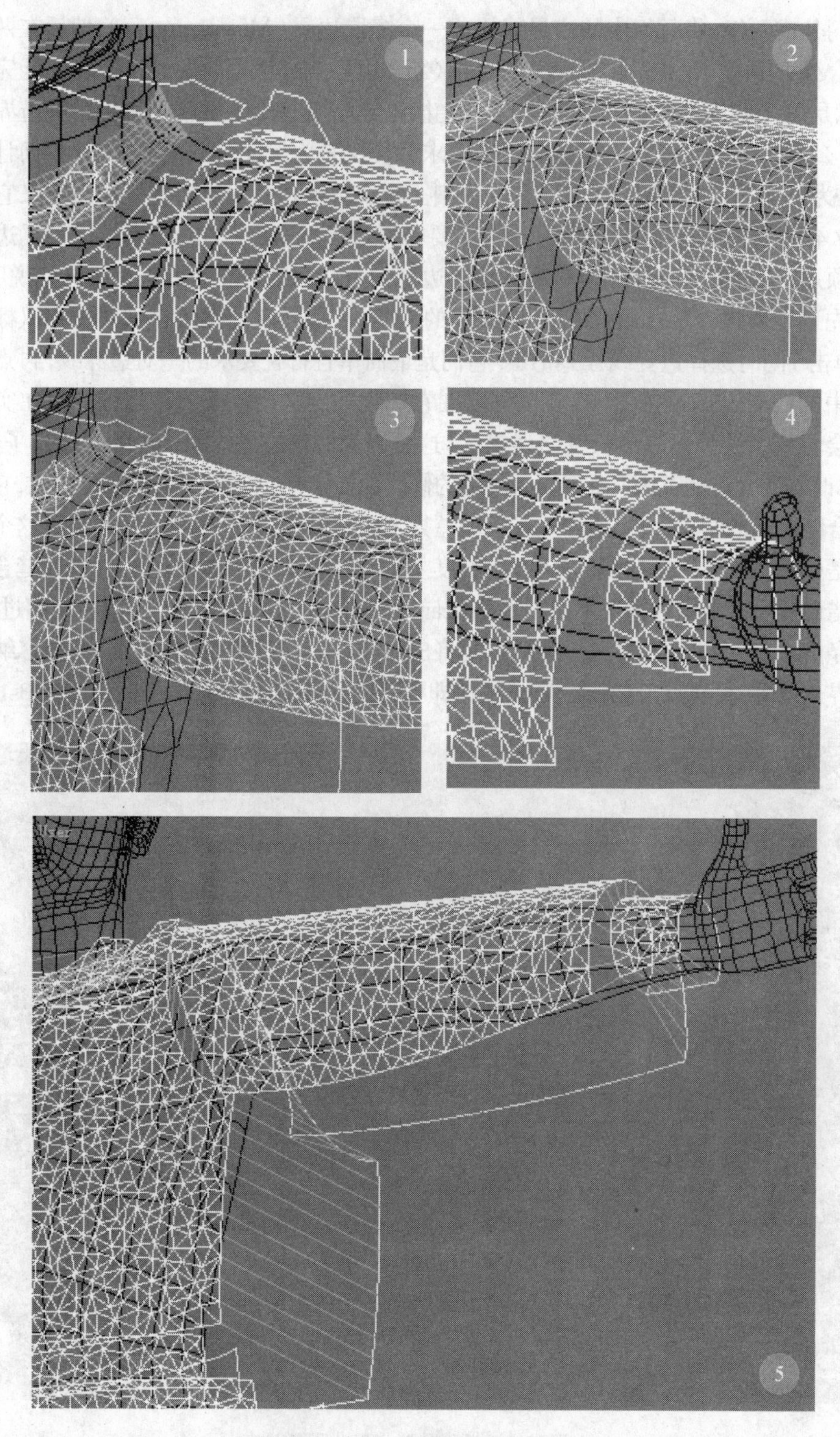

★图7.43　定义短袍上的缝合边缝

刚刚创建出来的缝合边缝由一组红色平行线表示，红色表明它还处于选中状态。这第一条缝合边缝的定义，意味着短袍前襟与后襟在左肩上实现了逻辑性的连接。接下来应该将前后襟与衣袖在肩关节周围进行“连接”，也就是定义新的缝合边缝。但这里的问题是，出现了三条实质的边界线——BC、FG和IK，分别属于前、后襟与衣袖。依照原则，应该先将它们分为两组。于是，同时选择边界线BC与FG，然后点击修改器面板中的Make MultiSegment（创建多段边界）按钮，这样两条边界线就构成一个多段边界线CB-FG。由于有了刚才在肩头的第一条缝合缝，这条多段边界线在逻辑上就是整体连通的，它只在C、G两点处形成端点。多段边界线形成后，在进行边界选择时它就会被整体选择。另一条边界线IK自成一体，I、K两点是它的端点。这样两条（组）边界线CB-FG与IK就都符合了定义缝合缝的要求，现在便可以在它们之间定义缝合边缝了。

复选边界线CB-FG与IK，然后点击修改器面板中的Create Seam按钮，视图中即会出现表示缝合边缝的红色连线组。但此处很容易出现一个问题，就是连线是相互交错和混乱的，如图7.43-2所示。这说明两组边界线之间产生了反向的缝合，这在缝合形态较为复杂的多段边界线时是经常出现的情况。这时我们只要紧接着再单击一下修改面板上的Reverse Seam（反转边缝）按钮，即可改正边缝的缝合方向，形成合乎逻辑的连接，如图7.43-3所示。这里还可以看到，由于两条（组）边界线的弯曲程度不一样，红色的缝合连接线之间也就不再能保持平行关系了。新定义的缝合边缝形成后，前面定义的缝合缝连接线就以绿色显示，这是非选中状态下缝合缝的颜色。

袖子已经连接到衣襟上去了，接下来应该缝合哪里？是否可以将袖管下侧的边缝缝合？回答是不可以的。因为此时如果在边界线IJ和KL之间定义缝合缝，那么边界JL就会成为一条逻辑上闭合的边界线——它的端点J与L之间已经由缝合缝相互连接起来。这样一来，边界线JL就不再满足定义缝合缝的要求，想再通过缝合缝将袖口与腕带连接就不可能了——系统会提示一个拓扑结构错误。同样道理，在前面还没有定义袖子与衣襟间的缝合缝之前，更不可以定义袖管下侧的缝合，因为这样便会连边界IK也变得不符合要求了。

正确的做法是，先保留袖管下侧的开口，首先将袖口与腕带进行缝合，然后再处理袖管与腕带在下侧边的封闭问题。于是，复选边界线JL与MN，点击Create Seam按钮定义它们之间的缝合边缝。和前面两次定义不同的是，这里的两条边界线的长度相差十分明显。Garment Maker与Cloth在缝合两条（组）长度基本一致的边界线时会产生比较平整的连接效果，但如果它们长度差别较远就会在缝合处出现明显皱褶。如果我们确实需要这种效果，就可以有意去这样安排。因为前面已经将Seam tolerance参数值设置为“0.8”，足够容纳这里的差别，所以可以顺利创建出新的缝合边缝，如图7.43-4所示。因为两条边界线的长度有明显差异，缝合缝的连接线会呈现发散状。

然后我们可以用缝合缝封闭袖管和腕带下方的开口了。分别选择有关的边界线并创建出缝合边缝，如图7.43-5所示。再接下来还有很多地方需要定义缝合缝，包括前后襟与前后腰带的连接、腰带与前后摆的连接、领圈与前后襟的连接以及它们每个部分各自的连接等。

这些连接的情况都是比较简单的，都是在单纯的边界线之间两两进行，不存在边界线会自我封闭的问题，长度差别也都在Seam tolerance参数规定的范围之内。我们依次将这些缝合边缝创建出来，如图7.44所示。

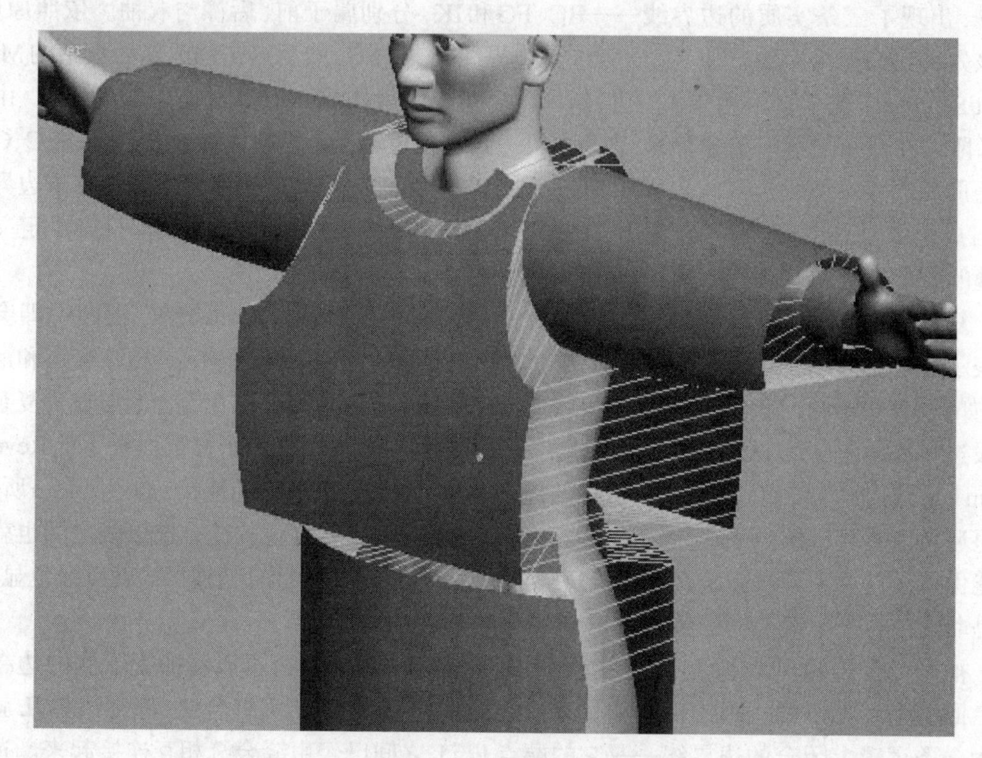

图7.44　短袍上定义好的全部缝合缝

这些缝合边缝都定义好以后，我们再来关注一个细节，就是Garment Maker修改器在定义每条缝合边缝时，都会清点一下其两边两条边界线上的顶点数目。如果发现它们的数目不相等（这是很常见的情况），Garment Maker就会自动地调整表面网格的结构分布，让这两条边界线上的顶点数目变得一致，即取得一个折中的数目并且使顶点的分布大致均衡。现在大家可以将视图切换到线框显示模式（F3），变换视图的比例与视角，仔细观察一下这些缝合缝的两边，就可以看到它们的顶点都是一一配对的，每对顶点之间均有一条拉力线（绿线）相连接。这也说明拉力线的分布是与网格密度紧密关联的，并不是随意勾画的。

2.3　设定缝合边缝的属性

缝合边缝全部创建好以后，一般还需要为它们的缝合属性设定一些参数，这些参数位于Seams层级修改面板的下方（Seams卷帘中）。每条缝合边缝都会拥有自己的缝合参数，修改其参数之前要明确选择该缝合缝，也就是鼠标点击一条缝合缝的拉力线使之显示为红色。在我们这里最重要的是Sewing Stiffness（缝合硬度）参数，它决定了一条缝合缝在仿真缝合时的牵拉强度，其默认值为“50”，数值越大，缝合拉力线在仿真时的牵拉力就越大。我们将短袍上诸多缝合缝的Sewing Stiffness参数值普遍设置为“75”，将前后领圈之间的缝合缝的Sewing Stiffness设置为“150”，将前后腰带之间的缝合缝的Sewing Stiffness设置为“250”。这两处的参数大大高于其他地方，是因为我们希望领圈与腰带自身间的缝合力度能够明显强于其他衣料之间的力度，以突出领圈与腰带部位的紧束感。在缝合参数的上方还有一个On（开启）选项，它默认状态是勾选的，表示缝合缝的拉力作用已被开启，一般应该保持这个状态。

2.4　定义衣料片的材质标号

短袍将由大大小小的许多片衣料缝制而成，这些衣料可能有不同的材料和颜色，这些差别需要我们在后面为短袍定义复合材质来体现。定义和使用复合材质的关键是要在模型对象以及材质当中指定材质标号（Material ID）。现在在尚未对服装仿真缝制之前，是一个对模型表面指定材质标号的良好时机，Garment Maker修改器在其Panels（布片）层级中提供了这方面的功能。

我们对短袍的面料进行简化设计，主要是领圈、腰带和腕带部位的材质会与其他地方有所区别，而它们三者则属于相同的材质。于是在修改器堆栈中进入Garment Maker修改器的内部层级Panels，用选择工具在视图中选择短袍的每块衣料，并在修改面板上设置其Mat ID（材质标号）参数的数值（整数）。对于领圈、腰带和腕带这三块衣料，设置Mat ID为“2”；其他所有部位衣料的Mat ID设置为“1”。这样，将来就可以较容易地将短袍上的材料区分为两种类型了。

上面我们通过Garment Maker修改器对短袍衣料图样进行了裁剪转换和各种必要的设定，使一个平面上的图形对象转换为包围人体、等待缝合的表面对象。在进行到下一步工作之前，应该对它正式命名。所以保持衣料图样对象继续被选中，在修改器堆栈中回到Garment Maker的修改器层级，在修改面板的最顶部将对象名称更改为“Shirt”。接下来，我们就该进入服装的仿真阶段。

3. 仿真缝合

3.1　添加Cloth修改器

仿真阶段以添加Cloth修改器为开始，从修改器下拉列表中选择Cloth添加给Shirt。随后要为Cloth修改器指定参与服装仿真的所有对象以及它们的仿真属性，就如同我们在本章第二节第1小节中曾经做过的那样。点击修改面板中的Object Properties按钮打开Object Properties窗口，在其中使用Add Objects按钮将场景中的人体对象Body、内衣领对象Collar和裤子对象Pant统统纳入仿真的范畴之中（让它们的名称出现在仿真对象列表中，参考图7.12），而Shirt对象本身就已经属于仿真对象，这样这个Cloth修改器就成为上述四个对象所共有的一个修改器。接下来就要为这几个对象一一设定它们的仿真属性。由于我们现阶段要做的仿真是对短袍进行缝合，是一次原地仿真，所以需要除了短袍对象之外的所有参与对象都表现为阻挡物体，也就是碰撞对象。在Object Properties窗口的仿真对象列表中分别选择Body、Pant和Collar等对象，为它们点选打开窗口中的Collision Object开关项并更改相关的Offset参数值为“0.1”。这个参数值使用的单位是3ds Max场景的长度单位（英寸），设置这样小的数值将允许短袍在仿真时能够非常贴近这些碰撞对象。其他的所有参数与设置均可保留默认值。

接下来要设置短袍Shirt的属性，毫无疑问它应该是Cloth（衣料）类型的，所以在仿真对象列表中选择Shirt的对象名后，在Object Properties窗口的上方打开Cloth开关项，窗口中央部位众多的关于Cloth类型的属性参数就变为可用。但我们现在不打算直接设置这些参数，因为这样做只能对Shirt对象整体进行统一的属性设定。我们希望Shirt对象上的不同部位有不同的属性表现，具体地讲，就是要让领圈、腰带和腕带这几个部分表现得比其他地方的衣料更加“厚硬”，以突出服装制作在这些部位的特殊用材。前面对这些地方所做的材质标号设定只能用于区分它们表面的视觉效果（如颜色、纹理等），真正要在力学仿真中让它们表现出不同的物理属性，就必须对它们进行独立的仿真属性设定。要在一个衣料对象上针对每片衣料进行单独的属性设定，我们就要先勾选Cloth开关项右边的Use Panel Properties选项，勾选后窗口中央部位的那些属性参数就再次变为不可用，取而代之的是我们要进入Cloth修改器的Panel层级去设置每片衣料的属性。

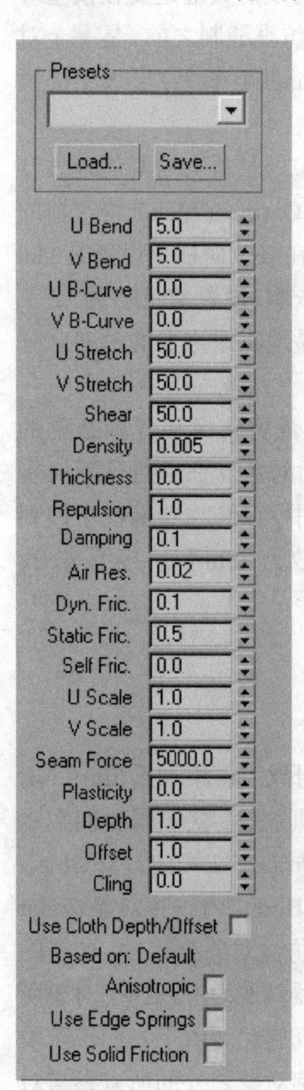

图7.45　衣料属性参数

3.2　设置衣料片的仿真属性参数

在修改器堆栈中点击进入Cloth的Panel层级（注意不要与Garment Maker的Panel层级混淆），在这个层级中，我们可以选择衣料对象上的任何一片衣料并在修改面板上排列出的一组仿真属性参数中设置它所需要的数值，如图7.45所示。除领圈、腰带和腕带以外，对于其他所有衣料片均保持系统默认的参数值不变，而对这三处衣料片我们需要做一些必要的调整。

首先是对领圈和腕带，要让它们在仿真中表现得明显比周围衣料厚硬，我们需要大大提高它们的Bend（弯曲）和Density（密度）参数值。Bend参数分为U Bend和V Bend两个参数，排列在修改面板参数组的顶部，它们分别表示纵、横两个方向的弯曲可能性。对于领圈和腕带，将这两个Bend参数值均调整为“80.0”（默认值为5.0）。Bend数值越大，衣料就越不容易弯曲或折皱。接下来调整Density参数，它表示衣料在单位面积上的重量（密度），将领圈和腕带的Density数值均调整为“0.02”（默认值为0.005）。衣料的密度越大，它在缝合与运动中的惯性就越大。

接下来还要调整Strecth参数数值，这个参数控制衣料的拉伸能力，也分为U Strecth和V Strecth两个参数。在我们设计裁剪图样时，很难保证每片衣料的形状尺寸完全合适，尤其是在缝合关系较复杂时。在这种情况下，我们可以先将衣料尺寸裁定得紧张一些，有意让缝合时出现紧绷的状况，然后再适度增加衣料片的拉伸性（要减小Strecth数值），以获得满意的穿着效果。在前面的设计过程中我们就做过这样的考虑，所以在这里需要为领圈设置较大的拉伸性，让它在被周围衣料牵拉和自我连接的作用之下，能够较合适地围裹在颈部周围。于是，缩小领圈的两个Strecth参数值为“25.0”（默认值为50）。反过来对于两条腕带，它们的连接关系简单，设计时尺寸容易估计，就不需要再设置较大的拉伸性了。将两条腕带的两个Strecth参数值设置为“100.0”，让它们不容易受袖管的牵拉而扩张，因而可以让与之连接的袖管产生更多皱褶，以此来突出腕带的紧束感。这些设置完成后，领圈和腕带的属性就调整好了，下面就要解决腰带的问题。

对于腰带，首先我们也希望它有较大的密度，所以如领圈与腕带一样将它的Density参数值设置为“0.02”。接下来，我们希望它的伸展性非常小，这样才能表现出紧束的感觉，所以将它的两个Strecth参数值均设置为“250.0”。最后是Bend参数，这里有些特殊，我们希望腰带在它的长度方向较容易弯曲，而在它的宽度方向不容易弯曲。这是因为在长度方向上腰带应很顺从地环绕于腰间，但在宽度方向上它不应该受周围衣料的牵拉作用而产生太大的变形，也就是说在宽度上腰带要表现得很硬，这样才能加强周围衣料的折皱效果，同时表现腰带上绷紧的张力。这就要求我们要对两个Bend参数有不同的设置，U、V两个方向的Bend参数确定了衣料片上相互垂直的两个方向上的弯曲度，但哪一个对应长度方向或宽度方向则不是一目了然。一片衣料的U、V方向一般与之前Garment Maker修改器在Panel层级中对它进行弯曲的X-axis及Y-axis轴向相对应（见图7.41）。腰带当时弯曲围绕的轴向是X轴，是它的宽度方向，这个方向也就是它的U方向。明确了方向之后，为了可以给不同方向的Bend参数输入不同的数值，还须先勾选修改面板下方的一个Anisotropic（各向异性）选项。这个选项勾选之后，不仅Bend参数，属性参数表中所有拆分为UV两方向的参数均可以不同数值进行设置。随后我们便可以设置Bend的参数值了，将其U Bend设置为“200.0”，而V Bend保持默认的数值“5.0”，前后两个腰带都做同样的设置。

通过刚才这些设置，我们大致了解了Panel层级的组成和功能。Cloth修改器的Panel层级实际上是与Garment Maker的Panel层级有密切关联的，只有经由Garment Maker修改器生成的衣料对象，它的每片衣料（Panel）才可以获得Cloth修改器在Panel层级中提供的各种控制，而使用普通建模手段建立的服装模型则不能享用这些功能。这也就在功能层面体现出联合使用Garment Maker与Cloth修改器进行服装仿真的明显优势。

3.3 仿真缝合

一切准备就绪，我们开始启动缝合仿真，也就是将短袍完全缝合起来，这个过程属于原地仿真。在修改器堆栈上退回到Cloth的修改器层级，在修改面板的Simulation Parameters卷帘中确认Use Sewing Springs选项被勾选，同时要释放Gravity按钮，其他参数和设置维持默认原状（参见图7.13）。随后，点击按下Object卷帘中的Simulate Local（damped）按钮，仿真计算便正式启动。

由于是做原地仿真，视图中画面始终保持在第0帧，人物不做运动，只有短袍上的衣料随着仿真运算的进行在一步一步地收拢成型。根据电脑运算能力的不同，仿真进程的速度也不一样。要仔细观察衣料的变化趋势，当衣料之间已基本缝合、短袍已基本成型之时，迅速点击释放Simulate Local（damped）按钮结束仿真运算。此时，所有的缝合边缝应该尚留有非常微小的缝隙，还能隐约看到其中绿色的缝合拉力线，如图7.46左所示。

下一步是要在不使用缝合拉力线的情况下将衣料间的缝隙完全缝合。因为拉力线施加的是弹性力，不能紧密地封闭由它连接的缝隙，所以回到Simulation Parameters卷帘取消Use Sewing Springs选项的勾选，之后再次点击Simulate Local（damped）按钮启动仿真。这一次要特别注意观察，看到运算结果开始表现出来之后，马上就释放Simulate Local（damped）按钮。在不使用缝合拉力线的情况下，缝合缝反而会快速黏合，所以不要让运算拖延得太久，避免缝合缝过度紧收。这样获得的结果如图7.46右所示。

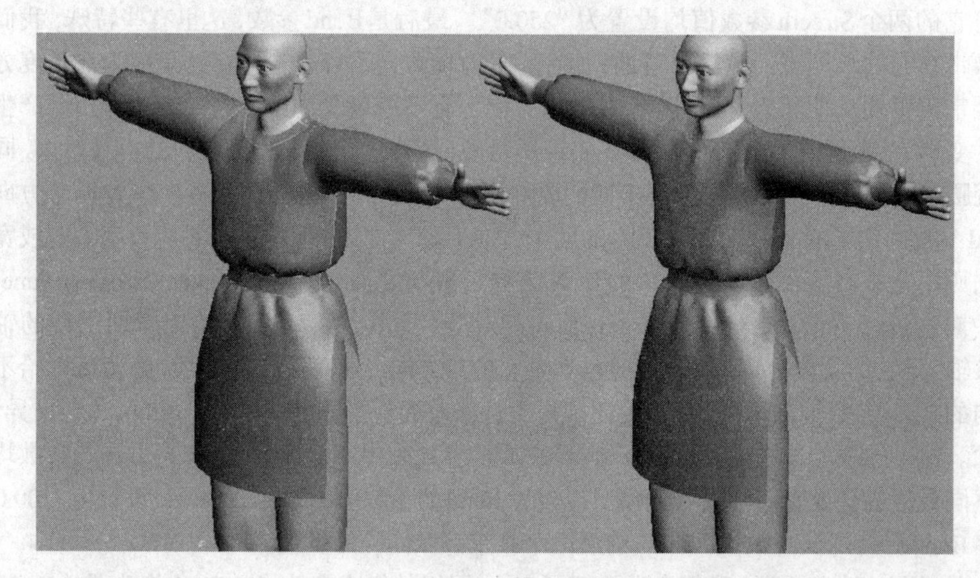

图7.46 短袍的仿真缝合过程

整个原地仿真过程其实也是一个设计调整过程，在服装初步缝合后，如果看到哪里的设计有问题，还可以马上倒退回去修改。因为这时衣料对象还保留着它所有的修改器，除了可以重新修改Cloth中的任何参数之外，也可以退回到Garment Maker甚至Line线条对象的层级之中，去调整先前在设计过程中可能存在的问题。但应注意这时的修改并不是随心所欲的，最好不要再改变缝合边缝已有的连接关系，或者剪裁图样的几何结构（主要是顶点数目）。当向修改器堆栈的下方（早期）层级返回时，系统就会弹出相应警示，告知这些结构性修改可能带来的风险。除此之外，我们曾经设置过的参数和选项以及图形线条的形态比例（例如弧度、角度、长短等）都还是可以放心调整的。如果准备对服装做回溯性的调整，应该先将已经做出来的原地仿真结果清除，这需要重新勾选Use Sewing Springs选项，然后再点击Reset State按钮（Object卷帘中）。清除原地仿真结果后，服装衣料会恢复到缝合之前的状态。

3.4　塌陷修改器堆栈

经过反复的调整修改和尝试性仿真之后，我们会获得满意的服装缝合效果，此时应该将修改器堆栈进行塌陷。Garment Maker和Cloth都是较为复杂的修改器，将它们塌陷会大大简化服装对象的数据结构，减轻系统的运算压力并减少系统错误，为下一阶段继续进行的仿真工作创造简洁、稳定的基础条件。

保持Shirt对象仍然处于选中状态，在修改器堆栈中的Cloth层级上单击鼠标右键，在弹出菜单中选择Collapse All，在此后弹出的警示窗口中点击Yes，于是修改器堆栈就塌陷为最简单的结构，Shirt对象的属性也就转变为基本的网格对象——Editable Mesh（可编辑网格）。网格对象的数据结构简洁、稳定，便于我们进行进一步的编辑和制作。但现在形成的网格对象还存在一个问题，就是它的表面还不是一个完全连通的整体，在原先的缝合缝的衔接处，模型实际上是断开的，尽管这些地方看上去已经是一条条密合的网格线。这个问题我们在前面制作裤子时已经介绍过，详见本章第三节第2小节有关内容和图7.17。这种情况的原因是，修改器堆栈塌陷并不能直接将不同的表面片段“黏合”起来，这一点是与Symmetry（对称）修改器有所不同的，原来服装上的一块块衣料片现在则转化为网格对象的单元级（Element）次对象。

我们需要弥合这些次对象之间的断裂，让整个短袍模型的表面连通为一个整体，这样在后面将要进行的动态仿真中才不会出现服装“开线”的现象。在前面第三节第2小节中我们已经介绍过在裤子模型上“黏合”不同单元次对象的方法，参见图7.18，我们现在可以将这种方法使用得更加简洁。在修改器堆栈中进入Vertex（顶点）层级（也可以在修改面板中点击顶点层级按钮 ），然后选择主菜单中的Edit \ Select All选项（或使用键盘Ctrl+A），这样Shirt模型上的所有顶点就全部被选中（在视图中显示为红色）。随后，在修改面板的Edit Geometry卷帘中找到Weld（焊接）区域，在其中首先设置Selected按钮右边的参数为一个非常小的数值（比如说“0.05”），然后点击Selected按钮。经过电脑运算，在被选中的所有顶点中，凡是相互距离小于刚才那个参数值（0.05）的顶点都会被“焊接”为一个顶点。由于Garment Maker修改器会将缝合边缝两边界线上的顶点一一配对，而Cloth在缝合仿真时又会将这些一一对应的顶点的位置重合在一起，所以这些顶点对之间的距离实际为“0”。一个很小的Selected参数就可以在保证不影响其他地方的任何顶点的同时，将所有缝合缝处的顶点对合二为一。

3.5　定义网格的平滑组

将短袍上的断点焊接起来后，又会出现一个问题，就是原来刚缝合好的衣料在缝合缝上自然形成的缝制线也全都看不到了，如图7.47所示。这些缝制线的消失有时是需要的，比如在肩膀周围，古装的袍子本身在这里就没有缝制线；还有在侧肋处与袖管内侧也没必要看到缝制线。但在另外一些地方还是需要出现缝制线的，比如在腰带、腕带及领圈周围，这些

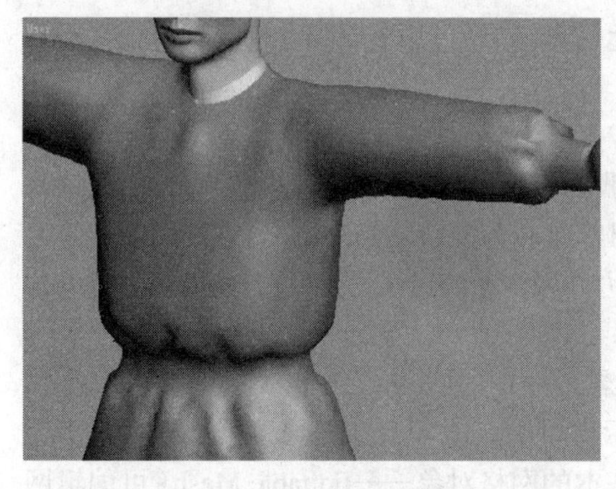

图7.47　断点焊接后短袍上的缝合处褶痕消失

部位的用材或者缝制方法有所不同，应该有明显的缝制线表现出来。

服装上的缝制线其实就是网格的棱边，当短袍网格未经焊接步骤时，那些棱边是可以看到的。但在短袍的网格表面已经连通为一个整体后，这些棱边会由于网格的平滑处理而变为不可见。网格对象在视图中显示时一般都要经过平滑处理，平滑处理使得网格对象上的网格棱边（即多边形或三角形面的棱边）不会在视图中显露出来，使网格表面的视觉效果光滑自然。如果不经这样的处理，网格对象就会像水晶矿石那样暴露出大量的小平面。表面平滑处理是通过平滑组标号进行分组处理的。也就是对网格上的每一个多边形面（Polygon）或三角形面（Face）都会设置若干个数值标号，含有相同标号的相邻面就属于同一个平滑组，在平滑处理时它们之间的棱边就被消除；否则它们就属于不同平滑组，它们之间的棱边就被保持。按照这样的规则延展处理下去，整个网格表面就会形成棱边或可见或不可见的显示结果。当一个网格对象被创建时，它会自动为它的每个网格面设定一个（或多个）平滑组标号，一般而言它们会是相同的一个标号。这样一来，按照表面平滑规则，整个表面就看不到任何棱边了，我们这里的短袍模型Shirt就属于这种情况。要改变这种状态，我们可以对网格表面上的平滑组标号进行重新设定。

选中Shirt对象，在修改器堆栈中展开它的Editable Mesh对象层级，进入其中的Polygon（多边形）次对象层次。在修改面板中展开Surface Properties卷帘（如图7.48所示），可以看到有一个名为Smoothing Groups（平滑组）的区域，其中提供了设置表面平滑组的功能。用鼠标在视图中任意选择一个网格面（Delaunay网格的三角形面），就能够在Smoothing Groups区域中看到它现在的平滑组标号——由其中按下的数字按钮表示，应该是默认的“1”。正如我们上面所介绍的，由于现在Shirt网格上的所有面的平滑组标号都是“1”，整个表面属于同一个平滑组，所以在表面上就看不到任何棱边以及由它形成的缝制线了。现在要做的就是将领圈、腰带和腕带处的平滑组标号改变为另外一个数，只要不是“1”，这些部位和周围表面的交界处就会出现可见的棱边。

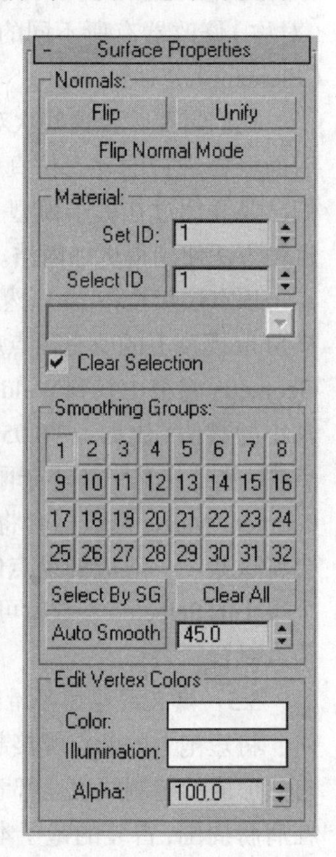

图7.48　表面属性卷帘

要改变某些网格面的标号就要先选中这些面，领圈、腰带和腕带上包含了众多的小网格面，如何快速而准确地选择它们呢？我们之前为这些部位设置的材质标号（Mat ID）可以发挥作用。在Surface Properties卷帘中，处在Smoothing Groups区域上方的是Material（材质）组，它可以用来定义表面的材质标号，也可以根据一定的材质标号来选择表面。我们在Select ID按钮右侧的数值框中输入"2"，然后点击Select ID按钮，在视图中可以看到短袍对象上材质标号为2的网格面均被选中（显示亮红色），这些面恰好是领圈、腰带和腕带上的全部网格面。

有效选择了预期的表面，下面来修改它们的平滑组标号。在Smoothing Groups区域中先点击释放原来默认的标号按钮"1"，此时所选表面就没有任何平滑组设置了。马上观察一下视图中的变化，这些部位显示出像多面晶体般的表面效果——一条条棱边清晰可见，这就是网格表面没经过平滑处理的样子。随后再点击按下标号按钮"2"，为这些表面设置数值为2的平滑组标号。这样在这些部位内部又重新显示出网格平滑的效果，但在它们的边界线上，棱边依然清晰可辨。这是因为1号平滑组与2号平滑组的标号不同，它们之间是不做平滑处理的。经过这样的设置，领圈、腰带和腕带部分就凸显出清晰的边界，短袍的外观就更接近设计效果了，如图7.49所示。

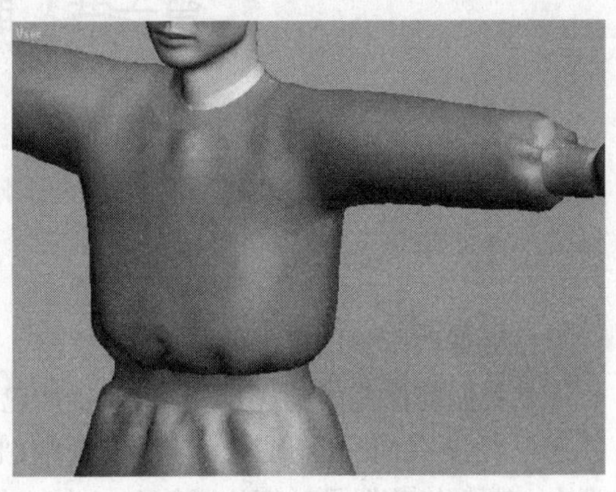

图7.49 修改了平滑组标号后的短袍效果

3.6 整理网格的细节错误

经原地仿真缝合的服装可能会有一些小差错，主要是在一些细小的局部会出现内部物体（碰撞对象）略微穿出在外的情况——仔细观察图7.49中的领圈和腰带上出现的几处白斑。这种情况是正常的，因为网格表面上的每个小面元是不能弯曲的，当物体之间的设定距离非常近时就容易出现这种问题。在我们将服装对象的修改器堆栈塌陷，使之转变为网格对象之后，就可以很方便地用网格编辑的方法修改这些小错误。

放大视图显示出这些局部细节，进入Editable Mesh的Vertex（顶点）层级，在视图中移动短袍上有问题的顶点，使短袍最终完好地覆盖全身，如图7.50所示。现在这件短袍的特点是：除了在缝制连接处出现自然的折皱外，

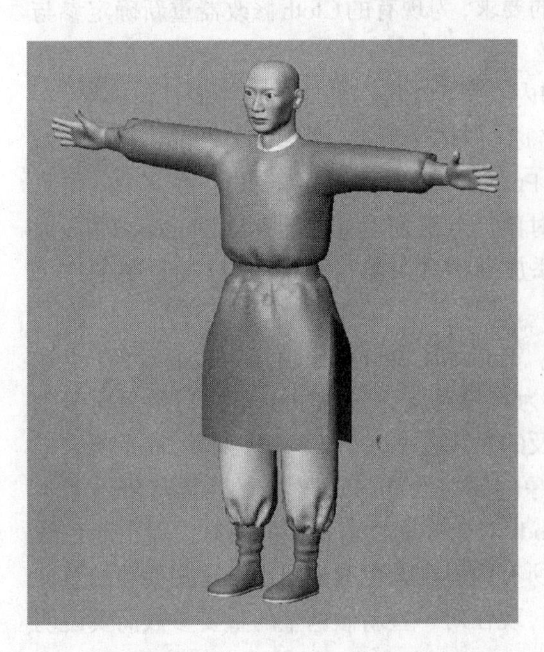

图7.50 准备到位的全套服装

其他部分基本保持平整，整体形态充实饱满，好像充气的太空服装。前面制作的裤子也具有这种特点。这主要是由于我们在原地仿真时没有考虑重力的作用，造成仿真结果的这种“失重”状态。但这种形态非常有利于在下一阶段进行服装动态仿真，可以把它看作动态仿真起点的标准模板。

第六节　服装动态仿真

服装动态仿真就是要在运动的人体上计算出服装符合物理规律的变化情况，其中还要考虑重力和可能存在的其他环境外力的影响。服装动态仿真也由Cloth修改器完成，所以首先必须保证场景中有Cloth修改器存在。

1. 检查和调整场景中的Cloth修改器

在我们前面完成的场景中，虽然最后已将短袍（Shirt）对象的修改器堆栈塌陷，Shirt对象上已经没有Cloth修改器，但在场景中Cloth修改器仍然是存在的。因为在前一轮的仿真中，Cloth修改器是被短袍、裤子、人体和内衣领四个对象所共有的，塌陷了短袍对象的堆栈以后，Cloth还存在于其他三个对象之上，所以我们就不应该再添加Cloth修改器了，即便对短袍对象也是如此。因为另外再添加一个Cloth修改器，实际上就会使场景中出现两个Cloth，它们会在一些对象上重叠，这会毫无必要地增加系统的计算复杂性，甚至导致系统瘫痪。正确的做法是：根据将要进行的仿真工作的要求，为现有的Cloth修改器重新确定参与仿真的对象以及它们的仿真属性。

在场景中选择裤子（Pant）、人体（Body）和内衣领（Collar）三个对象中的任何一个，在其修改器堆栈最上方可以看到Cloth修改器的名称（斜体字母）。选择这个Cloth，然后点击修改面板中的Object Properties按钮打开Object Properties（对象属性）窗口。在其中的仿真对象名列表中，现在应该只看到刚才说的三个对象。点击列表上方的Add Objects按钮，通过选择窗口将短袍对象Shirt和靴子对象Boot添加到仿真对象行列中，这样场景中的这个Cloth修改器便为上述五个对象所共有。

接下来设置这些对象的仿真属性。将Body、Boot和Collar对象设置为碰撞对象（点选Collision Object开关），将Shirt和Pant对象设置为衣料对象（点选Cloth开关），随后再分别为这些对象设置详细的属性参数。由于此处涉及的参数较多，我们不一一列举，而是将它们汇总在图7.51中。其中的大表给出的是Shirt对象的属性设置；Pant对象的设置与Shirt基本相同，有所差别的参数部分由红色线框引出；Body对象在属性窗口中的所有设置由绿色线框引出；Boot对象与Collar对象的设置相同，其所有内容由蓝色线框引出。这些参数的意义有不少在前面已经陆续介绍过，这里就不再重复，现在对一些新做调整的重要参数简要说明一下。

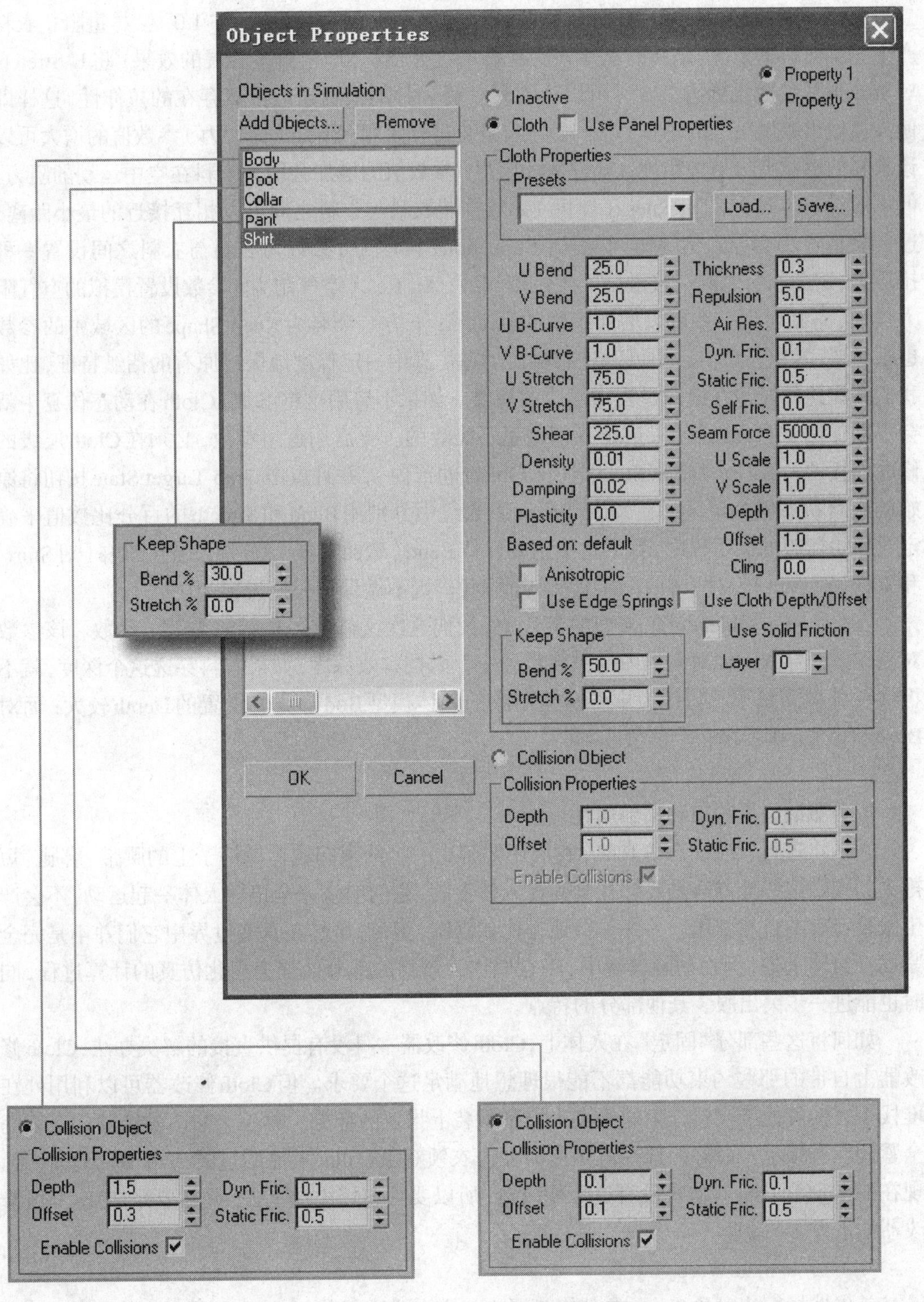

图7.51　参与动态仿真的各个对象的属性参数

在Cloth对象类型的参数中，U B-Curve/V B-Curve两参数设置为“1.0”会尽量阻止衣料产生完全对折的情况，这将有利于避免衣料的过分堆积，产生更多舒展的效果；将U Stretch/V Stretch两参数设置为“75”，可以让衣料获得一种不很明显但依然存在的拉伸性，这样即使人体做出幅度较大的动作，也不会导致服装过分紧绷；Shear（剪切力）参数值的增大可以让衣料的感觉变得更加粗硬；Damping（阻尼）参数值的增加会增大衣料在空中运动的阻力，但不应设置得过大；Thickness（厚度）参数控制衣料与衣料之间可以相互接近的最小距离，这一数值过小会导致运算时间延长；Repulsion（排斥力）参数为衣料与衣料之间设置一种排斥力，避免衣料之间在接触后产生过度纠缠；Air Res.（空气阻力）参数设置模拟的空气阻力作用，略微增大一些可以增加织物的飘动感；下方一个名为Keep Shape的区域中的参数也很重要，这组参数的启用可以让衣料在动态仿真中一定程度地保持原有的褶皱特征，比如我们现在这件短袍在缝制过程中形成的褶皱。如果不启用这组参数，Cloth在动态仿真中就会不断促使衣料自动展平，这是我们这里不需要的。要启用这组参数，必须在Cloth层级的修改面板中勾选Use Target State选项（Object卷帘内），并且点击Grab Target State按钮将原始的衣料状态做个记录。在Keep Shape参数组中分别用Bend和Strecth的百分比数值来确定对原始褶皱的保留程度，我们这里主要保持Bend（弯曲特征），分别设置了50%（对Shirt）和30%（对Pant）。对于Strecth（延展特征）我们则不做保持——设置为0%。

在Collision Object对象类型的参数中，我们这次又修改了Depth（深度）参数。该参数对因误差而穿入碰撞对象体内的衣料设置一个阻挡有效深度，如果衣料穿透这个深度，就不再接受外推调整了。对作为主要碰撞对象的人体模型Body，我们设置的Depth较大；而对Boot和Collar则使用较小的值。

2. 为服装设置约束和局部属性

在即将进行服装动态仿真时，我们还要解决一个约束问题。像裤子上的腰带、绑腿、短袍上的腰带这些地方都是要绑扎紧固在人体上的，它们应该完全跟随人体一起运动，不会产生服装特有的自然变化。另外一些地方比如领圈、腕带，虽然在真实世界中它们并不是完全紧固在身体上的，但在动画表现中，将它们作为紧固的部分处理会简化仿真的计算过程，同时也能进一步突出服装其他部分的特点。

如何将这些部分“固定”在人体上，Cloth修改器本身没有提供直接的解决办法，Cloth修改器上自带的那些约束功能都不能很理想地满足这个要求。但Cloth修改器可以利用处在堆栈下方的其他修改器产生的约束来控制服装上指定的部分。哪一个修改器能够将服装完全紧固在身体上？最好的选择就是前面在内衣领对象Collar上使用过的Skin Warp修改器。现在的Shirt和Pant对象还没有这个修改器，所以要为它们添加上去，并且要添加在Cloth修改器的下方。

2.1 添加Skin Warp修改器

首先选择短袍对象Shirt，在其修改器堆栈中点击选择位于Cloth下方的一个层级，也就是Shirt的对象层级Editable Mesh。在做出这样的选择时系统会弹出一个警示窗口，提示如果在堆栈中下移到Editable Mesh层级，某些结构性（拓扑结构）的修改将会破坏Cloth已有的结果。我们仍然点击Yes按钮执行下移，因为我们只是要添加一个约束性的修改器，不会去改变对象的内部组织结构（拓扑结构）。随后，展开修改器下拉列表并从中选择Skin Warp，这个修改器就出现在堆栈的中央，位于Cloth之下和Editable Mesh之上。采取和内衣领Collar上的Skin Warp完全相同的设置，即在Deformation Engine（变形引擎）的下拉列表中选择Face Deformation选项，将Falloff参数的数值调整为系统最小值“0.001”，然后将人体对象Body添加为控制对象（Body对象名出现在控制对象列表中）。此后，再选择裤子对象Pant，重复刚才的方法为其添加Skin Warp修改器并进行相同的设置。

Skin Warp修改器位于Cloth修改器的下方，一般而言它的控制作用会被Cloth所忽略，也就是说在Cloth中进行仿真时，服装对象会完全摆脱Skin Warp的约束。但Cloth还是提供了一个筛选机制，可以在服装模型上挑选一些部分保留由Skin Warp提供的约束，并让它们不再受仿真的影响。这项工作可以在Cloth修改器的Group（编组）子层级中完成。关于Group 层级的基本工作方法，我们在前面对裤子对象实行约束仿真时已经接触过，现在继续使用其中的功能来制定对有关部分的控制。

2.2　为裤子上的约束部位定义编组

首先选择裤子对象Pant，我们需要在其Cloth修改器的Group层级中选择出要接受特殊处理的顶点，并将它们定义为一个编组。要选择的顶点位于裤腰和裤管收口处，这些顶点应该就是前面在做约束（绑缚）仿真时选取的那些顶点（参见图7.24）。当时的顶点编组已随着那时的堆栈塌陷而消失，在当前新的Cloth修改器中并没有这个编组的记录，所以如果现在直接进入Group子层级，就没有办法准确地选择出这些顶点。不过我们曾在Editable Mesh对象级的Vertex（顶点）层次中保留了这些顶点的选择集，就是在第三节4.2小节中所讲的命名为“tied”的选择集，我们可以从这里获得对这些顶点的准确选择。

先进入堆栈的Editable Mesh对象层级（此间又会有结构修改警示窗口出现，依旧点击Yes按钮回应它），再进入其内部的Vertex（顶点）层次 。在主工具条上的对象选择集下拉列表 tied 中选择“tied”（它应该也是唯一可用的选择集名），在视图中就应该能够看到相应的顶点显示为红色（可切换到线框模式F3）。在修改面板的Named Selections标题下（Selection卷帘中）点击Copy按钮，在随即弹出的对话窗口中选择“tied”并点击OK按钮，这样就将选择集tied的定义拷贝下来。

退出Vertex层次（释放按钮 ），然后在堆栈中返回到最上层的Cloth修改器并进入其内部的Group层级，此时模型上的所有顶点均处于非选中状态。点击修改面板下方的Paste按钮，将选择集tied的定义粘贴到对象上，这样与其有关的顶点又重新被选中，在视图中它们显示为红色。立即点击修改面板中的Make Group（创建编组）按钮，在弹出的对话窗口中将系统默认的编组名称“Group01”修改为“Pant-GP”，这样原来选择集tied中的顶点就被定义为Cloth中的一个编组，如图7.52所示，它的名称会出现在修改面板的编组名列表区中。

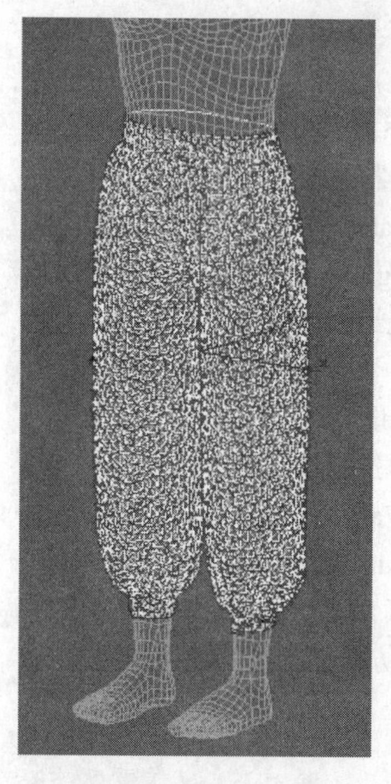

图7.52 Pant-GP编组中的顶点

紧接着在Group卷帘中点击Preserve（保留）按钮，为该编组设置保留类型的约束，这个约束将恢复在Cloth修改器下方的其他修改器产生的控制，于是裤子模型的这些部分就会表现出由Skin Warp修改器产生的控制了。Preserve约束的名称同时会出现在编组名列表中Pant-GP名称右侧的括号内。

2.3 为编组设置自己的衣料属性

虽然为编组添加了Preserve约束，但有时这仍不能保证编组中的顶点完全摆脱Cloth的仿真控制，编组衣料与碰撞对象的间隔距离就是一个例子。衣料与碰撞对象之间可以接近的最小距离由Offset参数确定，仿真过程会更加看重这个数值而违背由Preserve约束产生的结果。因此编组中的顶点在仿真中就会被外推至Offset参数规定的距离以外，如果这个Offset参数最后设置的数值较大，就会导致服装的绑缚部分经仿真而变得松弛。

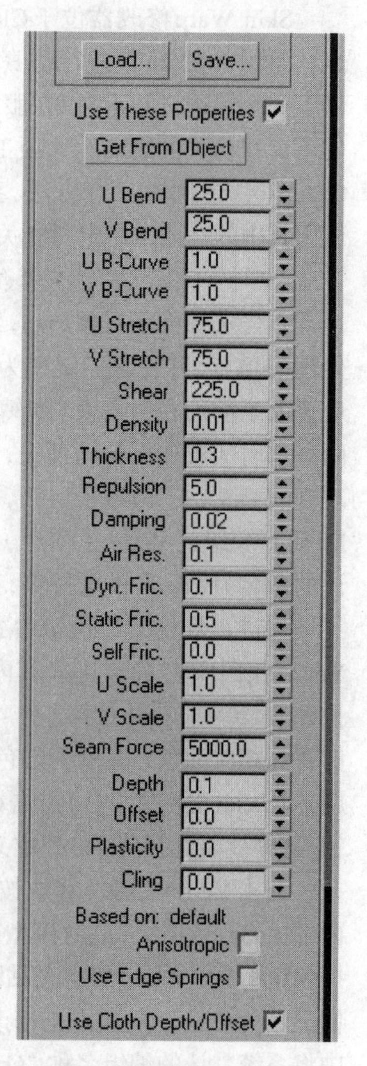

图7.53 Group Parameters卷帘中的衣料属性参数列表

我们这里的情况就恰好如此，我们在缝合仿真时设定的Offset为“0.1”，但在动态仿真中对人体碰撞对象的Offset参数设置的是“0.3”，这个数值对于服装的一般部分而言是合理的，但对于约束部分这个数值就偏大了（约束部分已按“0.1”的设置紧贴人体）。所以，我们需要针对服装约束部分，也就是编组中的顶点特别设定一个Offset参数值。这个设置可以在Group层级的修改面板中进行，诸如此类的对于属性参数的特殊要求都可以在Group层级中完成。

当我们创建了一个新的编组之后，修改面板的下方就会新增一个名为“Group Parameters”（编组参数）的卷帘，其中包含了大量新的设置选项与参数。这个卷帘的作用，主要是为编组提供一些专门化的设置。在其中央部分包含一个局部衣料属性参数的列表（如图7.53所示），其内容和Cloth的对象属性窗口中列出的衣料属性参数（见图7.51）是一样的，利用这组参数，我们就可以为编组设置一些不同于服装整体的衣料属性。现在我们要在这里为Pant-GP编组设置它自己的Offset参数，因此勾选参数列表上方的Use These Properties选项，这个选项启用其下方的参数组以替代裤子整体的属性参数。但我们看一下卷帘内部的这些属性参数，在一开始它们使用的是系统默认的衣料设置，这就和一个新添加的Cloth修改器中的原始衣料属性一样，而不是我们在前面已经花精力设置好的那些数据。如果我们只希望在已经设置过的属性基础之上略作修改（比如只修改Offset），不想重新设置所有这些衣料属性，就可以在刚才勾选选项的下方点击Get From Object按钮，这个操作将前面（图7.51）在Cloth层级中为Pant（裤子）对象设置的所有衣料属性参数复制到当前的参数列表中。

在Pant-GP编组的属性参数与裤子整体取得一致后，再进行所需要的局部修改。将参数表中的Depth修改为“0.1”，将Offset修改为“0.0”，这个Offset数值说明编组顶点可以接近到碰撞对象的最小距离为零，这比在碰撞对象上设定的Offset参数（0.3）小很多，这就可以保证这些约束部分始终完全紧贴人体。这两个参数修改完后，还要勾选列表下方的Use Cloth Depth/Offset选项，这样才可以让Pant-GP编组使用属于自己的全部属性参数，包括Depth和Offset参数。注意勾选Use Cloth Depth/Offset是必要的，因为Depth和Offset这两个参数有些特殊，它们在衣料属性和碰撞对象属性中均会出现，但默认情况下仿真过程使用的是在碰撞对象上对这两个参数设定的数值。如果我们要让编组属性中的这两个参数发挥作用，就必须勾选相应的Use Cloth Depth/Offset选项。

创建Pant-GP编组的工作完成后，在实际案例中，为了进一步改善裤子腰带附近衣料对仿真效果的影响，我们又在Pant-GP编组下方的一定区域上创建了另一个编组Pant-GP1，如图7.54所示。在对Pant-GP1编组的局部衣料属性设置中，我们调整了Depth、Offset两个参数值分别为“1.0”和“0.1”，希望借此在裤带与裤管间形成一段属性变化的过渡区。

★图7.54 Pant-GP1编组中的顶点

至此，对裤子的准备工作可以告一段落了，接下来要用同样的方法解决短袍的问题。

2.4 为短袍的约束部位定义编组

短袍的处理过程与裤子基本相似，但区别在于我们并没有在Editable Mesh层级内的Vertex层次中保存过任何顶点选择集，不过我们对模型表面的有关部位曾经指定过材质标号（Mat ID），利用这个材质标号也可找出所需要的顶点。材质标号属于Polygon（多边形面）层次中的功能，而我们要选择的目标属于Vertex层次，这种跨层次的选择转移是只有Editable Poly类型的对象才具备的功能。而现在短袍属于Editable Mesh类型，它的功能比Editable Poly简单且没有这项功能，如何补救这个不足？我们可以使用Poly Select修改器。

选择短袍对象Shirt，向其修改器堆栈中添加一个Poly Select修改器，添加的位置要在Skin Warp修改器之下、Editable Mesh层级之上，添加的方法和注意事项完全参照前面添加

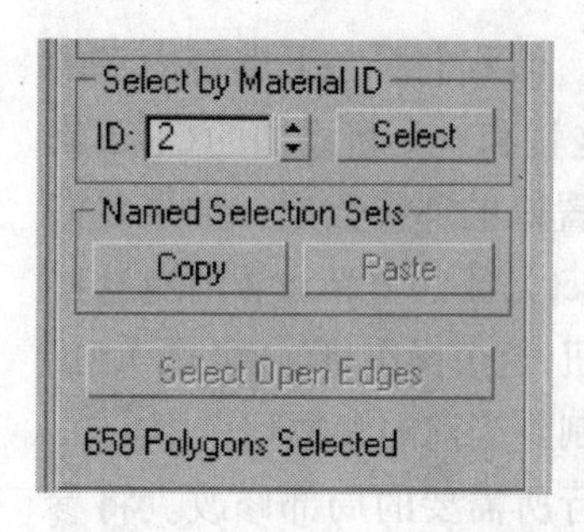

图7.55　Poly Select修改器面板的部分内容

Skin Warp修改器的过程。完成后，进入Poly Select修改器的Polygon（多边形面）次对象层级（在修改面板上点击按钮■）。在此时修改面板的Select by Material ID区域中（如图7.55），为ID参数输入“2”并点击其右侧的Select按钮，这样就可以选择Shirt模型上材质标号为2的所有面元（在视图中显示亮红色），这些部位也就是领圈、腰带和腕带部分。接着在修改面板的Parameters卷帘顶部找到次对象层级按钮组，先按下键盘Ctrl键（保持），再用鼠标点击顶点层级按钮，当操作转入顶点层次的同时，会看到位于刚才所选面元上的所有顶点成为目前被选中的次对象（亮红色），这样我们就达到了选择预期顶点的目的，这种方法就是Editable Poly编辑功能中的次对象选择转移。在Poly Select修改器中做出的次对象选择，能否将其沿用到堆栈上层的Cloth修改器中？当然是可以的，一种方法就是在前面裤子对象上用过的顶点选择集的办法，也就是对当前选中的这些顶点先定义一个顶点选择集，然后用选择集定义的拷贝与粘贴操作将顶点选择传递给Cloth的Group层级。但现在还有更简单的办法，无须定义选择集，Cloth也可以获得对这些顶点的选择。因为Editable Poly与Poly Select的编辑功能会自动记录每个次对象层次中的选择情况，Cloth可以从这个自动记录中获取信息。

首先在Poly Select修改器中退出顶点层级（释放按钮），视图中的顶点选择提示也随之消失。然后返回到堆栈顶层的Cloth并进入其中的Group层级，此时模型上并没有任何顶点被选中。点击修改面板下方的Get按钮，它直接从堆栈下方（Poly Select中）保存的顶点选择资料中获取信息，然后将其应用到当前层级，于是领圈、腰带和腕带部分的那些顶点又重新被选中。

需要做束缚的顶点已经选择好了，如图7.56所示。接下来的工作就是用它们创建编组、指定Preserve类型的约束并设置属于自己的衣料属性。创建和设置的方法可参考前面相同的过程，要将这个编组命名为“Shirt-GP”，其局部衣料属性参数设置与图7.53中相同。对Shirt对象的这些工作做完后，我们还要将曾经添加的Poly Select修改器删除，因为它已经完成了传递顶点选择的使命，继续停留在修改器堆栈中只会白白增加系统

★图7.56　Shirt-GP编组中的顶点分布

的负担。于是，再次选择Poly Select修改器，点击堆栈窗口下方的删除修改器按钮 删除Poly Select。

3. 为碰撞对象设置局部属性

在Cloth中，对衣料对象可以通过编组为其不同部分设置不同属性和约束，而对碰撞对象也可以这样做。在碰撞对象上也可以对对象的一些局部定义编组，并且设置它们在仿真中的不同属性与行为。在我们的案例中，就需要对人体模型的手部做这种处理。手部是整个模型上运动幅度最大并与衣料接触可能最多的部分，如果它按常理保持与身体模型Body整体一致的碰撞属性，反而会在实际的动态仿真中出现问题。实际的仿真过程中会发现手部（尤其是手指）很容易在极短时间内迅速穿透服装，使得由参数Depth与Offset确定的间隔距离与回调深度在仿真中失效，导致服装与手部粘连。同时当手部非常贴近身体的时候，服装的仿真也会出现不必要的复杂化。为综合解决这些问题，尽量简化仿真的计算量，我们可以在本案例中完全去除手部的碰撞属性，即不再考虑它对服装的阻挡作用。这在整体上并不会影响服装运动的视觉效果，这种在艺术效果允许范围内打破客观世界常识和规律的做法，在虚拟现实的技术中是十分常见的。

因此，选择场景中的人体对象Body，在堆栈中进入它的Cloth内部的Group层级，到视图中选择两只手上的所有顶点（使用鼠标拉框选择和复选方法），被选中后这些顶点应显示为红色。然后点击修改面板上的Make Group按钮，创建一个人体上的编组并命名为“Hands”，如图7.57所示。随后，在修改面板下方新出现的Group Parameters卷帘中勾选Behavior Settings选项，以激活该区域中的参数和设置。在该区域中取消Solid Coll选项默认的勾选状态，这样就促使手部编组脱离碰撞对象的整体属性，不再影响服装的变化。编组设置完成后，退出Group层级返回Cloth。

至此，我们在Cloth修改器内的Group层级中已经建立了四个编组，它们的名称均排列在修改面板上的编组名列表中，如图7.58所示，注意其中两个使用了Preserved类型的约束，而另外两个则没有使用任何约束——在它们右侧括号内显示“Unassigned”。

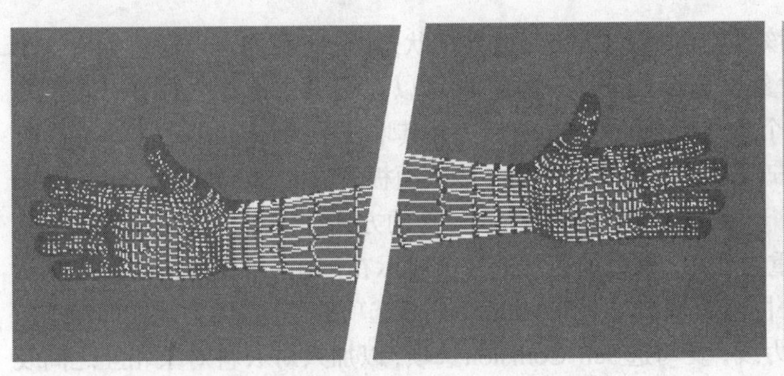

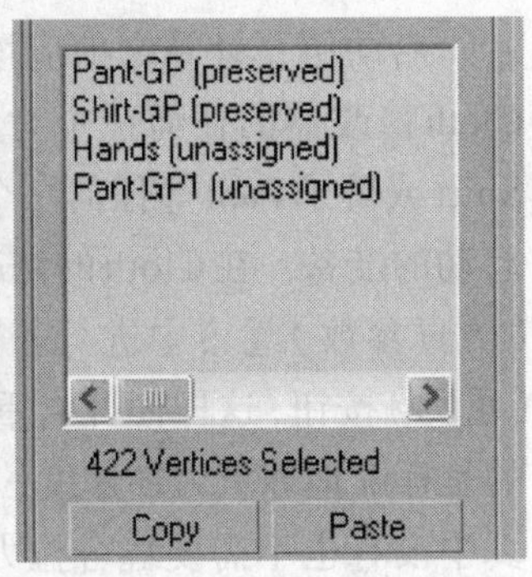

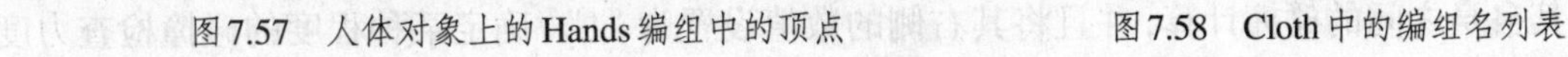

图7.57　人体对象上的Hands编组中的顶点　　图7.58　Cloth中的编组名列表

对Cloth的所有准备工作做完以后，就可以正式开始对服装的动态仿真了。

4. 服装动态仿真

服装动态仿真是要在人体运动的情况下，对服装的变化做出科学的计算和展现。计算过程的起点就是服装标准而完好地穿戴在人体上的那一时刻，在我们的范例中就是轨道条上的第0帧。随后，人体会产生运动，Cloth修改器会根据衣料与碰撞对象的属性设定，以及衣料上各种局部约束的情况，计算出每个时刻（每帧）上服装应有的形态。在第76帧之后，人物的动画都是经过认真设计的，不存在任何问题；但在第0帧至第76帧当中，目前是由系统自动形成的插帧动画，这段动画要帮助服装对象从起始的缝就状态（第0帧的失重状态）经仿真过渡到在人体上正常穿着的状态，属于整个仿真中的准备就位阶段。没有这个阶段的引导，服装就无法正确衔接到动态仿真过程中。为了更好地实现准备阶段的引导效果，这其中的角色运动也应尽量做到适合于仿真的处理，为正式部分的仿真创造良好的条件。完全由插帧自动形成的动画显然不尽合理，尤其是手臂部分的运动，与身体之间的关系不利于精准的仿真。所以在动态仿真之前，我们再对它略作调整。

4.1　检查调整原有动画数据

为此，先要将被隐藏的骨架显示出来，于是选择人体对象Body，在修改器堆栈中选择其Physique修改器，在其面板最下方将Hide Attached Nodes选项的勾选取消，骨架系统就重新出现在视图中。此时，最好再将服装和人体模型暂时隐藏起来，以方便骨架操作。随后，我们在第0帧至第76帧之间，为骨架的手臂轨道设置一些关键帧，让它们在下落并向身后交叉的过程中与身体保持更宽松的距离。对腿部和脊柱等部分也做微小的调整，最后再让第76帧上的预备姿势出现得更早一些——约从第60帧开始并保持到第76帧，这将为我们在后面加入风吹效果做好准备。完成后，我们要将这一整段最新的动画内容保存到数据文件中去，使用运动面板◎内的文件保存按钮▣保存一个*.bip文件，可以覆盖上一章中最后保存的Kongfu.bip文件。

动画数据整理好以后，再次显示出人体模型和服装对象，并将骨架对象隐藏起来。

4.2　执行动态仿真

启动仿真计算之前应该再检查一下Cloth修改器的状态，此时我们可以通过拥有这个Cloth修改器的任何一个对象来选择Cloth修改器，即可以在场景中选择人体Body、短袍Shirt或裤子Pant等任何一个参与仿真的对象，然后选择其堆栈中的Cloth修改器来做仿真启动的准备。在Cloth的修改器层级上，我们需要在修改面板下方的Simulation Parameters（仿真参数）卷帘中进行若干设置，以确定本次仿真计算的方式和特点。首先按下Gravity（重力）按钮，这样便开启重力作用，重力加速度的数值显示在按钮右侧的数据框中，默认的是标准地球重力加速度；同时要取消Use Sewing Springs选项的勾选，因为现在的动态仿真中没有也不需要缝合拉力线；要勾选Self Collision选项，以加入对衣料对象相互之间及其自身之间的碰撞计算，并且将其右侧的数值设置为“1”，确定某种程度的碰撞检查力度；

勾选Check Intersections选项，在计算中随时检查并纠正对象间相互穿插的错误；勾选Solid Collision选项，保证碰撞对象发挥碰撞作用。

随后，回到Simulation Parameters卷帘的上部，设置参数Step=0.02、Subsample=8。如前面第二节第4小节所述，这两个参数确定仿真计算的精度，在服装动态仿真中它们也很重要，与仿真任务不匹配的精度设置可能导致服装变形异常或使动态仿真计算在中途中断。减小Step或增大Subsample的数值都会提高仿真计算的精度，产生更准确的结果，但同时也会消耗更多的计算时间。一般Step不应大于动画中每帧的时间间隔（PAL制的帧率为25fps，所以Step不应大于0.04），而Subsample则应该取正整数。

最后，保持Start Frame（起始帧）参数为0，勾选End Frame（结束帧）选项并设置其参数值为“150”，这两个数值标明马上要进行的仿真计算的开始和结束的时间点，用帧编号表示，在它们之间是仿真计算所要覆盖的时间段。我们现在让仿真计算先在0至150帧之间进行，目的是测试一下前面所有准备工作的效果以及本次仿真参数设置的作用。在这151帧中，0到76帧的人体动作是从服装设计的模特姿态过渡到武术准备姿势的缓慢运动；从76帧开始，人体就会按照我们前一章设计好的武术动作做运动。一切准备就绪后，在修改面板中回到上方的Object卷帘并点击按下其中的Simulate按钮，动态仿真计算随即开始。系统会弹出一个仿真进程的报告窗口，显示出当前计算的进展情况和相关信息（Simulate按钮右侧的Progress选项要被勾选）。一般而言，仿真计算过程是非常耗时的，当完成了某一帧的运算后，所获得的新的服装动态会刷新视图显示。当全部仿真运算完成后，进程窗口会自动关闭。

第一次的动态仿真完成后，可以看到运动人体着装的最终效果，我们将这段动画中的若干画面显示于图7.59中。其中第1张显示的是在第0帧上服装完整缝合后的初始状态；第2张显示的是第76帧上武术动作的准备姿势，可以看到从第0帧至此，服装已经在仿真重力的作用下由“失重”状态回落到正常的穿着状态，形成了自然的下垂和褶皱；第3、4张是第一个动作展臂收拳中的服装效果；第5张是第二个动作弓步下蹲中的服装效果；第6张是弓步冲拳动作中的服装效果，可以看到服装都能够很好地跟随身体产生近于真实的变化。

仿真计算完成后，服装在每一帧中的变化形态均以数据的形式保存在场景文件中，所以场景文件的大小会明显增大。另外由于服装形态包含的数据量大，在视图中的动画预览可能也会变得非常不流畅，所以要真正看到服装配合人物的动画效果，就只能等到对场景进行渲染之后。

完成了一段尝试性的仿真之后，可能会从中暴露出前期准备工作中的一些问题，例如服装设计、服装缝制、动态仿真前的对象属性设置、编组约束情况以及仿真计算设置等各环节的问题，此时就是修改调整这些问题的最终阶段。其中出自动态仿真中的问题都可以在Cloth修改器中进行改进调整，或者在修改器堆栈中向下修改更底层的操作与设置；如果问题出在服装缝制或设计阶段，由于做原地仿真的Cloth和Garment Maker修改器已经被塌陷，就只能打开那些阶段的备份文档再做调整了。

图7.59 服装仿真的部分结果

4.3 动态仿真的阶段性延续

如果一切情况良好，我们就可以继续进行下面的仿真，这只要重新设置Simulation Parameters卷帘中的End Frame参数，确定出新的仿真结束时间（帧编号），而起始时间Start Frame参数应继续保持原来的“0”。只要新的结束时间晚于上一轮仿真的结束时间，仿真运算就可以自动将新增的时段中的计算完成，并继续保留原来已经做好的仿真结果。要注意在延续进行更多的仿真时不要改变原来的时间起点，仿真程序并不会重复已经做过的计算，它会自动从上次的结束点继续向后运算，如果改变了时间起点，反而会引起错误。确定好新的结束时间后，再次点击按下Object卷帘中的Simulate按钮启动仿真，仿真过程又会按照与以往相同的模式进行下去。

在阶段性的仿真过程中，我们随时可以人为中断仿真的进程，只要发觉运算出现问题，就可以点击进程窗口中的Cancel按钮停止仿真。然后，可以把已完成并保留的仿真结果中的问题部分删除。这需要将轨道条的时间指针定位到开始出问题的那一帧，然后点击Object卷帘的Simulation区域中的Truncate Simulation（切除仿真）按钮，这个按钮将当前时间指针之后的所有仿真数据全部删除。等到我们把问题解决了，可以从这里继续开始仿真（但不要改变一贯的起点）。

我们现在可以将仿真继续进行下去，完成对整套动作的服装仿真。但我们还可以进一步尝试一下仿真中的其他因素，比如在仿真中模拟环境外力影响的方法。我们准备加入一些风吹的效果，表现服装迎风飘动的状态。

第七节　增加风力仿真

我们可以在服装仿真中加入风力的因素，模拟服装受到风吹时的效果。风力加入的时间和强度等因素都是可以选择的，如果是在人物剧烈运动时加入风的作用，可能会使多种因素相互重叠或抵消，把它加在人物的静态姿势上则能够最明显地表现出效果。因此我们准备在动作一开始的预备姿势上再设置一个停顿，在这期间加入风吹的效果以模拟服装受环境外力作用的情况。

经过前面4.1小节中的整理，人物的预备姿势出现在第60帧至76帧间，这段停留还远远不够，我们想看到更长时间里风吹服装的仿真效果。我们可以回到骨架动画设计的环境中，再次调整骨架现有的动画设置，但3ds Max为我们提供了更好的办法来解决类似问题，这就是运动混合编辑。

运动混合利用已有的动画数据，将它们进行裁剪、连接和重新组合，从而形成新的动画序列。这个过程很像在视频音频工作中的非线性编辑方法，所以也称非线性动画编辑。在这方面，除了我们在上一章中接触过的Motion Flow模块，3ds Max还提供了另一个更强有力的工具，即运动混合编辑器Motion Mixer。我们现在就要使用Motion Mixer将人物动画的时间分配调整一下，延长其开始的准备姿势的停顿时间，这是一个极为简单的非线性动画编辑的应用。

1. 使用Motion Mixer编辑动画过程

使用Motion Mixer编辑人体动画需要由动画数据文件*.bip提供基本动画数据，在上一章的末尾，我们曾经将完成的骨架动画单独保存为Kongfu.bip文件，这个文件的内容在前面的4.1小节中又做了更新。

选择场景中的人体骨架重心对象Bip01（即骨盆中央的正八面体对象，通过Physique修改器隐藏骨架时，重心对象会被单独保留在场景中），在命令面板中调出运动面板，展开面板中的Keyframing Tools卷帘，在其中点击动画清除按钮，将人体骨架上的所有关键帧动画清除掉。因为我们将要在Motion Mixer中重新安排和编辑动画内容，原有的关键帧动画已经不再需要了。操作完后收拢Keyframing Tools卷帘。

进入Biped 卷帘中，点击按下运动混合器模式按钮，这样人体骨架的运动将接受Motion Mixer中的动画文件的控制。现在Motion Mixer中是空白的，所以骨架并没有任何运动。点击Biped 卷帘上方的Mixer按钮就会打开Motion Mixer编辑窗口，它如同一个小型的非线编软件的工作窗口，横向划分的中部区域类似于非线编软件的时间线。由于我们是在选择了Bip01的状态下打开的Motion Mixer窗口，Motion Mixer现在便自动地针对Bip01进行工作，可以在窗口轨道区的左上角看到Bip01的名字。

接下来首先要将Kongfu.bip文件中的数据载入剪辑轨道条中，用鼠标点击窗口中预置的一条剪辑轨道以选择它，然后选择Motion Mixer窗口菜单条中的Tracks \ New Clips \ From Files菜单选项，这将打开一个文件查找窗口，在其中查找并选择动画文件Kongfu.bip，再点击“打开”按钮将文件的数据载入当前所选的剪辑轨道中。载入后的动画文件数据以剪辑片段的形式排列在剪辑轨道中，以一条色带图形表示，如图7.60上图所示。表示剪辑片段的色带上标出了动画文件的名称和片段现在的起止帧编号。当有剪辑片段出现在剪辑轨道中后，场景中的人体就会拥有其中所记录的动画。

对于这第一条剪辑片段，我们希望保留其中第0帧至第63帧的部分，也就是对应人体从初始姿态过渡到预备姿态的动画部分。使用修剪操作完成这个要求，在Motion Mixer窗口中的工具条上按下移动工具，再按下修剪工具，然后将鼠标对准剪辑片段的右侧边界，待鼠标显示为修剪图标后（见图7.60上），拖动鼠标移动剪辑片段的右边界，在移动过程中上方工具条中的帧数框中会显示出当前边界所到的位置，在63帧处松开鼠标并点击释放修剪工具。这样，第一条剪辑片段中的大部分内容就被修剪掉，只保留了开始的一小部分：从第0帧到第63帧的内容。我们要把后面部分的动画放在另一个剪辑片段中提供给剪辑轨道，以达到控制其出现时间的目的。

鼠标点击当前剪辑轨道的空闲处，在Motion Mixer窗口的菜单条中选择Tracks \ Add Layer Track Above选项，在当前的轨道上方再增加一条剪辑轨道。点击选择新的轨道，选择窗口菜单条的Tracks \ New Clips \ From Reservoir菜单选项，在弹出的片段库窗口中选择Kongfu.bip文件名——它已经被Motion Mixer调用过，这里是它的身份备案，点击OK按钮后一个新的包含Kongfu.bip中动画数据的剪辑片段出现在第二条剪辑轨道上。使用片段修剪操作将新片段左侧的一部分内容裁切掉，让新片段的开始帧为第75帧（此时动作还应停留在预备姿势上），如图7.60中图所示。

然后，使用窗口工具条中的移动工具拖动第二段片段到第一条轨道上，并且将其放置在该轨道原有的那条片段右侧一定间隔之后，此时第二片段左端会显示出该片段当前新的起始帧位置。继续移动第二片段，精确调整它在轨道上所处的位置，将它的起始位置确定在第263帧，如图7.60下图所示。这样从第一片段结束时的第63帧到第二片段开始时的第263帧，当中有约两百帧的空白区域，在这段时间里，人体的动画将暂停并保持第63帧上的姿态，也就是在动画文件中持续至76帧的预备姿态。直到时间指针移动到第二片段所占据的时段，动画才又继续进行下去。通过这种动画数据的编辑，我们没有修改原来的动画设置，却达到了重新组织动画内容的目的。

动画非线性编辑完成后，我们可以将编辑的结果保存到独立文档中，这对于复杂的编辑工作尤为重要。在窗口中轨道区的左上角点击当前骨架的名称Bip01，然后在窗口菜单条中选择Mix \ Save Mix File选项，在弹出的对话框中指定*.mix类型的文件名和路径，确认窗口后编辑

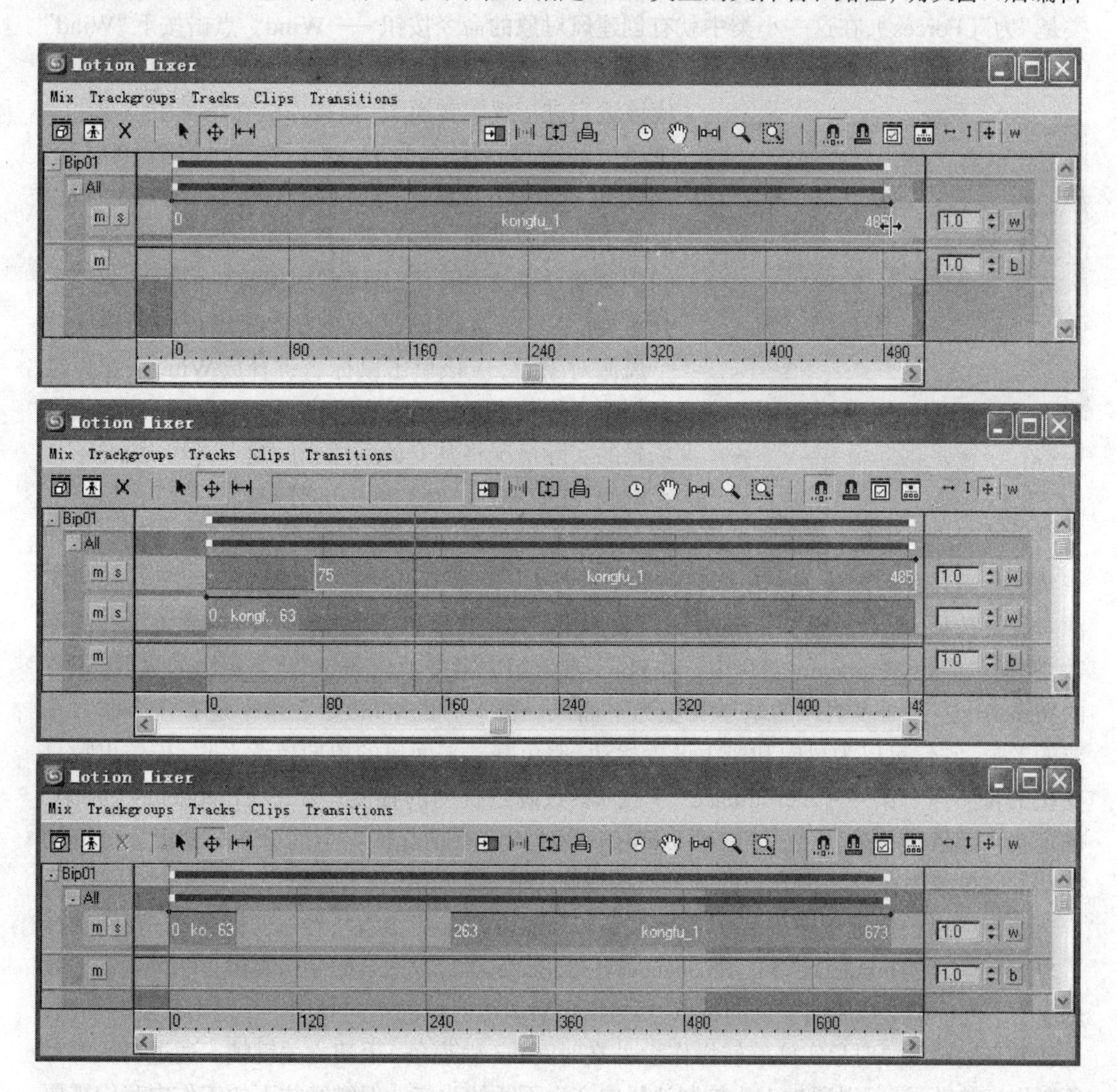

图7.60　在Motion Mixer窗口中编辑动画剪辑片段

工作的结果即被保存。一切完毕后，可以关闭Motion Mixer窗口，但不要在修改面板上释放混合器模式按钮 。只有继续停留在运动混合器模式，才能看到由动画编辑器产生的动画；如果释放按钮退出该模式，人体便不能做出这些动作了——当然这些动作不会丢失，只要再开启混合器模式，动画就会恢复。现在可以移动一下时间指针滑块，观察人体新的运动情况。

2. 在场景中加入风源

接下来开始设计对风的模拟，这需要首先创建一个风源对象。风源对象在3ds Max中被划归空间扭曲（Space Warps）的对象大类，在创建面板 上有这类对象的标签按钮 。激活这一按钮，命令面板中就提供出创建空间扭曲对象的命令（按钮和菜单）。默认的当前类是"力"（Forces），在这一小类中就有创建风对象的命令按钮——Wind。点击按下"Wind"（风）按钮，随后进入场景的左（Left）视图并在其中点击鼠标左键（界面上如果没有左视图，应该适当进行视图转换）。该操作会在场景中创建出一个风源对象，其默认名为Wind01，在三维视图中其标识符号是一个正方形线框附加一个箭头，如图7.61所示。这是个默认的平面风型符号，其箭头的指向代表整个空间中风吹送的方向。平面风型标识符号的位置并不十分重要，它主要表明的是风的方向。当我们创建完这个风源对象后，应该单击鼠标右键释放Wind按钮以结束创建工作状态。随后可以移动风源对象的位置，根据场景的实际情况将其安放到适当的地点，这一般并不会影响到风的"气流"在空间中的分布。

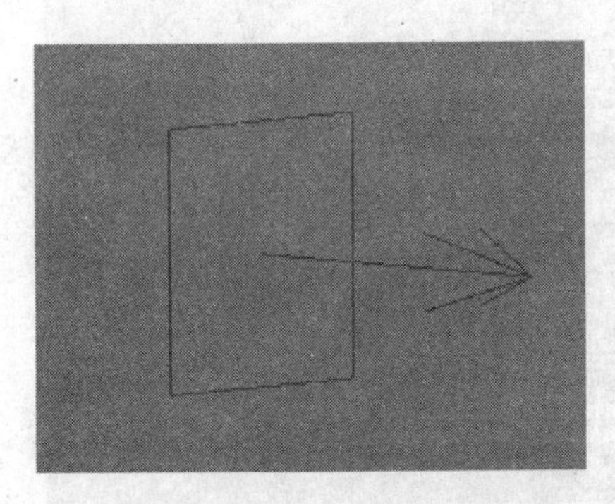

图7.61　风源对象在场景中的标识符号

风源创建出来后，它默认提供的是一种最单纯的平面风型，即整个空间中分布的是均匀一致的气流。我们需要进一步调整它的某些参数，以制造出带有具体特征的风型。保持风源对象被选择，在命令面板上转换到修改面板 ，先观察一下其中罗列出的有关风型的参数，它们集中在Parameters卷帘中。在Force参数组中第一项Strength代表风力的强度，下方的Planar开关选项表明风的基本类型为平面风。再下方的Wind参数组中还有几个非常重要的参数，它们可以为风向和风力设置扰动，避免基本平面风的单向持续平吹，模仿出瞬息变化的自然风。第一项Turbulence（干扰）参数确定扰动的幅度；第二项Frequency（频率）确定扰动起伏进行的快慢；第三项Scale（比例）确定扰动起伏在空间分布的密度。气流的扰动可以想象为在空间中分布的某种波动变化形式。

我们可以根据范例中服装仿真的需要来合理设置这些参数。经过实践尝试，我们选择了Strength=2.0、Turbulence=5.0、Frequency=0.35、Scale=0.2，以适合服装仿真出自然风吹动的效果。为了进一步增强风向变化的特点，还可以再对风源对象的指向制作一个基本的旋转动画，也就是直接对风源对象实施旋转操作 并在时间线（轨道条）上建立关键帧。通过对风源对象制作旋转动画，可以通过人为控制让风向产生不断的改变。但继续往下的工作中我们需要开始考虑风力作用在整个角色动画中产生的时间段，也就是本节一开始提出的问题。

3. 设置风的影响时段

如前所述，我们只希望在人物静立的一段时间内添加风吹的效果，前面的Motion Mixer动画编辑已经准备好了这个时间段，现在要做的就是通过为风源对象设置动画来限制风力产生影响的时间。可以实现这个限制的参数是Strength和Turbulence，另外将要制作的风源旋转动画也需在时间上与此相配合。

前面为人物设置的静立时间是从第63帧至第263帧，我们应该让风力在这段时间内发生作用，而在其他时间内处于休止状态。所以对风源对象的有关参数可以在这两帧处设置关键帧，让它们取得经过我们刚才测试而选择的数值，而在此时间之外则应让它们为零——使风力停息。这个对对象参数设置动画的过程属于3ds Max的普通动画制作方法，既可以采取Auto Key按钮提供的自动动画设置方法，也可以采用轨道图表（Track View）的方法。我们这里采用更加直观的图表法。

保持风源对象Wind01被选择，在主工具条上点击Curve Editor（曲线编辑）按钮打开轨道图表的曲线编辑窗口，如图7.62所示。它很像我们在第六章中介绍的调整骨架动画所使用的Workbench窗口，但其实Workbench窗口是仿效它来设计的。曲线编辑窗口左面罗列出了场景中可以接受动画的轨道，所谓轨道可以理解为场景或对象的各种参数化属性的时间线。现在我们在这个轨道列表中于Wind01条目下展开Object（Wind）条目，选择其中的Strength属性条目，然后到窗口右侧的曲线编辑区中为属性设置时间曲线。时间曲线的横坐标代表时间（帧），而纵坐标表示属性的参数值。曲线编辑窗口有自己的菜单和工具条，而时间曲线的编辑方法则是典型的贝塞尔曲线编辑。我们可以用工具条上的添加键工具在曲线上添加节

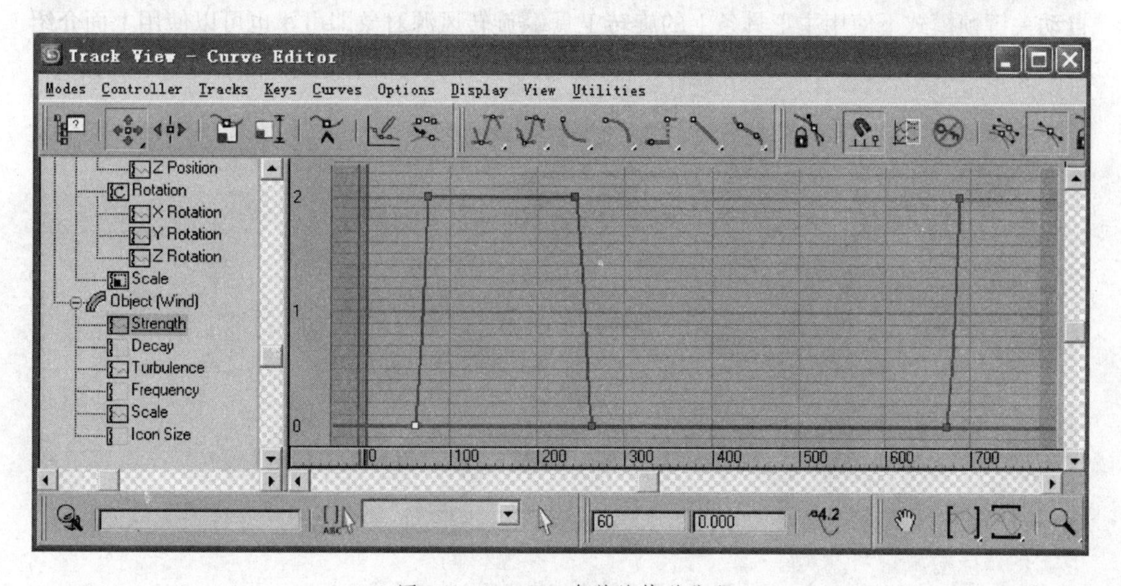

图7.62 Strength参数的轨道曲线

点，可以用移动工具移动节点的位置，可以用斜率工具（等一组工具）改变节点的斜率类型等。为了实现Strength参数在第63帧附近从0到2.0的改变，实际上需要在临近的两个时间点（帧）上设置节点，范例中选择的是第60和73帧。利用窗口下部的坐标数值框将两个节点的纵坐标值（参数值）分别设置为"0"和"2.0"。随后，为了制造自然平滑的过渡，再将这两个节点的类型都选择为自动平滑。这两个节点实际上就是Strength参数在随时间变化中的动画关键帧，它们不仅确定了该时刻参数的数值，还规定了参数变化的走势（斜率）。

第一对节点设置完成后，曲线进入水平的维持期（数值为"2.0"），我们接下来要在风力应该停息的时刻继续设置曲线节点。道理和上面是一样的，风力应该在263帧附近停息，所以我们可以在第243和263帧两处设置节点，让曲线重新变回到零位。设置方法和要求完全仿照上面的做法，经过节点设置后的Strength轨道曲线如图7.62所示。在图中可以发现，我们在曲线重回零位并持续了相当长一段时间之后，又让曲线再次抬起回到数值"2.0"，变化发生的位置在673帧至687帧，其目的是在角色完成所有动作之后再加入一段风吹的效果。

Strength参数为零意味着基本风力的停息，但并不意味着风力作用就完全消失，因为风源对象还可以有风力扰动的作用，这种作用由Wind参数组中的三个参数决定，其中影响扰动存在与否的是Turbulence参数。所以，如果希望让风力完全停息下来，就还需要对这个参数设置动画。方法和前面设置Strength参数时是一样的，对Turbulence轨道进行设置后会得到与图7.62中非常相似的曲线，不过它的最高点数值是"5.0"。

4. 为风源设置旋转动画

为风源对象设置旋转动画，是要通过人为控制让风向在风力作用存在时有一个宏观的改变。为风源对象设置旋转动画就如同为一个普通的模型对象设置动画一样，在Auto Key自动关键帧模式下使用主工具条上的旋转工具旋转风源对象即可。也可以使用上面介绍的图表编辑的方法，对Wind01的Rotation轨道编辑时间曲线，结果得到如图7.63所示的曲线。

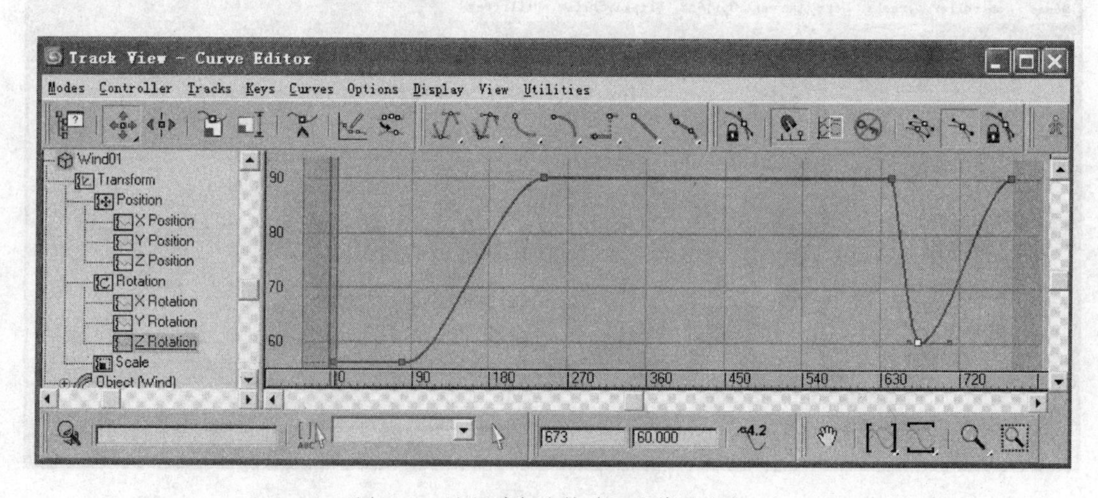

图7.63　风源对象旋转动画的轨道曲线

5. 包含风力作用的服装仿真

风源对象和它的属性设置好以后，就应该对服装重新进行仿真计算。首先需要将新创建的风源对象Wind01纳入有关的仿真系统中，然后要对服装重新执行仿真计算。为此，重新选择包含Cloth修改器的一个对象——例如上衣Shirt，并在修改面板中选择这个Cloth修改器。在Cloth面板最上端点击第二个按钮Cloth Forces，弹出一个仿真外力选择窗口，窗口中包含两列对象名列表。左边一列列出了场景中已经建立、但尚未被计入仿真计算的所有外力对象（风源是其中一种）；右边一列则显示出当前服装仿真应该考虑到的外力对象。两列列表之间有两个箭头按钮，用来在列表间转移对象。现在我们的场景中只有一个外力对象——Wind01，所以它就是唯一一个出现在左边列表中的对象。点击选择它的名称，再点击箭头按钮 › 将其转移至右边，最后点击OK按钮关闭窗口。现在风源Wind01就可以对仿真中的服装产生作用了。注意：由于我们的Cloth修改器是被所有参与仿真的对象所共享的，所以将外力纳入仿真的操作只要做一次就可以了，包含在仿真中的所有衣料对象均会受到风力的影响。

纳入了风源对象后，我们需要重新执行仿真计算，以便产生受风力影响的服装动态数据。首先要清除掉Cloth中原有的仿真数据，点击Cloth面板Simulation命令组中的Erase Simulation按钮，就将上次仿真留下的数据全部删除。在按钮上方显示着一个名为Simulated Frames（已仿真帧数）的统计数据，它表明当前Cloth中包含的已完成仿真计算的帧数，当仿真数据全部被清除后这个统计数值就会恢复为“1”。

保持上次执行动态仿真时所做的仿真参数设置（Simulation Parameters卷帘中），唯一需要调整的是End Frame（结束帧）这个数值，因为经过Motion Mixer的动画编辑后，动画的总长度已有所改变。如果想一次性完成仿真计算，可以直接输入新的动画片段的结束帧673。但在范例中我们于角色动画完成之后还安排了一小段风吹过程，希望为整个动画添加一个结尾，所以可以将End Frame数值增加一些，实际采用的是780，在加长出的这段时间里人物是保持静立的。如果想要分阶段进行仿真，则可以为这个参数输入一个较小的数值，但执行分阶段仿真时要注意的是：每次改变End Frame数值时均要保持Start Frame的数值为“0”。

仿真参数确认好以后，点击面板中的Simulate按钮再次启动仿真计算。如果是进行一次性的全程仿真，可能会消耗相当长的时间。但不论如何，在最后的结果中我们将看到整个服装迎风飘摆的效果，如图7.64所示。

图7.64　在仿真中加入风力的结果

第八节　创建并仿真发髻扎带

仿真进行到最后的阶段，我们再要为人物添加一点细节——在他的发髻上加上一条束紧头发的布带子。毫无疑问，这条发髻扎带的运动也将被仿真计算出来。

1. 创建发髻扎带模型

创建发髻扎带的过程十分简单，扎紧成圆圈的部分和散开飘动的部分将被分开来处理。首先用多边形网格建模法创建一个圆环模型代表扎紧的布带，将圆环移动安放到头部适当的位置，再进行一些细微的编辑调整，使它表现出布带缠绕在发髻根部的效果，将其命名为"Lace"。

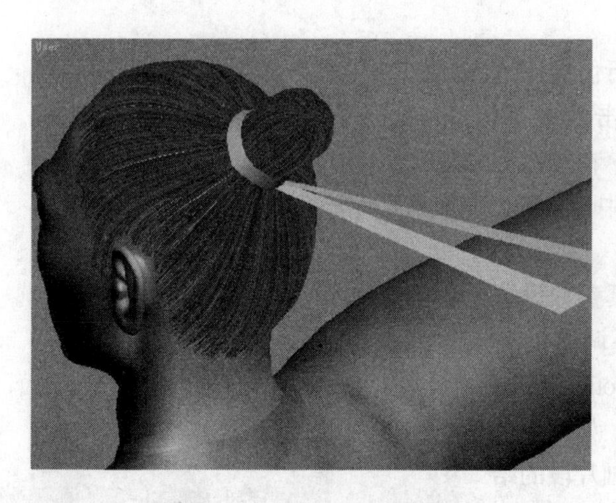

图7.65　创建发髻扎带网格模型

随后来创建发髻扎带打结之后的飘散部分。采取利用Garment Maker修改器制作衣料片的方法制作一条布带模型，它应该是被平放在世界坐标的XY平面上、带有Delaunay网格的一个面状模型，将它命名为"Tape"。将模型Tape移动到人物头部后方对准扎紧部分的环状模型Lace，并通过多边形网格编辑将Tape中现有的网格部分进行复制，在模型对象内部制作出另一条完全一样的布带网格。继续运用多边形网格编辑功能调整Tape对象中的两条布带网格，使其位置关系更加合理，结果如图7.65所示。

2. 对发髻扎带进行运动仿真

扎带扎紧部分的运动问题比较容易解决，它不需要仿真，只要通过简单的链接将其确定为头部骨骼的子对象，此后它就会跟随头部和头发一同运动了。为此，选择Lace对象，在系统主工具条上点击按下链接按钮，再按键盘H键弹出对象选择窗口，在其中选择头部骨骼Bip01 Head并点击Link按钮建立链接。完成链接后要马上点击释放链接按钮，避免后面出现误操作。如果在前面的制作阶段中已经将骨架上的骨骼隐藏了，那么此时在进行链接操作之前应该先将头部骨骼重新显示出来（Unhide by Name）。

对于扎带散开在后面的两根带子，需要用仿真来解决它们的运动问题。布料的仿真自然要使用Cloth修改器，但此时我们不需要也不应该再添加新的Cloth修改器。因为现在在场景中已经有了一个Cloth修改器，我们可以继续使用它来处理新增的布料对象。不必要地添加新的Cloth修改器会大大降低系统的工作效能。

2.1　调整Cloth修改器中的对象属性

场景中现有的这个Cloth修改器已经被许多对象所共享，选择拥有它的任何一个对象都可以对它进行新的设置。我们首先要让Tape对象也来共享这个修改器，即将其纳入这个Cloth的处理范围之中。因此，再次选择上衣对象Shirt，然后在修改面板中选择这个Cloth修改器。在修改器面板中点击Object Properties按钮弹出Cloth的对象属性设置窗口，其基本结构如图7.51所示。在窗口中点击Add Objects按钮打开一个对象选择窗口，在窗口内的对象名列表中选择Tape对象，然后点击Add按钮关闭选择窗口。这样，Tape对象的名称会被添加进对象属性窗口的对象列表中，点击OK按钮确认对该窗口的修改。

现在重新选择扎带对象Tape，在修改器堆栈中可以看到它也拥有了一个Cloth修改器，这正是场景中被共享的Cloth，现在Tape也开始共享它了。在对Tape做仿真时还需要另外一个对象的参与，那就是头发（头皮）对象Hair，我们希望它对Tape提供碰撞作用，所以继续按照上面的办法将Hair对象也加入Cloth的对象列表中，让它也共享Cloth修改器（如果Hair被隐藏了，应该先将其显示出来）。

接着我们就可以用这个Cloth修改器开始新一轮的仿真计算，不过仿真前的重要准备工作是少不了的。因为新一轮仿真的主要目的是计算出扎带对象Tape的运动，我们不想因此破坏上一轮仿真留下的服装运动数据（主要是上衣和裤子），或者再次将原来服装进行重复的仿真，所以，我们需要对目前参与仿真的对象做一些属性上的调整，以改变新仿真对它们的处理方式。

选择Tape对象并选择其Cloth修改器，在修改面板中点击Object Properties按钮再次打开Cloth的对象属性设置窗口。在窗口内的对象列表中选择Boot（靴子）和Pant（裤子）对象，将它们的属性设置为Inactive（选择该开关按钮），这表明它们虽然还存在于仿真之中，但却不会产生任何作用——就如同不存在一样。进行这样设置的原因是它们与发髻扎带的距离很远，根本不会在运动中产生接触，为提高系统效率，针对扎带的仿真就不必考虑它们的存在了。同时这样的设置也不会导致Pant（裤子）对象丢失已有的仿真数据。此外，Shirt（上衣）对象的属性也要修改，原先它是作为衣料对象出现在仿真中的，并且通过前一轮仿真已经获得了全部的运动数据。在新一轮仿真中不希望再把它作为衣料重新计算，因为上衣虽然会和扎带有所碰撞，但受到对方的影响微乎其微（扎带很轻），相比较而言，它对扎带倒是会起到明显的碰撞作用，因此适合以碰撞对象的身份存在，如此还可以大大减轻运算负担。于是在对象列表中选择Shirt，将其属性选择为Collision Object并设置相应的参数，详见图7.66。同样，这种属性和设置的改变也不会导致Shirt丢失已有的仿真数据。

对象列表中的Body（身体）和Collar（衣领）对象原先就是碰撞对象（Collision Object），现在可以依然保持，不过相应参数需要略作调整，详见图7.66。

新增加的两个对象中，Tape无疑是要成为衣料对象的，所以将其属性设置为Cloth。另

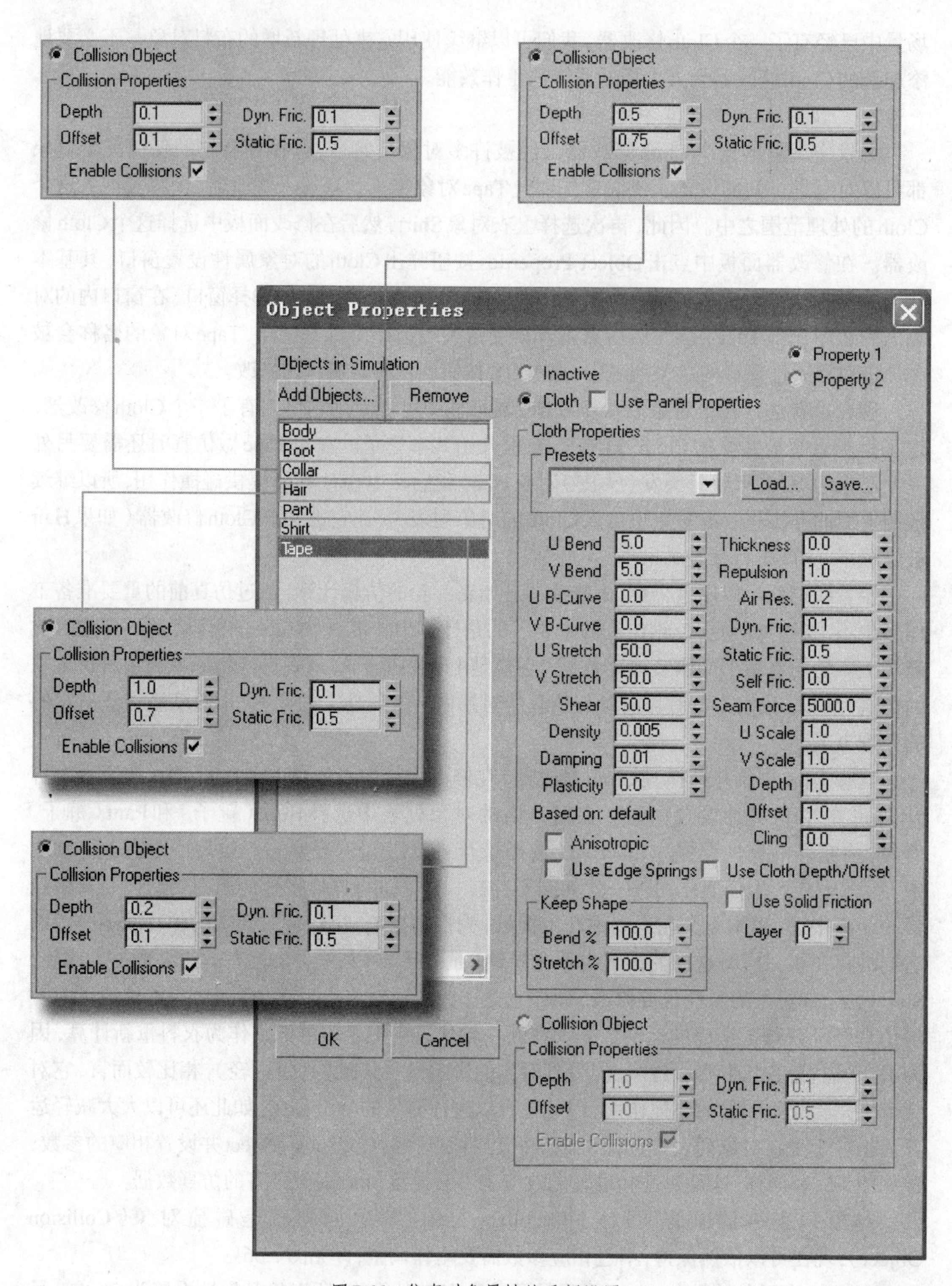

图7.66 仿真对象属性的重新设置

一个对象Hair（头皮）则应该设为碰撞对象，用以替代无法成为碰撞对象的头发本身（发丝），对扎带产生碰撞和阻挡。它们相应的属性参数详见图7.66，其中Tape对象的属性参数显示在完整的属性窗口图中。

2.2 为发髻扎带执行仿真

完成对象属性调整后，我们还需要为扎带对象Tape设置运动约束，让它能够被Lace（扎紧部分）带动，否则在仿真中它只会做自由落体运动。设置约束需要在Cloth中为Tape网格顶点建立分组，详细方法在前面的部分已介绍得很充分。应该在Tape对象最贴近Lace对象的边缘上选择出一排顶点，在Cloth中为其创建一个新组，命名为"tape"。为该组选择"Node"类型的约束并指派给Lace对象，其约束参数保持默认，如图7.67所示。

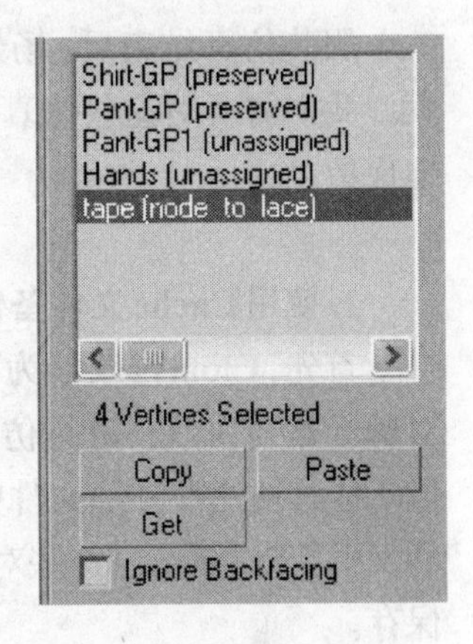

图7.67 在Cloth中建立一个新组

回到Cloth修改器层级，在Simulation Parameters卷帘中设置仿真计算的时间范围，依旧保持Start Frame为"0"，并设置End Frame为"780"，这样我们可以一口气将仿真计算完成。保持其他的参数设置不变，点击按下Simulate按钮，启动新一轮的仿真计算。这次仿真中具有衣料属性的对象只有唯一一个，就是模型非常简单的扎带对象Tape，所以仿真计算的速度要比上次快得多。最终我们会看到发髻扎带的运动结果，同时由于前面的细心处理，上衣和裤子的运动数据依然存在，如图7.68所示。

图7.68 发髻扎带仿真完成的结果

第九节 仿真数据的管理

服装仿真结束后，场景文件中包含了大量的仿真数据，文件的容量也因此变得十分庞大。我们需要对这些仿真数据进行一定的管理，使得这些费时较长而得来的数据能够稳妥地保留。

1. 使用Cache文件备份仿真数据

首先，Cloth修改器为我们提供了将仿真数据备份到独立的外部文件的方法，主要是针对曾经被当作衣料进行仿真的那些对象。这样即便是由于某种原因导致场景文件损坏，我们仍能够从这些外部文件中快速恢复仿真结果。在我们的范例中，上衣（Shirt）、裤子（Pant）和发髻扎带（Tape）这些对象都具有作为衣料被仿真的运动数据，这些数据都应该进行独立保存。

图7.69 仿真数据的外部文件保存

具体做法是：在场景中选择其中一个对象，再选择其Cloth修改器，于修改器面板中展开Selected Object卷帘，在其中点击Set按钮，于弹出的文件导航窗口中设置外部文件的名称和位置，外部文件的默认扩展名是*.cfx。这种外部文件被系统称为Cache，当文件建立并保存后，可以在Selected Object卷帘中的Cache命令组内的路径提示框中看到文件的地址，如图7.69所示。我们需要逐个地对Shirt、Pant和Tape对象进行Cache文件的设定。以后，如果再执行了新版本的仿真，可以使用Cache命令组中的Save按钮更新Cache文件中的数据（应勾选Overwrite Existing选项）。

2. 为仿真后的场景文件瘦身

Cache文件是一个为仿真数据加备份保险的办法，但它还不能解决场景文件容量庞大的问题。包含大量仿真数据的场景文件，其文件尺寸往往非常巨大，以我们的范例来讲，完成所有的服装仿真后场景文件约有200多兆，远远超出一般的MAX动画短片文件。场景文件尺寸太大，不仅影响进一步工作的系统效率，也增加了系统崩溃的可能性。我们应该在仿真工作基本告一段落、仿真结果基本定案之时，将场景文件进行数据瘦身。

对动画或仿真数据进行瘦身的重要工具是Point Cache修改器，我们往往将它添加到修改器堆栈的顶端，它能够对下方所有修改器联合而产生的动画做一个数据快照，以模型数据的形式把对象动画加以记录，并保存到外部独立文件之中。这样，我们就可以关闭所有原有的用以产生动画的修改器，甚至将它们完全删除。这样场景文件的尺寸就会大大减小，而且在很多情况下还能大大提高场景视图浏览动画的流畅性。

在我们的范例中持有大量仿真数据的主要是构成服装的三个对象：上衣（Shirt）、裤子（Pant）和发髻扎带（Tape）。我们需要分别对这三个对象使用Point Cache修改器来将它们的数据一一缩减，因为Point Cache修改器无法像Cloth那样被共享。

为这三个对象分别添加一个Point Cache修改器，用修改器面板顶端的New按钮为当前对象建立外部文件的名称和路径（文件的默认扩展名为*.pc2）。接受其他设置和参数为默认值，然后点击下方的Record按钮开始数据记录。数据记录过程中面板上会有处理进程的提示，等到处理过程完全结束后再去处理下一个对象。要按照这个流程将Shirt、Pant和Tape三个对象都处理完毕，然后才可以逐一地将它们在堆栈下方的Cloth修改器删除。之后还可将Cloth修改器从所有引用它的对象上删除，这样会将这个Cloth从整个场景中删除。紧随其后，要在每个Point Cache修改器的面板中点击Disable Modifiers Below（关闭下方修改器）按钮，这样可以自动关闭堆栈下方其他与对象动画有关的修改器，否则对象的动画效果可能会被叠加。

虽然Cloth修改器被删除了，但由它获得的仿真结果却被Point Cache修改器记录下来，所以此时在场景中我们依然会看到原来的服装运动效果。数据处理结束后，要牢记将精简过的场景另存为新的文件，这样原来含有Cloth修改器和仿真数据的场景文件依然存在，它是项目进程中的重要中间过程文件，提供了随时返回修改的可能。"保留退路"这一点对于动画工程异常重要，为确保含有Cloth修改器及其仿真数据的场景文件不因误操作而丢失，实践中的良好习惯是在完成仿真全部工作并准备文件瘦身之前，先行对场景文件进行备份保存。

经过这样的瘦身之后，场景文件大大减小了，范例中的文件可以缩小到不足10兆，这为我们接下来继续创建场景和进行后期工作创造了很好的条件。

第十节　服装与仿真小结

服装动画是角色动画的重要组成部分，制作方法分为两大类：蒙皮方法和仿真方法。蒙皮方法使用与角色肢体动画相同的处理方法解决动画问题，流程相对传统和简单。仿真方法是利用计算机遵循物理规律进行运动计算的方法，可以模拟出真实生动、富有变化的服装动态效果。

在3ds Max中进行服装仿真的主要方法是使用Cloth修改器，而与之相配合的还有Garment Maker修改器。这两者结合起来可以实现从服装建模、穿着到运动生成的所有过程。Cloth修改器是可以被许多对象所共享的修改器，它为这些对象构成一个统一的仿真环境，而这些对象在仿真中的属性也可以随时改变。Cloth在对服装进行仿真时还可以模拟环境外力的影响（例如风力）。

在利用Cloth完成仿真工作后，可以使用Point Cache修改器来缩减场景文件的尺寸，提高系统的处理效率。

第八章

场景与渲染

三维角色动画中除了角色表演之外自然还要包括场景构建、照明设计、相机运作等方面的工作，而在此之后还需要进行动画图像的渲染，才能制作出最终的动画视频。这里所说的场景是指动画场景，是在三维动画中除了角色以外的周边环境中的各种事物，不要把它和软件操作中所说的场景相混淆。上述这些工作涵盖了非常广泛的艺术和技术范围，对它们的详细研究很多都会超出角色动画的研究范围。例如在应用广泛的景观巡游动画产业中，就聚集了对场景创建、空间规划、材质表现、照明设计和真实感渲染等方面的深入研究和丰厚经验。我们并不打算在本书中把所有领域的知识和技术都囊括进来，但为了对角色动画的完整流程有一个基本展现，我们在此要将场景、照明、相机和渲染等方面的知识有所提及。为此，我们在范例中设计了一个简单的场景，并采用最为简洁有效的灯光照明，同时安排了必要的相机运作，整个动画最后的渲染也力求快捷有效。

在开展这些工作时，制作流程的顺序可能也会与其他动画略有不同。例如在建筑景观巡游动画中，总是要先建立好场景，再设计相机的巡游路径，因为动画要表现的就是这些场景本身。但在角色动画中情况就有所不同，角色动画中的相机运作在很多时候是以角色表演为中心的，场景中的很多部分在镜头中可能并没有预想的那么重要，如果在镜头脚本确定之前就去盲目搭建场景，很可能会造成巨大浪费，所以角色动画中的相机和镜头设计往往要安排在前。我们在范例制作中也将遵循这一原则，先设计好摄影机的运动和切换，再设计和建立场景。

第一节　摄影机的运动

在现代电影拍摄中，摄影机的拍摄运动往往是一项非常复杂的工程，但在三维动画中它就相对简单得多，实际上可以轻易实现真实拍摄中的各种高难度动作。但我们这里不需要做无价值的炫耀，只选择让摄影机围绕角色做出常见的追踪运动，并在其间适当调整镜头方向和做出切换。

1. 创建和装配相机

首先我们要在3ds Max场景中创建一个相机对象。在创建面板中点击相机分类按钮，即可在面板中看到3ds Max提供的相机对象类型，非常简单，只有两种：目标相机（Target）和自由相机（Free）。如果我们要模拟追踪拍摄，最好选择自由相机，因为目标相机并不能很方便地围绕目标点做旋转。于是点击按下面板中的Free按钮，到前（Front）视图当中点击鼠标即可创建一个自由相机对象，它在场景中以示意线框表示出来，其镜头方向正对前视图平面，其默认的对象名为"Camera01"。创建操作完成后应单击鼠标右键以退出创建状态（释放Free按钮）。场景中有了相机以后，就可以在视图中显示相机中的景象，只要按键盘C键，即可将当前视图转换为相机视图。

接下来要做的是确定摄影机的镜头类型，这是虚拟摄影机为数不多的物理属性之一。3ds Max参照真实的35 mm镜头参数安排了一些选项，这些选项在创建相机时就已经出现在创建面板下方。在创建结束后我们则可以到修改面板中找到完全相同的选项。在Stock Lenses参数组中罗列了35 mm相机常见的镜头焦距，其中50 mm是这种相机的标准镜头，我们点击这个按钮即可为相机选择这款镜头。实际上，从透视成像理论上讲，镜头光具组的实际焦距并不重要，重要的是镜头的视角——观察点向场景张开的观察角度（Field of View，英文缩写FOV）。这个数据在面板中有参数可调，就是最上方的Lens和FOV参数（两者是关联的），利用这组参数我们可以获得任意的相机视角，它也是实现镜头变焦（Zoom推拉）的参数。

确定相机采用了50 mm标准镜头后，我们要来考虑它的操控。自由相机是可以做任意旋转的相机（摇摄），但如果让它对准某一个固定目标点进行旋转则还不是很方便，不过这一点有办法解决。我们可以在其前方再创建一个虚对象，并让自由相机成为这个虚对象的子对象（链接），就能大大提高自由相机的操控性，做出几乎所有拍摄所需的动作。

虚对象是在3ds Max中不能渲染的特殊对象，它们的存在主要是为了加强场景中对象操作的效力。虚对象的种类很多，都有各自不同的设计目的，我们现在需要的是最简单基本的一种——Dummy（仿制品）。虚对象都被归在Helpers对象类型中，创建面板中的按钮代表了这一分类。按下按钮即可找到Dummy的创建按钮，以此来向场景中创建一个Dummy对象。Dummy对象在场景视图中显示为一个立方体线框，创建时要注意控制它的大小，便于识别和选择就可以了。新创建的Dummy对象有默认的对象名"Dummy01"。

接着我们要在场景中将Dummy01对象做一些移动调整，以使它正好处在相机镜头的正前方一定的距离，距离的远近最好与拍摄中用得最多的定点环绕的半径相一致。随后就是要将相机对象链接到虚对象上，让相机对象Camera01成为虚对象Dummy01的子对象。用系统主工具条的链接工具可以做到这一点。当链接建立后，子对象会继承其父对象的运动，我们因此可以组合虚对象和相机的操作来实现拍摄中相机的各种复杂运动。比如，当我们移动虚对象时，作为其子对象的相机也会一同移动，但如果单独移动相机，相机则只做自己的移动而不会影响虚对象。这样我们在实现相机平移操作时就有更多操控选择，可以通过运动分解与合成来实现更为复杂的运动要求；当我们旋转虚对象时，相机则会围绕虚对

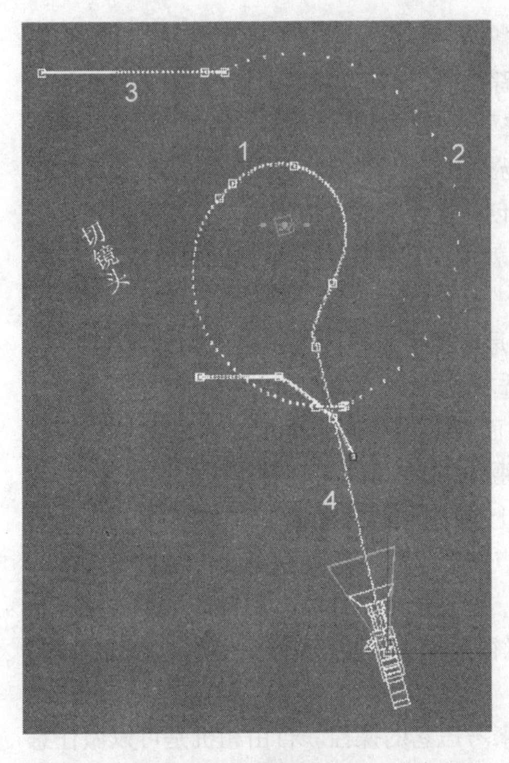

★图8.1　相机对象在顶视图中的运动轨迹线

象进行圆周运动，实现定点环绕的操作。而如果单独旋转相机，它则会实现自身的俯仰摇摆。通过合理利用虚对象和相机本身的运动，可以高效平稳地完成运动拍摄要求。

2. 相机的拍摄运动

在范例制作中，我们根据人物的位置和运动，设计了相机追踪拍摄的路线，而这个路线运动正是靠适当的运动分解来实现的。也就是说我们组合了虚对象和相机的运动，这两个对象的运动则依靠关键帧动画来实现。关键帧动画在三维软件中属于基本的动画制作方法，我们在前面章节中有所接触，但并未做过系统讲解，需要的话大家可以参考有关书籍。

我们将设计制作完成的相机动画的部分重要数据显示在图8.1和图8.2中。其中，图8.1显示的是从场景顶视图中看到的相机对象的运动轨迹。其中的红线是运动走过的轨迹线；曲线

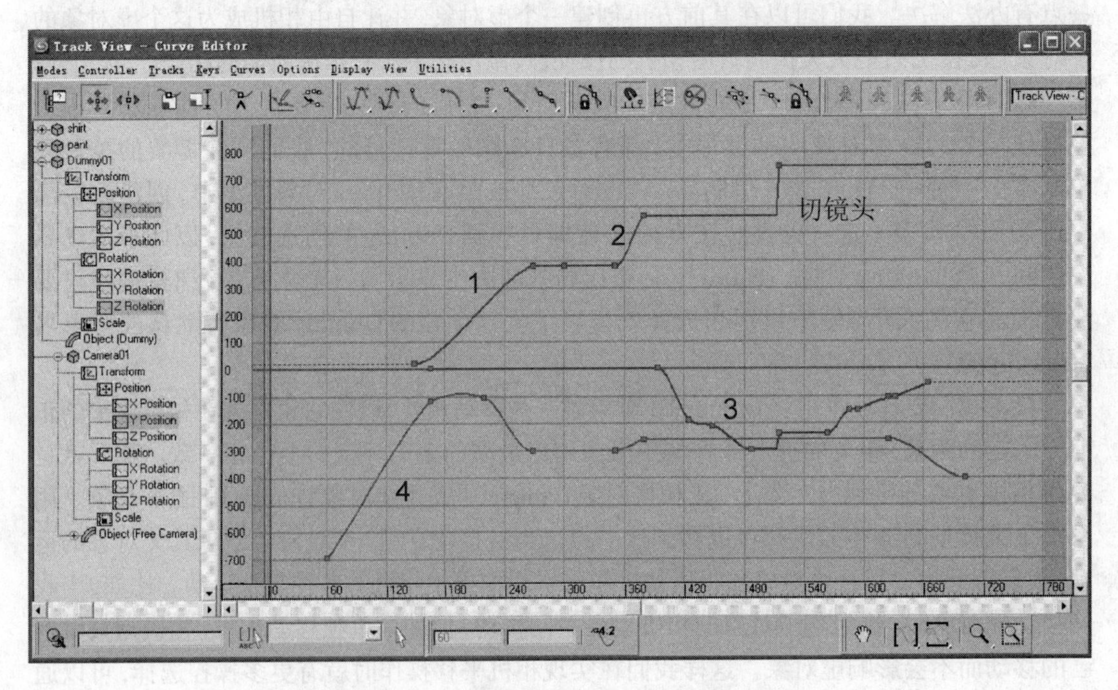

★图8.2　虚对象和相机的部分轨道曲线图

上的白色方块小点表示的是相机位置的关键帧；更小的白色小点表示的是每一帧时刻相机运动所到的位置，它们的疏密体现了相机运动的快慢。要在视图中显示这种运动轨迹线，可以在选择相机对象之后，在运动面板中点击按下Trajectories按钮，而退出显示可以按下其旁边的默认按钮Parameters。

在图8.2中，显示了辅助相机操作的虚对象Dummy01和相机的部分运动图表。其中蓝色线表示的是Dummy01沿Z轴的旋转情况，它对相机运动中的两次环绕起主要作用（对比两图中标“1”、“2”处）；红色曲线表示了Dummy01在水平X轴方向的移动情况，它主要在动画的后半段帮助相机对人物进行跟踪（标“3”处）；而绿色的曲线表示的是相机在自己（Local）的Y轴方向的移动，这个轴向由最开始链接相机时的对象方位决定，在我们这里它表示相机和虚对象间的距离。相机沿自身Y轴的移动主要实现了动画开始阶段相机向人物的推进（标“4”处）。

除了这些主要运动外，虚对象和相机在这些轨道以及其他若干轨道上还包含很多细微的调整运动，以实现拍摄运动中丰富而细微的变化。这里就不再作繁琐的叙述，大家可以到范例文件中去仔细研究。

第二节　创建动画场景

动画场景中可能包含的事物千差万别，场景创建工作有时非常繁杂琐碎，我们在范例设计中试图避免实际项目中的这种境况，将场景设计得尽量简化。同时也希望这部分能够包含一定技术特色，为实际的场景及相关工作提供有益参考。我们选择制作一片竹林，起步的要点就是其中的一根竹子。

创建植物在三维场景制作中一直就是个难点，但表现各种植物却又是很多动画项目所喜于尝试的。植物枝叶繁多而生长自由，单从建模一点就难以着手。很多动画制作者完全使用贴图的办法来解决问题，使用的是植物的绘画或照片而不去创建三维模型。这样做虽然能较快地在画面中实现富有真实感的树木花草，但作品风格的多样化和针对植物的更多动画都难以实现，在产业应用中面临很多限制。另一些制作者希望使用三维模型，三维软件也为此开发了一些创建植物模型的模块，例如3ds Max中的Foliage对象，但这些模块提供的植物种类和形态变化都是十分有限的，并不能全面满足动画设计的需求。

如果让三维设计者自己从头开始创建植物模型，仅依靠三维软件中通常的建模功能，其工作往往是十分艰巨的。但在3ds Max中存在着一个小小的捷径，可以帮助我们在不同程度上提高植物建模的效率，这就是复合对象类别中的Scatter（散落体）对象。Scatter对象适合于创建许多种类和形态的植物，作为举例，我们在此选择了相对简单而代表性极强的一种——竹子。在创建竹叶和营建竹林时我们会多次用到它，不过在一开始还是先要创建最简单的竹竿。

1. 创建一根竹竿

根据要求的不同，竹竿也可呈现不同的复杂程度，不过创建场景的总体指导原则是精简模型的网格面和数据量，所以我们要用最简单的模型来概括它。

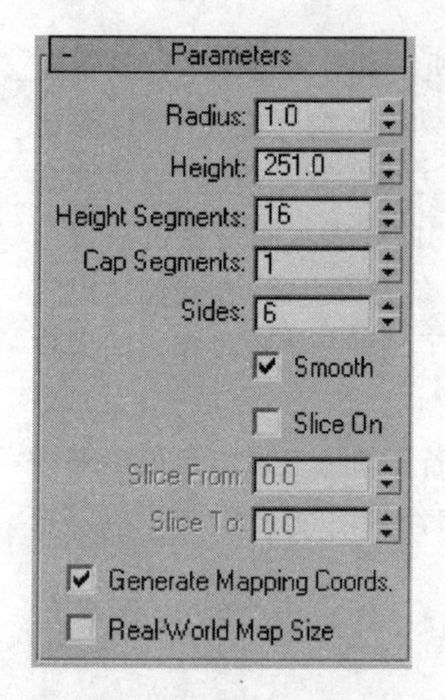

图 8.3　圆柱体的参数

在场景中创建一个圆柱体对象（Create\Geometry\Standard Primitives\Cylinder），要在顶视图（Top）当中开始操作，以形成直立于地面的圆柱体，命名为“Stick”。进入修改面板调整圆柱体的参数，使圆柱的侧边数为6，纵向分段数为16，参数设置情况如图8.3所示。它实际上是一个六棱柱，但作为圆柱体对象，它可以自动平滑六个侧面，不会在视图和渲染中显现出棱边。纵向的分段设置是为表现竹节准备的。

接下来要表现出竹竿的粗细变化，为圆柱体Stick添加一个Taper修改器，适当调整Amount和Curve两个参数，形成圆柱体的粗细变化。然后再来制造些轻微的弯曲，继续为Stick添加一个Bend修改器，设置弯曲角度Angle为“10.0”，勾选启用Limit Effect选项并设置相应的参数，将弯曲限定在柱体的某一段。展开Bend修改器的次对象级，在其中选择Center，然后到视图中移动Bend修改器的中心对象（黄色的十字线），使弯曲从柱体上段适当的部分开始出现（保持根部垂直地面）。回到Bend修改器层级，再次调整Upper Limit参数，观察视图中弯曲上限的位置（很短的黄色线段），使上限恰好处在圆柱体顶端。Bend修改器形成的弯曲是标准的圆弧形的，为了制造出更自然的植物杆茎弯曲，可以在第一个Bend修改器之上再添加一个Bend。调整方法如前，不过可以将弯曲的范围限定在柱体上部更小的区段。两个Bend修改器参数设置的参考值如图8.4所示。

当竹竿的形态基本确定后，可以适当塌陷掉一些修改器。现在这个称为“竹竿”的模型看上去只是一根细草杆，要让它看上去像竹竿还要依靠材质的设计，这一点颇为重要。打开材质编辑器，在其中选择一个空闲的材质样本块进行设置。这个材质的内容十分简单，主要是包含一个渐变色贴图，这个贴图使用程序贴图Gradient制作，采取上下过渡的渐变色，并将其应用在Diffuse Color属性上。此外该材质的一个重要特殊设置是要勾

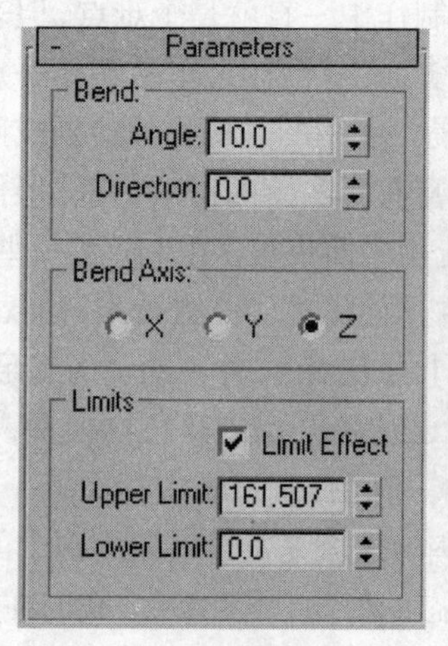

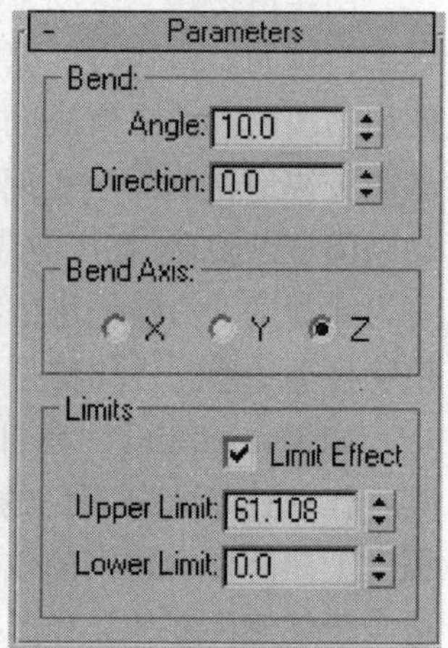

图 8.4　第一个（左）和第二个（右）Bend修改器的参数设置参考

选基本参数中的Face Map选项（Shader Basic Parameters卷帘中），这一项保证了材质在柱体模型上以面为单位进行重复应用，可以实现竹竿分节生长的外观。此外在基本参数中还设置了适当的高光（Specular）以形成竹竿表面的反光，并设置了轻微的自发光（Self-Illumination）表现环境反射光的影响。将材质指派给场景中的竹竿对象Stick，可以按下编辑器工具条上的按钮，让材质的效果在视图中显示出来（视图要用平滑显示模式），材质的设置及其在对象上的应用效果如图8.5所示。可以看到，尽管竹竿的模型异常简单，但通过材质的配合也会具有很好的真实感，这样的效果如果不做特写，放在一般场景中应用是足够的了。

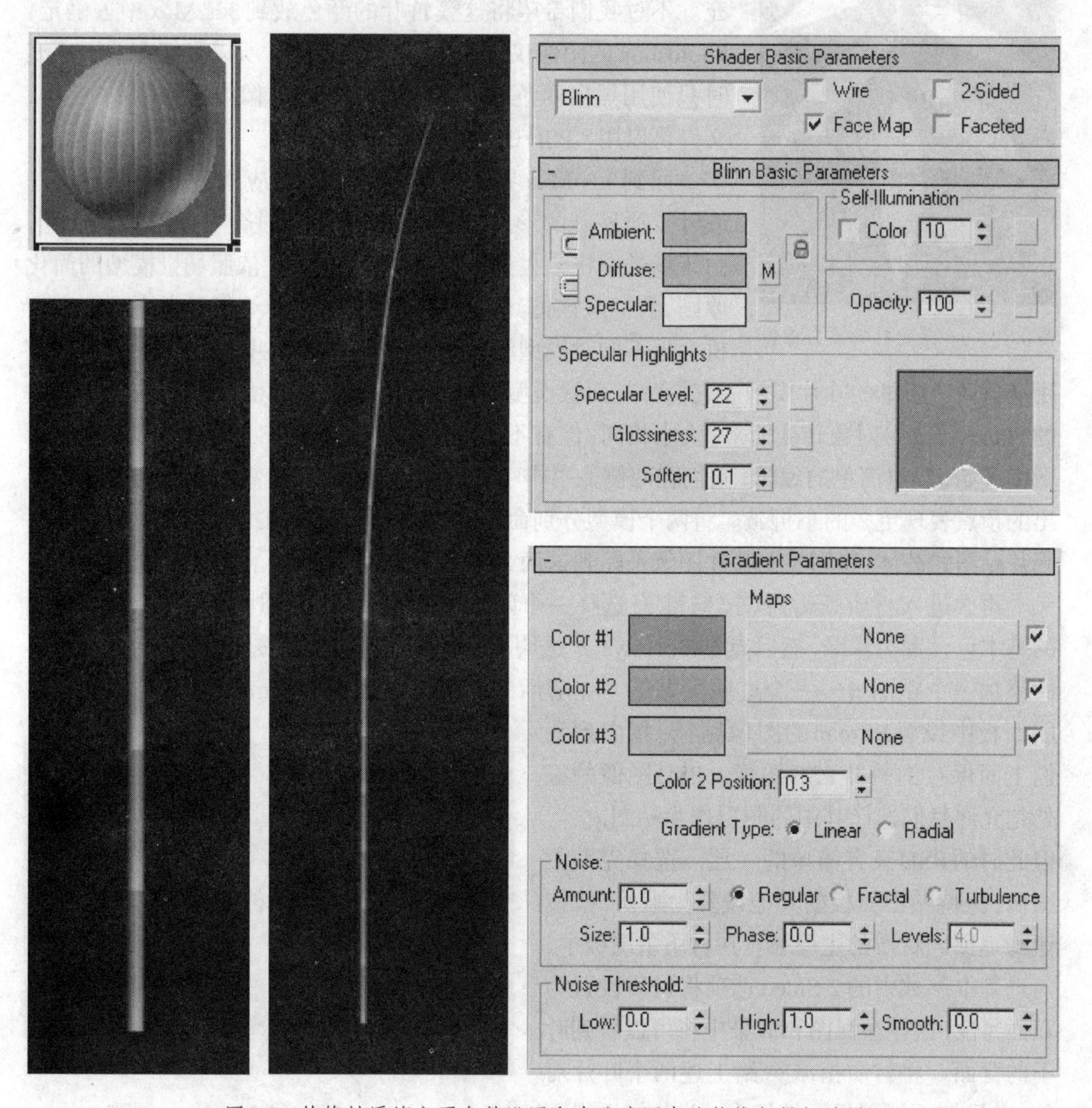

图8.5　竹竿材质的主要参数设置和在渲染图中的整体与局部效果

2. 创建竹叶

绝大多数植物的叶子在进行三维表现时都需要使用贴图，贴图不仅可以提供生动丰富的自然特质，还能够大大减轻建模的工作压力和系统的数据负担。合理地划分贴图和建模的表达范围是三维植物设计的重要一环。对于密集生长的竹叶而言，我们把贴图的成分确定为一小簇叶片，在这个范围内用贴图表现，在此之上用三维建模手段表现。

2.1 创建叶片基本单元

图8.6 一小簇竹叶的黑白图像

这一小簇竹叶可以用Photoshop绘制出来，在Photoshop中先用钢笔工具制作出竹叶的路径，然后在图层中进行颜色填充。不过我们希望将这簇竹叶的颜色放到3ds Max中去确定，Photoshop的图像仅作为Alpha通道使用，所以我们在图层填充时只使用黑白两色就够了。制作好的图像内容如图8.6所示，文件可以用*.PSD的文件格式保存。

回到3ds Max界面中为竹叶贴图的应用创建模型。这一簇叶子所展开的形态接近一张平面，不过会有些皱褶或曲翘。由于场景中将会大量出现这个叶片单元，依照场景模型的简化原则，我们应该把其模型处理得最为简单。但又考虑到距离相机远近不同对模型细节可能有不同要求，我们为实际的场景应用准备两个版本的叶片模型。它们都是面状模型，从标准原型对象（Standard Primitives）中的Plane（平面）对象转变而来，大小相同，但有不同的网格密度，如图8.7所示。创建从顶视图中开始，经过简单的编辑，它们在两侧像书本一样略微翘起，密度较高的一个则可通过多出的顶点表现更多的小折皱。将两个模型分别命名为“leaf-1”和“leaf-2”，它们将成为上面叶片贴图的载体，我们要把叶片图像平贴到这两个模型上去。

再次进入材质编辑器（按M键），选择一个闲置样本框，命名材质为“leaf-1”。将材质的基本色设置为深绿，然后点击Opacity（不透明度）属性旁边的贴图按钮，这样会为这个属性添加一个贴图——一个透明度贴图。在随后的问询窗口中选择Bitmap贴图类型并在贴图面板中设置Bitmap的图像路径，指向到我们上面保存的竹叶PSD图像。PSD图像的好处是允许我们选择其中的图层作为贴图内容，但此时的PSD只有简单的一层。选择完贴图图像，保持贴图面板的其他设置为默认，按按钮返回到材质的主层级。在材质主层级中，勾选基本参数中的2-Sided选项将材质设置为双面属性，这样在视图和渲染中将可以看到叶子的背面。将材质指派给上述两个叶片对象，并且按下视图显示按钮，此时如果视图

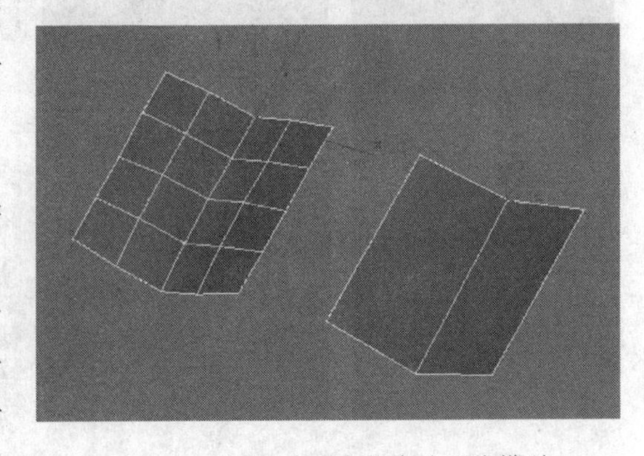
图8.7 不同细节两个版本的面状模型

采用的依然是平滑显示模式，就可以在其中看到叶片图像的显示，如图8.8所示。如果在视图中还看不到这样镂空的显示，可以打开视图设置窗口（Viewport Configuration），将其中的Transparency（透明度）选项设置为“Best”。看到叶片材质能够正确显示后，应该将视图显示按钮释放，以关闭贴图在视图中的显示，这样可以加快系统工作的效率。即便在视图中关闭了贴图的显示，我们依然可以在渲染图中看到正确的效果。最后，为了在将来的渲染中以最简单的方式表现出竹叶的透光性，可以将材质属性中的自发光（Self-Illumination）设置为“35”。

图8.8　叶片材质在视图中的显示

2.2　创建单层枝叶排列

接下来需要让刚创建好的叶片单元大量地生长到竹竿上去，首先的一个问题就是要考虑竹子枝叶生长的规律。任何植物的枝叶其实都有一定的生长规律，尽管它们看上去似乎是杂乱无章的。细心观察和研究自然界中植物的生长规律，是生动表现物种特征的不竭源泉。我们可以对竹子枝叶的生长排列做这样的简化归纳：将所有的细枝忽略不计，将所有叶子沿着主干从下到上分为若干层排列，在每一层中竹叶大致沿着一个伞状表面进行排列。我们首先来解决一个层次中的排列问题。

要将叶片大量复制并自由排列在一定的空间范围，在3ds Max中Scatter对象几乎是唯一的有效选择。Scatter对象属于复合对象（Compound Object），这类对象的存在来自其他若干对象的某种组合。对这种组合的方式和结果，复合对象保留有许多可调参数，因此复合对象不同于基本的模型对象，它有着更复杂的操作层次。使用Scatter构建一个层次的竹叶排列，就是将叶片单元大量复制并与一个伞状表面模型组合起来，依靠参数的调节来控制叶片的分布状况。我们已经有了叶片对象，现在还需要一个伞状面模型对象。

图8.9　在球体对象制作的伞面模型上叶片的初始排列顺序（俯视效果）

在一般理解中，创建伞面模型可以使用球体对象（Sphere），但这对于Scatter的应用却存在问题——它无助于生成我们所希望的叶片排列顺序。图8.9中显示了用Sphere对象制作的伞面模型与叶片组合生成的

图8.10　圆柱体模型上叶片的排列顺序

Scatter对象（伞面模型被隐去），可以看到叶片初始的排列顺序是环绕状的，像是在编织草帽。在这个初始顺序下，Scatter的参数是无法调节出竹叶在枝干上生长的形态的，我们需要的初始排列顺序应该是辐射状的。实践研究发现，能够制造这个排列顺序的伞面模型应该由圆柱对象（Cylinder）改造而来。将圆柱对象转换成网格对象后与叶片组合生成Scatter对象，其叶片的初始排列顺序是可以统一沿着圆柱轴向的，如图8.10所示。之所以说排列可以统一，是因为使用圆柱体网格的Scatter对象并不总能保证这样的排列，在参数设置不当的情况下它的顺序也会变得不可控。

如果将上述的圆柱体网格再进行一定的编辑，即可将它改造成伞状的表面，在那时，叶片的排列方向将是辐射状的。下面就是创建一个层次的竹叶排列的具体操作步骤。

在顶视图中创建一个圆柱体对象（Cylinder），设置其边数为24、高度分段数为7，设置半径使之等同于一株竹子的宽度（对比竹竿），可以保留默认对象名“Cylinder01”。将其转变为多边形网格对象（Editable Poly），将柱体网格的上下两个封口面删去，然后再进入网格对象的顶点层级进行编辑。使用缩放工具 将柱体每一层的顶点做不同程度的缩放，使网格外形趋向于伞形，在顶部中央留出一个小开口，如图8.11所示。图中可以看出我们将网格环形线的排列密度也做了调整，在中部稍密而在端口处稍疏，这是为了将来能够控制叶片的生长密度——让贴近竹竿和枝端末梢的竹叶排列得稀疏些。

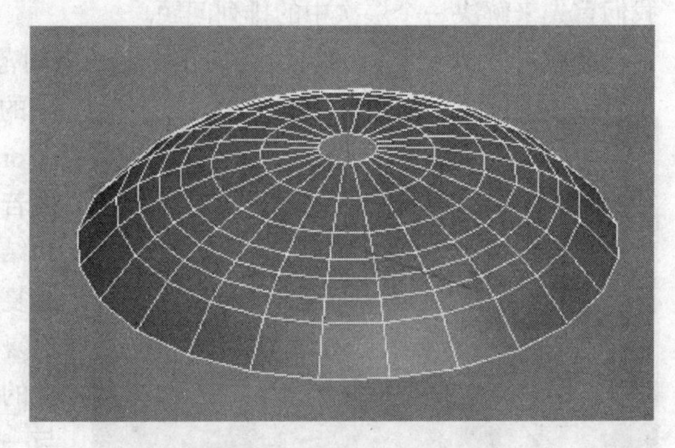

图8.11　制作一个伞形面模型

接着可以选择叶片对象来创建Scatter对象。我们有两个精度的叶片模型，需要分别处理它们。首先选择精度较高的叶片对象leaf-1，将其移动至伞状对象Cylinder01的顶端，要让leaf-1的坐标中心点（变换中心）对准Cylinder01的中轴，如图8.12所示。这个调整是必要的，因为Scatter对象生成后将以原来leaf-1对象中心所处的位置为中心点，如果这个中心不能处在伞状对象的顶部开口中心，就会给以后的创建工作带来很多麻烦。在范例的实际制作中，我们还对leaf-1本身默认的中心位置做了调整，将其调整到小叶片的叶柄根部——网格模型的一条边缘上，这样做可以让Scatter在构成枝叶丛时形成的几何构造更为合理，不仅利于枝叶的排列调整，还有利于更长远的动画制作——尽管在我们的范例中没有关于竹子的动画。在调整leaf-1中心点时使用的是网格对象的编辑方法，而没有使用常见的移动变换中心（Pivot）的方法，这是鉴于Scatter的工作特点。

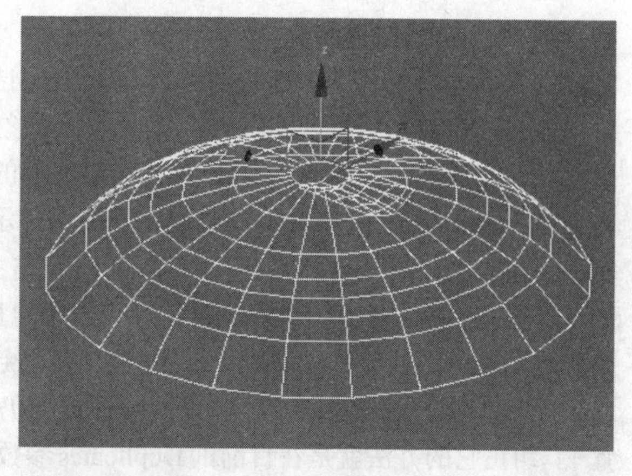

图8.12 调整叶片对象的位置并将中心对准到伞形面的中轴

调整完成后，保持leaf-1对象的选择，开始创建Scatter对象。在创建面板中选择几何体（Geometry）类型中的Compound Objects（复合对象）分类选项，点击按下面板中的Scatter按钮，面板下方会增添出属于Scatter的参数选项。在第一个卷帘（Pick Distribution Object卷帘）中选择“Copy”开关选项，然后再按下Pick Distribution Object按钮，此时到场景视图中点击选择伞面对象Cylinder01。一个Scatter对象被创建出来了，此时应单击鼠标右键退出Scatter的创建状态，并进入修改面板中继续进行调整。

在修改面板的Scatter Objects卷帘中有一个Objects命令组，其中排列了两个对象名，分别被称作Source（源对象）和Distribution（分配对象）。其中源对象来源于原来的叶片对象leaf-1，它是要被Scatter对象大量复制的对象；而分配对象来源于原来的伞面对象，它在Scatter对象中提供分散源对象大量复制品的摆放场所。在Scatter成型时，原来的叶片对象leaf-1被并入复合对象体中，但伞面对象Cylinder01却被原封不动地保留，这是因为我们曾经选择了“Copy”开关选项，所以Scatter是将Cylinder01的一个副本并入其中了。注意保留Distribution Object Parameters参数组中（Scatter Objects卷帘）的设置为默认值（勾选Perpendicular、打开Even），这一点对于在伞面上保持合理的叶片排列方向至关重要。

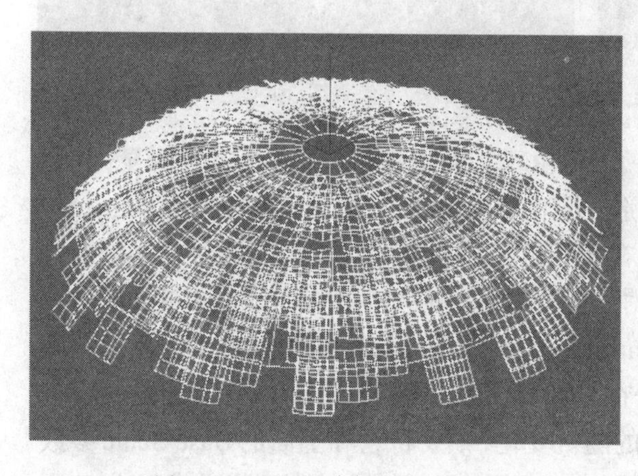

图8.13 Scatter对象的线框显示

我们需要在Source Object Parameters卷帘中调整参数，以控制叶片的数量和比例。Duplicates参数表示源对象被复制的数量，在此输入适当的数值（范例中采用“250”），即可在视图中看到众多的叶片对象（将视图切换成线框显示效果更明显），如图8.13所示。如果对叶片对象的基本大小不满意，还可以对卷帘中的Base Scale参数进行设置，该参数表示所有源对象复制品的初始比例，以源对象的原始大小为基准，用百分比表示。此外，伞形的分配对象也会被继续显示出来，当我们不再需要看到它时可以将其隐藏起来，做法是滚动到修改面板的下方找到Display卷帘，在其中勾选Hide Distribution Object选项。Display卷帘中的另一个选项Proxy也很有用，它用一个抽象符号替代源对象的复制品，当源对象较复杂而且数量众多时，这个选项可以加快场景显示的刷新。

在Scatter对象中，叶片对象不能在视图中显示出它们的竹叶贴图，这是Scatter对象的限制。不过在渲染图中材质是会正常显示的，点击主工具条上的快速渲染按钮在目前默认的条件下进行视图渲染，就可以看到竹叶分布的真实结果，如图8.14所示。这里，竹叶非常整齐地贴在伞形面上并沿辐射状排列，这个排列趋势是对了。但值得注意的是，如果我们对Duplicates参数的选择不合理，这里的叶片排列仍然会出现一定的方向错乱（主要是方向倒置）。纠正它的办法就是在目前的Duplicates参数值附近重新尝试一些数值，然后再通过渲染核准，直至出现满意的结果。挑选合适的Duplicates数值没有明确的公式，只能通过测试的办法。

图8.14 Scatter对象在不同视图中的渲染结果，左为顶视图，右上为侧视图，右下为三维视图

现在Scatter中的叶片排列方式是正确了，但由于排列过于整齐，人工痕迹明显，我们可以利用Scatter提供的随机打散参数来制造一定的散乱效果。这几组参数位于Scatter对象修改面板的Transform卷帘中，它们可以在空间位置和方向上对众多的源对象复制品进行扰乱，扰乱的程度由参数值控制。我们对这几组参数的设置见图8.15，其中Rotation一组参数确定叶片的方向扰乱；Local Translation一组确定每片叶片在其自身坐标系中的随机移动；Translation on Face一组确定叶片在分配对象表面的随机移动，它们和上一组有相似之处；最后一组Scaling确定叶片大小的随机变化，不要将它和上面的Base Scale参数混淆。这些参数的数值要有所控制，尤其是第一组的旋转扰乱，太大的数值会彻底打破原

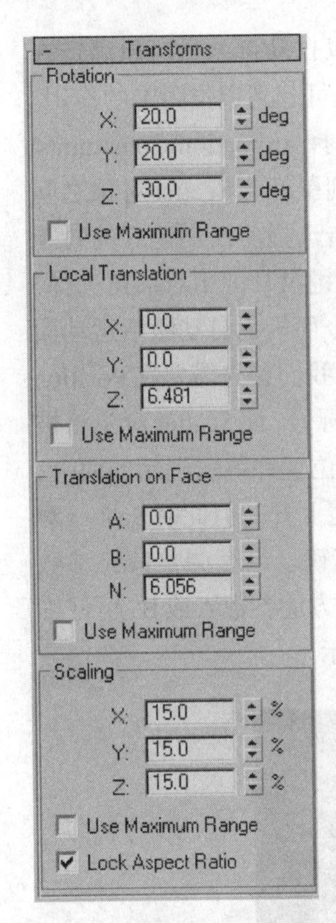

图8.15　对叶片实施扰乱的参数设置

有的排列规律。

经过对扰乱参数的调节，场景视图中的显示变化为如图8.16所示的结果。再次渲染视图，情况如图8.17所示，可以看到竹叶的排列特征已得到明显改观。单层的竹叶排列已经制作好，下面我们要将其摆放到竹竿上去。

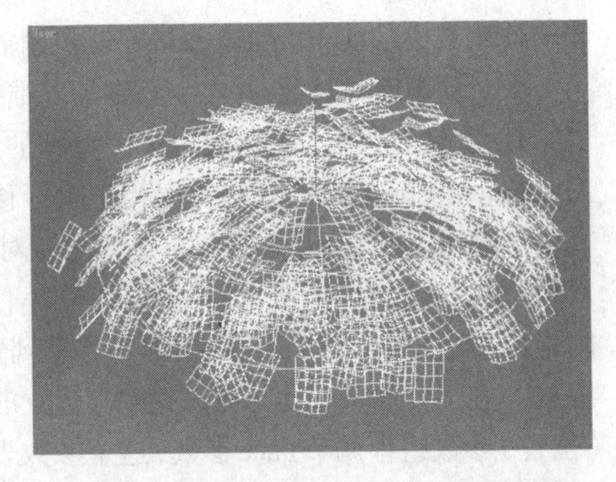

图8.16　经过扰乱设置的Scatter对象线框图

3. 将单层枝叶固定到竹竿上

制作好的一层竹叶整体上是一个Scatter对象，我们可以用对象操作的基本方法——移动和旋转来改变它的方位，将其安放于竹竿上的适当位置。但这样做的话竹子枝叶与主干间没有连接关系，得到的整株竹子只能作为静物使用，无法再添加动画。尽管我们在本书中不会制作竹子的动画，但还是希望把基础工作考虑得长远一点，所以要把枝叶通过约束固定到竹竿上去。约束是自动动画计算中的一种控制条件，3ds Max中有多种约束方法，

图8.17　经过扰乱设置后的竹叶排列（视图方向如图8.14）

我们使用其中的Attachment Constraint（附着约束）。这个约束可以自动将一个对象固定在另一个对象表面的某处，并在动画中加以维持。即便不做动画，它也可起到定位固定的作用。

具体做法是：选择Scatter对象，在系统主菜单条上选择Animation\Constraints\Attachment Constraint选项，此时当把鼠标移回视图中时，可以看到鼠标与Scatter对象之间有动态虚线连接，这是系统要求选择附着对象的提示。用鼠标点击选择前面创建好的竹竿对象Stick建立约束连接，如果在视图中看不到竹竿对象，可以使用键盘H键用对话窗选择。附着约束建立好以后，Scatter对象被移动到竹竿的底部，同时在命令面板上自动激活运动面板。在运动面板中此时可以找到新建立的附着约束的选项参数，我们首先需要在Position（位置）参数组中调节Face参数，这个参数表示竹竿对象的网格面标号，而Scatter对象将被固定在相应的面上。改变Face的参数值，Scatter对象即会改变附着位置并跳跃到新的面上，不断增加Face的数值，就会看到Scatter对象沿着竹竿的侧面不断地上升。但此时Scatter对象的方向很可能不对，可以用主工具条上的旋转工具将其调整正确。继续调整Face参数直至Scatter对象到达大致合适的位置高度，然后可以再调整Face下方的参数A或B，更仔细地确定Scatter所处的位置（高度）。完成之后的参考图如图8.18所示。

图8.18　将一层竹叶固定到竹竿的某处，左图为视图中效果，右图为渲染图

4. 复制多层枝叶

接下来，我们可以通过复制Scatter对象来向竹竿上放置更多的枝叶层。复制时首先选择原来的Scatter对象，然后选择系统主菜单条上的Edit\Clone选项（或者按键盘Ctrl+V），在复制对话窗口中应该选择Copy选项后再确认窗口。复制出来的对象一开始会占据与原对象相同的位置，不过马上在运动面板中调整Face等参数来改变新对象的位置，在新的地方形成新的一层枝叶。可以接受复制对象的默认名称，不过为了更好地管理场景，最好能将它们人工命名。经过多次复制和移动，竹竿上就会“生长”出许多层枝叶，变得十分茂密了。但这时马上会暴露出新的问题：经过复制的枝叶形态完全相同，竹身的人工痕迹十分明显。

解决这个问题可以采取两个办法。一是在Scatter对象中修改随机参数。在Scatter对象修改面板下方的Display卷帘中有一个Seed（种子）参数，这是控制Scatter对象中源对象复制品分布的随机值，改变该数值即会打乱原有分布，产生新的分布。如果对竹竿上的每个Scatter对象设置不同的Seed数值，它们的枝叶分布就会产生变化，每层枝叶看起来就不那么一样了。但这样调整仍然不能让整个竹身形成合理的轮廓，实际上，在竹竿底部和末梢上生长的枝叶应该范围要小些，所以，改进竹身的另一个办法就是调整Scatter对象中分配对象的大小范围。

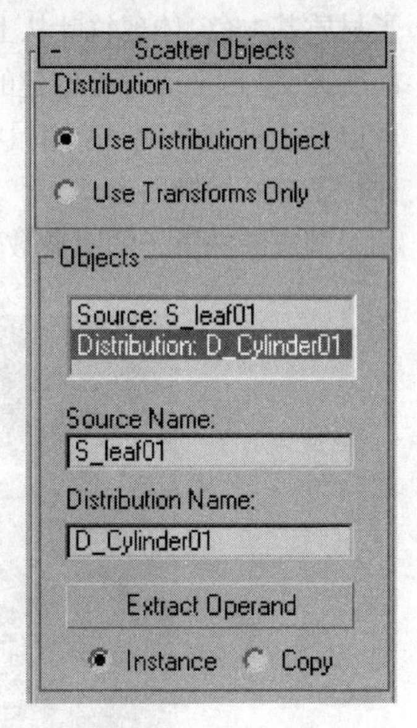

图8.19　选择Scatter对象的分配对象

分配对象（Distribution）虽然是被纳入Scatter内部的对象，但它的形态仍然可以被修改。具体做法是：选择相应的Scatter对象，在修改面板Display卷帘中重新取消Hide Distribution Object选项的勾选，将分配对象显示出来。在Scatter Objects卷帘最下方的Display组中打开Operands开关，这会在场景视图中隐藏起源对象的所有复制品，让我们直接看到Scatter对象所包含的两个运算对象（即源对象和分配对象）。然后，到该卷帘的上部Objects组中点击选择列表中的分配对象名（例如Distribution: D_Cylinder01），如图8.19所示。随即，在面板上的修改器堆栈中，于Scatter对象层级下方会显示出分配对象的模型层级——Editable Poly。选择进入这个层级，如图8.20所示，便可以对分配对象——伞形对象进行网格编辑了。

图8.20　进入分配对象的模型层级

对伞形对象表面进行编辑时，如果要收小模型范围，可以对网格面进行缩放或删除外围一部分网格顶点；如果要扩大模型范围，则应该缩放网格面，但不要再添加顶点或者面。不要对分配对象的网格做更多改变结构的操作，那样可能会破坏已有的源对象排列规律。修改完分配对象后，可以在修改器堆栈中返回Scatter层级并在Display组中重新打开Result开关，如此会看到竹叶片在新范围内的分布。再次勾选Hide Distribution Object选项以隐藏掉分配对象，但此时在Scatter Objects卷帘中分配对象仍然是被选中的（如图8.19）。要真正让Scatter对象的工作面离开其运算对象（清除图8.19中的选择），就必须在修改器堆栈中展开Scatter对象的层级，在下方选择Operands层级并到场景中做空选。

调整好相关Scatter对象的分配对象后，根据新的分配对象伞形的大小，可以再调整叶片的复制数量（Duplicates参数），使叶片分布密度趋于合理，同时矫正叶片排列可能出现的错乱。对于竹身末梢部分的枝叶层，我们还需要再调整一下Scatter对象的位置扰乱参数（见图8.15中的两个Translation部分），让末梢处的叶片更为分散一些。最后，我们将调整好的Scatter的分配对象和枝叶分布结果显示于图8.21中，在范例中我们还为某些层的枝叶修改了材质基本色，体现竹叶从上到下的颜色变化。这样，一株完整的竹子就算创建完成了。如前所述，经过上面过程创建的竹子是具有动画能力的，如果竹竿上的Bend修改器还在的话，可以马上做一个测试：用鼠标拖动一下Bend修改器的Angle参数，在视图中即刻会看到整株竹子弯曲摇摆的运动。

构成整株竹子的对象数目较多，为了以后的操作管理方便，我们可以把它们合编为一个

图8.21　调整好的分配对象和枝叶分布

对象组。选择竹子上所有的对象——竹竿和各层枝叶，然后到系统主菜单条中选择Group\Group菜单项建立一个对象编组，为编组确定一个名称，比如“bamboo”。此后我们可以用鼠标点击竹身的任何一处来选择整个编组，并整体地操作它。

5. 创建新竹并合并对象

上面这第一株竹子是从一个网格精度较高的叶片对象开始制作的，这棵竹子上的每一片叶片都具有较高的网格精度，因而整株竹子的网格面数量是很大的。这样的竹子适于少量地应用在场景中的重要位置，但如果大范围使用，系统的运算开销就太大了。我们需要再有一个简化版本的竹子，应用在大范围的普通区域之中。这也就是我们先前准备了两个版本的叶片的原因，现在要使用网格精度较低的另一个叶片再来制作一株竹子。

创建工作基本是重复上面第一株的过程。新的竹竿可以复制出来，最初使用的伞形面模型还存留在场景中（创建第一株时使用的是其副本），也可以继续使用它。但如果想简化一些步骤，也可以从第一株的各个Scatter对象中复制出它们的分配对象。其方法是在Scatter对象的修改面板中选择分配对象（如前所述），然后在运算对象列表下方打开Copy开关，再点击Extract Operand按钮，即可将分配对象复制一份并置于场景中。当然，要选择一个对象编组中的某一个对象进行操作，首先还需用主菜单Group\Open选项将编组打开。利用复制出来的分配对象，我们可以简化一些对伞形面的编辑步骤，更快制作出各层枝叶的Scatter对象。

新的一株竹子创建出来后，其网格面数量明显小于第一株，我们可以在接下来的场景布置中大量使用它。不过在大量地安插竹子植株时我们还要运用Scatter对象方法来提高效率，而前面对整株竹子所做的编组处理会妨碍创建新一层次的Scatter对象。所以对第二株竹子，我们不能做整体编组处理，为了同样能实现竹身的操作一体化，我们要采取更激进的做法，就是将整个竹身的所有对象合并为一个独立对象。

合并对象的概念应该不陌生，在人体建模时我们就采用过。不过现在的问题是要加以合并的许多对象都是Scatter类型的复合对象，而不是单纯的网格模型对象。这些对象上还有着不同的材质与贴图（枝叶层、竹竿），也要在合并中不改变整体的外观，所以我们首先要将所有的Scatter对象塌陷为网格对象。

选择新竹子上的某一层枝叶，也就是一个Scatter对象（新竹没有编组），然后到修改面板下方的Display卷帘中打开Mesh按钮，该按钮在视图中显示出Scatter源对象复制品的网格模型而不再用抽象图形替代，这一点非常重要。另外还需保持下方的Hide Distribution Object选项勾选不变。接着，到修改器堆栈中鼠标右键单击Scatter对象层级名，选择Editable Poly选项，将复合对象塌陷为多边形网格对象。这时场景中显示的枝叶并未产生变化，但对象的性质已经大有不同了。逐个对象进行这项操作，直至所有的Scatter对象均被转变为多边形网格。最后，将竹竿对象也转换为Editable Poly对象（塌陷堆栈）。

合并对象的操作顺序也很重要。要先选择一个枝叶对象，随后在其修改面板中的Edit

Geometry卷帘内点击按下Attach按钮，到场景视图中用鼠标依次选择其余各个枝叶层对象。每选择一个对象，就会使之合并到当前对象中。有时，如果所选的枝叶层对象的材质受到过改变，就会弹出一个关于材质的合并问询窗口，接受窗口中的默认设置并确认窗口。当所有的枝叶对象都被合并起来后，最后再点击选择竹竿对象，这里肯定会出现一个合并问询窗口，接受默认设置并确认它。于是，所有的对象全部被合并起来，成为一个单一而复杂的网格模型对象。正确依照上述的步骤进行操作，就会保持整个竹子的材质正确性，也就保证了渲染结果的正确性。在这个过程中，实际上系统自动地将不同对象的材质组合成为一个Multi/Sub-Object材质，确保了新对象材质效果的一致性。

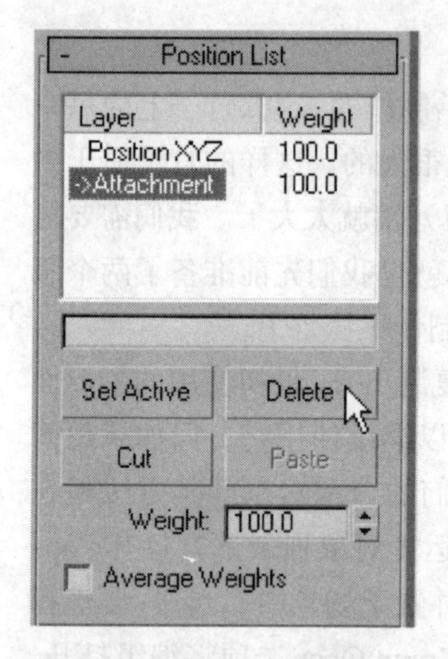

图8.22　在运动面板中删除无用的附着约束

合并完成后，还有一件事要处理，就是对象上的附着约束（Attachment Constraint）。由于新竹身对象由最初的Scatter对象那里辗转而来，原来Scatter对象持有的附着约束也被继承了下来，但这个约束现在已经毫无意义，应该删除，否则会影响后面的工作。于是，保持新竹身对象被选择，转到运动面板中，利用面板中的列表和工具按钮将附着约束删除，情况如图8.22所示。至此，一个简化的竹子植株也创建完成了，将这根竹子命名为"bamboo-1"。

在场景实际布置中，我们其实还需要另一种更为简洁的竹子植株，它简单到完全没有枝叶模型，只有一个代表整体轮廓的外表面模型，类似建筑绘画中的简化植物。它的外观效果要靠材质来润色，下面我们再简述一下这个对象。

6. 更为简单的植株

这株竹子仍然使用原来做好的竹竿，不过它的枝叶只用一个外轮廓模型代表，如图8.23所示。这个轮廓模型可以用放样的方法创建，也就是先创建描绘其外轮廓的图形对象（Shapes），然后再添加Lathe修改器。这个模型由于过于简化，所以其表现效果主要靠材质来弥补。我们为创建好的枝叶轮廓对象设计了一个材质，其组成结构

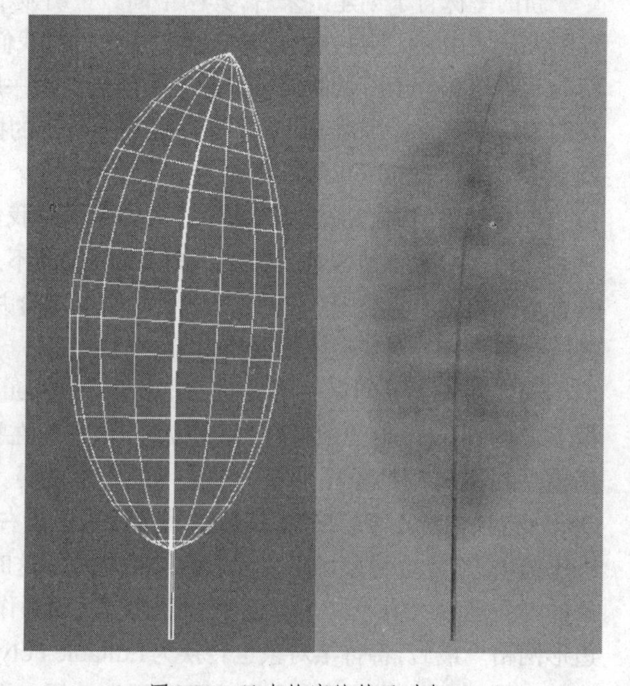

图8.23　只有轮廓的竹子对象

如图8.24所示。图8.24是材质编辑器中打开的材质导航窗口（ ），在其中可以看到该材质为标准类型材质，材质层次中包含了两个贴图——Diffuse Color和Opacity贴图。前者是噪声贴图，在整个轮廓模型中提供一种混杂的绿色填充；后者是一种混合贴图（Mix），用来控制轮廓模型的透明度，如果没有透明度的变化，轮廓模型就会像一个厚重的实体雕塑。这个混合贴图将一个次级贴图和纯黑色相混合，混合时使用了一个过滤通道。过滤通道是一个黑白图像，类似于Photoshop中的图层蒙版。这里的过滤通道使用了一个噪声贴图，对次级贴图和纯黑色进行随机混合。这个次级贴图又是一个混合贴图，它混合的是纯黑色与一个Falloff类型的贴图，而混合使用的过滤通道是一个Gradient贴图。Falloff类型的贴图非常独特，它可以让任何形状模型的外轮廓边缘地区在渲染时变为透明；而Gradient贴图是渐变色贴图，我们用它来略微改进一下Falloff贴图的效果。

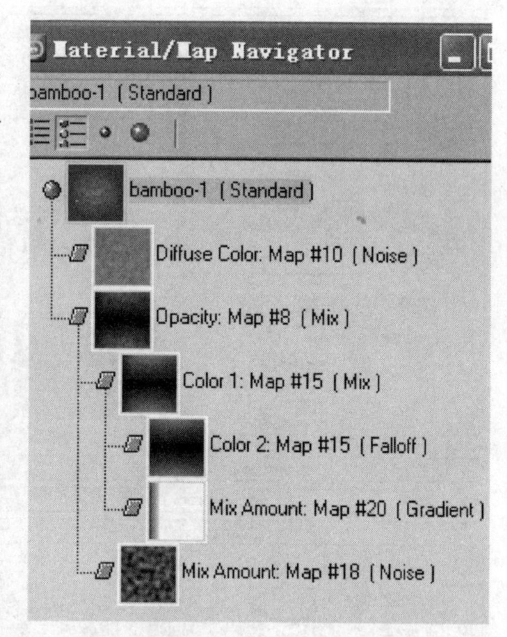

图8.24　枝叶轮廓对象的材质结构图

上面是对枝叶轮廓对象所用贴图的大致剖析，关于材质和贴图的详细知识，可以参阅前面第四章的有关内容，或者查阅软件手册。我们将轮廓对象材质的各个层级的主要设置面板显示于图8.25中，供读者详细研究。采用了这个材质后的竹子渲染效果见图8.23右侧。

这个简单的竹子就完成了，不过和上面第二根竹子一样，它也需要合并为一个整体。合并的方法和前面类似，注意关于材质的问询窗口只要使用默认设置即可。将这根竹子命名为“bamboo-2”。

7. 创建地形对象

在制作竹林之前，我们先需要在场景中创建一个地形对象。这个对象也非常简单，我们只要求有一块平原连接一个缓坡。我们可以用3ds Max的面片对象（Patch）来创建这样的模型。面片对象是3ds Max保留的一种十分传统的工程建模方式，现在很多三维动画软件中已经不使用它了，不过在很多场合它还是很有帮助的。这种模型用顶点和控制柄来控制曲面变化，方式类似于贝赛曲线的工作原理。

我们从几何体的创建面板中选择Patch Grids（面片网格）类型，在顶视图中创建一个分段数为2×2的四边形面片（Quad Patch）对象，尺寸应该放到很大——在镜头中看上去应该是非常广阔的，大致可采用2 900×2 300单位的尺寸。然后到修改面板中将这个面片网格转换为可编辑面片（Editable Patch），可编辑面片带有很多类似多边形网格的结构编辑功能，

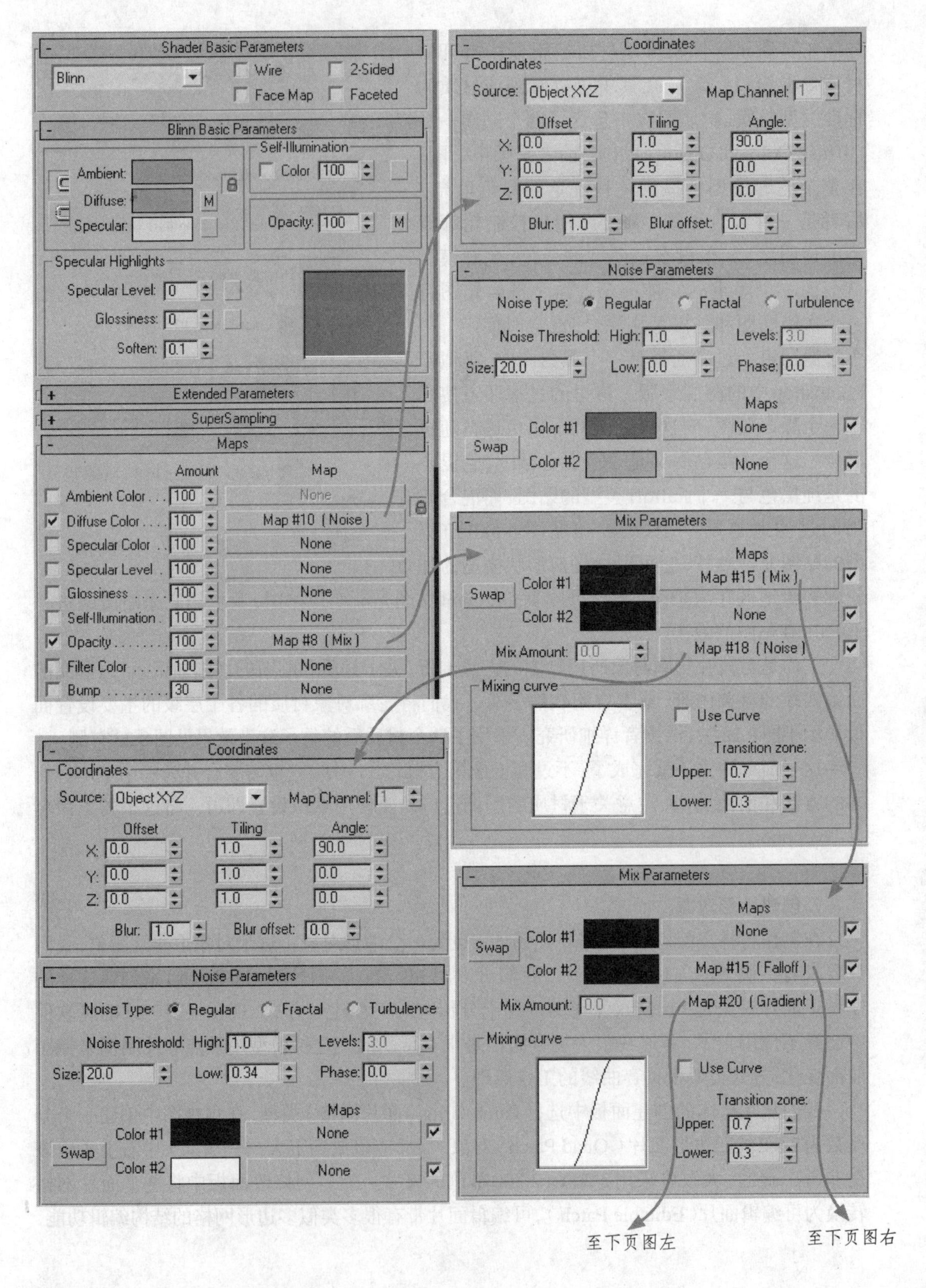
Shader Basic Parameters
Blinn
Wire
2-Sided
Face Map
Faceted
Blinn Basic Parameters
Self-Illumination
Ambient:
Diffuse:
Specular:
Color 100
Opacity: 100
Specular Highlights
Specular Level: 0
Glossiness: 0
Soften: 0.1
Extended Parameters
SuperSampling
Maps
Amount
Map
Ambient Color . . . 100 None
Diffuse Color . . . . 100 Map #10 (Noise)
Specular Color . . 100 None
Specular Level . 100 None
Glossiness . . . . . 100 None
Self-Illumination . 100 None
Opacity . . . . 100 Map #8 (Mix)
Filter Color . . . . . 100 None
Bump . . . . 30 None
Coordinates
Coordinates
Source: Object XYZ
Map Channel: 1
Offset
Tiling
Angle:
X: 0.0 1.0 90.0
Y: 0.0 2.5 0.0
Z: 0.0 1.0 0.0
Blur: 1.0
Blur offset: 0.0
Noise Parameters
Noise Type: Regular Fractal Turbulence
Noise Threshold: High: 1.0
Levels: 3.0
Size: 20.0
Low: 0.0
Phase: 0.0
Maps
Color #1 None
Swap
Color #2 None
Mix Parameters
Maps
Color #1 Map #15 (Mix)
Swap
Color #2 None
Mix Amount: 0.0 Map #18 (Noise)
Mixing curve
Use Curve
Transition zone:
Upper: 0.7
Lower: 0.3
Coordinates
Coordinates
Source: Object XYZ
Map Channel: 1
Offset
Tiling
Angle:
X: 0.0 1.0 90.0
Y: 0.0 1.0 0.0
Z: 0.0 1.0 0.0
Blur: 1.0
Blur offset: 0.0
Noise Parameters
Noise Type: Regular Fractal Turbulence
Noise Threshold: High: 1.0
Levels: 3.0
Size: 20.0
Low: 0.34
Phase: 0.0
Maps
Color #1 None
Swap
Color #2 None
Mix Parameters
Maps
Color #1 None
Swap
Color #2 Map #15 (Falloff)
Mix Amount: 0.0 Map #20 (Gradient)
Mixing curve
Use Curve
Transition zone:
Upper: 0.7
Lower: 0.3
至下页图左
至下页图右

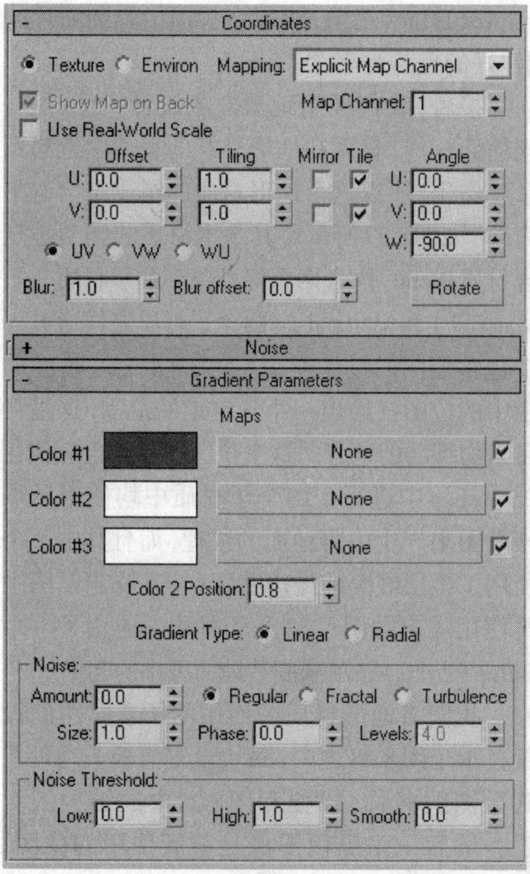

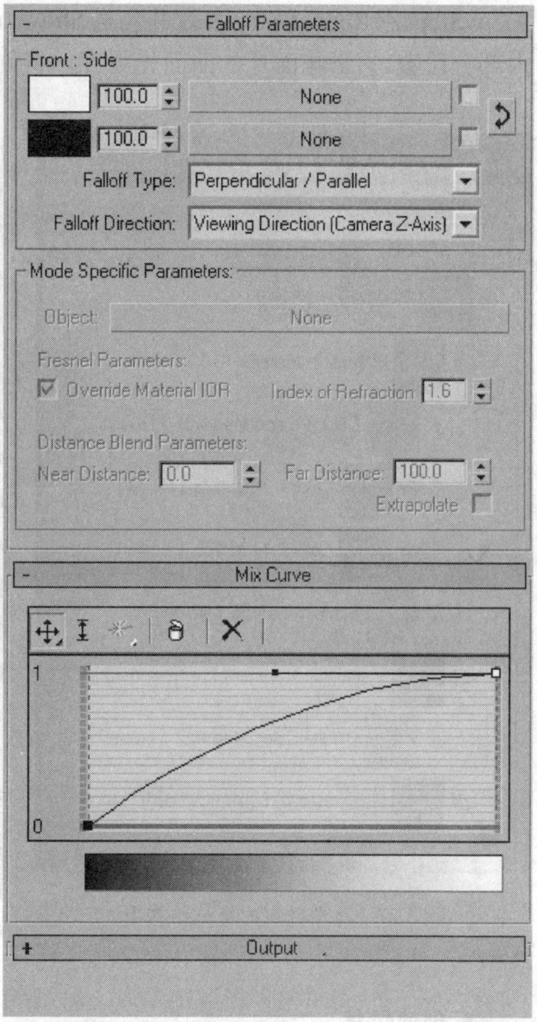

图8.25　轮廓对象材质主要层级的设置面板

例如顶点、边、面等次对象层次的结构编辑。

进入边（Edge）层级，分别选择面片左右的四条边，用面板中Add Tri按钮向外添加四个三角形的面片单元，如图8.26所示。再进入顶点层级（Vertex），将每边上两个三角形的顶点合并（Weld\Target）。随后编辑有关的顶点和它们的控制柄（Handles），在平原的“北面”制造适度的缓坡隆起，并调整整块地区的边界线，使之有圆滑的弯转，类似田径操场。调整面板中的

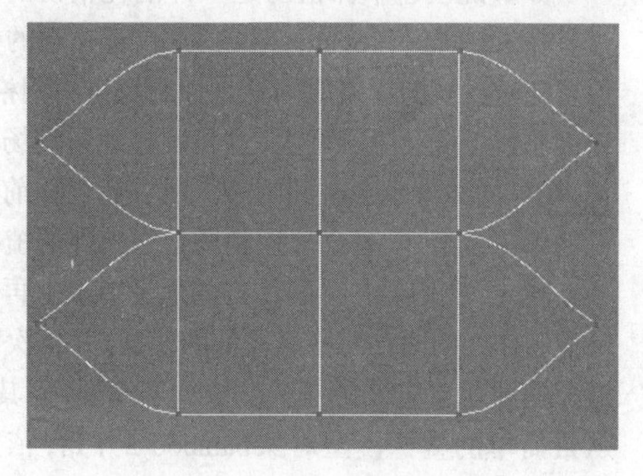

图8.26　面片对象中的四边形和三角形面元

View Steps和Render Step参数并勾选Show Interior Edges选项，可以在视图中看到面片的内部分段数，它影响面片的曲面光滑度。将创建好的模型命名为“Land”。

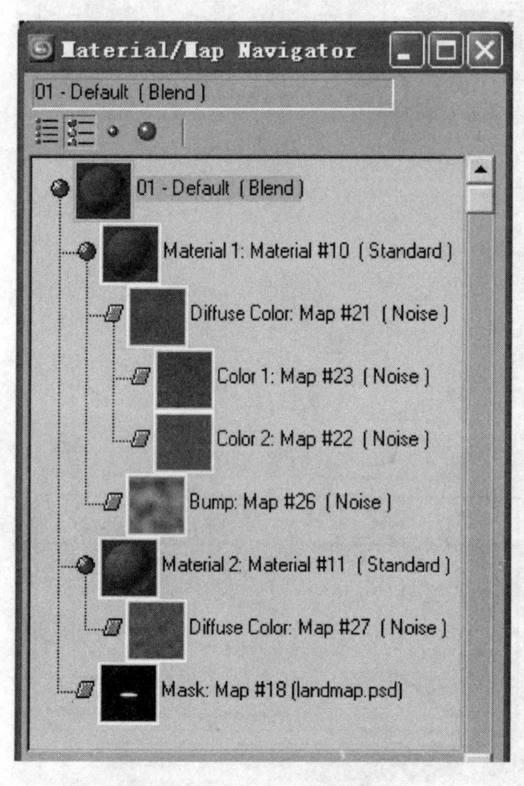

图8.27　地形材质的组成结构图

接着，我们要给地形对象设计一个材质。同前面一样，材质在地形外观的表现中也起到重要作用，所以这个地形材质的组成结构也不简单，如图8.27所示。其基本材质的类型是复合材质Blend，内含两个标准类型的子材质——Material 1和Material 2，两个子材质之间通过一个包含位图的过滤通道（蒙版）混合。过滤通道中的位图描绘出一小片空地的范围，这里将是人物练功的地方。这个位图的描绘也应该在Photoshop中进行。两个子材质中均使用了噪声贴图来产生山野地面的纹理，而且其中一个使用了多层嵌套的噪声贴图（即在噪声贴图中再使用噪声贴图），这个子材质中还用了一个Bump（凸凹）贴图来制造地面微小的起伏。

我们将地形材质中使用的所有贴图的设置显示于图8.28之中，每块设置面板上均可看到贴图的名称，以便和图8.27中的结构图对照。最后一张黑白图像是蒙版使用的位图。而图8.29中显示出了相机视图中某一时刻的初步渲染效果。

8. 创建竹林

如果说创建单株植物是一件消耗精力的事情，那么“植树造林”就更令人生畏了。不过好在3ds Max有Scatter对象的功能，在它的帮助下，大面积“种植”植物也变得非常可行。但要随时注意的一条原则就是控制场景中网格面的数量，随着植物数量的增多，场景中的网格面总数可能会急剧增大，这将明显地影响场景的工作效率，而且如果这一总数超过一定数值，场景的渲染也会碰到困难。所以我们在前期就要做好筹划和测试，采用网格面数尽可能低的单株模型，同时合理控制场景中出现的植株总数。

现在，我们要在已制作好的地形对象上再创建出竹林，在大量散布单株竹子时我们选择前面制作好的两种网格面较低的模型，并再次使用Scatter对象的构建方法。这次创建Scatter对象的源对象应该是一个整株竹子模型，而其分配对象应该就是地形对象Land。我们首先从最简单的整株模型对象bamboo-2开始，依照前面介绍的操作步骤创建出一个Scatter对象，在选择分配对象时注意要在Pick Distribution Object卷帘中选“Copy”开关。同时这次的

Scatter在其修改面板的Distribution Object Parameters参数组中要取消Perpendicular选项，这样源对象的复制品（竹子）才能够不受地形起伏的影响而垂直地生长于地面。在该卷帘中还要为分配模式选择“Area”类型，这是一种分散更加随机的模式。此外，在Transforms卷帘中（参见图8.15）要设置旋转（Rotation）参数组中Z轴旋转数值为“180”，设置缩放（Scaling）的三轴参数均为“10%”，这样可以让大量复制出来的竹子模型在360度范围内随机选择自己

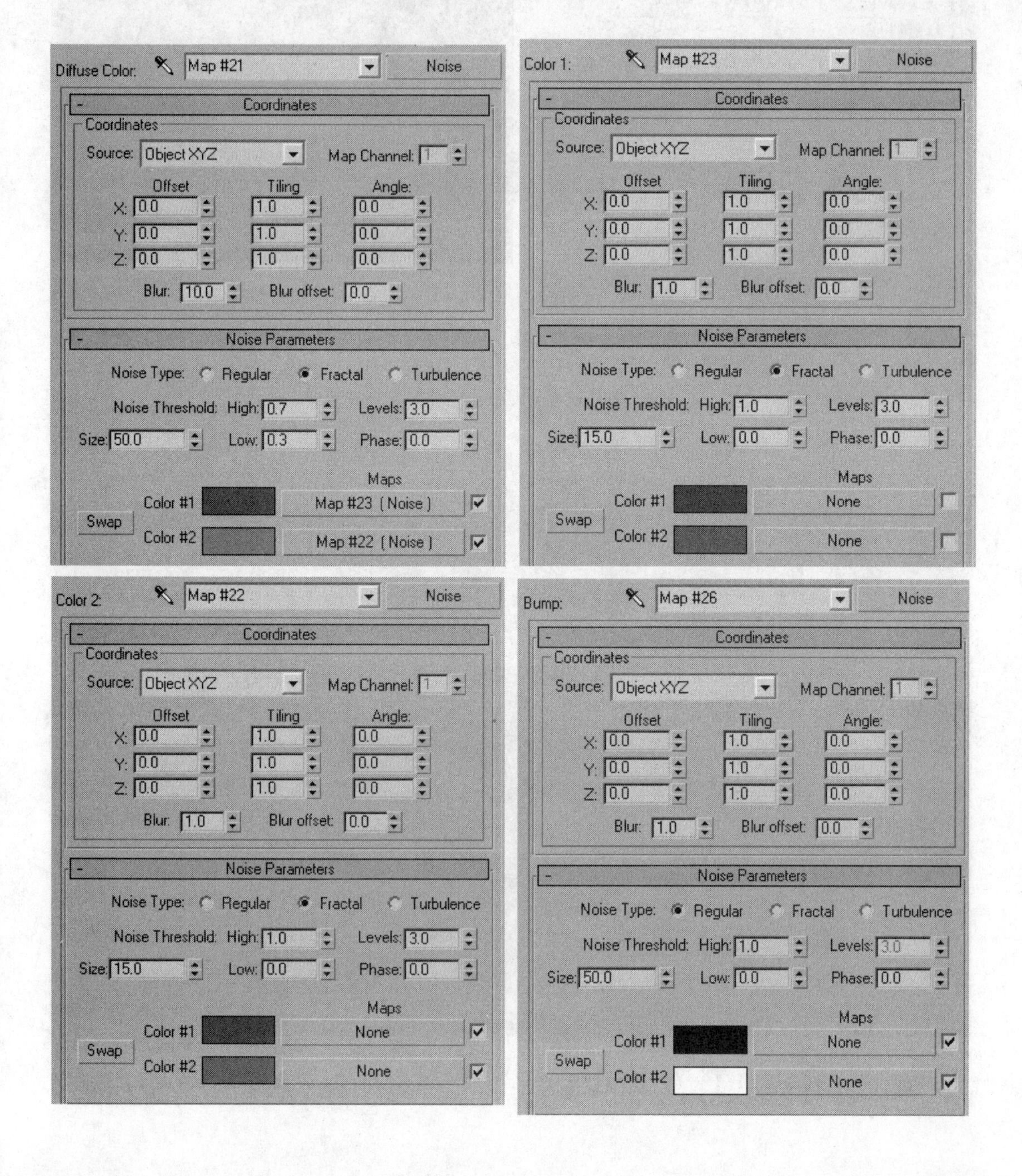

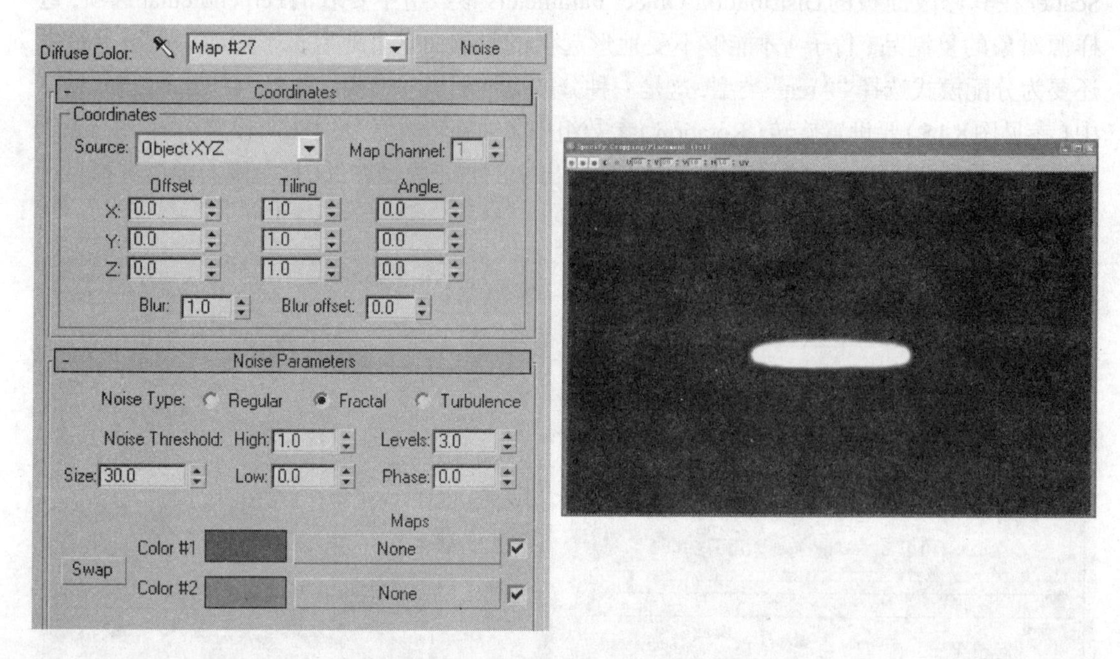

图 8.28　地形材质中包含的贴图的具体设置

★图 8.29　带有材质的地形对象在场景中的初步渲染结果

的弯曲朝向，同时在单株的大小上呈现一定的随机变化，造成自然生长的特点。其他基本参数设置的原理与前一次使用时是相同的，包括选择“Proxy”、勾选Hide Distribution Object，复制数量Duplicates和基础比例Base Scale可以酌情设置，Duplicates以最少为宜。

这样生成的一整片竹林是一个Scatter对象，名称仍然为“bamboo-2”，不过它还有一点需要修改，就是现在的竹子长满了地形整个表面，而我们则希望它只覆盖一定的区域，这不仅是出于控制场景网格面总数的“经济”考虑，同时也是场景艺术设计的必然要求。在Scatter对象的修改面板中有一个选项可以帮助我们将源对象复制在分配对象的特定区域之中，它就是Distribution Object Parameters参数组中的Use Selected Faces Only选项，它限定复制对象只能出现在分配对象的被选择的网格面上。只要我们在分配对象上对网格面做出适当的选择——划定出区域，就可以利用这个选项来限定只在划定区域中复制源对象，形成对种植的规划控制。

但如何做到对分配对象的网格面进行选择呢？这就需要在Scatter对象中进入其运算对象的层级并选择分配对象，具体操作见前面图8.19、图8.20及有关叙述。现在选择了分配对象层级Editable Poly之后，不需要做网格编辑，直接在此添加一个Poly Select修改器（出现在Editable Poly之上）。这个修改器只提供对网格模型的次对象的选择功能，在Poly Select之中进入网格面层级■（Polygon），并在场景视图中对分配对象的网格面做出选择，从中挑选出希望在其上生长竹子的那些面，如图8.30所示。于是，在视图中即刻就反映出竹子生长的重新分布（见图8.30中的白色线框小物体），完成之后退出Polygon层级，返回到Scatter对象层级。图8.31显示了在三维视图中所见的竹林重新分布的情况，注意图中的单株竹子是由Scattter对象选定的Proxy方式表示的，这种表示方式将复杂的复制对象仅显示为一个四

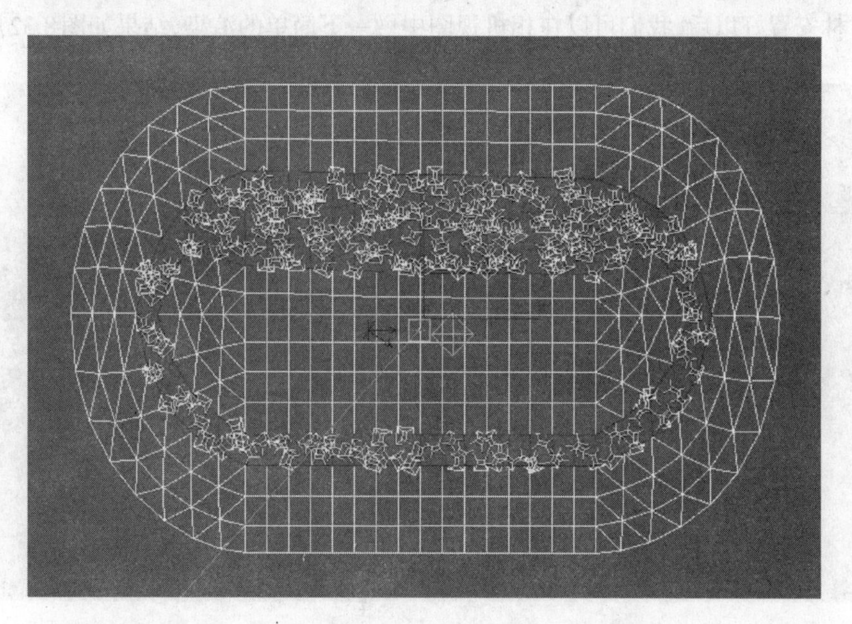

图8.30　在Poly Select修改器中选择适当的网格面，控制竹子的生长

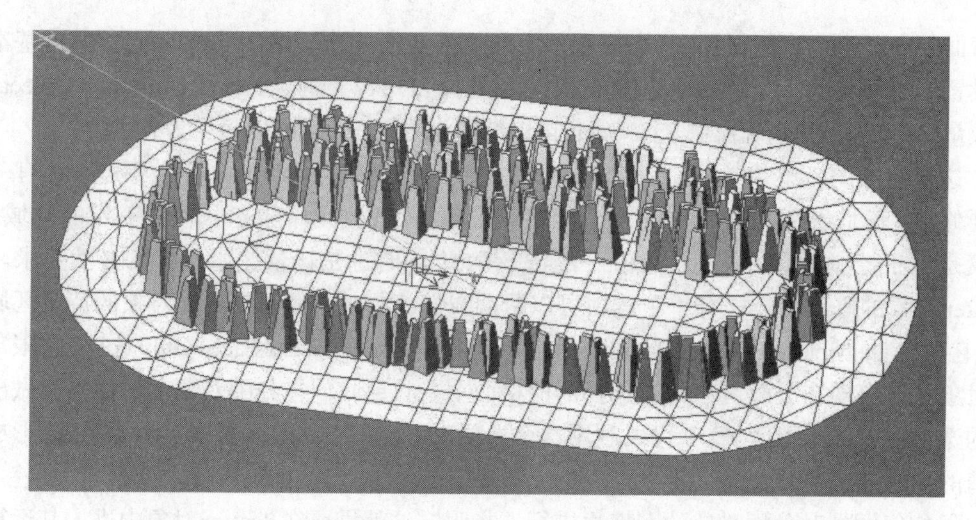

图8.31　在三维视图中显示的竹林分布，单株竹子由四面椎体简化表示

面椎体，以加快视图更新的速度，提高工作效率。

以bamboo-2对象为植株的竹林创建好以后，我们还需要在地形表面添加一片以bamboo-1对象为植株的林地。因为bamboo-2是最简化的对象，只适合用来填充镜头画面中的背景部分，而中、前景部分需要出现更为细致的模型对象。依照上述方法再以bamboo-1为源对象创建一个Scatter对象（其默认对象名为"bamboo-1"），同样对它的生长分布做出限定，让它的植株出现在更接近相机工作区的地方。这样的结果是：简化的林区占据场景的"外环"，而模型精度较高的林区占据"内环"，内外环之间可以制造一定的区域交叠。大面积的竹林安置好以后，我们可以在相机视图中做一下简单的渲染，结果如图8.32所示。

★图8.32　竹林在镜头中的渲染效果

最后，还可以根据镜头中的实际效果，对林中竹子的排布做少量的手工调整。比如，对镜头中、后景中的竹林，可以调节相应的Scatter对象的种子参数Seed，改变植株的随机分布状况；对处于镜头近景中的竹子，可以改变相关分配对象网格面的局部选择，并用手工复制的方式在适当地方安插网格精度最高的竹子对象bamboo（实为对象组），直至获得满意的镜头画面。

第三节　灯光及渲染

作为整个动画设计的最后阶段，我们要为场景设计灯光并渲染图像。场景中之前所有的工作，包括建模、材质等，其最终效果只有在恰当的灯光照明下才能获得最佳展示，而灯光的设置往往又与渲染器的选择和设置相关联。在3ds Max中灯光的种类、原理和用途颇为繁杂，但在角色动画中我们往往可以从简选择，因为角色动画的重点在于表演，而不像虚拟现实动画那样注重光影与材料质感的真实再现。因此，我们在范例中选择使用3ds Max最基本的灯光类型，相应地也就选择3ds Max传统的扫描线（Scanline）渲染器。

1. 泛光灯、聚光灯与投影

3ds Max最基本的灯光均属于标准灯光类型，其中典型的有泛光灯Omni和聚光灯Spot，它们提供的光与影均是几何性的，不考虑物理世界中复杂的光线漫反射。其优点是具有更灵活的形体塑造能力，但缺点是难以应对复杂环境中真实光影表现的要求。为了在扫描线渲染器的应用范围内弥补对漫反射表现的不足，3ds Max开发了Advanced Lighting（高级灯光）模块。启动这一模块，并使用标准灯光中的Skylight（天光灯），就可以为场景添加户外环境基本的漫光照射现象。因此，我们准备采用Omni灯和Spot灯为场景提供基本的照明和投影，同时用Skylight为人物补充提供在户外具有的漫反射光影效果。

各类灯具对象均被归纳在创建面板的灯具分类中，在创建灯具的面板中默认的选用类型就是标准类型（Standard），此时面板中罗列出的都是标准类型灯具的创建按钮。我们使用其中的有关按钮，在场景中创建出四盏泛光灯对象（Omni）和一盏聚光灯对象（Spot），并保留其默认对象名。四盏泛光灯中有三盏用来照明竹林和地形，有一盏用来照明人物；另一盏聚光灯用来将人物的投影打向地面。此外，在场景中还创建了一个天光灯Skylight，用来对人物提供散射光影。

在三盏照明竹林和地形的灯光中，有两盏位于场景地形正上方较远处并且位置重叠，分别单独针对竹林和地形进行照明，为地形提供基本亮度和为竹林提供一束顶光。这两盏灯距地形对象的距离应起码几倍于地形的尺度，以确保投射出的光线近似于平行光。要让它们排除对其他对象的照明，可以在灯光对象的修改面板中点击Exclude（或Include）按钮，并在弹出的排除设置窗口中设置该灯光应该排除（或包含）的场景对象。这两盏灯不产生投

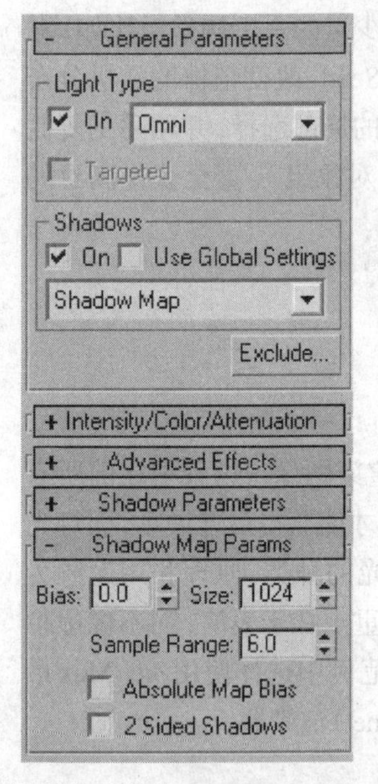

图8.33 竹林的投影灯光的主要参数设置

影，它们的亮度由修改面板的Intensity/Color/Attenuation卷帘中的Multiplier参数控制。

三盏灯中的第三盏用来对竹林和地形共同照明，它的位置也要远离地形对象，并形成一定的倾斜入射。它能产生投影，不仅让竹林自己出现光影的明暗变化，还要将竹林的阴影投向地面，因此它必须共同照射它们。它采用Shadow Map（投影贴图）的投影方式，这种方式的投影渲染速度最快，并且有基本的准确度，很适合应用于竹林这样的有大量细小成分的对象。开启投影功能要在修改面板的Shadows参数组中勾选"On"，并在Shadow Map Params卷帘中设置有关参数。其中Size参数确定投影的轮廓精确度，而Sample Range参数确定投影轮廓的模糊程度。有关这盏灯的主要参数设置见图8.33所示。

用于照明人物的Omni灯和对人物投影的Spot灯也是位置重叠的，但它们距场景中心（人物）的距离可以比前面的灯光近，这样可以形成点光源的略微拉长的投影效果。这两盏灯采用Area Shadows（面光投影）的投影方式，这种方式可以模拟在面光源照射下产生的模糊投影，比如影棚中的柔光箱或有薄云时的日光产生的投影。这种投影的渲染计算速度会明显减慢，所以不宜对大量的对象同时使用。Area Shadows也有自己的参数，在面板的Area Shadows卷帘之中。其中对投影模糊程度起决定作用的参数位于Area Light Dimensions（面光源尺寸）参数组中，包括模拟面光源的空间尺寸。而在Advanced Effects卷帘中的Soften Diff. Edge参数则可以改善灯光在人物表面、尤其是面部产生的明暗交界线的强弱。

其中的Omni灯只对人物（包括其附属物）进行照明和投影，忽略场景中其他所有对象以减少计算负担。但这样它也就无法将人物投影到地面（因为它不照明地面），为解决这个问题，我们对这盏灯做了原地复制，得到另外一盏Omni灯。随即将复制的这盏Omni灯转换为带有目标的Spot类型，转换操作在灯具对象的修改面板中进行，如图8.34所示，在Light Type参数组内选择Spot下拉选项并对Targeted（目标）选项做勾选。将其转换为聚光灯类型是因为泛光灯的影响布满空间，将无法避免地对人物和竹林均产生投影。转换之后，我们就可以限制它的照射视角，使之只集中在人物身上而忽略所有的竹林部分。而当人物移动时，我们可以通过移动灯光的目标点来跟踪运动的人物，保证投影不会丢失。

为了做到向地面投射人物的阴影但不再影响地面的局部亮度，这盏Spot灯的设置非常特别，是3ds Max灯光设置中最具抽象概念的。它采用的是一种减法照明方式，也就是照明的作用是从现有的场景亮度中做适当的减弱，而不是增强。具体情况如图8.34所示：灯光的强度参数Multiplier要设置为"1"，同时灯光光色设置为纯黑，这样的灯光实际对场景亮度没有影响；然后在Shadow Parameters卷帘中设置对象投影的色彩（Color）为纯白，并

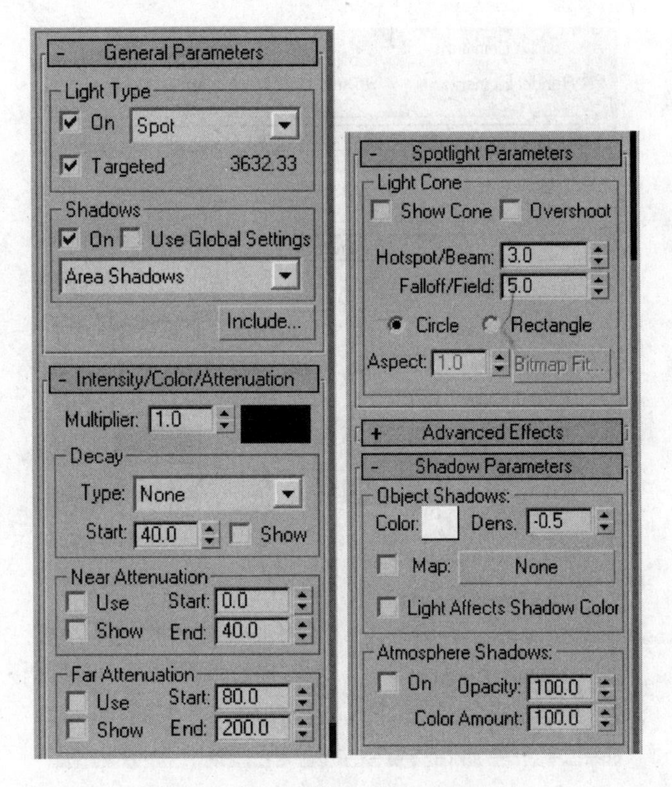

图8.34　减法照明的灯光主要参数设置

将投影密度参数Dens设置为"－0.5"。这个负数将决定灯光在它的投影地区对亮度做减法，从而在那里"制造"出阴影（不影响阴影之外的任何亮度）。用这样的方法不仅让人物自身的投影与其在地面的投影相互分离，可以分别进行调整，更实现了对地形和竹林的照明与对人物的照明相互分离、互不影响，为场景总体影调、色调的控制提供了灵活性。

2. 天光灯与漫反射

五盏泛光／聚光灯简单介绍完之后，我们再介绍一下最后一盏天光灯Skylight。这盏灯可以在顶视图中创建，但其位置却无关紧要，场景中出现的对象符号只是一个象征。天光灯的参数也非常简单，很容易理解。不过要让天光灯在渲染时给场景制造出漫反射光影的效果，则必须在渲染设置中开启Advanced Lighting。

在主菜单条中选择Rendering\Render菜单选项，弹出渲染设置窗口，在Common页面的最底部展开Assign Renderer卷帘并在其中确认目前选用的渲染器是Default Scanline Renderer（扫描线渲染器）。然后点击Advanced Lighting页面标签弹出该页面，在顶部的下拉表框中选择Light Tracer选项，并在页面下部设置Bounces（反射）参数为"1"，其他参数保持默认，如图8.35所示。这样，天光灯的效果就可以在渲染中显现了。

不过天光灯的漫反射光影在渲染中计算得很慢，它也不适合在大量的对象上同时应用。

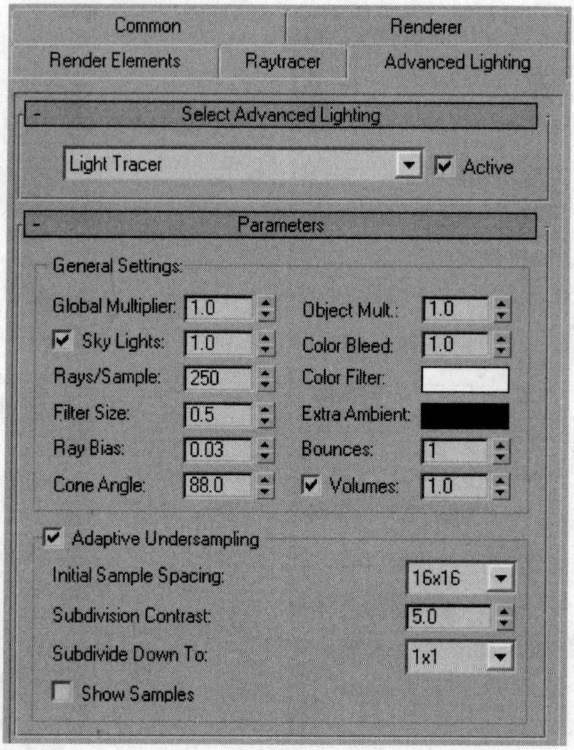

图 8.35　渲染设置窗口中的页面和设置

我们在场景中应该将其单独应用于人物，而将竹林等其他对象排除在外。将一个对象从天光灯照明中排除的方法与普通灯光不同，不是在灯光对象的修改面板中进行设置，而是在每个对象的对象属性中设置。对象属性窗口我们曾介绍过，通过鼠标右键菜单可以打开它。在对象属性窗口中有Adv. Lighting页面，该页面中包含当前对象在高级灯光照明下的属性设置，勾选其中的Exclude from Adv. Lighting Calculations选项，这样在天光光影的渲染中就会忽略当前这个对象。在我们的场景中，我们应该对除了人物之外的所有对象（包括竹林和地形）都进行这个设置，另外对头发和眉毛对象最好也做这个设置。

3. 渲染

最后我们要着手进行渲染了。渲染工作所需的基本设置集中在渲染设置窗口中，选择系统主菜单条的Rendering\Render即可打开这个窗口。我们在此只需要关心常规的基本设置，这些设置和选项在窗口面板中是一目了然的。我们可以在其中选择渲染当前帧，或者渲染一个时间段内的所有动画帧，乃至任意地跳帧渲染；还可以设置每帧画面所需的像素尺寸，以及将渲染图像保存为文件的路径等等。对于三维动画而言，将渲染结果输出为静态帧序列比较有利，便于在后期编辑时做局部修改。

除了在渲染设置窗口中的这些基本设置外，由于我们的场景中还有毛发对象需要渲染，

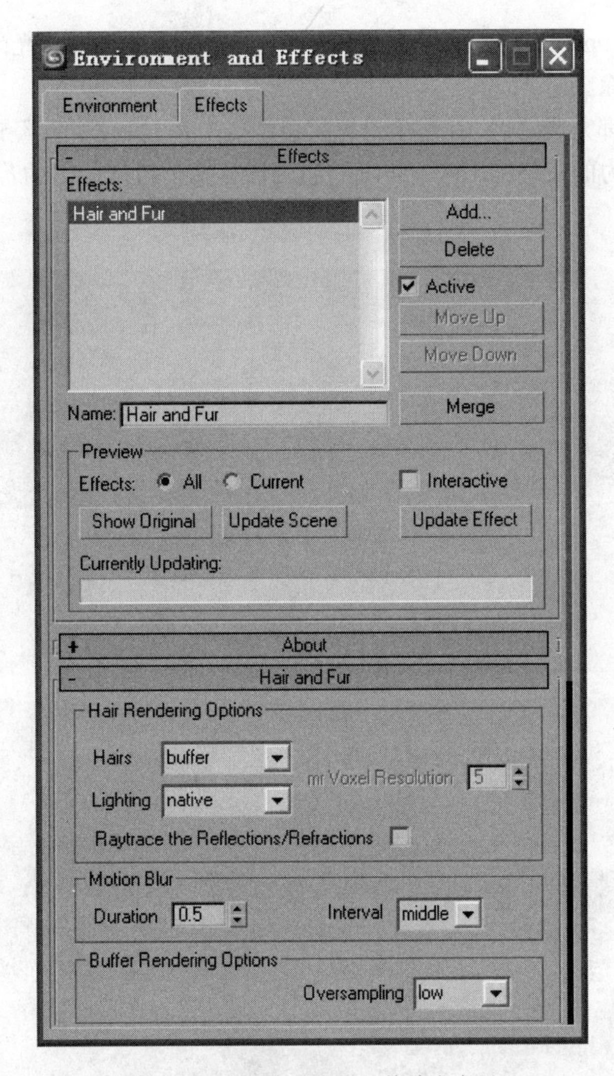

图8.36 为渲染过程添加特效生成器

所以还需要为渲染过程添加一个特效生成器。这个特效生成器不在渲染设置窗口中选择，应使用主菜单条选项Rendering\Effects打开Environment and Effects窗口，在其中使用Add按钮添加Hair and Fur特效进入场景，如图8.36所示。在面板下方毛发特效器的Hair and Fur卷帘中列出了毛发特效的渲染设置和参数。为简化对渲染效果的调整过程，我们在其中的Lighting下拉表中选择native选项，它对毛发使用专属的内置灯光进行照明。使用专属照明可以在一般场合让毛发有正常外表，但配合专属照明还需要让特效器忽略场景中所有的现存灯光。为此，要将卷帘底部Lighting参数组中的Use all lights at render time选项勾选取消（默认为勾选），同时要进一步在场景中检查是否所有的灯光均已停止参与毛发照明。检查的方法是在场景中逐一选择每个灯光对象（Omni、Spot等），然后在Lighting参数组中检查按钮Remove hair properties的状态。如果它是可选的，就说明相应灯光尚未被排除，应该点击该按钮将灯光排除。

所有这些设置都完成之后，在渲染设置窗口中点击Render按钮，经过适量时间的计算，就可以看到所有努力的最终结果了。下面一组图像显示了渲染所得的若干动画帧的整体或局部，供大家参考。

图8.37　动画最终渲染效果

第四节　场景与渲染小结

在角色动画中，相机运动的设计与制作应该在动画场景正式制作之前完成，以便明确场景制作工作的主次之分。场景的设计与构建应随时遵循数据最小化原则，也就是在保证总体效果的前提下尽量使用网格密度低的模型，充分依靠合理细致的材质、贴图设计来弥补表面纹理质感的不足。

复合对象中的Scatter对象是3ds Max中制作植物的有力工具，既可以用来制作单株植物，也可以用来创建树林或草丛。

在通常情况下使用3ds Max默认的扫描线渲染器就可以获得满意的渲染效果。在应用该渲染器时，除了基本的泛光灯和聚光灯之外，还可以使用天光灯（Skylight）为场景制造漫反射的光影效果，此时需要开启高级灯光模块中的Light Tracer功能。可以使用不同的灯光来照明不同的对象，实现对光效的区别控制。

对毛发进行渲染需要加载毛发特效器，应该在毛发特效器的面板中检查和设置毛发接受的照明情况。动画渲染输出时以将图像保存为静帧序列为宜。

彩页部分

本书正文部分的插图均采用黑白印刷，在多数情况下黑白插图足以反映软件操作界面的状况和制作结果，不过仍有少量的插图需要用彩色展示才能更好地辨识和理解。对需要用彩色表现的插图，除了在正文中保留其黑白印刷之外，我们还专门附加了彩色印刷，并将它们集中编排在此处的彩页部分。每张彩色插图的编号和说明都和正文中对应的黑白插图是相同的。对于在正文中那些拥有彩色印刷的黑白插图，则在它们的编号前加了“★”号，例如“★图2.10……”等，以此作为提示，方便对照查阅。

第二章的彩色插图

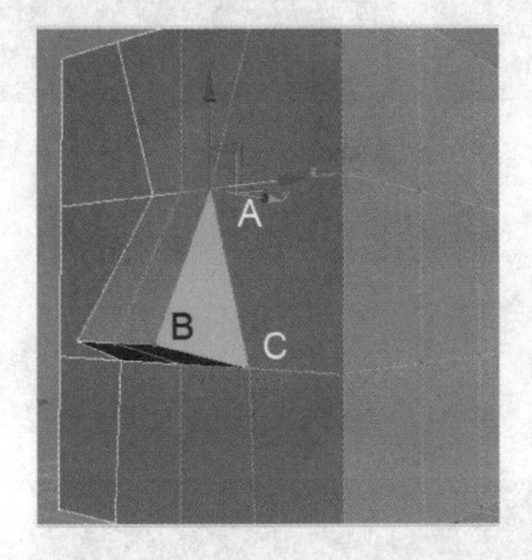

★图2.8　调整鼻子结构的比例

★图2.10　Slice Plane切片面

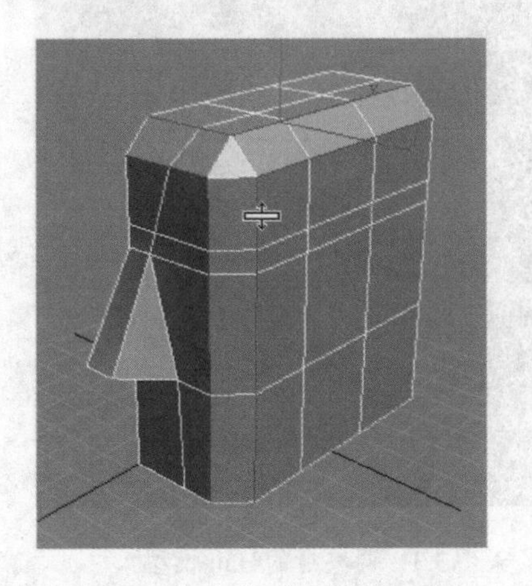

★图2.12　为模型的棱边做导角

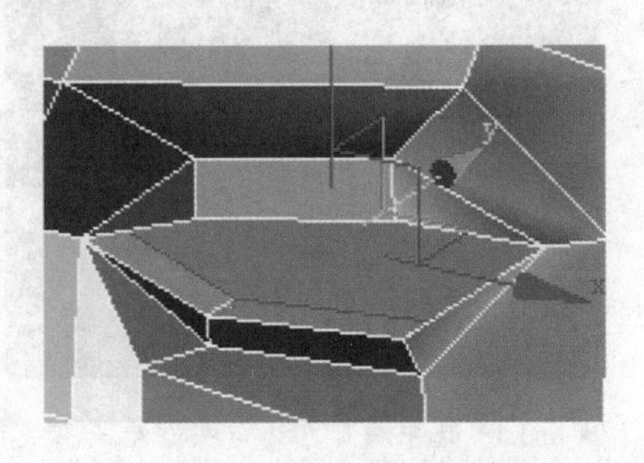

★图2.27　制作眼皮的厚度

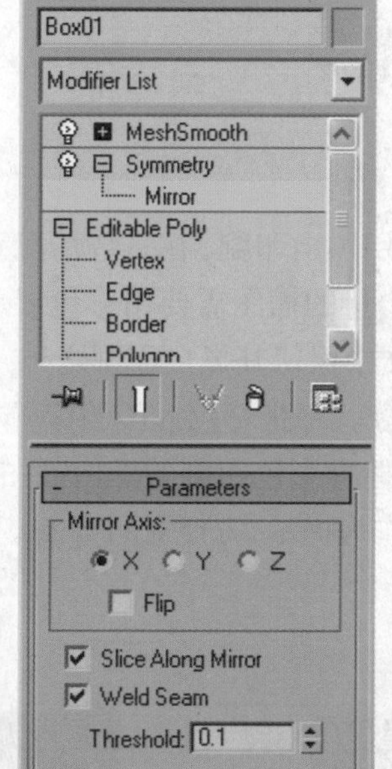

★图 2.33　选择 Mirror 子项，在视图中操纵对称面位置

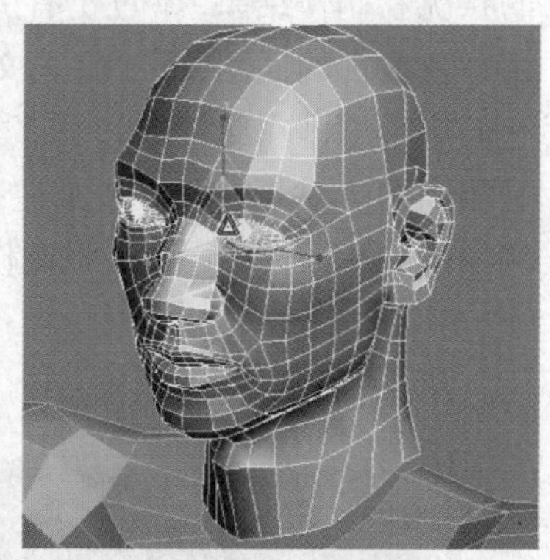

★图 2.49　用缩放操纵器对头部三个对象进行整体缩放

第三章的彩色插图

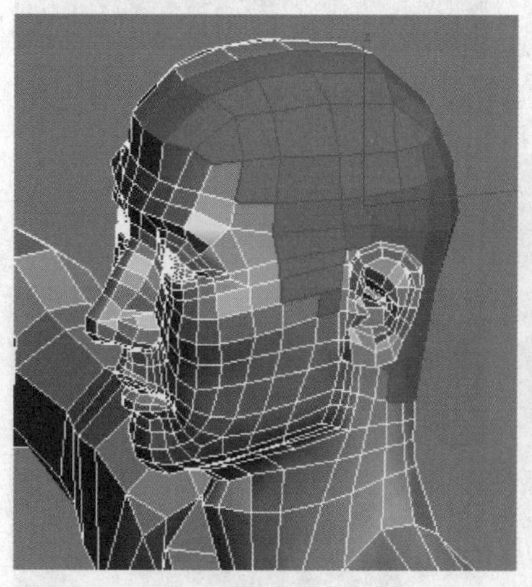

★图 3.1　选中头部左边与头发生长有关的面

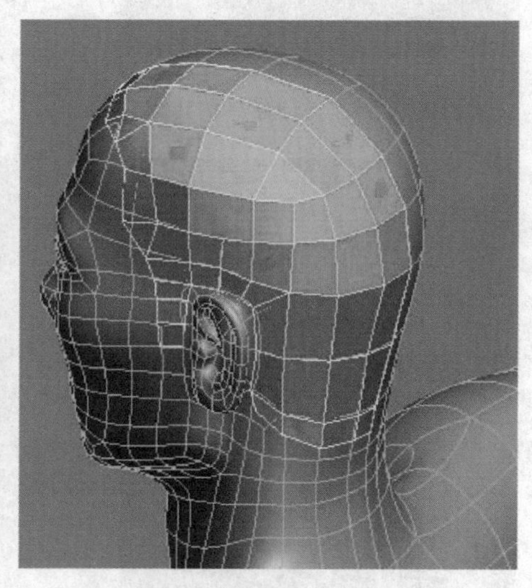

★图 3.3　调整后的 Hair 模型

★图3.4　视图中的头发示意

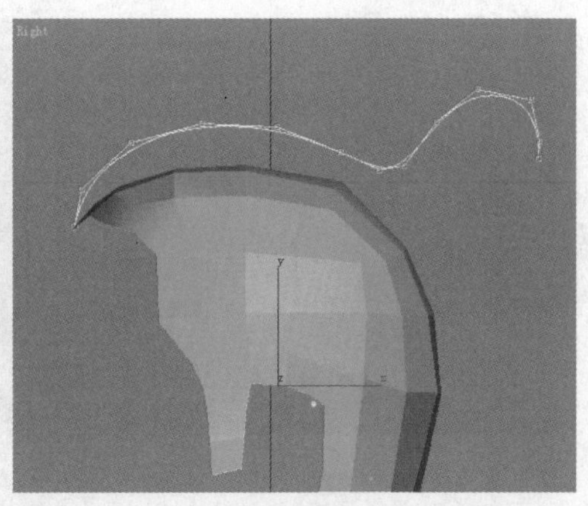

★图3.6　在右视图中创建并编辑第一条CV曲线

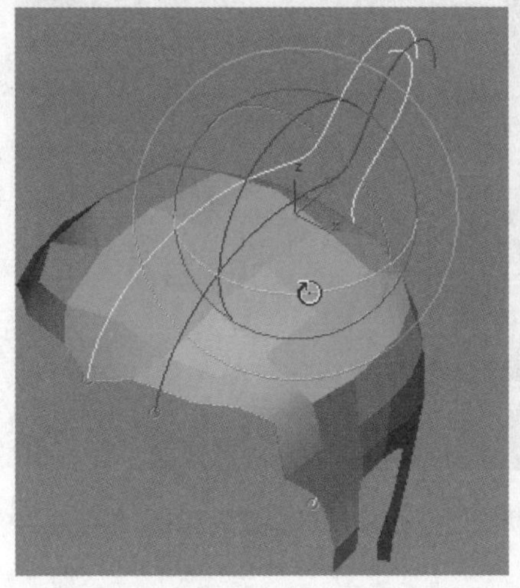

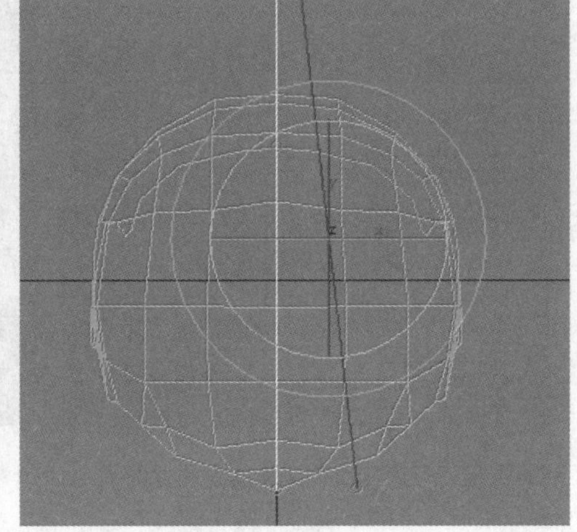

★图3.11　在用户视图中旋转曲线段,在顶视图中同时检查结果

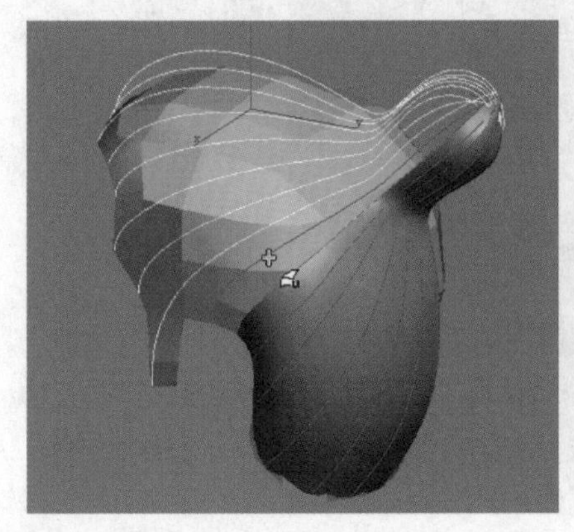

★图3.17　创建U Loft曲面

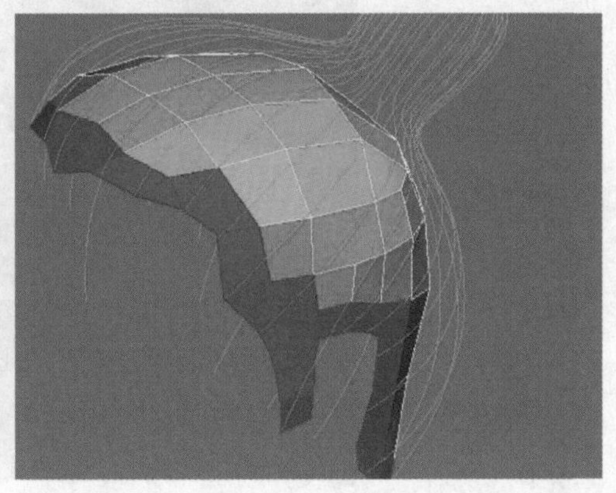

★图3.23　完成后的多边形面的选择情况

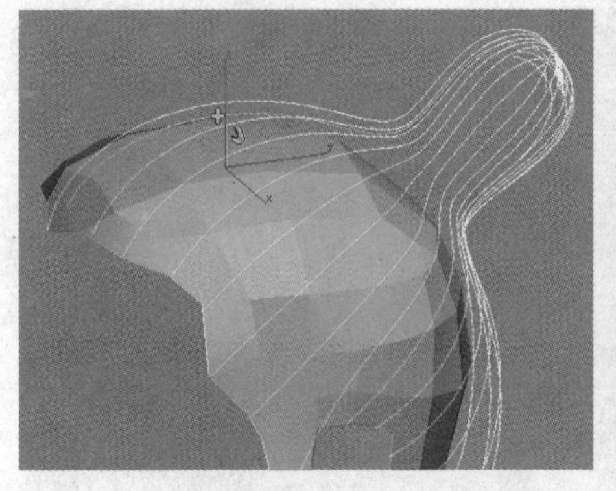

★图3.27　创建第一条偏移曲线

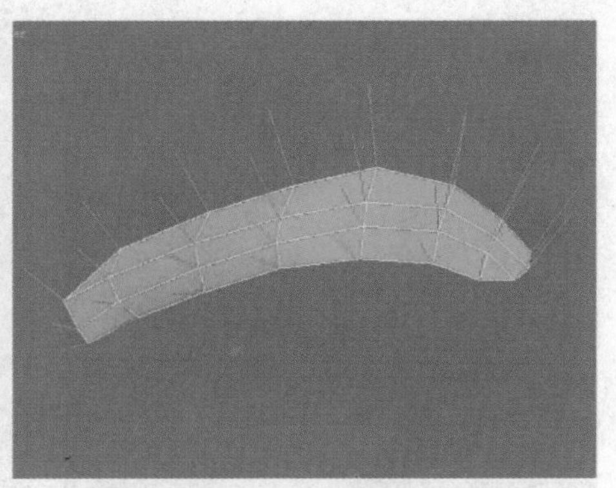

★图3.36　视图中眉毛的毛发导线

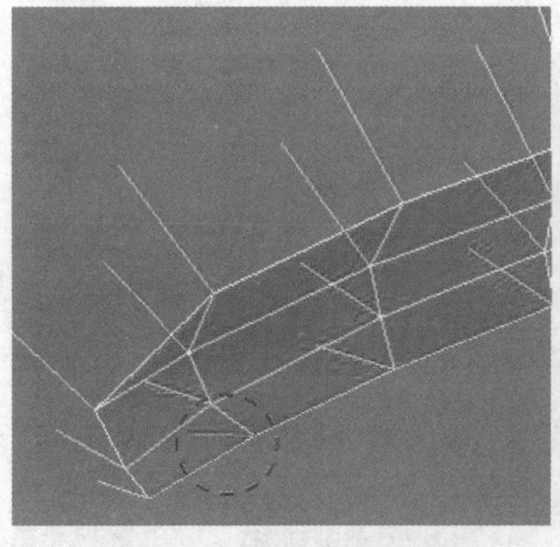

★图3.37　在眉毛下边缘选择一根导线

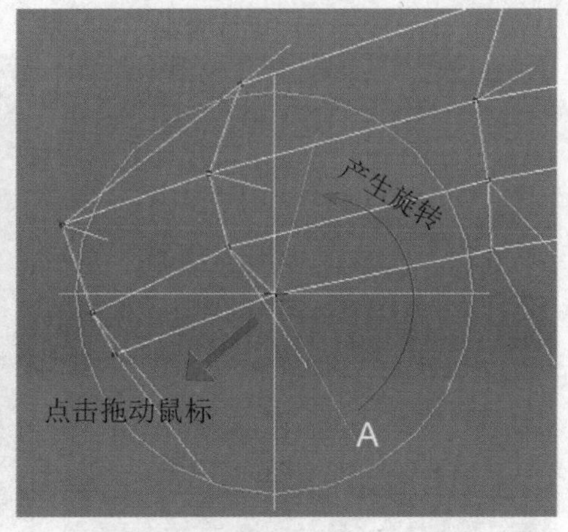

★图3.38　在前视图中操作鼠标，使导线A产生旋转

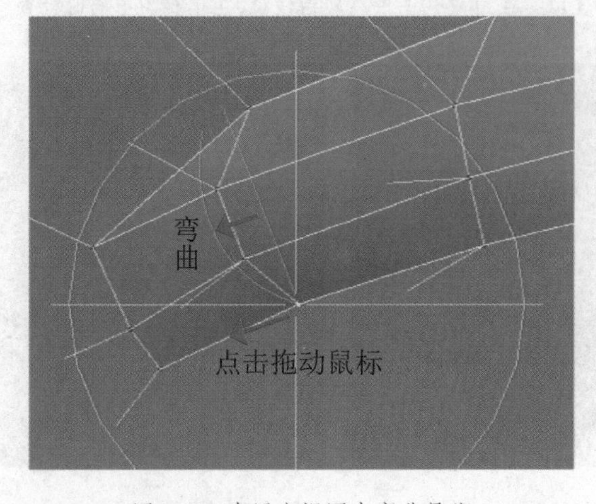

★图3.39　在用户视图中弯曲导线A

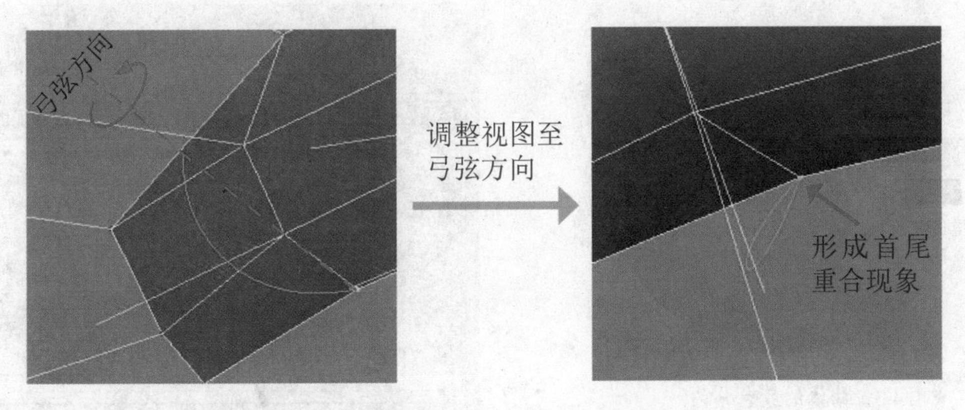

★图3.40　导线沿弓弦方向的旋转及旋转所采用的视图视角

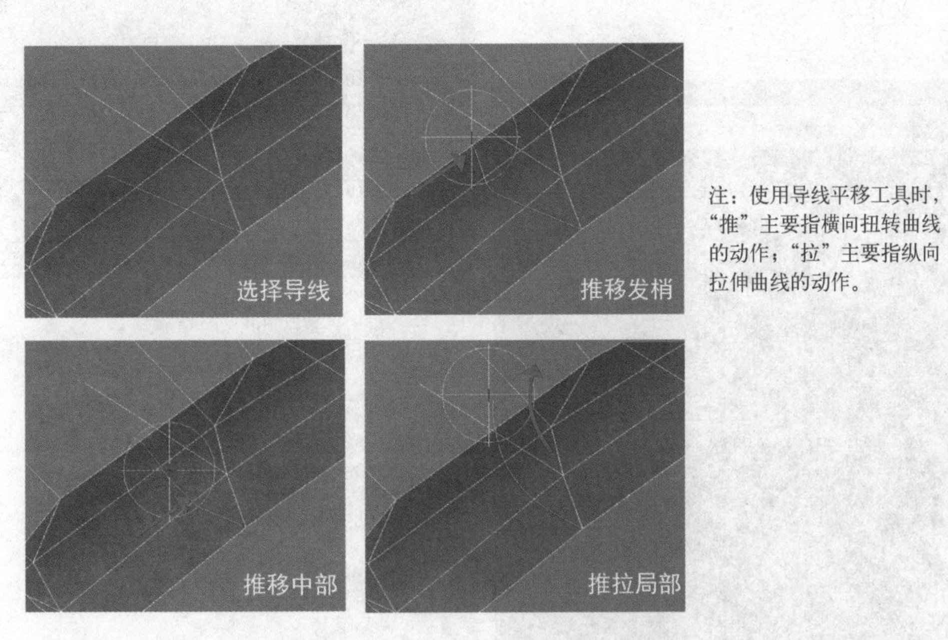

注：使用导线平移工具时，“推”主要指横向扭转曲线的动作；“拉”主要指纵向拉伸曲线的动作。

★图3.41　使用导线平移工具弯曲导线的操作示例

第四章的彩色插图

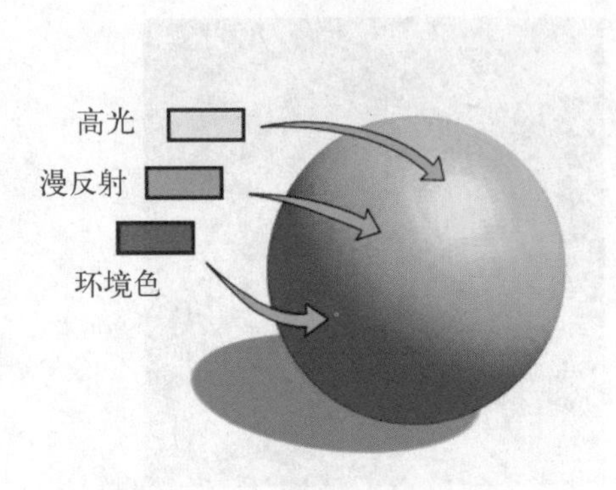

★图4.3　物体的颜色分区

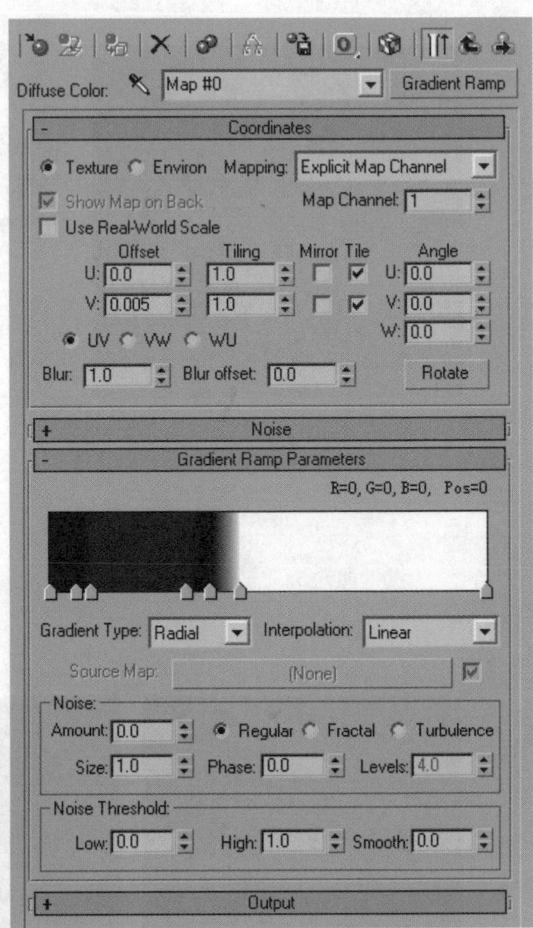

★图4.4　贴图编辑区

★图4.15　贴图坐标编辑器窗口

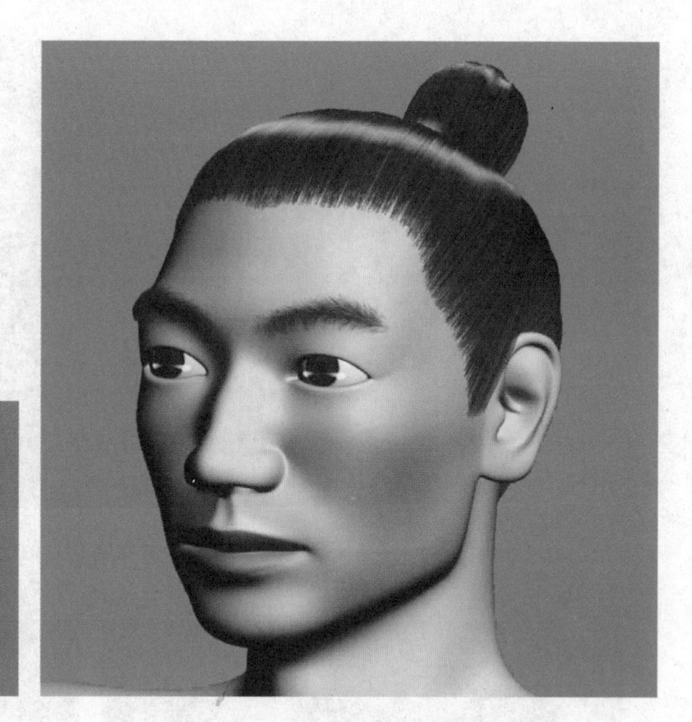

★图4.25　在模型上绘制顶点色

★图4.26　所有材质与贴图的渲染结果

第五章的彩色插图

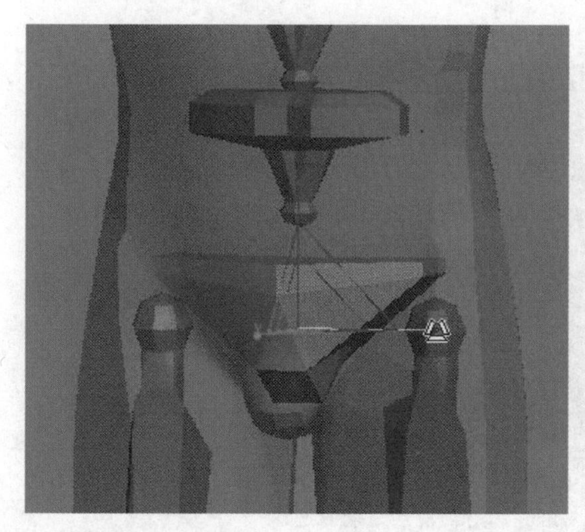

★图5.3　使用缩放工具调节骨盆大小和比例

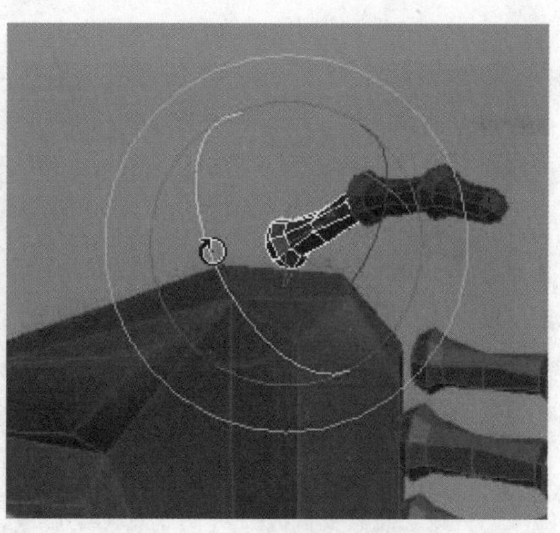

★图5.6　沿X轴向旋转拇指第一节

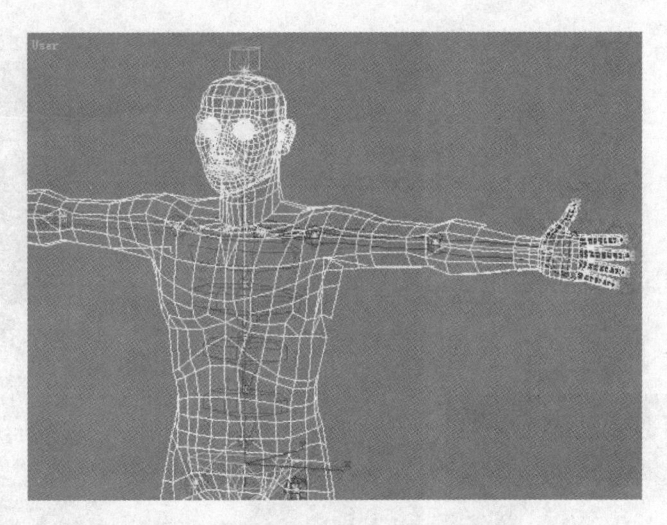

★图5.9　Physique修改器产生的变形曲线

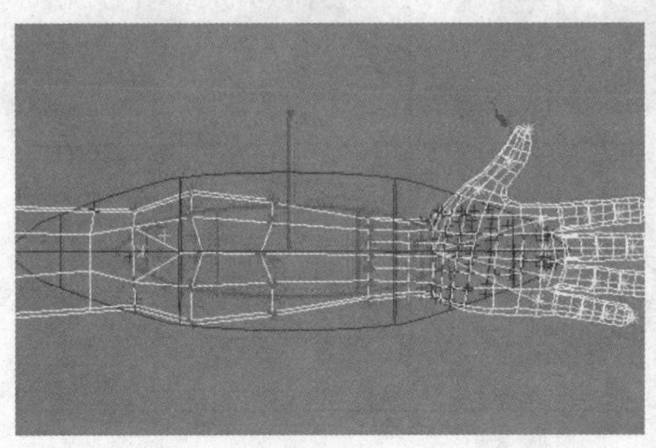

★图5.11　前臂链接上的封套

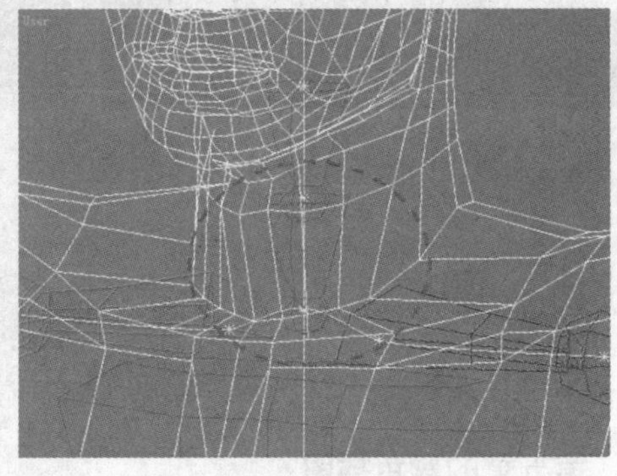

★图5.14　第一颈骨链接

★图5.20　在横截面层次缩放中指封套的一个横截面(被选中的横截面边界线显示为黄色)

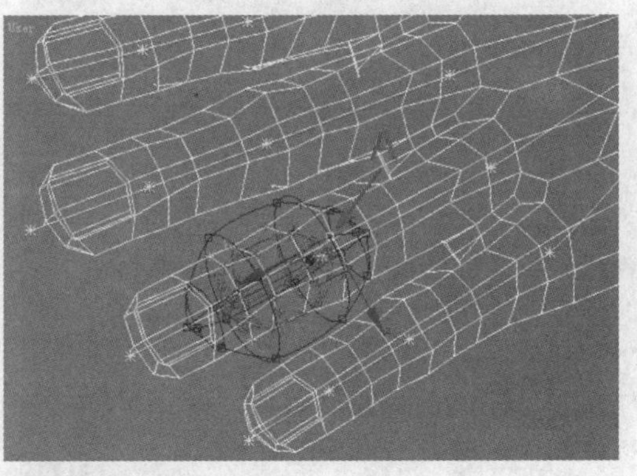

★图5.25　沿局部坐标Y轴移动封套控制点，修改顶点分配的遗漏

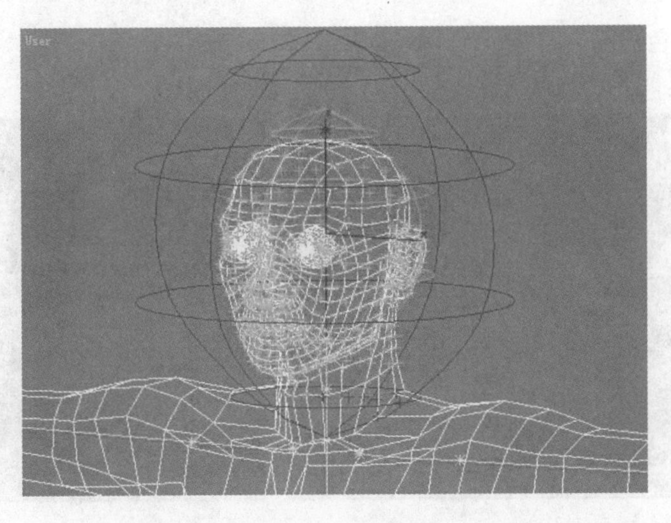

★图 5.27　将头骨链接的封套设置为刚性

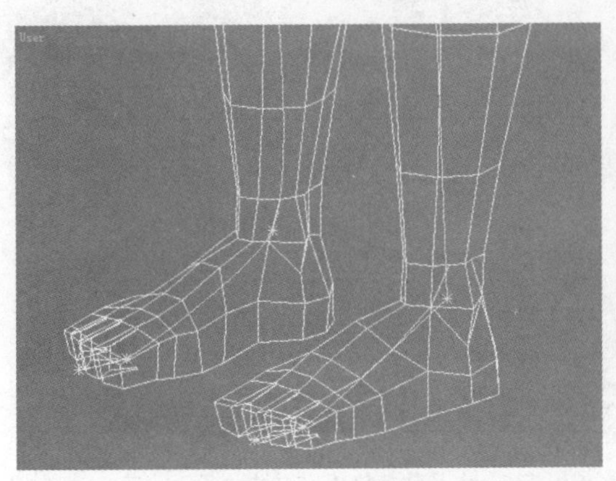

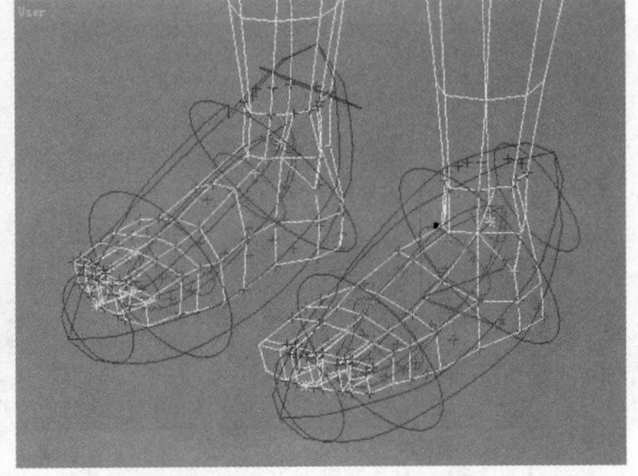

★图 5.32　光滑连接曲线(右足)和折角连接曲线(左足)。在右图中显示出它们的封套形状也会自动改变

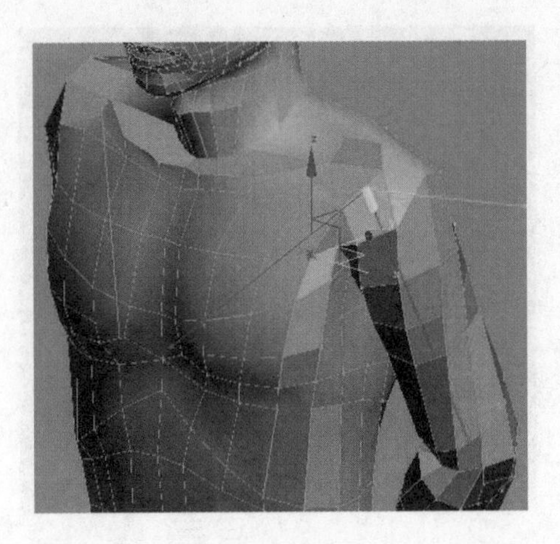

★图 5.42　编辑(移动)变形网格上的顶点

第六章的彩色插图

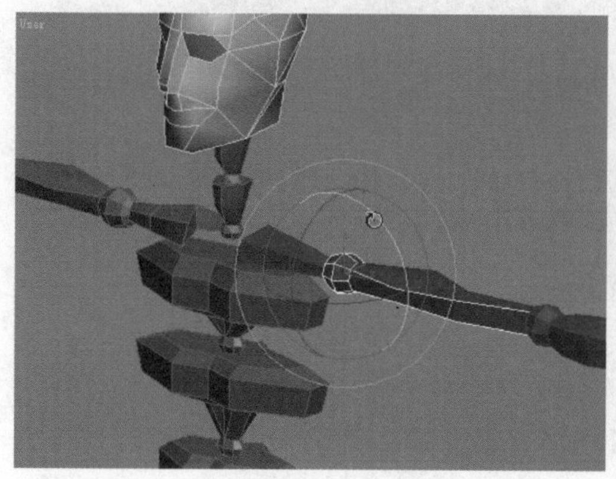

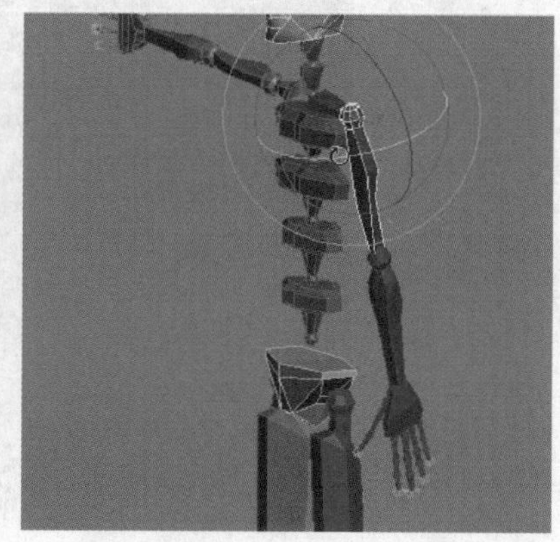

★图6.2　通过旋转左上臂骨旋转整条左手臂至下垂方向

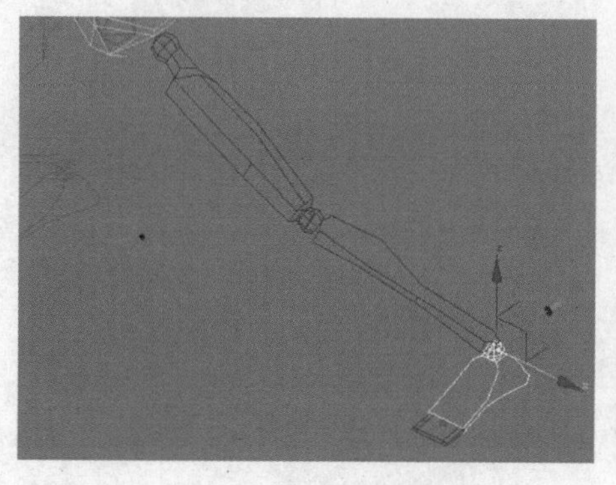

★图6.14　左足骨的默认旋转中心显示为红色

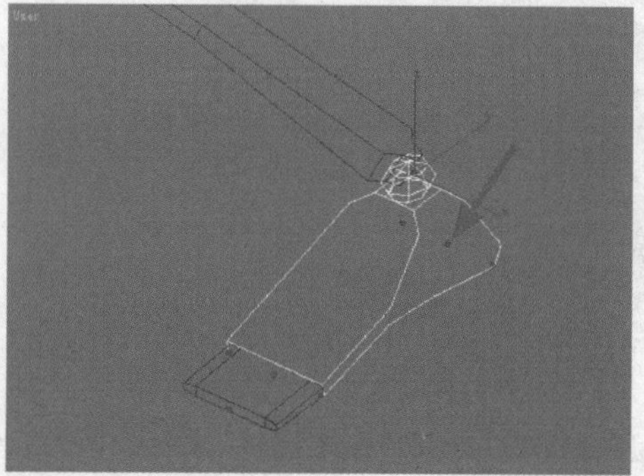

★图6.15　左足骨其他IK旋转中心显示为蓝色

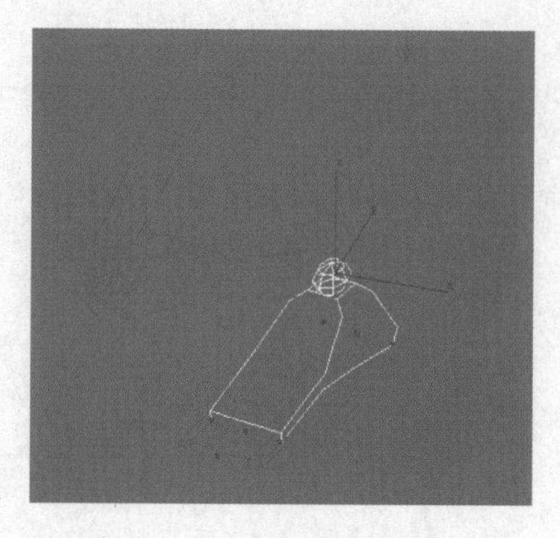

★图6.16　为右足骨指定新的旋转中心

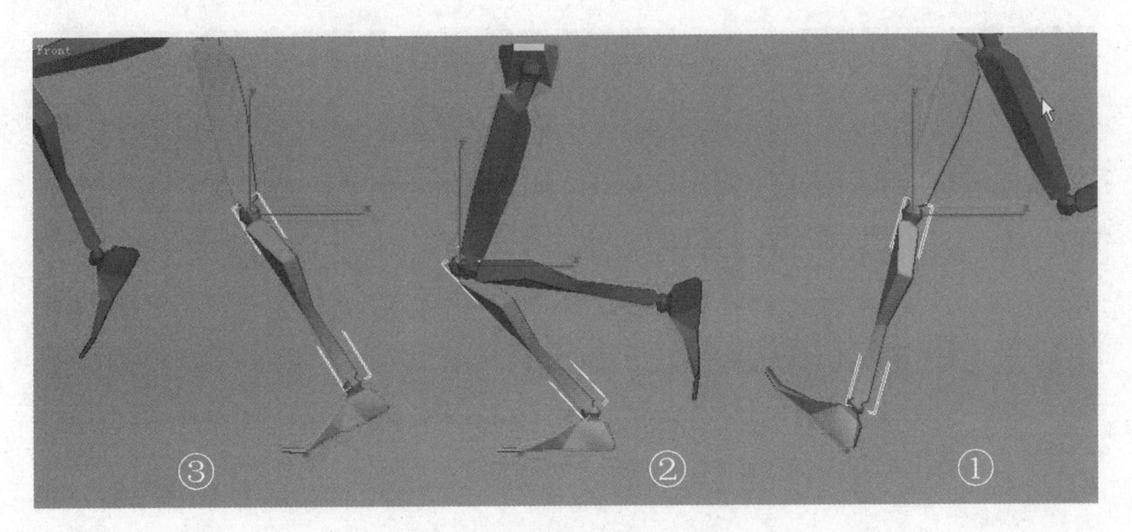

★图 6.37　跑步中脚部的分解动作

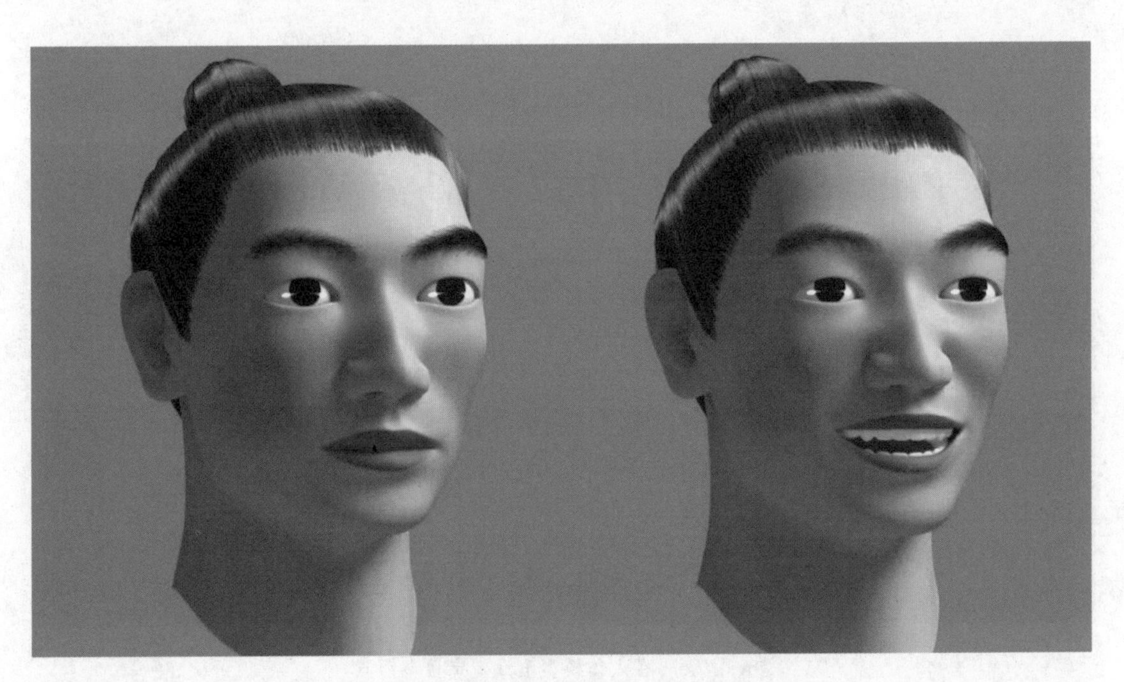

★图 6.49　微笑表情动画两个关键帧的渲染图

第七章的彩色插图

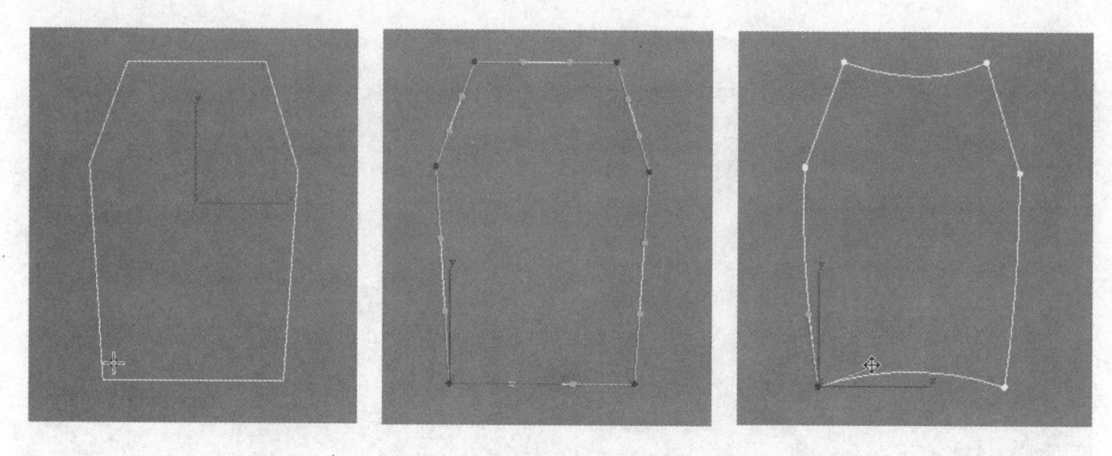

★图7.3　在Top视图中创建多边形线条图形并用Bezier方式编辑它

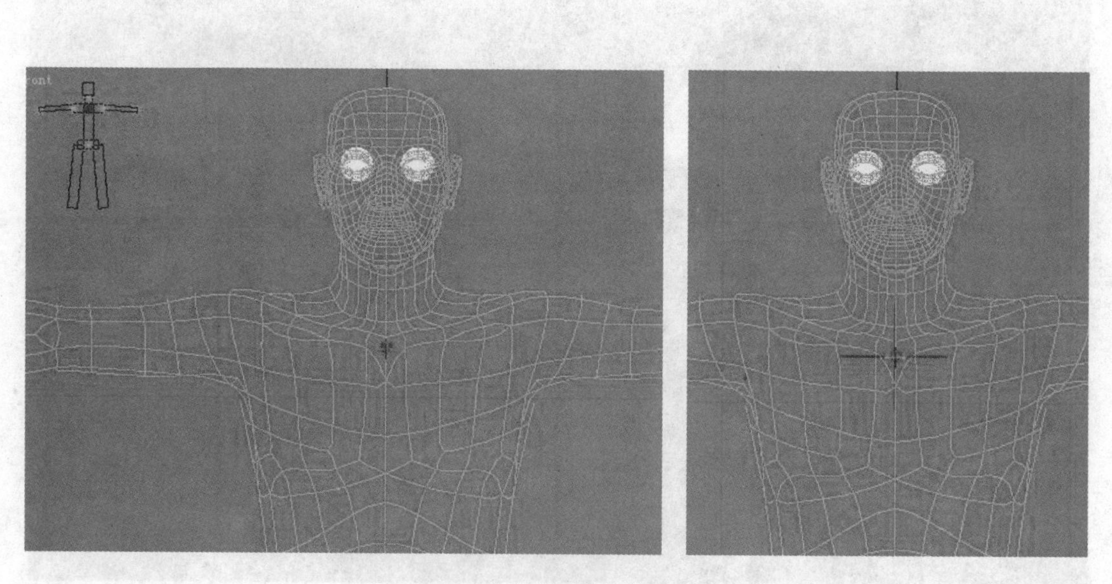

★图7.6　在人体模型上设定定位参照点

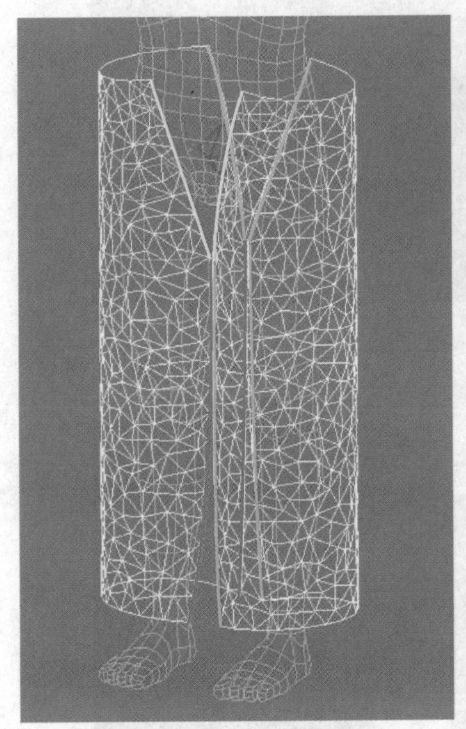

★图7.10　裤料缝合边的对应关系

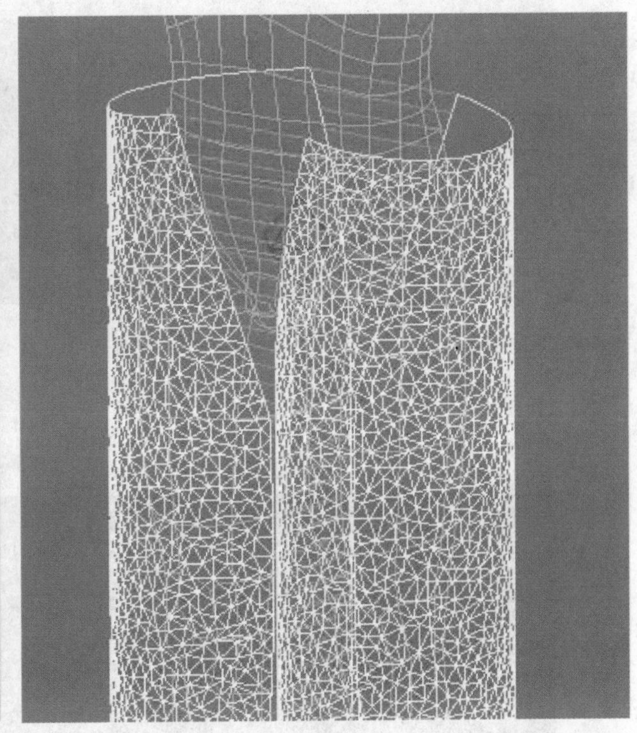

★图7.11　用户视图中定义好的缝合缝

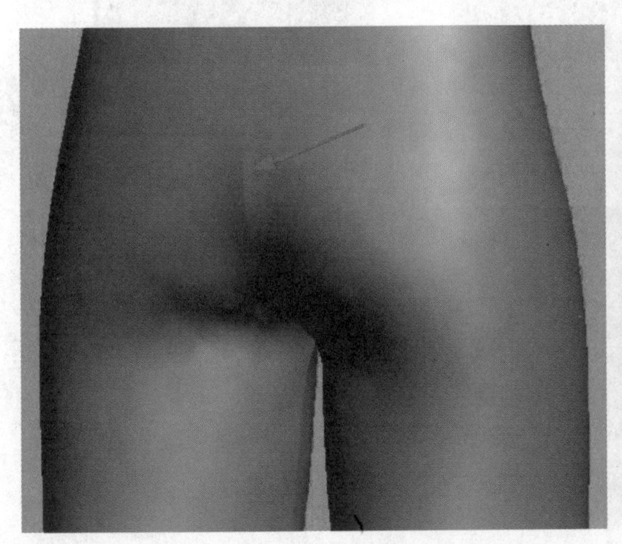

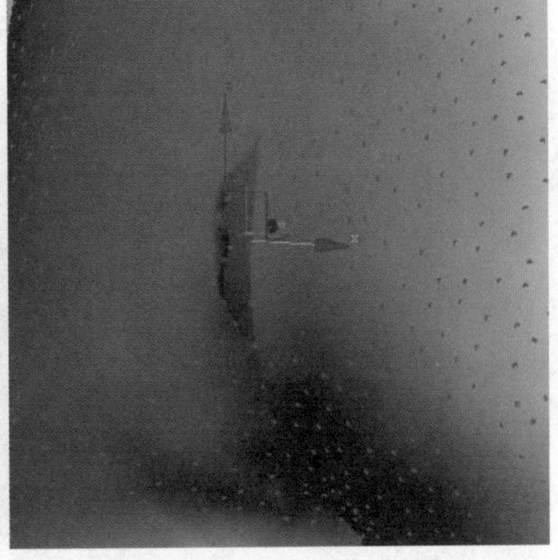

★图7.17　裤子模型在缝合缝处网格是断裂的

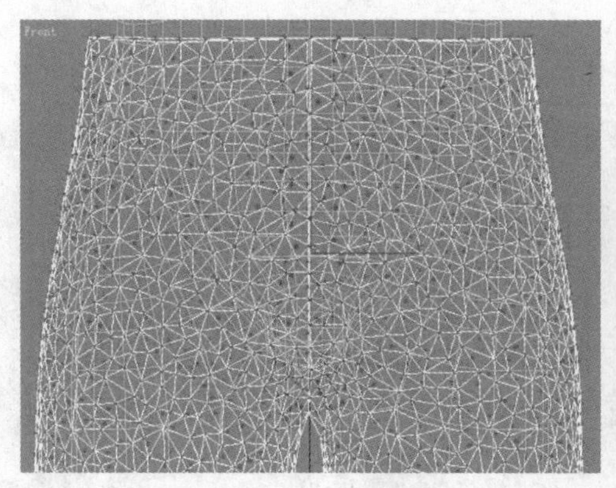

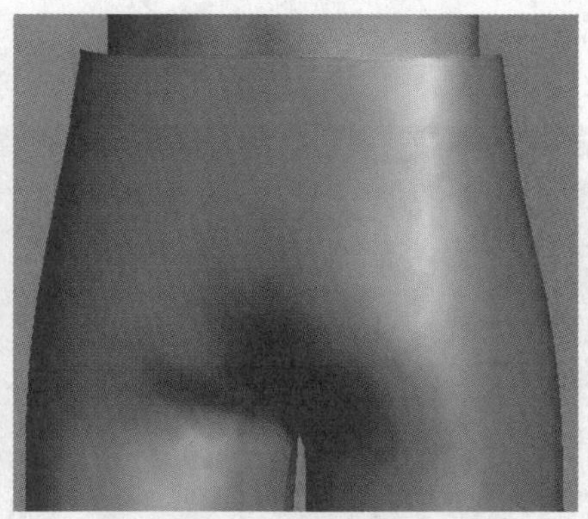

★图7.18　焊接裤缝上重合的顶点

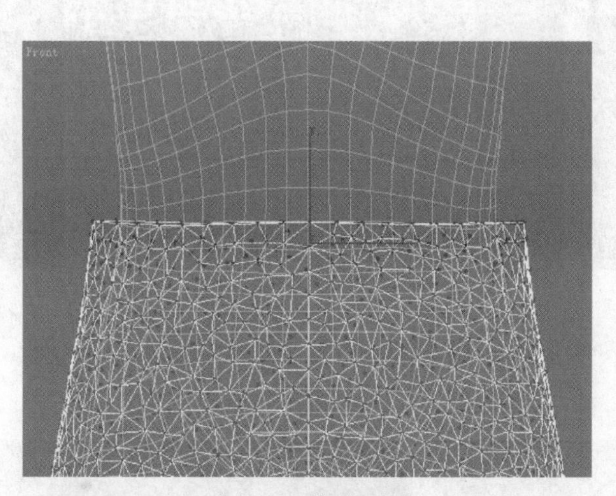

★图7.19　选择Pant模型腰部的一些顶点

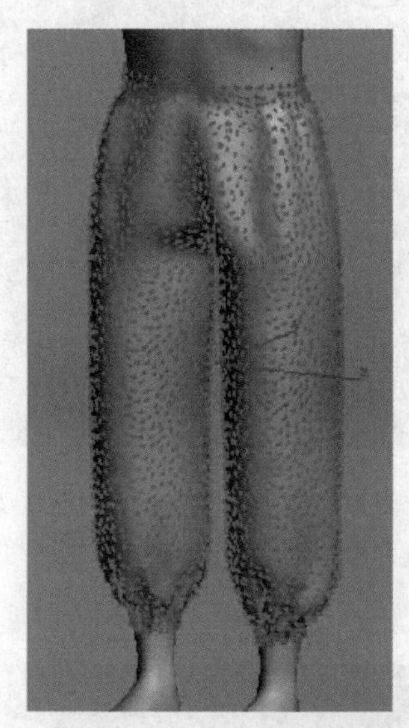

★图7.24　将顶点选择集复制给Editable Mesh模型

★图7.28　给靴子筒开口增加一点厚度

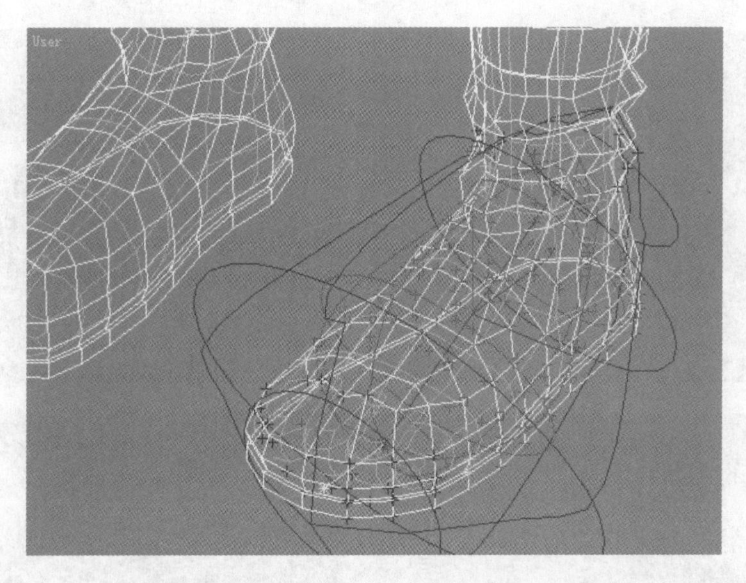

★图7.34a　在靴子模型上载入身体模型的Physique封套

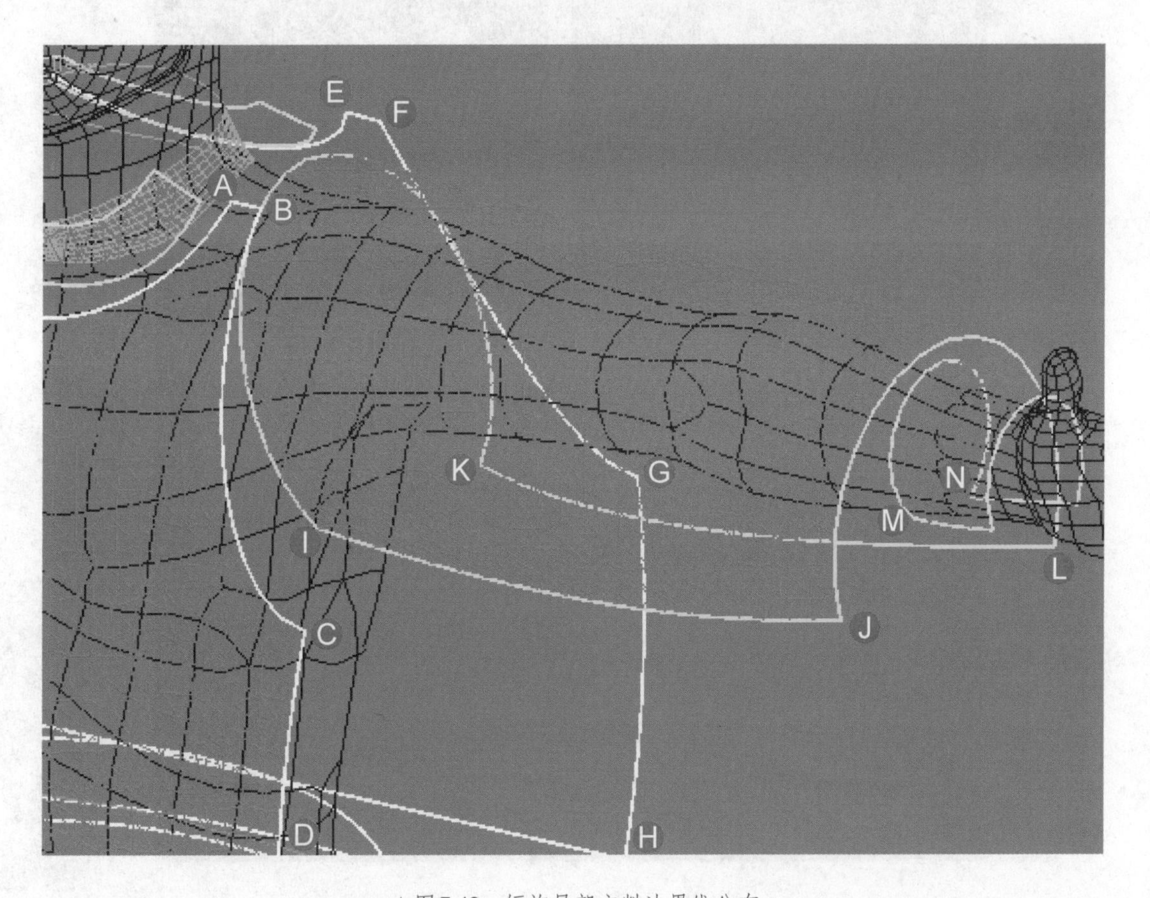

★图7.42　短袍局部衣料边界线分布

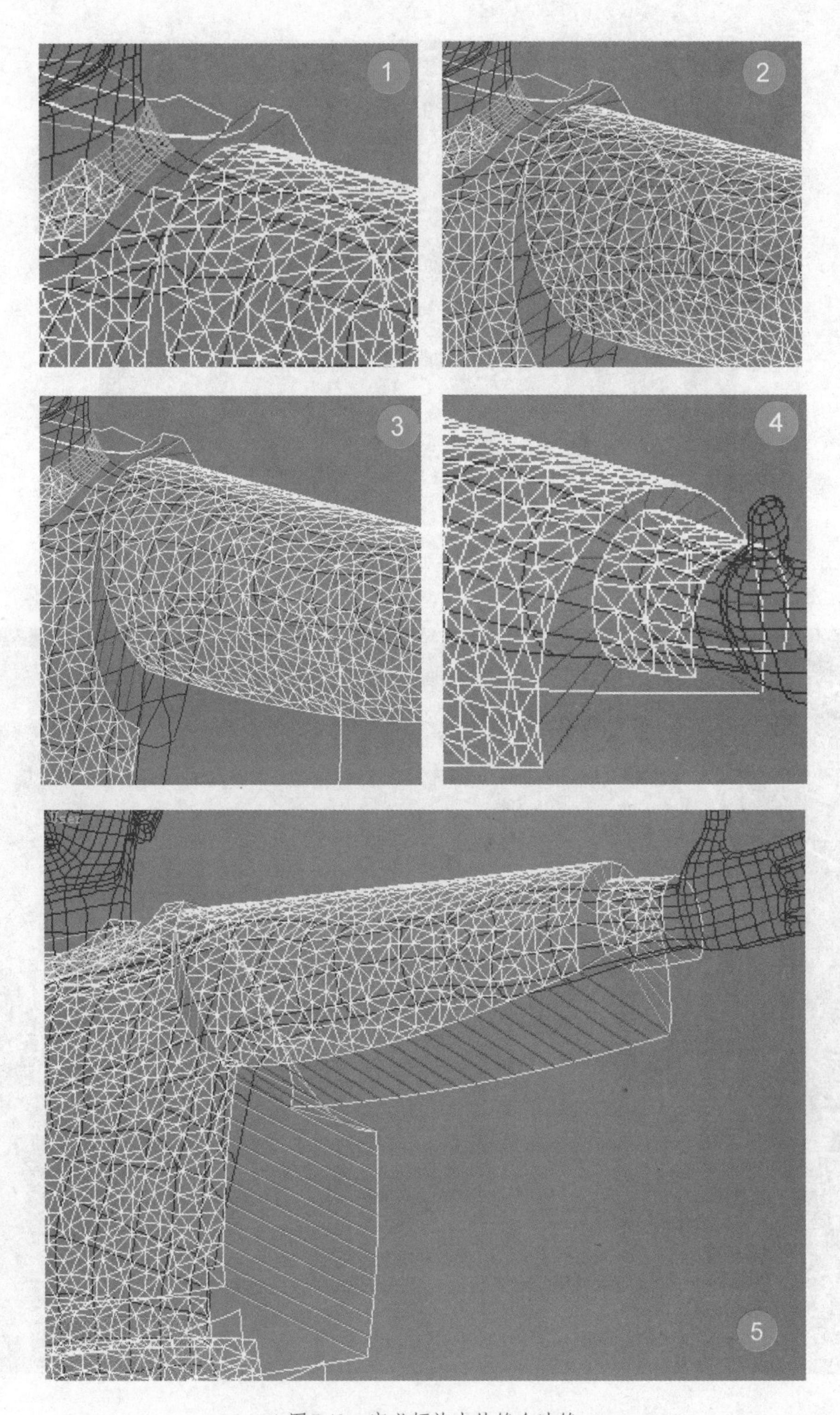

★图7.43　定义短袍上的缝合边缝

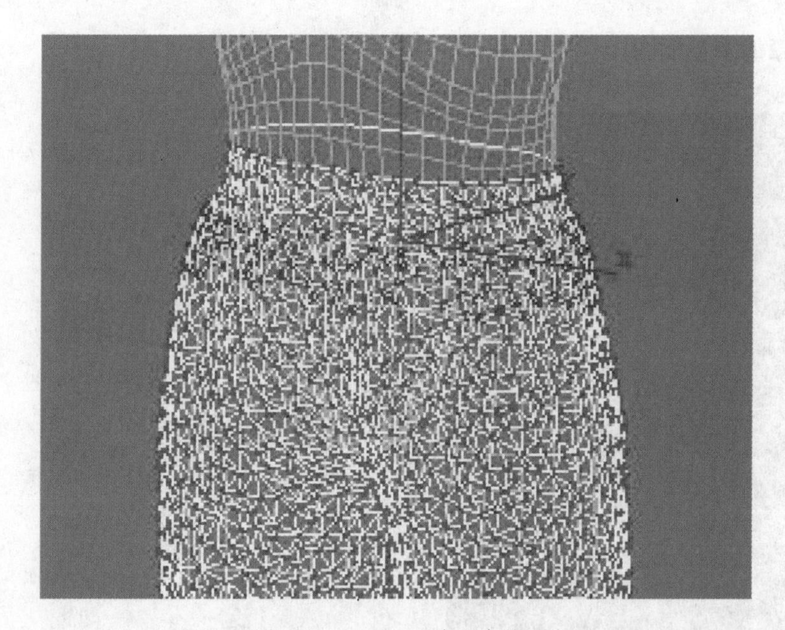

★图 7.54　Pant-GP1 编组中的顶点

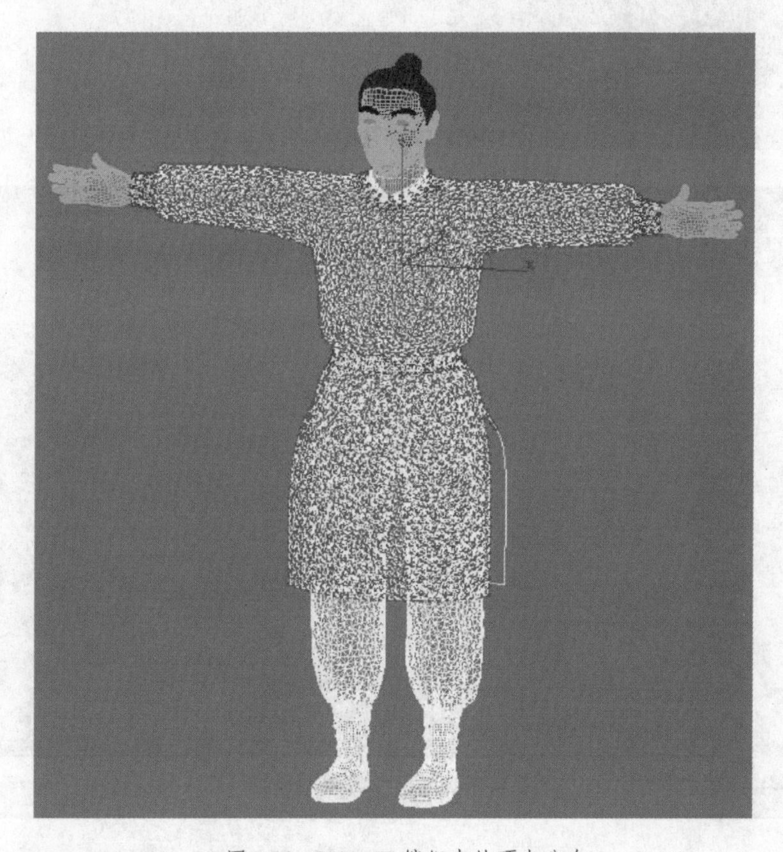

★图 7.56　Shirt-GP 编组中的顶点分布

第八章的彩色插图

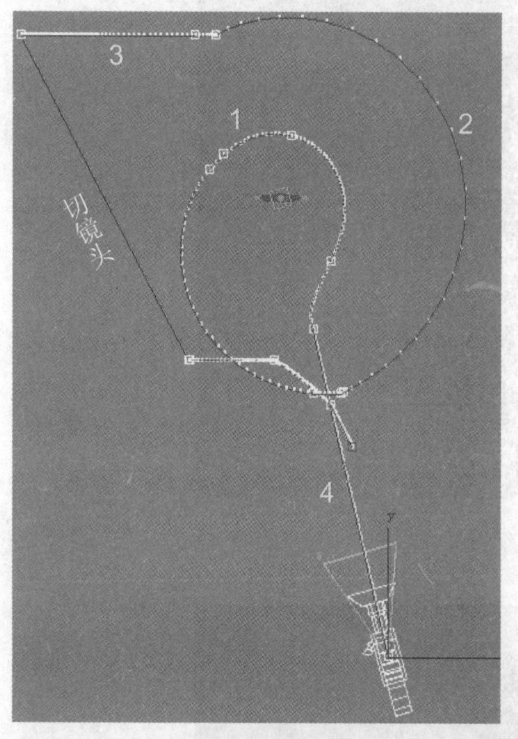

★图 8.1　相机对象在顶视图中的运动轨迹线

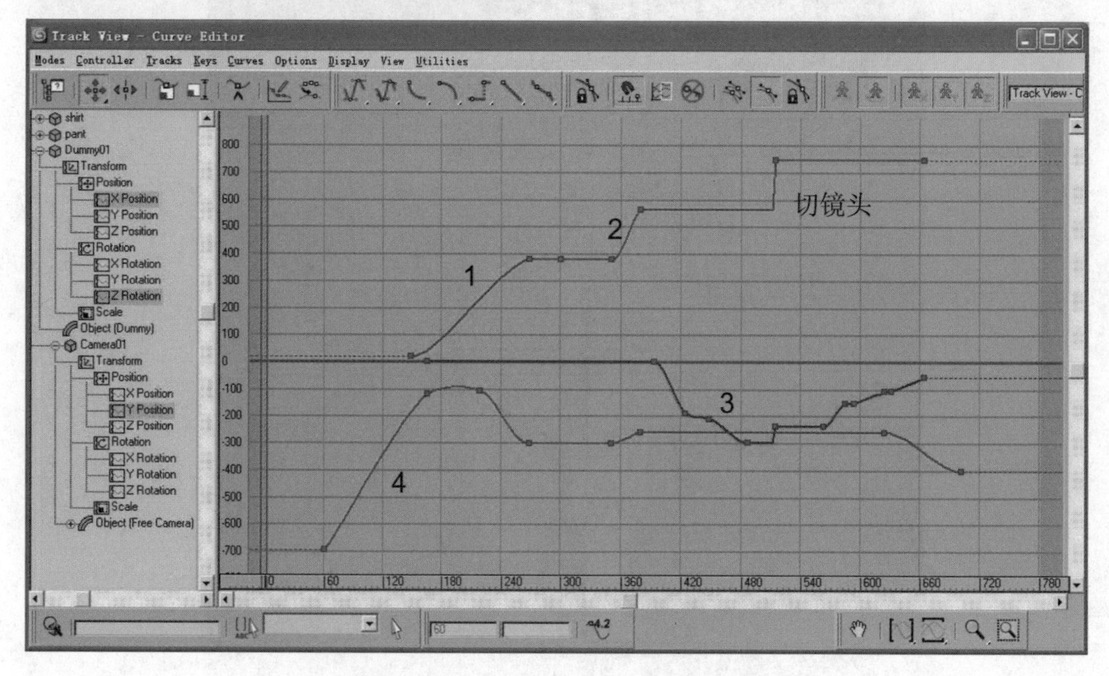

★图 8.2　虚对象和相机的部分轨道曲线图

★图8.29　带有材质的地形对象在场景中的初步渲染结果

★图8.32　竹林在镜头中的渲染效果

动画最终渲染效果中的一帧画面

完成动画中更多的参考画面

图书在版编目(CIP)数据

三维角色动画设计与制作/薛航著. —上海:复旦大学出版社,2011.11
(复旦博学·新世纪动画专业教程)
ISBN 978-7-309-08465-8

Ⅰ. 三… Ⅱ. 薛… Ⅲ. 三维动画软件-高等学校-教材 Ⅳ. TP391.41

中国版本图书馆 CIP 数据核字(2011)第196471号

三维角色动画设计与制作
薛 航 著
责任编辑/李 婷

复旦大学出版社有限公司出版发行
上海市国权路579号 邮编:200433
网址:fupnet@fudanpress.com http://www.fudanpress.com
门市零售:86-21-65642857 团体订购:86-21-65118853
外埠邮购:86-21-65109143
上海浦东北联印刷厂

开本 787×1092 1/16 印张 18.5 字数 384千
2011年11月第1版第1次印刷
印数 1—4 100

ISBN 978-7-309-08465-8/T·432
定价: 42.00元